数学分析

(上册)

石洛宜　黄毅青　编著

科学出版社
北京

内 容 简 介

本书分上、下两册. 上册内容包括实数集及其性质、函数、数列、函数极限、连续函数、微分、微分学的应用、不定积分、定积分；下册内容包括函数列与函数级数、简易多元微分学、简易多元积分学以及两个附录.

本书可作为普通高等院校数学类各专业的数学分析教材，也可作为工科类及经济管理类对数学要求较高专业的数学分析教材或辅导书.

图书在版编目(CIP)数据

数学分析：上下册/石洛宜，黄毅青编著. —北京：科学出版社，2020.12

ISBN 978-7-03-066903-2

Ⅰ. ①数… Ⅱ. ①石…②黄… Ⅲ. ①数学分析-高等学校-教材 Ⅳ. ①O17

中国版本图书馆 CIP 数据核字 (2020) 第 223716 号

责任编辑：王胡权 王 静 李 萍/责任校对：杨聪敏

责任印制：张 伟/封面设计：陈 敬

科 学 出 版 社 出版

北京东黄城根北街 16 号

邮政编码：100717

http://www.sciencep.com

北京虎彩文化传播有限公司 印刷

科学出版社发行 各地新华书店经销

*

2020 年 12 月第 一 版 开本：720 × 1000 B5

2022 年 12 月第四次印刷 印张：37

字数：746 000

定价：109.00 元 (上、下册)

(如有印装质量问题，我社负责调换)

前　言

“数学分析” 是普通高等院校数学类各专业的基础课程. 作者认为 “数学分析” 应担负起如下两大使命：① 培养学生“数学的能力”—— 这包含了计算及证明的技巧和公理化方法的运用；② 培养学生“数学家的能力”—— 这包含了对数学的爱好和对数学的洞悉. 然而, 初学者往往对数学分析中的基本概念、各种分析方法以及证明技巧的掌握望而生畏, 对学好数学分析丧失信心, 进而给大学阶段后续课程的学习带来极大的障碍.

本书初稿完成于 1993 年, 在 2015 年和 2018 年出版的《微积分》及《微积分（第二版）》(沧海书局出版) 的基础上进行提高整理, 并配合目前的教学情况编写而成. 本书共 12 章, 分上、下两册. 涵盖传统数学分析的基本内容, 难度和深度适中. 在基础理论的叙述中, 力求论述严谨、深入浅出、通俗易懂. 计算部分和解题技巧是在多年教学实践中总结出来的, 用以加深学生对教材的理解, 培养和提高学生的解题能力. 本书可作为普通高等院校数学类各专业的数学分析教材, 也可作为工科类及经济管理类对数学要求较高专业的数学分析教材或辅导书.

第 1~3 章介绍实数线的构造、数列的极限, 以及以下七个基本定理的等价性: 实数的完备性公理、戴德金确界存在定理、单调有界数列收敛定理、康托尔闭区间套定理、魏尔斯特拉斯致密性定理、博雷尔覆盖定理、柯西列收敛定理.

第 4 章和第 5 章讲述实数函数的极限和连续性, 其中的重点是: 定义在有界闭区间上连续函数的一致连续性, 以及反函数定理.

第 6 章和第 7 章是一元函数的微分学, 第 8 章和第 9 章是一元函数的积分学. 贯通微积分学的主线是“以直代曲”. 对于微分学而言, “应用切线来研究曲线的升降凹凸”；对于积分学而言, “应用内外接长方形组来近似曲边形的面积”. 由此, 我们自然地引入了可微函数的线性逼近和有界函数的可积性概念. 微积分基本定理表明: 微分和积分互为逆运算.

第 10 章讨论如何以简单的函数 (多项式或三角多项式), 来逼近一般函数的方法. 当函数具有不同程度的光滑性时 (解析或连续可微), 在有界闭区间上, 我们可以将函数表示成幂级数或者三角级数一致收敛的和. 对于一般的连续函数, 虽然不能将其写成幂级数或三角级数的形式, 但是, 我们还是可以应用魏尔斯特拉斯逼近定理, 保证函数可以写成多项式或三角多项式函数列的一致收敛极限. 由此, 我们以简驭繁, 将所有连续的函数, 转化为简单的多项式或三角函数多项式来处理. 一元实数函数的解析理论, 大概如是.

第 11 章和第 12 章介绍多元函数的简单分析理论和方法. 我们尽量讲得简单和直观, 并且尽量提供学生在其他基础课中可能会用到的多元微积分的工具. 然而, 由于缺乏线性代数的基础, 我们不可能太过深入. 也许, 由此能够引起读者的学习兴趣, 自行精进. 如此而已.

另外, 本书有两个附录：其一是讲实数系的构造；其二是讲指数函数和对数函数的严格定义. 作者觉得可以将这两个附录作为学生寒、暑假的作业, 让他们写读书报告, 或者以此作为专题研究的起步.

总体而言, 本书在取材方面, 着重理论和应用; 在定理的证明方面, 着重自然和简洁. 限于作者的水平, 如有处理得不恰当的地方, 还请读者及同行予以批评指正.

最后, 感谢刘治能博士, 他为本书重制了不少的插图, 以及准备了习题解答. 作者还要感谢科学出版社王胡权先生、王静女士为本书的顺利出版提供了热情的帮助.

石洛宜　黄毅青

2019 年 2 月 26 日

目　录

(上册)

前言
第 1 章　实数集及其性质 …… 1
1.1　实数线 …… 1
1.2　有界数集及其上、下确界 …… 3
1.3　完备性 …… 6
习题 1 ……
第 2 章　函数 …… 11
2.1　函数的定义 …… 11
2.2　函数的性质 …… 16
2.3　函数的运算 …… 21
2.4　初等函数 …… 29
第 3 章　数列 …… 38
3.1　数列的定义 …… 38
3.2　数列极限 …… 40
3.3　收敛数列的性质及运算 …… 48
3.4　单调数列 …… 54
3.5　有界闭区间及取值于其中的数列 …… 61
3.6　柯西数列 …… 70
第 4 章　函数极限 …… 74
4.1　函数极限的定义 …… 74
4.2　左、右极限及聚点 …… 83
4.3　函数极限的性质与运算 …… 91
4.4　几个重要的极限 …… 99
第 5 章　连续函数 …… 105
5.1　连续函数的定义、运算及性质 …… 105
5.2　不连续点及其分类 …… 112
5.3　一致 (均匀) 连续性及闭区间上连续函数的性质 …… 116
5.4　初等函数都是连续的 …… 123

第 6 章　微分 ······ 127
6.1　导函数 ······ 127
6.2　可导函数的性质及运算 ······ 132
6.3　常见函数的导函数 ······ 137
6.4　中值定理及洛必达法则 ······ 146
6.5　高阶导数及有限泰勒展开式 ······ 158
第 7 章　微分学的应用 ······ 168
7.1　函数的单调性及反函数定理 ······ 168
7.2　凸性与凹性 ······ 171
7.3　函数的极值及渐近线 ······ 180
7.4　微分学的其他应用 ······ 187
第 8 章　不定积分 ······ 196
8.1　求导与求积 ······ 196
8.2　简单积分表 ······ 200
8.3　积分技巧 ······ 202
第 9 章　定积分 ······ 220
9.1　定积分的定义及可积函数 ······ 220
9.2　可积函数的性质 ······ 238
9.3　微积分基本定理 ······ 250
9.4　定积分的计算 ······ 256
9.5　定积分的应用 ······ 264
9.6　定积分的近似计算 ······ 284
9.7　广义积分 ······ 289
上册部分习题解答 ······ 303

第 1 章　实数集及其性质

1.1 实　数　线

记

$\mathbb{N}=$ **自然数集** (set of natural number),

$\mathbb{Z}=$ **整数集** (set of integer),

$\mathbb{Q}=$ **有理数集** (set of rational number),

$\mathbb{R}=$ **实数集** (set of real number),

其中,

$\mathbb{N}=\{1,2,3,4,\cdots\}$①,

$\mathbb{Z}=\{0,\pm 1,\pm 2,\pm 3,\cdots\}$,

$\mathbb{Q}=\left\{\dfrac{p}{q}: p,q\text{为整数且}q\neq 0\right\}$.

但是, $\mathbb{R}$ 的定义却暂时不甚明确.

如图 1.1, 在平面上画一直线, 并于其上标示刻度 $0,\pm 1,\pm 2,\cdots$, 我们称之为数线.

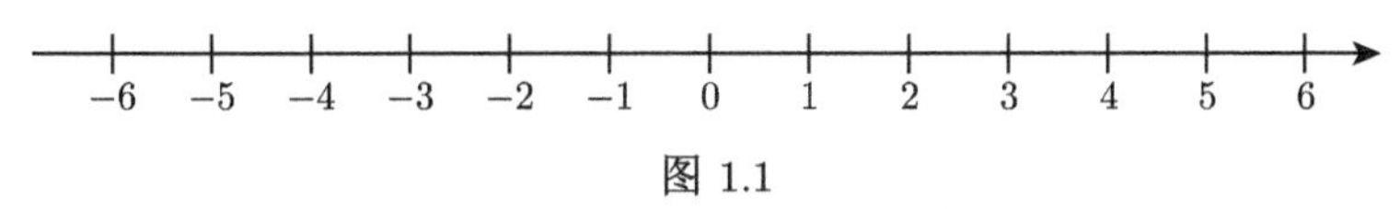

图 1.1

考虑 $\mathbb{Q}$ 中的有理数 p/q, 其中 p,q 皆为整数且 $q>0$. 利用图 1.2 可在数线上描出 p/q. (这里 "描出" 的工具只准用圆规和直尺.)

然而, 在数线上的每一点并非都可以表示成有理数的形式, 例如 $\sqrt{2}$ 就不可以. 事实上, $\sqrt{2}$ 可以借图 1.3 在数线上描出.

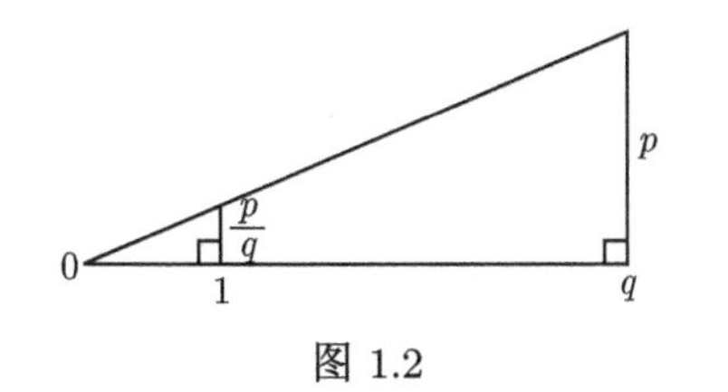

图 1.2

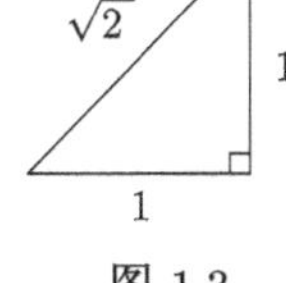

图 1.3

① 本书中的自然数 $\mathbb{N}$ 不包含零.

但是, $\sqrt{2}$ 是有理数吗? 若 $\sqrt{2}=p/q$, 将出现矛盾: 不失一般性, 不妨假设 p,q 互质; 特别地, $p>0, q>0$ 及 p,q 不能同时为偶数. 现在

$$2=\frac{p^2}{q^2} \quad \text{推出} \quad p^2=2q^2.$$

所以, p 必为偶数, 于是可以表示为 $p=2m$, 其中 m 为整数. 因此,

$$(2m)^2=2q^2 \quad \text{推出} \quad q^2=2m^2.$$

这又推出了 q 为偶数! 于是 p,q 同时为偶数, 这与原假设 p,q 互质互相矛盾.

数线上除了有理数之外的点, 统称为*无理数* (irrational number). 所有有理数及所有无理数都叫做*实数* (real number).

注意　并不是所有实数都可以用圆规和直尺在数线上表示出来的. 例如, $\sqrt[3]{2}$ 就不可以.

我们以

“$a\in A$”	表示 “a 属于 A”, 即 a 是集合 A 中的元素;
“$A\subseteq B$”	表示 “集合 A 是集合 B 的子集”;
“$\forall$”	表示 “对任意的 ……” “对每一个 ……”;
“$\exists$”	表示 “存在” “找到”;
“$\Longrightarrow$”	表示 “蕴涵” “若 ……, 则 ……”;
“$\Longleftrightarrow$”	表示 “等价” “当且仅当” “若且唯若”;
“∞” “$+\infty$” “$-\infty$”	表示 “无穷大” “正无穷大” “负无穷大”.

若 $a,b\in\mathbb{R}$, 称

$$\begin{aligned}(a,b)&=\{x\in\mathbb{R}: a<x<b\},\\ [a,b]&=\{x\in\mathbb{R}: a\leqslant x\leqslant b\},\\ (a,b]&=\{x\in\mathbb{R}: a<x\leqslant b\},\\ [a,b)&=\{x\in\mathbb{R}: a\leqslant x<b\}\end{aligned}$$

为*有界区间* (bounded interval); 又称

$$\begin{aligned}(a,+\infty)&=\{x\in\mathbb{R}: x>a\},\\ [a,+\infty)&=\{x\in\mathbb{R}: x\geqslant a\},\\ (-\infty,b)&=\{x\in\mathbb{R}: x<b\},\\ (-\infty,b]&=\{x\in\mathbb{R}: x\leqslant b\},\\ (-\infty,+\infty)&=\mathbb{R}\end{aligned}$$

为无穷区间 (infinite interval). 另外, 称 (a,b), $(a,+\infty)$, $(-\infty,b)$ 和 $(-\infty,+\infty)$ 为开区间 (open interval), 又称 $[a,b]$, $[a,+\infty)$, $(-\infty,b]$ 和 $(-\infty,+\infty)$ 为闭区间 (closed interval). 它们的图形如图 1.4 所示.

注意 $+\infty,-\infty$ 不是真正的数字, 所以不存在着 $[-\infty,b]$, $(a,+\infty]$ 或 $[-\infty,+\infty]$ 的概念. (问: 什么是 $+\infty$ 及 $-\infty$?)

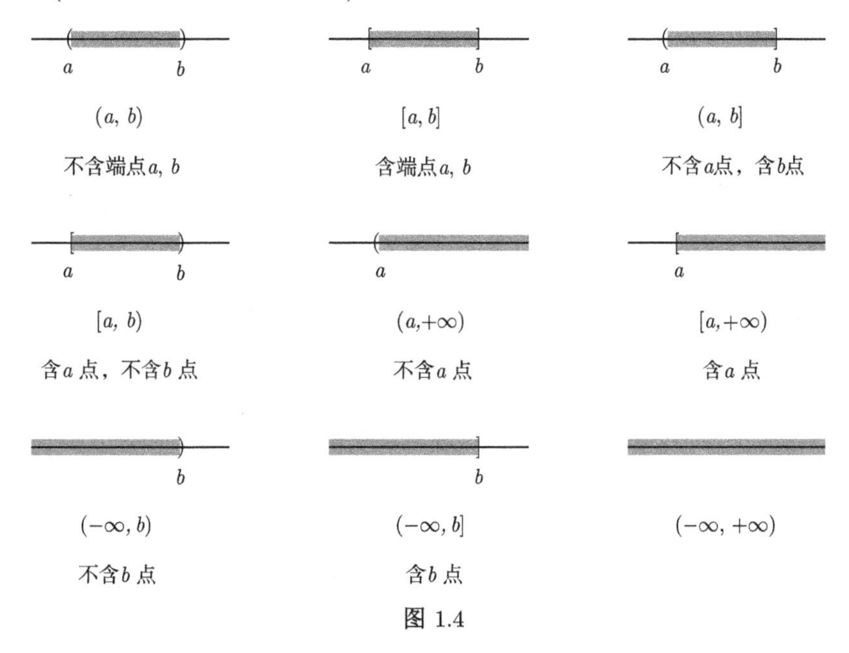

图 1.4

1.2 有界数集及其上、下确界

定义 1.2.1 如图 1.5, 设 $A\subseteq\mathbb{R}$, 若 A 非空 (记为 $A\neq\varnothing$), 称 A 为数集.

(1) 当我们说数集 A 具有上界 (upper bound) u 时, 它的意义是

$$a\leqslant u,\quad \forall a\in A,$$

即 A 中的所有元素 a 都小于或等于 u.

(2) 当我们说数集 A 具有下界 (lower bound) l 时, 它的意义是

$$l\leqslant a,\quad \forall a\in A,$$

即 A 中的所有元素 a 都大于或等于 l.

(3) 若数集 A 既有上界又有下界, 我们称 A 为有界集 (bounded set).

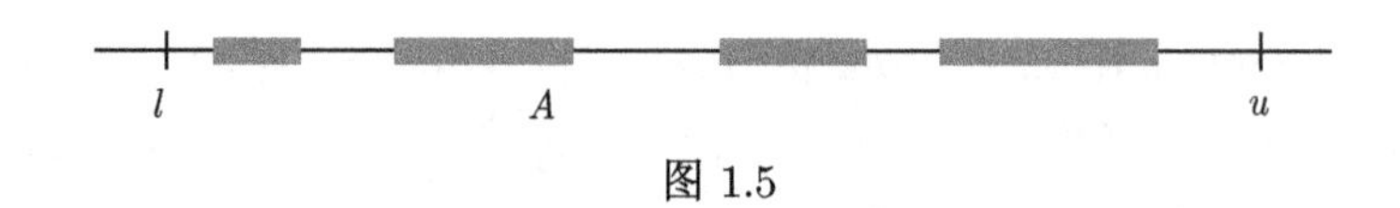

图 1.5

注意 (1) 有界集的上界和下界并不唯一.

(2) 假设有界集 A 有上界 u 和下界 l(图 1.5). 若令 $m = \max\{|u|, |l|\}$, 则有

$$|x| \leqslant m, \quad \forall x \in A.$$

这可记为

$$l \leqslant A \leqslant u$$

及

$$|A| \leqslant m.$$

例 1.2.1 方程 $7x^{100} - x^2 - 1 = 0$ 的解集合 A 有上界 $u = 1$ 及下界 $l = -1$. 因为若 $x \geqslant 1$, 则方程式的左边是

$$7x^{100} - x^2 - 1 = x^2(7x^{98} - 1) - 1 \geqslant 1 \cdot (7 \cdot 1 - 1) - 1 = 5.$$

因此, 式子的左方 $\neq 0$, 所以方程式的根 (解) 不可能大于或等于 1. 换言之, 方程式的所有的解都必小于 1, 即 $u = 1$ 是此方程式之解集合的一个上界. 同理可证: $l = -1$ 是方程式之解集合的一个下界. 我们可以用以下不等式, 说明解集合 A 具有下界 -1 及上界 1:

$$-1 \leqslant A \leqslant 1.$$

□

定义 1.2.2 设 $A \subseteq \mathbb{R}$ 为 (非空) 数集. 若 A 不是(上、下) 有界的, 则称 A 为无界集 (unbounded set).

定义 1.2.3 设 $A \subseteq \mathbb{R}$ 为一非空数集.

(1) 所有 A 之上界 u 中的最小者, 记为 $\sup A$ (supremum), 称为 A 的上确界或最小上界 (least upper bound).

(2) 所有 A 之下界 l 中的最大者, 记为 $\inf A$ (infimum), 称为 A 的下确界或最大下界 (greatest lower bound).

(3) 若 A 没有上界或下界, 则设定 $\sup A = +\infty$ 或 $\inf A = -\infty$.

例 1.2.2

$$\inf(a, b] = a, \quad \min(a, b] \text{ 不存在}, \quad \sup(a, b] = \max(a, b] = b,$$

$$\inf(-\infty, b] = -\infty, \quad \sup(a, +\infty) = +\infty.$$

□

注意 (1) 若 A 有上 (下) 确界, 则上 (下) 确界唯一.

(2) 设 $u_0 = \sup A < +\infty$. 则对于所有 $u \geqslant u_0$, 我们知道 u 皆为 A 的上界, 即

$$A \leqslant u_0 \leqslant u,$$

而所有小于 u_0 的数都不可能为 A 的上界.

(3) 设 $l_0 = \inf A > -\infty$. 则对于所有 $l \leqslant l_0$, 我们知道 l 皆为 A 的下界, 即

$$l \leqslant l_0 \leqslant A,$$

而所有大于 l_0 的数都不可能是 A 的下界.

(4) $\sup A$ 及 $\inf A$ 不一定是 A 中的元素. 例如, 若 $A = (0, 1)$, 则 $\sup A = 1$ 及 $\inf A = 0$, 皆不在 A 中, 如图 1.6 所示.

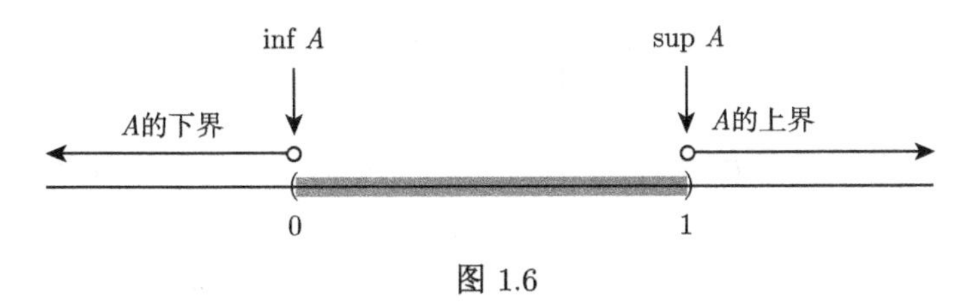

图 1.6

(5)

$$\min A \text{ 存在} \Leftrightarrow \inf A \in A; \text{ 此时, } \min A = \inf A.$$

$$\max A \text{ 存在} \Leftrightarrow \sup A \in A; \text{ 此时, } \max A = \sup A.$$

命题 1.2.3 如图 1.7, 设 $A \subseteq \mathbb{R}$ 为一非空数集, 以及 $u_0, l_0 \in \mathbb{R}$.

(1) $u_0 = \sup A$ 为 A 的**最小上界**, 等价于以下两条件:

① $A \leqslant u_0$;

② $\forall \varepsilon > 0, \exists a_\varepsilon \in A$, 使得 $u_0 - \varepsilon < a_\varepsilon \leqslant u_0$.

(也就是说, 只要 u_0 变小一点点, $u_0 - \varepsilon$ 就再也不是 A 的上界了.)

(2) $l_0 = \inf A$ 为 A 的**最大下界**, 等价于以下两条件:

③ $A \geqslant l_0$;

④ $\forall \varepsilon > 0, \exists b_\varepsilon \in A$, 使得 $l_0 + \varepsilon > b_\varepsilon \geqslant l_0$.

(也就是说, 只要 l_0 变大一点点, $l_0 + \varepsilon$ 就再也不是 A 的下界了.)

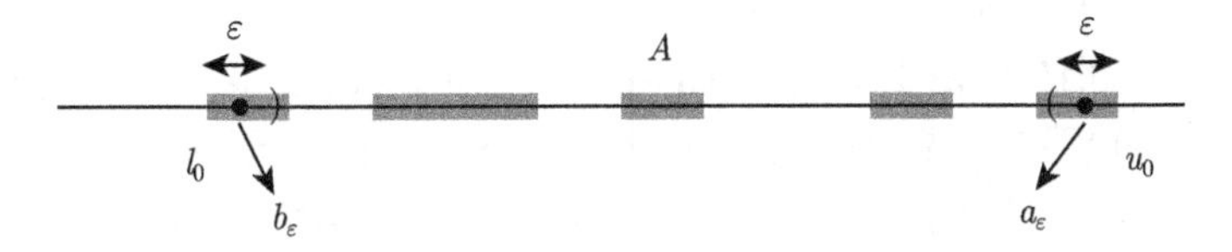

图 1.7

证明 (1) ($\Longrightarrow$) 若 $u_0 = \sup A$, 则 ① 是明显的 (根据定义). 对于②, 我们用"反证法" 来证明: 假设存在 $\varepsilon > 0$, 使我们找不到 A 中的元素 a, 使得 $u_0 - \varepsilon < a$ 成立. 换句话说,

$$u_0 - \varepsilon \geqslant a, \quad \forall a \in A.$$

那么, $u = u_0 - \varepsilon$ 就是 A 的一个上界. 可是 $u < u_0$. 这与 $u_0 = \sup A$ 是 A 的最小上界的事实矛盾. 所以 ② 成立.

($\Longleftarrow$) 现在, ① 和 ② 成立. 假设 $u_0 \neq \sup A$ (使用反证法). 这可能有两个原因: u_0 不是 A 的上界; 或 u_0 是 A 的上界, 但是 u_0 不是 A 的最小上界. 事实上, ① 说明了 u_0 是 A 的上界. 所以, 只有 u_0 是 A 的上界有可能成立. 若 u_0 不是 A 的最小上界, 则存在 A 的一个上界 u, 使得

$$A \leqslant u < u_0.$$

此时, 若令 $\varepsilon = \dfrac{u_0 - u}{2} > 0$, 条件 ② 保证了在 A 中存在着 a_ε, 使得

$$u < u_0 - \varepsilon < a_\varepsilon.$$

这与 $a_\varepsilon \in A \leqslant u$ 矛盾. 所以 $u_0 = \sup A$.

(2) 证明留作习题 (见习题 1.3 第 2 题). □

1.3 完 备 性

在以后的讨论中, 我们常常会说: "令自然数 $n \to \infty$, 或令实数 $x \to +\infty$, 则 ······" 问题是: 我们真的可以令自然数 n 和实数 x 趋向无限大吗? 这两个问题相当于:

问题 1.3.1 (1) 自然数集 $\mathbb{N}$ 是无界集吗?

(2) 实数集 $\mathbb{R}$ 是无界集吗?

问题 1.3.1(2) 容易被解答. 假设 $\mathbb{R}$ 有上界 u, 即有 $\mathbb{R} \leqslant u$. 由于 $u+1$ 也是实数, 所以 $u+1 \leqslant u$, 矛盾! 因此, $\mathbb{R}$ 没有上界. 同理, $\mathbb{R}$ 也没有下界. 于是, 我们可以自由地说: 令 $x \to \pm\infty, \cdots$.

对于问题 1.3.1(1), 由于 $u+1$ 可能不是自然数, 以上的推理就不能使用. 为了证明自然数集 $\mathbb{N}$ 没有上界, 我们需要以下的公理. 这里, 对于实数的集合 X, Y, 条件 "$X \leqslant Y$" 的意义是 "在实数线上, 数集 X 整个落在数集 Y 的左方"; 换句话说: $x \leqslant y$, $\forall x \in X$, $\forall y \in Y$.

公理 (实数的完备性公理 (completeness axiom of real numbers, 也称 Dedekind cut axiom)) 假设 X, Y 是实数集 $\mathbb{R}$ 的非空子集, 且具有性质:

$$X \leqslant Y.$$

那么, 必然存在着 $\mathbb{R}$ 中的 c, 使得

$$X \leqslant c \leqslant Y.$$

如图 1.8 所示.

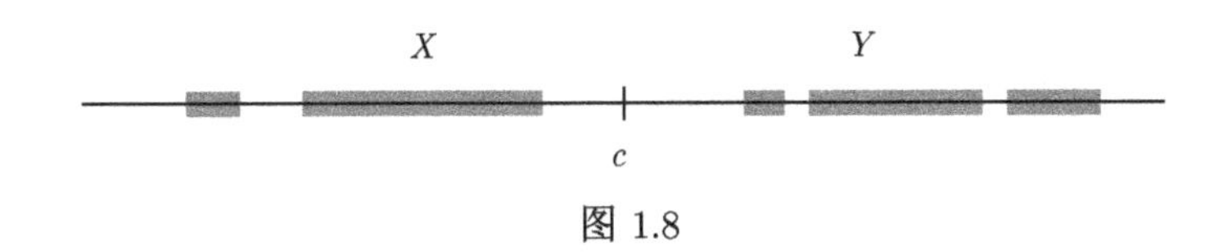

图 1.8

注意 所谓 "公理" 者, 是

我们可以证明: 没法用现有的方法来证明它是对的; 同时, 也没法用现有的方法, 来证明它是不对的.

对于这些命题, 我们只能选择 "相信它", 使用它, 于是就成了 "公理"; 我们也可以选择 "不相信它", 而使用它的反命题作为 "公理".

选择使用以上的 "实数的完备性公理" 的话, 我们就发展出 "微积分" 这门数学; 选择使用以上的 "实数的完备性公理" 的反命题的话, 别的数学家就发展出 "非标准分析" (nonstandard analysis) 的数学理论来. 非标准分析也是很重要和有用的数学. 我们所要做的事情是: 针对我们的需要, 选用合适的公理和工具来建立数学理论, 用以解决需要解决的问题. 本书是讲 "微积分". 所以, 我们 "选择" 使用 "实数的完备性公理".

定理 1.3.2 (戴德金确界存在定理 (Dedekind completeness axiom)) 设 $A \subseteq \mathbb{R}$ 为一数集, 且 $A \neq \varnothing$.

(1) 若 A 有上界, 则 $\sup A$ 存在;

(2) 若 A 有下界, 则 $\inf A$ 存在.

证明 (1) 设 u 是 A 的一个上界, 即

$$A \leqslant u < +\infty.$$

令 $U = \{x \in \mathbb{R} : A \leqslant x\}$, 则 $u \in U$. 现在 A 及 U 皆是非空集合, 且

$$A \leqslant U.$$

由完备性公理得知, 存在 $\mathbb{R}$ 中的 u_0, 使得

$$A \leqslant u_0 \leqslant U.$$

由 $A \leqslant u_0$ 得知, u_0 为 A 的上界, 又由 $u_0 \leqslant U$ 得知, u_0 小于或等于 A 的每一个上界. 所以, u_0 是 A 的最小上界, 即 $u_0 = \sup A$.

(2) 证明留作习题 (见习题 1.3 第 3 题). □

定理 1.3.3 自然数集 $\mathbb{N}$ 没有上界. 整数集 $\mathbb{Z}$ 和有理数集 $\mathbb{Q}$ 皆没有上界或下界.

证明 假设 $\mathbb{N}$ 有一个上界. 由定理 1.3.2, $\mathbb{N}$ 具有上确界 u. 特别地, $\mathbb{N} \leqslant u$. 由于 $u-1<u$, 所以 $u-1$ 不会是 $\mathbb{N}$ 的上界. 因此, 存在自然数 m, 使得 $u-1<m$. 然而, $m+1 \in \mathbb{N} \implies m+1 \leqslant u$. 于是, 得出矛盾

$$m+1 \leqslant u < m+1.$$

因为 $\mathbb{N} \subset \mathbb{Z} \subset \mathbb{Q}$, 所以 $\mathbb{Z}$ 和 $\mathbb{Q}$ 都没有上界. 因为 $\mathbb{Z} = -\mathbb{Z}$ 和 $\mathbb{Q} = -\mathbb{Q}$, 所以 $\mathbb{Z}$ 和 $\mathbb{Q}$ 也都没有下界. □

事实上, "自然数集 $\mathbb{N}$ 没有上界" 这个命题, 等价于以下讲的 "阿基米德性质".

定理 1.3.4 (阿基米德性质 (Archimedean property)) 对所有正的实数 $a, b > 0$, 必存在一自然数 n, 使得

$$na > b.$$

证明 假设没有一个自然数 n 满足所给出的条件, 即 $n \leqslant b/a$, $\forall n = 1, 2, \cdots$. 于是 b/a 成为 $\mathbb{N}$ 的一个上界. 这与定理 1.3.3 相矛盾. □

"阿基米德性质" 的一个通俗版本是 "龟兔赛跑" 的寓言:

具有天赋的兔子, 每一步所跨出的距离 b, 远远大于乌龟一步所能跨出的距离 a. 虽然如此, 但是, 只要乌龟能够多跑几步, 必然可以在第 n 步时, 超越兔子, 即 $na > b$.

推论 1.3.5 对于任何实数 x, 存在唯一的整数 n, 使得

$$n \leqslant x < n+1.$$

我们记此整数 n 为 $[x]$, 并称 $[x]$ 为实数 x 的**最大整数部分**, 也称 $[x]$ 为 x 的**高斯符号**.

证明 考虑实数集合

$$A = \{k \in \mathbb{Z} : k \leqslant x\}.$$

如果 $A = \varnothing$, 则 $x < \mathbb{Z}$, 即 x 是 $\mathbb{Z}$ 的下界. 这与定理 1.3.3 相矛盾. 所以, $A \neq \varnothing$. 因为 A 有上界 x, 所以 A 有上确界 u. 于是

$$A \leqslant u \leqslant x.$$

因为 $u-1<u$, 所以 $u-1$ 不是 A 的上界. 因此, 存在 A 中的整数 n, 使得 $u-1<n$, 或 $u<n+1$. 如果 $n+1\leqslant x$, 则 $u<n+1\in A\leqslant u$, 矛盾. 所以, $x<n+1$. 另一方面, $n\in A$ 保证了 $n\leqslant x$. 由此可见 $n=[x]$. □

习　题　1

1. 证明: $\sqrt{3}$ 不是有理数. 并且, 说明怎样在数线上描绘出 $\sqrt{3}$ 这个点.

2. 证明: 命题 1.2.3 的 (2) 部分.

3. 证明: 定理 1.3.2 的 (2) 部分.

4. 设 ε 是任意给定的正数. 设

$$|x-2|<\frac{\varepsilon}{2},\quad |y-3|<\frac{\varepsilon}{2}.$$

证明:

$$|x+y-5|<\varepsilon,\quad |x-y+1|<\varepsilon.$$

5. 求下列各题中实数 x 的范围:

(1) $(x+1)(x-5)>0$;　　(2) $(x-\pi)(x+4)(x-2)>0$;

(3) $\dfrac{1}{x-1}-\dfrac{1}{x}<0$;　　(4) $\dfrac{x+1}{x-1}>0$.

6. 去掉绝对值符号来表示下列各式:

(1) $|\sqrt{8}+\sqrt{6}-\sqrt{3}-\sqrt{7}|$;　　(2) $\big||a+b|-|a|-|b|\big|$;

(3) $|x|-|x^2|$;　　(4) $\big||a|-a\big|-a$.

7. 两数 x 和 y 之较大者, 用 $\max\{x,y\}$ 来表示; 较小者, 用 $\min\{x,y\}$ 来表示.

(1) 证明:

$$\max\{x,y\}=\frac{x+y+|x-y|}{2},$$

$$\min\{x,y\}=\frac{x+y-|x-y|}{2};$$

(2) 利用 $\max\{x,y,z\}=\max\{\max\{x,y\},z\}$, 导出 $\max\{x,y,z\}$ 和 $\min\{x,y,z\}$ 的公式.

8. 设 A 是一数集, 且 $A\leqslant b$. 证明:

$$\sup A\leqslant b.$$

又问 $\inf A$ 跟 b 有什么关系?

9. 设 $\varnothing\neq A\subseteq\mathbb{R},\varnothing\neq B\subseteq\mathbb{R}$, 且 $A\subseteq B$. 证明:

$$\sup A\leqslant\sup B\quad 及\quad \inf A\geqslant\inf B.$$

10. 设 A,B 都是非空数集, 且 $A\leqslant B$. 证明:

$$\sup A\ 及\ \inf B\ 皆存在, 且 \sup A\leqslant\inf B.$$

11. 设 $A=\{x\in\mathbb{R}:x^2+2x\leqslant 3\}, B=\{x\in\mathbb{R}:x^3<4\}$. 试求

$$\max A,\ \min A,\ \sup A,\ \inf A,$$

以及

$$\max B,\ \min B,\ \sup B,\ \inf B.$$

注意　$\max A$ 为 A 中的最大元素, $\min A$ 为 A 中的最小元素. $\max A$ 及 $\min A$ 皆需在 A 中, 也可能不存在.

12. 设 $E\subseteq\mathbb{R}$, 且 E 是有界集. 定义

$$-E=\{-x\,|\,x\in E\}.$$

试证:

(1) $\inf(-E)=-\sup E$;　　(2) $\sup(-E)=-\inf E$.

13. 求下列各数集的最大值 (max), 最小值 (min), 上确界 (sup) 和下确界 (inf). 并给予证明.

(1) $\left\{1+\dfrac{1}{n}:n\in\mathbb{N}\right\}\cup\left\{1-\dfrac{1}{n}:n\in\mathbb{N}\right\}$;　　(2) $\{n^{(-1)^n}:n\in\mathbb{N}\}$;

(3) $\{\sin x+\cos x\,|\,x\in\mathbb{R}\}$;　　(4) $\{\mathrm{e}^x-\mathrm{e}^{-x}\,|\,x\in\mathbb{R}\}$.

14. 证明: 在任何两个实数 $a<b$ 之间, 必定存在至少一个有理数 r 及一个无理数 s. 即: $a<r<b$ 及 $a<s<b$.

第2章　函　　数

2.1　函数的定义

定义 2.1.1　设 X,Y 为非空集合. 若对于 X 中的每一个 x, 按某种确定规律 f, 都能对应到在 Y 中唯一的 y, 记作

$$f(x)=y,$$

则称 f 定义了一个从 X 到 Y 的函数, 记为

$$f:X\longrightarrow Y.$$

例 2.1.1　(1) 如图 2.1 所示,

$$\begin{aligned}f(x_1)&=y_2,\\f(x_2)&=y_1,\\f(x_3)&=y_3,\\f(x_4)&=y_5.\end{aligned}$$

$$f:X\longrightarrow Y\quad\text{是函数}.$$

(2) 如图 2.2 所示,

$$\begin{aligned}f(x_1)&=y_1,\\f(x_2)&=y_1,\\f(x_3)&=y_1.\end{aligned}$$

$$f:X\longrightarrow Y\quad\text{是函数}.$$

(3) 如图 2.3 所示, $f(x_4)$ 没有定义, f 不是函数.

(4) 如图 2.4 所示, $f(x_1)=\{y_1,y_2\}$, 而且 $y_1\neq y_2$. 所以, $f(x_1)$ 的值不唯一确定. 因此 f 不是函数.

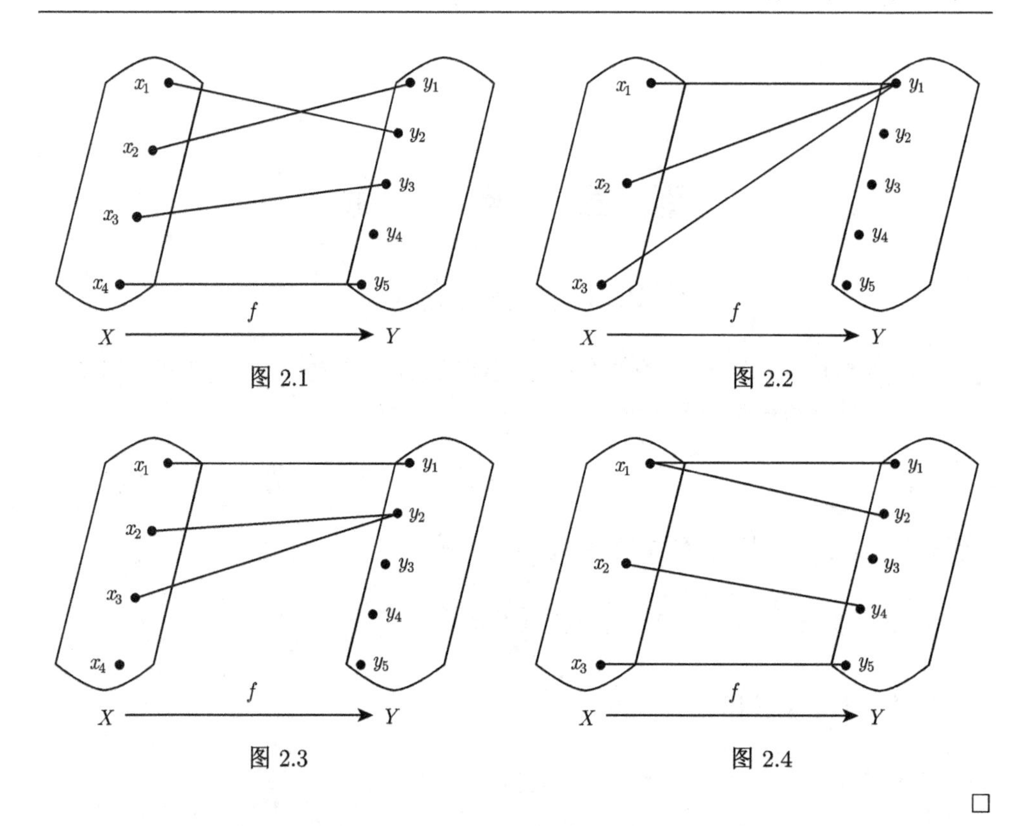

图 2.1

图 2.2

图 2.3

图 2.4

□

定义 2.1.2　对于函数 $f: X \longrightarrow Y$, 我们记

$$\mathrm{Dom}(f) = X = \{x \in X : \exists y \in Y, y = f(x)\},$$

$$\mathrm{Ran}(f) = f(X) = \{y \in Y : \exists x \in X, y = f(x)\},$$

并称 $\mathrm{Dom}(f)$ 为 f 的**定义域** (domain), $\mathrm{Ran}(f)$ 为 f 的**值域** (range).

注意　$\mathrm{Ran}(f)$ 不一定等于 Y, 但是却总有 $\mathrm{Dom}(f) = X$.

函数 $f: X \to Y$ 可以等同于 f 的图 (graph of function):

$$\mathrm{Graph}\, f = \{(x, y) \in X \times Y : y = f(x)\}.$$

定理 2.1.2　令 $F \subset X \times Y$. 集合 F 是某一个函数 $f: X \to Y$ 的图, 当且仅当, 以下两个条件成立:

(1) $\forall x \in X, \exists y \in Y$, 使得 $(x, y) \in F$;

(2) $(x, y_1), (x, y_2) \in F \implies y_1 = y_2$.

证明　条件 (1) 说明: 对于每一个 X 中的 x, 存在着一个 Y 中的 y, 使得我们可以定义 $f(x) = y$. 条件 (2) 说明: 这样的选择只有唯一的一个, 所以 $f(x) = y$ 的定义没有歧义. 这样, 我们就得到了一个函数 $f: X \to Y$. 而 f 的图 $\mathrm{Graph}\, f = F$.

反之, 如果我们先给出函数 $f: X \to Y$, 则 f 的图 $F = \mathrm{Graph}\, f$ 会满足以上的条件 (1) 和 (2). □

从现在起, 我们只考虑数集之间的函数 $f: X \to Y$, 其中 $X \subseteq \mathbb{R}$ 及 $Y \subseteq \mathbb{R}$. 很多时候, 函数 f 是由一个方程来描述的. 例如: $y = x^2$, 即 $f(x) = x^2$. 习惯上 x 表示**自变量** (independent variable), 而 y 表示**因变量** (dependent variable). 至于 f 的定义域及值域, 则由方程隐含地决定.

例 2.1.3 求由 $y = x^2$ 所决定的函数 $y = f(x) = x^2$ 的定义域及值域.

解 无论 x 的值为何, x^2 总是可以计算的. 所以,

$$\mathrm{Dom}(f) = \mathbb{R}.$$

另一方面, 对于 $y = x^2$ 来说, y 只能取非负的值. 所以,

$$\mathrm{Ran}(f) = [0, +\infty).$$ □

例 2.1.4 求由 $y = \sqrt{\sin x}$ 所决定的函数 f 的定义域及值域.

解 为了使得 $\sqrt{\sin x}$ 有意义, 必须

$$\sin x \geqslant 0.$$

这相当于要求 $x \in [2n\pi, (2n+1)\pi]$, 其中 $n = 0, \pm 1, \pm 2, \pm 3, \cdots$. 所以,

$$\mathrm{Dom}(f) = \{x \in \mathbb{R} : x \in [2n\pi, (2n+1)\pi]\} = \bigcup_{n \in \mathbb{Z}} [2n\pi, (2n+1)\pi].$$

另一方面, 当 $x \in \mathrm{Dom}(f)$ 时, 我们有 $0 \leqslant \sin x \leqslant 1$. 所以,

$$0 \leqslant \sqrt{\sin x} \leqslant 1.$$

因此,

$$\mathrm{Ran}(f) = [0, 1].$$ □

例 2.1.5 求函数

$$y = f(x) = \begin{cases} 1, & x \text{ 为有理数时}, \\ 0, & x \text{ 为无理数时} \end{cases}$$

的定义域及值域.

解 $\mathrm{Dom}(f) = \mathbb{R}$, 以及 $\mathrm{Ran}(f) = \{0, 1\}$. □

例 2.1.6 作图: $y = [x] =$ 不超过 x 的最大整数.

解　如图 2.5 所示.

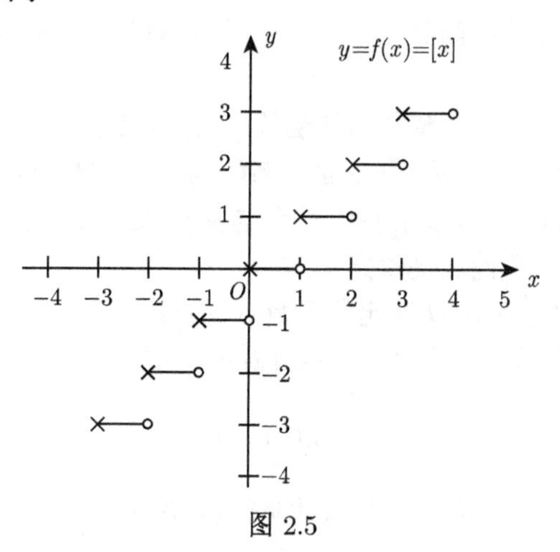

图 2.5

$\mathrm{Dom}([\cdot]) = \mathbb{R}$, 以及 $\mathrm{Ran}([\cdot]) = \mathbb{Z}$. □

例 2.1.7　考虑符号函数 (sign function):

$$y = \operatorname{sgn} x = \begin{cases} 1, & x > 0, \\ 0, & x = 0, \\ -1, & x < 0. \end{cases}$$

符号函数 sgn x 的图形如图 2.6 所示.

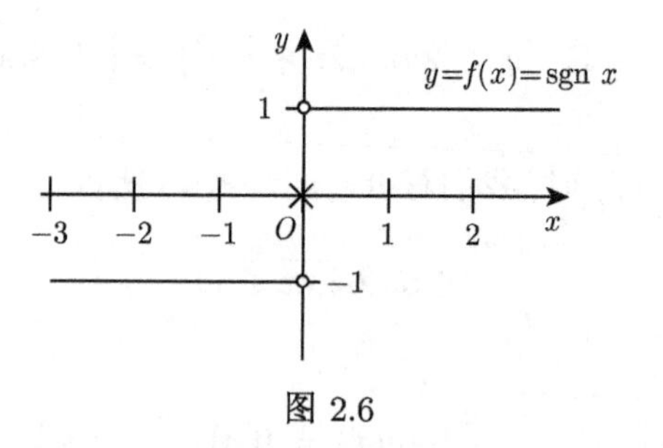

图 2.6

$\mathrm{Dom}(\operatorname{sgn}\ x) = \mathbb{R}$, 以及 $\mathrm{Ran}(\operatorname{sgn}\ x) = \{-1, 0, 1\}$. □

例 2.1.8　考虑函数

$$f(x) = \begin{cases} -1, & -\infty < x < -1, \\ x, & -1 \leqslant x \leqslant 1, \\ 1, & 1 < x < +\infty. \end{cases}$$

其图形如图 2.7 所示.

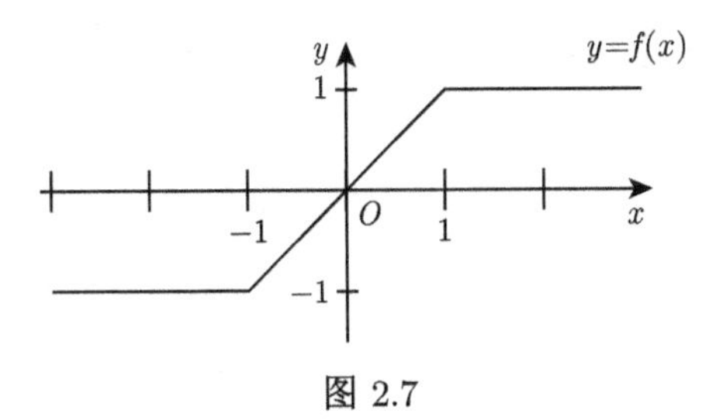

图 2.7

$\mathrm{Dom}(f)=\mathbb{R}$, 以及 $\mathrm{Ran}(f)=[-1,1]$. □

例 2.1.9 考虑函数

$$y=x^2\sin\frac{1}{x}.$$

其图形如图 2.8 所示.

$$\mathrm{Dom}(f)=\{x\in\mathbb{R}:x\neq 0\}=\mathbb{R}\backslash\{0\}=(-\infty,0)\cup(0,+\infty),$$
$$\mathrm{Ran}(f)=\mathbb{R}.$$

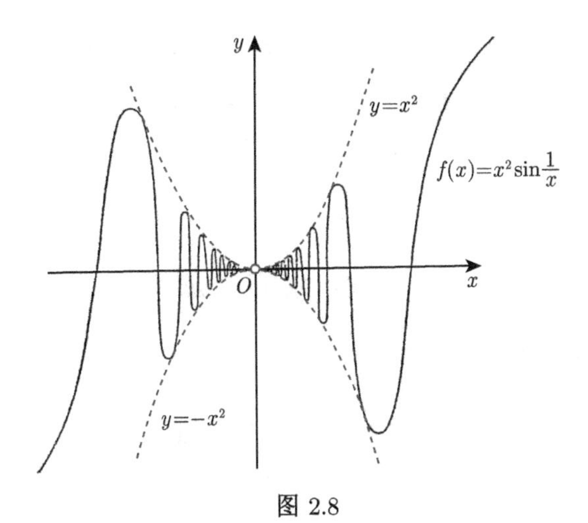

图 2.8

□

习题 2.1

1. 设 $f=\dfrac{1}{x+1}$, 求下列各函数值:

(1) $f(f(x))$;　　(2) $f\left(\dfrac{1}{x}\right)$;

(3) $f(cx)$;　　(4) $f(x+y)$;

(5) 对于哪些数 c, 能找到 x, 使 $f(cx)=cf(x)$?

2. 找出下列各函数的定义域和值域:

(1) $g(x)=\sqrt{1-x^2}$;

(2) $g(x)=\sqrt{1-\sqrt{1-x^2}}$;

(3) $g(x)=\dfrac{1}{x+1}+\dfrac{1}{x-2}$;

(4) $g(x)=\sqrt{1-x^2}+\sqrt{x^2-1}$;

(5) $g(x)=\sqrt{1-x}+\sqrt{x+3}$;

(6) $y=\sqrt{2+x-x^2}$;

(7) $y=\sqrt{\sin x+\cos x}$;

(8) $y=\dfrac{1}{\cos \pi x}$.

3. 画出函数的图形, 并求其定义域和值域.

(1) $y=x^3$.

(2) $y=\sqrt{\cos x}$.

(3) $y=[x]+3$.

(4) $y=2[x]$.

(5) $y=x\sin\dfrac{1}{x}$.

(6) 设 $a\in\mathbb{R}$, $y=f(x)=\begin{cases}1, & x>a,\\ \dfrac{x}{a}, & -a\leqslant x\leqslant a,\\ -1, & x<a.\end{cases}$

(7) $y=f(x)=\begin{cases}0, & x \text{ 为 } [0,1] \text{ 上的无理数},\\ \dfrac{1}{p}, & x \text{ 为 } [0,1] \text{ 上的有理数, 且 } x=\dfrac{q}{p}, \text{ 其中 } p,q \text{ 互质}.\end{cases}$

(8) 以 $\{x\}$ 表示 x 至最近整数的距离, 绘出下列函数的图形:

(i) $f(x)=\{x\}$;

(ii) $f(x)=\{2x\}$;

(iii) $f(x)=\{x\}+\dfrac{1}{2}\{2x\}$.

2.2 函数的性质

2.2.1 函数的相等、限制及扩张

定义 2.2.1 给定两函数 f_1,f_2. 如果它们的图相等 $\mathrm{Graph}\, f_1=\mathrm{Graph}\, f_2$, 即

(1) $\mathrm{Dom}\, f_1=\mathrm{Dom}\, f_2=X$;

(2) $f_1(x)=f_2(x),\forall x\in X$,

则称 $f_1=f_2$.

例 2.2.1 设 $f_1(x)=|x|$, $f_2(x)=\sqrt{x^2}$, 则

$$\mathrm{Dom}(f_1)=\mathbb{R}=\mathrm{Dom}(f_2),$$

而且,

$$f_1(x)=|x|=\sqrt{x^2}=f_2(x),\quad \forall x\in\mathbb{R}.$$

所以, $f_1=f_2$. □

注意 $\sqrt{\cdot}$ 永远给出非负根, 如 $\sqrt{4}=2$. 若要表示 4 有负根, 应写 $\pm\sqrt{4}=\pm 2$.

例 2.2.2 设 $f_1(x)=x$, $f_2(x)=\sqrt{x^2}$, 则

$$\mathrm{Dom}(f_1)=\mathrm{Dom}(f_2)=\mathbb{R}.$$

但是,

$$f_1(x)\neq f_2(x),\quad x<0.$$

因此, $f_1\neq f_2$. □

在例 2.2.2 中, 虽然 $f_1\neq f_2$, 但是在 $[0,+\infty)$ 上,

$$f_1(x)=x \quad \text{及} \quad f_2(x)=\sqrt{x^2}$$

有相同的值. 此时, 我们会写成

$$f_1|_{[0,+\infty)}=f_2|_{[0,+\infty)}.$$

这说明: 当限制在 $[0,+\infty)$ 考虑问题时, f_1 及 f_2 相等.

定义 2.2.2 设函数 f 的定义域为 $\mathrm{Dom}(f)=X$, 且 $A\subset X$. 定义一新函数:

$$f|_A: A\longrightarrow \mathbb{R}.$$

其定义域为 A, 且

$$f|_A(x)=f(x),\quad \forall x\in A.$$

称 $f|_A$ 为 f 在 A 上的**限制** (restriction to A). 反过来说, 也称 f 为 $f|_A$ 在 X 上的**扩张** (extension to X).

2.2.2 函数的确界

观察函数

$$y=\sqrt{\sin x} \quad \text{以及} \quad y=\operatorname{sgn} x,$$

它们都是有界函数; 但是,

$$y=x^2 \quad \text{及} \quad y=[x]$$

则是无界函数. 更确切地说,

函数 $\sqrt{\sin\ x}$ 有上确界 1 和下确界 0;

函数 $\operatorname{sgn} x$ 有上确界 1 和下确界 -1;

函数 x^2 有下确界 0, 而没有上界;

最后, 函数 $[x]$ 既无上确界又无下确界.

定义 2.2.3 对于实数值函数 $f: X \to \mathbb{R}$, 我们定义

(1) f 的**上确界** (supremum), 或者**最小上界** (least upper bound), 为

$$\sup f = \sup \operatorname{Ran}(f) = \sup \{f(x) : x \in \operatorname{Dom}(f)\};$$

(2) f 的**下确界** (infimum), 或者**最大下界** (greatest lower bound), 为

$$\inf f = \inf \operatorname{Ran}(f) = \inf \{f(x) : x \in \operatorname{Dom}(f)\}.$$

若 $\sup f < +\infty$, 则称 f **有上界** (bounded above); 若 $\inf f > -\infty$, 则称 f **有下界** (bounded below); 若 f 同时有上、下界, 则称 f **有界** (bounded).

例 2.2.3 设 $f(x) = \sin \dfrac{1}{x}, x \in (0, +\infty)$. 求证

$$\sup_{x>0} f(x) = 1 \quad \text{和} \quad \inf_{x>0} f(x) = -1.$$

证明 首先, 对任何在 $(0, +\infty)$ 中的 x, 我们总会有

$$-1 \leqslant \sin \frac{1}{x} \leqslant 1.$$

所以 1 是 $\operatorname{Ran}(f)$ 的上界, 而 -1 是 $\operatorname{Ran}(f)$ 的下界. 另一方面, 当 $x = \dfrac{2}{\pi}$ 时,

$$f(x) = \sin \frac{1}{x} = \sin \frac{1}{2/\pi} = \sin \frac{\pi}{2} = 1.$$

所以, $1 \in \operatorname{Ran}(f)$. 特别地, 1 是 $\operatorname{Ran}(f)$ 的上确界, 也是 f 的最大值, 即

$$\sup_{x>0} f(x) = \max_{x>0} f(x) = 1.$$

同理, 当 $x = 2\pi/3$ 时,

$$f(x) = \sin \frac{1}{x} = \sin \frac{1}{2/3\pi} = \sin \frac{3\pi}{2} = -1.$$

所以, $-1 \in \operatorname{Ran}(f)$. 特别地, -1 是 $\operatorname{Ran}(f)$ 的下确界, 也是 f 的最小值, 即

$$\inf_{x>0} f(x) = \min_{x>0} f(x) = -1.$$

□

例 2.2.4 设 $f(x) = \dfrac{1}{x^2}, x \neq 0$. 求证

$$\inf f(x) = 0 \quad \text{及} \quad \sup f(x) = +\infty.$$

证明 不等式

$$0 < \operatorname{Ran}(f) < +\infty$$

是显然的. 我们应用命题 1.2.3 来验证 $\inf f = 0$ 及 $\sup f = +\infty$. 为了证明 $\inf f = 0$, 对于任意的 $\varepsilon > 0$, 我们需要找出 $x \neq 0$, 使得

$$f(x) < 0 + \varepsilon.$$

即求 x, 使得

$$\frac{1}{x^2} < \varepsilon \quad \text{或} \quad x^2 > \frac{1}{\varepsilon}.$$

于是, 任何适合条件 $|x| > \dfrac{1}{\sqrt{\varepsilon}}$, 即 $x > \dfrac{1}{\sqrt{\varepsilon}}$ 或 $x < -\dfrac{1}{\sqrt{\varepsilon}}$ 的 x 都中选. 因此, $\inf f = 0$.

最后, 要证明 $\sup f = +\infty$, 就是要证明 f 没有上界. 所谓没有上界就是说不管 n 有多大, 总有 $x \neq 0$, 使得

$$f(x) > n,$$

即

$$\frac{1}{x^2} > n \quad \text{或} \quad x^2 < \frac{1}{n}.$$

现在, 只要 $|x| < \dfrac{1}{\sqrt{n}}$, 即 $-\dfrac{1}{\sqrt{n}} < x < \dfrac{1}{\sqrt{n}}$, 我们就有 $f(x) > n$. 所以, f 没有上界. □

2.2.3 单调函数

定义 2.2.4 设函数 f 的定义域为 $X \subseteq \mathbb{R}$, 以及 $A \subseteq X$. 若有

$$x_1 \leqslant x_2 \implies f(x_1) \leqslant f(x_2), \quad \forall x_1, x_2 \in A,$$

则称 f 在 A 上**单调上升**, 或者**递增** (monotone increasing).

若有

$$x_1 < x_2 \implies f(x_1) < f(x_2), \quad \forall x_1, x_2 \in A,$$

则称 f 在 A 上**严格单调上升** (strictly monotone increasing).

同理可定义**单调下降**, 或者**递减** (monotone decreasing), 以及**严格单调下降** (strictly monotone decreasing) 的函数. 若函数 f 在 X 上单调上升或单调下降, 则称 f 为**单调函数** (monotone function). 若 f 在 X 上严格单调上升或严格单调下降, 则称 f 为**严格单调函数** (strictly monotone function).

例 2.2.5　如图 2.9, 函数 $y=\cos x$ 在 $[0,\pi]$ 严格单调下降, 在 $[\pi,2\pi]$ 严格单调上升. 但是在 $[0,2\pi]$ 上既非单调上升, 亦非单调下降.

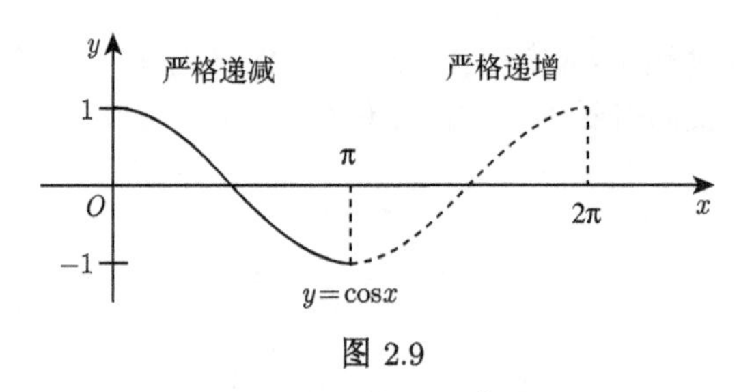

图 2.9

□

例 2.2.6　$y=[x]$ 及 $y=\operatorname{sgn} x$ 都是上升而非严格上升的函数. □

例 2.2.7　证明 $f(x)=\dfrac{x}{x-1}$ 在 $(1,+\infty)$ 上是严格下降函数.

证明　对所有的 $x_1,x_2>1$, 且 $x_1<x_2$, 观察:

$$\begin{aligned}f(x_2)-f(x_1)&=\frac{x_2}{x_2-1}-\frac{x_1}{x_1-1}\\&=\frac{x_2(x_1-1)-x_1(x_2-1)}{(x_2-1)(x_1-1)}\\&=\frac{x_1-x_2}{(x_2-1)(x_1-1)}<0.\end{aligned}$$

所以,

$$x_1<x_2 \implies f(x_1)>f(x_2).$$ □

习题 2.2

1. 查看下列各题, 函数 f 和 g 是否相等? 为什么?

(1) $f(x)=\dfrac{x}{x}$, $g(x)=1$;　　(2) $f(x)=x$, $g(x)=\sqrt{x^2}$;

(3) $f(x)=1$, $g(x)=\sec^2 x-\tan^2 x$;　　(4) $f(x)=\dfrac{x^2-9}{x+3}$, $g(x)=x-3$;

(5) $f(x)=\sqrt{x+1}\sqrt{x-1}$, $g(x)=\sqrt{x^2-1}$.

2. 设 $f(x)=x+2$, $\varphi(x)=x-1$. 试解方程

$$|f(x)+\varphi(x)|=|f(x)|+|\varphi(x)|.$$

3. 设 $f(x)=(|x|+x)(1-x)$. 求使以下各式满足的 x 的值:

(1) $f(x)=0$;　　(2) $f(x)<0$.

4. 证明: 对于线性函数 $f(x)=ax+b$, 若自变量的诸值 $x=x_n$ $(n=1,2,\cdots)$ 组成一等差数列, 则对应的函数值 $y_n=f(x_n)$ $(n=1,2,\cdots)$ 也组成一等差数列.

5. 证明下列各函数在所示区间内是单调增加的函数:

(1) $y=x^2$ $(0\leqslant x<+\infty)$; (2) $y=\sin x$ $\left(-\dfrac{\pi}{2}\leqslant x\leqslant\dfrac{\pi}{2}\right)$.

6. 先判断下列各函数是递增还是递减, 再予以详细证明:

(1) $y=\sqrt{1-x^2}$ $(-1\leqslant x\leqslant 1)$; (2) $y=\dfrac{x}{x+1}$ $(x>-1)$.

7. 对于下列各函数, 试找出它们的上、下界, 或证明它们无界:

(1) $f(x)=\dfrac{1+x}{1+x^3}$, 在 $(-\infty,+\infty)$ 上; (2) $f(x)=\dfrac{1+x^4}{1+x^2}$, 在 $(-\infty,+\infty)$ 上;

(3) $f(x)=\dfrac{\sin x}{x}$, 在 $(0,2\pi)$ 上.

8. 求下列函数在指定区间的上、下确界:

(1) $f(x)=2[x]$, $x\in(0,2)$; (2) $f(x)=4\cos x$, $x\in(-\pi,\pi)$;

(3) $f(x)=\dfrac{x+2}{x^2+x+1}$, $x\in(-\infty,+\infty)$; (4) $f(x)=\dfrac{\sin x^2}{x^2}$, $x\in(0,\pi)$.

2.3 函数的运算

定义 2.3.1 (函数的四则运算) 设 $X\subseteq\mathbb{R}$ 及 $f,g:X\longrightarrow\mathbb{R}$ 为定义在 X 上的函数. 令 $X_0=\{x\in X: g(x)\neq 0\}$. 定义 f 和 g 的和、差、积 $f+g, f-g, fg: X\longrightarrow\mathbb{R}$, 以及商 $\dfrac{f}{g}: X_0\longrightarrow\mathbb{R}$ 如下:

$$(f+g)(x)=f(x)+g(x),\quad (f-g)(x)=f(x)-g(x),$$
$$(fg)(x)=f(x)g(x),\qquad \frac{f}{g}(x)=\frac{f(x)}{g(x)}.$$

例 2.3.1 设 $f(x)=\dfrac{1}{x}$, $g(x)=\sqrt{x}$, 则 $\mathrm{Dom}(f)=\mathbb{R}\backslash\{0\}$, $\mathrm{Dom}(g)=[0,+\infty)$. 因此,

$$\mathrm{Dom}(f)\neq\mathrm{Dom}(g).$$

由于定义域不相同, 我们无法定义 $f+g, f-g, fg$ 及 f/g. 但是, 直观地, 我们有

$$f(x)\pm g(x)=\frac{1}{x}\pm\sqrt{x},\quad f(x)g(x)=\frac{\sqrt{x}}{x},\quad \frac{f(x)}{g(x)}=\frac{1}{x\sqrt{x}}.$$

为了应用上的方便, 我们将上列各式看成函数 $f+g$, $f-g$, fg 及 f/g 的定义.

它们的定义域分别是

$$\begin{aligned}\mathrm{Dom}(f+g)&=\mathrm{Dom}(f-g)=\mathrm{Dom}(fg)\\&=\mathrm{Dom}(f)\cap\mathrm{Dom}(g)=(\mathbb{R}\backslash\{0\})\cap[0,+\infty)=(0,+\infty),\\\mathrm{Dom}(f/g)&=\mathrm{Dom}(f)\cap\mathrm{Dom}(g)\backslash\{x:g(x)=0\}=(0,+\infty)\backslash\{0\}=(0,+\infty).\end{aligned}$$ □

设 $f:X\longrightarrow\mathbb{R}$ 为定义在 $X\subseteq\mathbb{R}$ 上的函数. 我们定义 f 的**绝对值** (absolute value) 为

$$|f|:X\longrightarrow\mathbb{R},\quad |f|(x)=|f(x)|.$$

若 $g:X\longrightarrow\mathbb{R}$ 也是定义在 X 上的函数, 则记

$$\max\{f,g\}(x)=\max\{f(x),g(x)\},$$
$$\min\{f,g\}(x)=\min\{f(x),g(x)\}.$$

这里, $\max\{\cdots\}$ 表示取 $\{\cdots\}$ 中的最大值, $\min\{\cdots\}$ 表示取 $\{\cdots\}$ 中的最小值. 如图 2.10 所示. 易见,

$$\max\{f,g\}=\frac{1}{2}\left[f+g+|f-g|\right],$$
$$\min\{f,g\}=\frac{1}{2}\left[f+g-|f-g|\right].$$

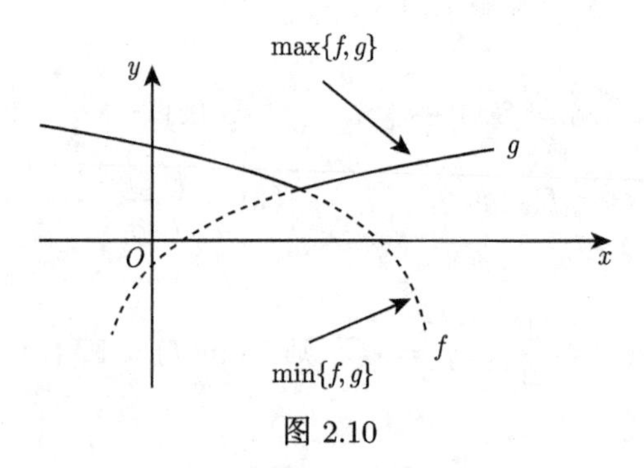

图 2.10

例 2.3.2　设函数 $f:\mathbb{R}\longrightarrow\mathbb{R}$ 被定义为

$$f(x)=x^3-8.$$

试表 f 为二非负函数之差. 即 $f=f_+-f_-$, 其中 $f_+,f_-\geqslant 0$.

解　设 $f_+=\max\{f,0\}$ 及 $f_-=-\min\{f,0\}$, 则 $f_+,f_-\geqslant 0$, 且

$$f=f_+-f_-.$$

原因是: 若 $f(x) \geqslant 0$, 则

$$f_+(x) = f(x), \quad f_-(x) = 0.$$

所以,

$$f(x) = f_+(x) - f_-(x).$$

若 $f(x) \leqslant 0$, 则

$$f_+(x) = 0, \quad f_-(x) = -f(x),$$

所以,

$$f(x) = f_+(x) - f_-(x).$$ □

我们称 $f_+(x) = \max\{f, 0\}$ 为函数 f 的**正部** (positive part), $f_-(x) = -\min\{f, 0\}$ 为 f 的**负部** (negative part). 如图 2.11 所示.

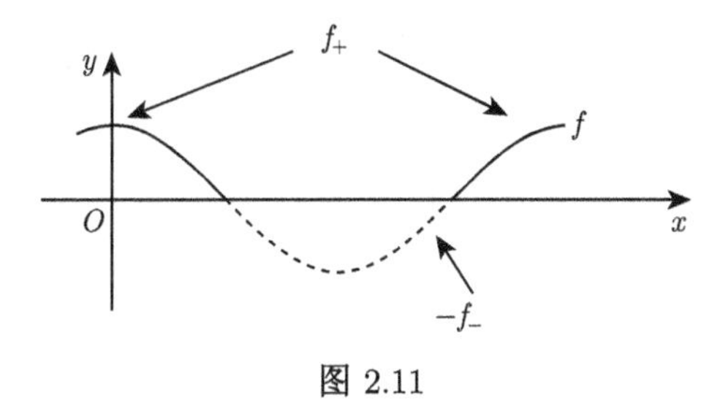

图 2.11

定义 2.3.2 设 $X \subseteq \mathbb{R}$, $Y \subseteq \mathbb{R}$, $f : X \longrightarrow \mathbb{R}$, $g : Y \longrightarrow \mathbb{R}$ 及 $\mathrm{Ran}(f) \subset \mathrm{Dom}(g) = Y$. 定义 f 及 g 的**复合函数** (composite function) $g \circ f : X \to \mathbb{R}$ 为

$$g \circ f(x) = g(f(x)), \quad \forall x \in X.$$

如图 2.12 所示.

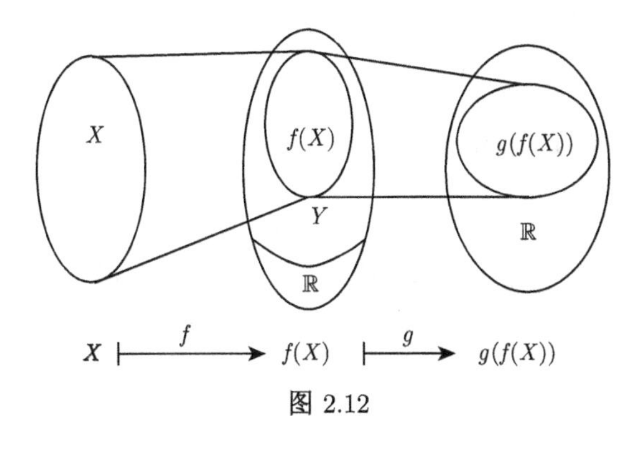

图 2.12

例 2.3.3　设 $f(x)=\sqrt{x}$ 和 $g(x)=x^2$, 求 $f\circ g$ 及 $g\circ f$.

解　因为

$$\begin{aligned}&\mathrm{Dom}(f)=[0,+\infty), \qquad \mathrm{Ran}(f)=[0,+\infty),\\&\mathrm{Dom}(g)=\mathbb{R}, \qquad \mathrm{Ran}(g)=[0,+\infty),\end{aligned}$$

所以, $\mathrm{Ran}(g)\subseteq\mathrm{Dom}(f)$, $\mathrm{Ran}(f)\subseteq\mathrm{Dom}(g)$. 因此, $f\circ g$ 及 $g\circ f$ 皆存在. 而且,

$$\mathrm{Dom}(f\circ g)=\mathbb{R} \quad 及 \quad \mathrm{Dom}(g\circ f)=[0,+\infty).$$

又

$$\begin{aligned}&f\circ g(x)=f(g(x))=\sqrt{g(x)}=\sqrt{x^2}=|x| \quad (注意\text{: } \sqrt{x^2}\neq\pm x),\\&g\circ f(x)=g(f(x))=(f(x))^2=(\sqrt{x})^2=x,\end{aligned}$$

由于 $\mathrm{Dom}(f\circ g)\neq\mathrm{Dom}(g\circ f)$, 所以 $f\circ g\neq g\circ f$. □

例 2.3.4　设 $f(x)=\sqrt{2x}$, 求 $f^{(100)}=\underbrace{f\circ f\circ f\circ\cdots\circ f}_{100\text{ 个}}$.

解　因为

$$\mathrm{Dom}(f)=[0,+\infty) \quad 及 \quad \mathrm{Ran}(f)=[0,+\infty),$$

所以

$$\mathrm{Dom}(f^{(2)})=\mathrm{Dom}(f^{(3)})=\cdots=\mathrm{Dom}(f^{(100)})=[0,+\infty).$$

又

$$\begin{aligned}&f^{(2)}(x)=f\circ f(x)=f(f(x))=\sqrt{2f(x)}=\sqrt{2\sqrt{2x}},\\&f^{(3)}(x)=f\circ f\circ f(x)=f(f(f(x)))=\sqrt{2f(f(x))}=\sqrt{2\sqrt{2\sqrt{2x}}},\\&\qquad\cdots\cdots\\&f^{(n)}(x)=\sqrt{2\sqrt{2\cdots\sqrt{2\sqrt{2x}}}},\end{aligned}$$

其中右方共有 n 个根号, 化简, 得

$$\begin{aligned}&f^{(2)}(x)=2^{\frac{1}{2}}\cdot 2^{\frac{1}{4}}x^{\frac{1}{4}}=2^{\frac{1}{2}+\frac{1}{4}}x^{\frac{1}{4}},\\&f^{(3)}(x)=2^{\frac{1}{2}}\cdot 2^{\frac{1}{4}}\cdot 2^{\frac{1}{8}}x^{\frac{1}{8}}=2^{\frac{1}{2}+\frac{1}{4}+\frac{1}{8}}x^{\frac{1}{8}},\\&\qquad\cdots\cdots\\&f^{(n)}(x)=2^{\frac{1}{2}+\frac{1}{4}+\frac{1}{8}+\cdots+\frac{1}{2^n}}x^{\frac{1}{2^n}}.\end{aligned}$$

特别地,

$$f^{(100)}(x) = 2^{\frac{1}{2}+\frac{1}{4}+\cdots+\frac{1}{2^{100}}} x^{\frac{1}{2^{100}}} = 2^{1-\frac{1}{2^{100}}} x^{\frac{1}{2^{100}}}.$$

一般地, 对于 $n = 1, 2, \cdots$,

$$f^{(n)}(x) = 2^{1-\frac{1}{2^n}} x^{\frac{1}{2^n}}.$$

□

定义 2.3.3 设 $f : X \longrightarrow Y$. 若对于 $x_1, x_2 \in X$, 总有

$$f(x_1) = f(x_2) \implies x_1 = x_2,$$

则称 f 为**一对一** (one-to-one) 的函数. 若

$$\forall y \in Y, \quad \exists x \in X, \quad f(x) = y,$$

则我们称 f 为**满射** (surjection, 又称**映成**、**盖射**). 如果 f 同时是一对一及满射, 我们称 f 为**一一对应** (one-one onto) 的函数.

例 2.3.5 (1) 如图 2.13 所示. (2) 如图 2.14 所示. (3) 如图 2.15 所示.

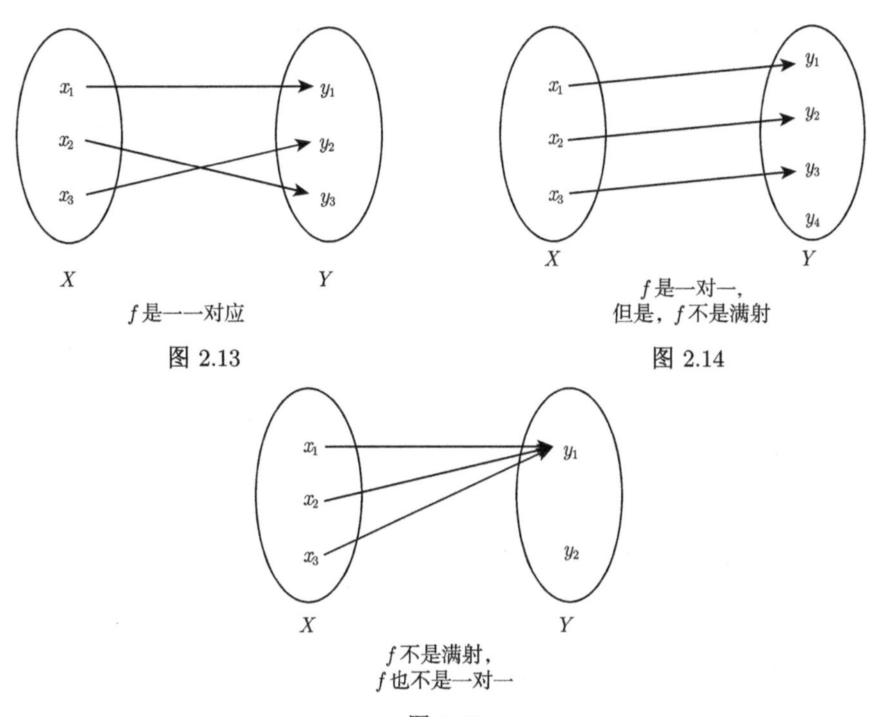

图 2.13

图 2.14

图 2.15

□

定义 2.3.4 假设如图 2.16, 对于函数 $f: X \longrightarrow Y$, 存在函数 $g: Y \longrightarrow X$, 使得

$$f \circ g(y) = y, \quad \forall y \in Y,$$
$$g \circ f(x) = x, \quad \forall x \in X.$$

此时, 我们称 f 为可逆函数 (invertible function), 称 g 为 f 的反函数 (inverse function), 记为 $g = f^{-1}$. 易见, g 也是可逆的, 并且 $g^{-1} = f$.

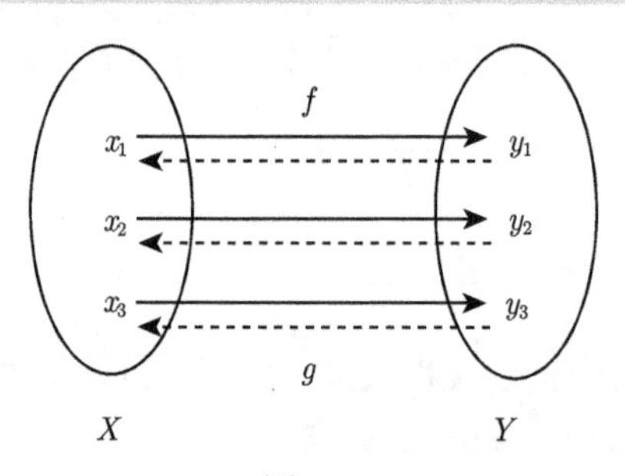

图 2.16

定理 2.3.6 函数 $f: X \to Y$ 是一对一的满射, 当且仅当, f 是可逆函数. 此时, f 的反函数 $g: Y \to X$ 是唯一确定的.

证明 设 $F = \operatorname{Graph} f \subset X \times Y$ 为函数 f 的图. 我们注意到: 条件 "f 是一对一的" 相当于

(1) $(x_1, y), (x_2, y) \in F \implies x_1 = x_2$.

另一方面, 条件 "f 是满射" 相当于

(2) $\forall y \in Y$, $\exists x \in X$, 使得 $(x, y) \in F$.

此时, 如果我们构造 $Y \times X$ 的子集

$$G := \{(y, x) \in Y \times X : (x, y) \in F\},$$

由条件 (1) 和 (2), 应用定理 2.1.2, 得知 G 是某个函数 $g: Y \to X$ 的图, 即 $G = \operatorname{Graph} g$. 现在, 由 g 的定义, 容易看出 g 是 f 的反函数.

若 $h: Y \to X$ 也是 f 的反函数, 易见 h 的图相等于 g 的图. 事实上,

$$\begin{aligned}(y, x) \in \operatorname{Graph} h &\iff x = h(y) \iff f(x) = f(h(y)) = y \\ &\iff (x, y) \in \operatorname{Graph} f \iff (y, x) \in \operatorname{Graph} g.\end{aligned}$$

由于 $\operatorname{Graph} h = \operatorname{Graph} g$, 根据函数相等的定义, $h = g$.

另一方面, 我们假设 $f: X \to Y$ 可逆, 并以 $f^{-1}: Y \to X$ 记为 f 的反函数. 如果 $f(x_1) = f(x_2)$, 我们有 $x_1 = f^{-1}(f(x_1)) = f^{-1}(f(x_2)) = x_2$. 因此, f 是一对一

的. 再者, 对于 Y 中的任何点 y, 令 $x = f^{-1}(y)$. 则 $f(x) = f(f^{-1}(y)) = y$. 所以, f 是满射.

于是定理的两个方向都得证. □

例 2.3.7 设 $f : [-1, +\infty) \longrightarrow [-4, +\infty)$, $f(x) = x^2 + 2x - 3$. 求 f^{-1}.

解 f 的图形如图 2.17 所示.

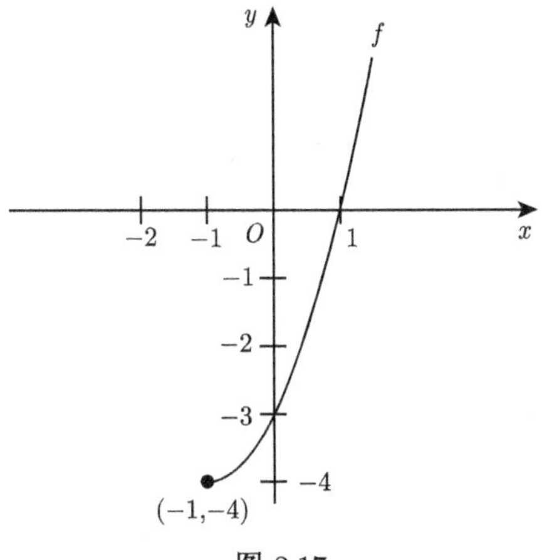

图 2.17

因为 f 是一一对应的, 所以 f^{-1} 存在. 对于 $y \in [-4, +\infty)$,

$$f\left(f^{-1}(y)\right) = y.$$

所以,

$$y = f(f^{-1}(y)) = (f^{-1}(y))^2 + 2f^{-1}(y) - 3,$$

$$\left(f^{-1}(y)\right)^2 + 2f^{-1}(y) - (3 + y) = 0.$$

由此解出

$$f^{-1}(y) = \frac{-2 \pm \sqrt{4 + 4(3 + y)}}{2} = -1 \pm \sqrt{4 + y}.$$

注意, 此时 $-4 \leqslant y < +\infty$, 所以 $\sqrt{4+y}$ 有意义. 另外,

$$\mathrm{Ran}(f^{-1}) = \mathrm{Dom}(f) = [-1, +\infty).$$

所以,

$$-1 \leqslant f^{-1}(y) < +\infty.$$

即

$$-1 \leqslant -1 \pm \sqrt{4 + y} < +\infty$$

或

$$0 \leqslant \pm\sqrt{4 + y}.$$

由此, 根式之前只能取正号. 于是,

$$f^{-1}(y) = -1 + \sqrt{4 + y}.$$

□

对于一般的函数 $f: X \to Y$, 可以考虑将 Y 更换成 f 的值域 $f(X)$. 所以, 我们总可以假设 f 是满射. 因此, f 是不是一个从 X 到 $f(X)$ 的可逆函数的充分必要条件是: f 在其定义域 X 上, 是不是一对一的.

定理 2.3.8 严格单调函数为一对一函数.

证明 设 $f: X \longrightarrow Y$ 为严格单调函数, 其中 $X \subseteq \mathbb{R}, Y \subseteq \mathbb{R}$. 若有 $x_1, x_2 \in X$ 及 $f(x_1) = f(x_2)$, 则可能情况有三:

$$x_1 = x_2, \quad x_1 > x_2, \quad \text{或} \quad x_1 < x_2.$$

然而, 若 f 严格上升, 则有

$$x_1 > x_2 \Longrightarrow f(x_1) > f(x_2),$$
$$x_1 < x_2 \Longrightarrow f(x_1) < f(x_2),$$

皆不合于假设 $f(x_1) = f(x_2)$. 所以, 只可能有 $x_1 = x_2$. 若 f 严格下降, 则有

$$x_1 > x_2 \Longrightarrow f(x_1) < f(x_2),$$
$$x_1 < x_2 \Longrightarrow f(x_1) > f(x_2),$$

皆不合于假设 $f(x_1) = f(x_2)$. 所以, 只可以成立 $x_1 = x_2$. 总之,

$$f(x_1) = f(x_2) \Longrightarrow x_1 = x_2.$$

故此, f 为一对一的函数. □

习题 2.3

1. 设 $f(x) = x^3$, $g(x) = 2^x$ 和 $h(x) = \cos x$. 写出下列复合函数, 并指出其定义域和值域:

(1) $f \circ g$; (2) $f \circ h$;

(3) $f \circ g \circ h$.

2. 承第 1 题, 将下列每一函数用 f, g, h 及它们的和、积及复合来表示 (例如, (1) 的答案是 $g \circ h$).

(1) $S(x) = 2^{\cos x}$; (2) $S(x) = \cos 2^x$;

(3) $S(x) = \cos x^3$;

(4) $S(x) = \cos^3 x$(我们习惯地用 $\cos^3 x$ 作为 $(\cos x)^3$ 的简便写法);

(5) $S(x) = 2^{2^x}$(注意: a^{b^c} 通常指 $a^{(b^c)}$. 另一方面, $(a^b)^c$ 常常写成 a^{bc});

(6) $S(u) = \cos(2^u + 2^{u^3})$; (7) $P(a) = 2^{\cos^3 a} + \sin(a^3)$.

3. 求下列函数在指定区间内的上、下确界:

(1) $f(x)=[x]$, $x\in(-2,2)$;　　(2) $f(x)=-x^2+x+1$, $x\in(-2,2)$;

(3) $f(x)=\sin x+\cos x$, $x\in(-\pi,\pi)$.

4. 若 $f(x), g(x)$ 在 $[a,b]$ 上有界, 求证:

(1) $\inf\limits_{x\in[a,b]} f(x)+\inf\limits_{x\in[a,b]} g(x)\leqslant \inf\limits_{x\in[a,b]}(f(x)+g(x))$;

(2) $\sup\limits_{x\in[a,b]} f(x)+\sup\limits_{x\in[a,b]} g(x)\geqslant \sup\limits_{x\in[a,b]}(f(x)+g(x))$.

5. 对于下列各式, 请予以证明或举出反例.

(1) $f\circ(g+h)=f\circ g+f\circ h$;　　(2) $\dfrac{1}{f\circ g}=\dfrac{1}{f}\circ g$.

6. 设 $f\circ g=I$, 其中恒等函数 I 表示 $I(x)=x$. 证明:

(1) 若 $x\neq y$, 则 $g(x)\neq g(y)$;

(2) 对于任一个数 b, 我们都可以找到另一个数 a, 写成 $b=f(a)$.

换句话说, $f\circ g=I \implies g$ 是一对一的, 而且 f 是满射.

7. 定义函数

$$f(x)=\frac{ax+b}{cx+d}.$$

问: a,b,c,d 要取什么值时, 才能使 $f(f(x))=x$ 成立?

8. (1) 对于哪些函数 f, 我们可以找到函数 g, 使得 $f=g^2$?

提示: 如果 "函数" 用 "数字" 来代替时, 会是怎样?

(2) 对于怎样的函数 f, 我们可以找到函数 g, 使得 $f=\dfrac{1}{g}$?

(3) 若有一函数 $x(t)$, 使得对于所有的数 t, 皆成立着

$$(x(t))^2+b(t)x(t)+c(t)=0.$$

请问: $b(t)$ 和 $c(t)$ 是怎样的函数?

9. 求下列函数的反函数及其定义域:

(1) $y=x^2$ $(-\infty<x\leqslant 0)$;　　(2) $y=\sqrt{1-x^4}$ $(-1\leqslant x\leqslant 0)$;

(3) $y=\cos x$ $(0\leqslant x<\pi)$.

10. 证明函数

$$f(x)=\frac{1}{x}\sin\frac{1}{x}$$

在 $(0,1)$ 上没有上界.

2.4 初等函数

有五种类型的函数被称为**基本初等函数** (basic elementary function).

多项式函数 (polynomial function)

$$f(x)=a_nx^n+a_{n-1}x^{n-1}+\cdots+a_1x+a_0,$$

其中 $a_n \neq 0$. 我们称 $\deg(f) := n > 0$ 为多项式 f 的**次数** (degree). 有两种例外情形:

$$f(x) = c \neq 0, \quad \forall x \in \mathbb{R},$$

以及

$$f(x) = 0, \quad \forall x \in \mathbb{R}.$$

当 f 恒等于非零常数 c 时, 定义 $\deg(f) := 0$. 若 $f = 0$, 则定义 $\deg(f) := -\infty$.

三角函数 (trigonometric function) $\sin x$, $\cos x$, $\tan x$, $\sec x$, $\csc x$ 及 $\cot x$ 都是**周期函数** (periodic function). 特别地,

$$f(x + 2\pi) = f(x), \quad \forall x \in \mathbb{R},$$

其中 $f = \sin x, \cos x, \tan x, \sec x, \csc x$ 或 $\cot x$. 它们的定义由图 2.18 给出.

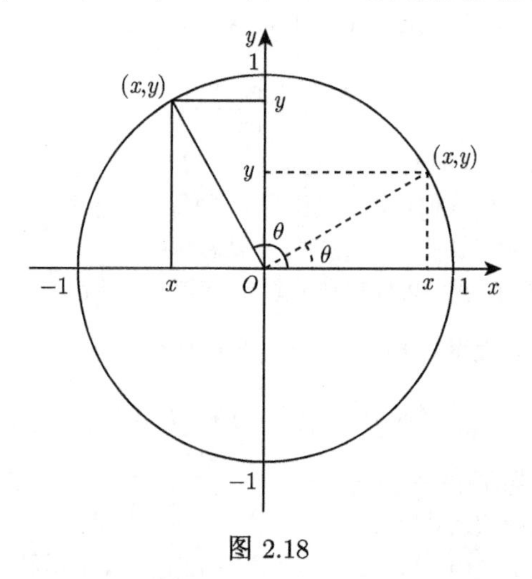

图 2.18

在单位圆 (unit circle) $x^2 + y^2 = 1$ 上的任一点, 对应唯一的一个由 x 轴及相关半径所生成的有向角, 其角度以弧度表示, 记为 θ, $0 \leqslant \theta < 2\pi$. 定义:

$$\sin\theta = y, \qquad \cos\theta = x, \qquad \tan\theta = \frac{y}{x}, \text{ 若 } x \neq 0,$$

$$\sec\theta = \frac{1}{x}, \text{ 若 } x \neq 0, \qquad \csc\theta = \frac{1}{y}, \text{ 若 } y \neq 0, \qquad \cot\theta = \frac{x}{y}, \text{ 若 } y \neq 0.$$

至于在 $[0, 2\pi)$ 外的 θ, 则利用三角函数的周期性来确定. 譬如, 若 f 为任何一个三角函数, $\theta = 390° = 360° + 30° = 2\pi + \frac{\pi}{6}$, 则

$$f(\theta) = f\left(2\pi + \frac{\pi}{6}\right) = f\left(\frac{\pi}{6}\right).$$

事实上, $\tan x$ 和 $\cot x$ 的最小周期为 π. 易见:

$$\begin{aligned}
&\mathrm{Dom}(\sin x) = \mathrm{Dom}(\cos x) = \mathbb{R},\\
&\mathrm{Dom}(\tan x) = \mathrm{Dom}(\sec x) = \mathbb{R}\Big\backslash \left\{n\pi + \frac{\pi}{2} : n = 0, \pm 1, \pm 2, \cdots\right\},\\
&\mathrm{Dom}(\cot x) = \mathrm{Dom}(\csc x) = \mathbb{R}\Big\backslash \{n\pi : n = 0, \pm 1, \pm 2, \cdots\},\\
&\mathrm{Ran}(\sin x) = \mathrm{Ran}(\cos x) = [-1, 1],\\
&\mathrm{Ran}(\tan x) = \mathrm{Ran}(\cot x) = (-\infty, +\infty),\\
&\mathrm{Ran}(\sec x) = \mathrm{Ran}(\csc x) = (-\infty, -1] \cup [1, +\infty).
\end{aligned}$$

再者, 我们有熟知的公式:

$$\begin{gathered}
\tan\theta = \frac{\sin\theta}{\cos\theta}, \quad \cot\theta = \frac{\cos\theta}{\sin\theta},\\
\sec\theta = \frac{1}{\cos\theta}, \quad \csc\theta = \frac{1}{\sin\theta},\\
\sin^2\theta + \cos^2\theta = 1, \quad 1 + \tan^2\theta = \sec^2\theta, \quad 1 + \cot^2\theta = \csc^2\theta,\\
\sin(\alpha + \beta) = \sin\alpha\cos\beta + \cos\alpha\sin\beta,\\
\cos(\alpha + \beta) = \cos\alpha\cos\beta - \sin\alpha\sin\beta,\\
\sin 2\theta = 2\sin\theta\cos\theta,\\
\cos 2\theta = \cos^2\theta - \sin^2\theta = 1 - 2\sin^2\theta = 2\cos^2\theta - 1,\\
\sin^2\theta = \frac{1 - \cos 2\theta}{2}, \quad \cos^2\theta = \frac{1 + \cos 2\theta}{2},\\
\sin\alpha - \sin\beta = 2\cos\left(\frac{\alpha + \beta}{2}\right)\sin\left(\frac{\alpha - \beta}{2}\right),\\
\cos\alpha - \cos\beta = -2\sin\left(\frac{\alpha + \beta}{2}\right)\sin\left(\frac{\alpha - \beta}{2}\right).
\end{gathered}$$

我们也称三角函数为**圆函数** (circular function).

反三角函数 (inverse trigonometric function) 包括了

$$\sin^{-1} x, \cos^{-1} x, \tan^{-1} x, \sec^{-1} x, \csc^{-1} x \text{ 及 } \cot^{-1} x.$$

它们的定义域及值域分别是

$$\begin{aligned}
&\mathrm{Dom}(\sin^{-1} x) = [-1, 1], \quad \mathrm{Ran}(\sin^{-1} x) = \left[-\frac{\pi}{2}, \frac{\pi}{2}\right],\\
&\mathrm{Dom}(\cos^{-1} x) = [-1, 1], \quad \mathrm{Ran}(\cos^{-1} x) = [0, \pi],
\end{aligned}$$

$$\mathrm{Dom}(\tan^{-1} x) = (-\infty, +\infty), \quad \mathrm{Ran}(\tan^{-1} x) = \left(-\frac{\pi}{2}, \frac{\pi}{2}\right),$$
$$\mathrm{Dom}(\cot^{-1} x) = (-\infty, +\infty), \quad \mathrm{Ran}(\cot^{-1} x) = (0\,,\,\pi),$$
$$\mathrm{Dom}(\sec^{-1} x) = (-\infty, -1] \cup [1, +\infty), \quad \mathrm{Ran}(\sec^{-1} x) = \left[0, \frac{\pi}{2}\right) \cup \left(\frac{\pi}{2}, \pi\right],$$
$$\mathrm{Dom}(\csc^{-1} x) = (-\infty, -1] \cup [1, +\infty), \quad \mathrm{Ran}(\csc^{-1} x) = \left[-\frac{\pi}{2}, 0\right) \cup \left(0, \frac{\pi}{2}\right].$$

注意　我们常常记

$$\arcsin\ x = \sin^{-1}\ x, \quad \arccos x = \cos^{-1}\ x, \quad \arctan x = \tan^{-1}\ x,$$
$$\mathrm{arcsec}\ x = \sec^{-1}\ x, \quad \mathrm{arccsc}\ x = \csc^{-1}\ x, \quad \mathrm{arccot}\ x = \cot^{-1}\ x,$$

以表示它们并非三角函数的“反函数”.

三角函数与反三角函数的关系, 可以由图 2.19~图 2.21 显示出来.

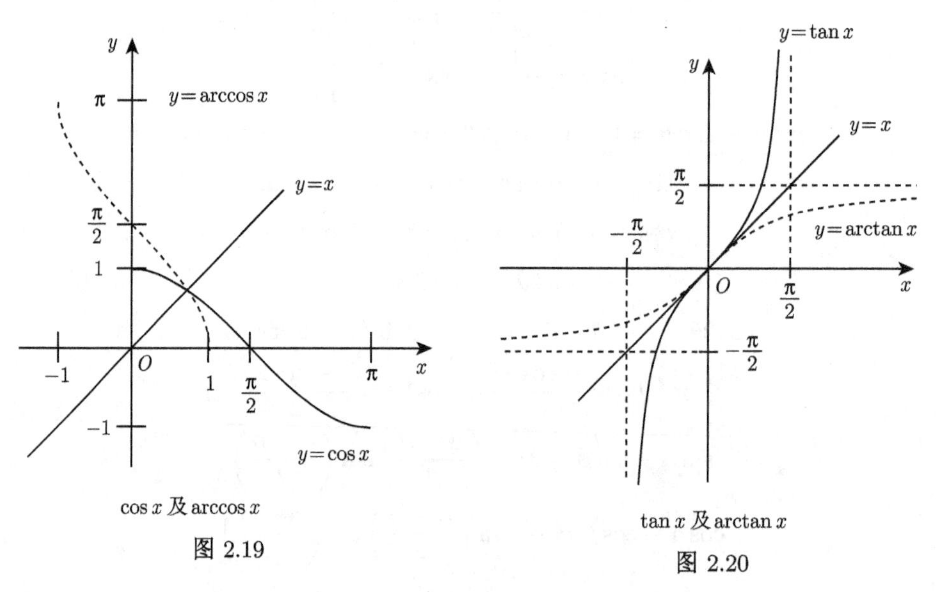

cos x 及 arccos x

图 2.19

tan x 及 arctan x

图 2.20

再者,

$$\arcsin x + \arccos x = \frac{\pi}{2}, \quad \forall x \in [-1, 1],$$
$$\arctan x + \mathrm{arccot}\, x = \frac{\pi}{2}, \quad \forall x \in (-\infty, +\infty),$$
$$\mathrm{arcsec}\, x + \mathrm{arccsc}\, x = \frac{\pi}{2}, \quad \forall x \in (-\infty, -1] \cup [1, +\infty).$$

指数函数 (exponential function)

$$f(x) = a^x,$$

其中常数 $a>0$, 且 $a\neq 1$. 有时, 也记为

$$\exp_a x = a^x.$$

易见,

$$\mathrm{Dom}(\exp_a x)=\mathbb{R} \quad 及 \quad \mathrm{Ran}(\exp_a x)=(0,+\infty).$$

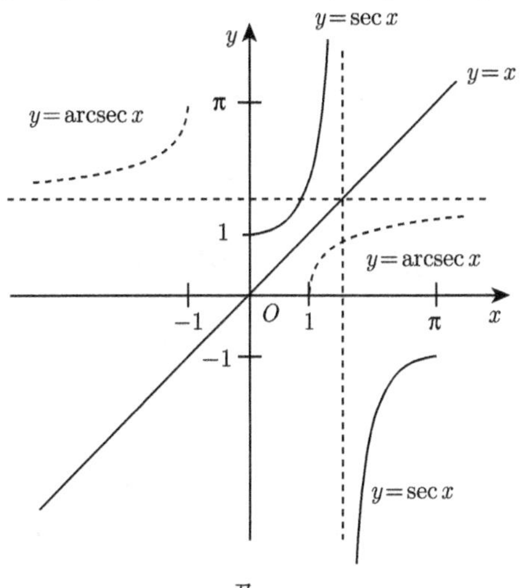

sec x 及 arcsec x

图 2.21

当 $a=1$ 时,

$$\exp_1 x = 1^x = 1, \quad \forall x\in\mathbb{R}.$$

所以, $\exp_1 x$ **为常数函数** (constant function). 当 $a=10$ 时,

$$\exp_{10} x = 10^x.$$

当 $a=\mathrm{e}$ 时, 其中 $\mathrm{e}=2.718281828\cdots$ **为自然常数** (natural constant),

$$\exp_{\mathrm{e}} x = \mathrm{e}^x.$$

由于 $\exp_{\mathrm{e}}$ 常常被使用, 所以也记为 $\exp x = \exp_{\mathrm{e}} x$.

对数函数 (logarithmic function)

$$f(x)=\log_a x,$$

其中常数 $a>0$, 且 $a\neq 1$. 事实上, 以 a 为底的对数函数 $\log_a x$ 是被定义成指数函数 $\exp_a x$ 的反函数, 即

$$y=\log_a x \Longleftrightarrow x=\exp_a y = a^y.$$

易见

$$\text{Dom}(\log_a x) = (0, +\infty) \quad \text{及} \quad \text{Ran}(\log_a x) = (-\infty, +\infty).$$

当 $a = 10$ 时, $\log_{10} x$ 被称为**常用对数函数** (common logarithmic function). 当 $a = \mathrm{e}$ 时, $\log_{\mathrm{e}} x$ 被称为**自然对数函数** (natural logarithmic function), 并且被简记成 $\log x = \ln x = \log_{\mathrm{e}} x$.

注意　在本书中, $\log x = \ln x = \log_{\mathrm{e}} x \neq \log_{10} x$. 我们有

$$y = \log x \Longleftrightarrow x = \exp y = \mathrm{e}^y.$$

指数函数及对数函数的图形如图 2.22~图 2.24 所示.

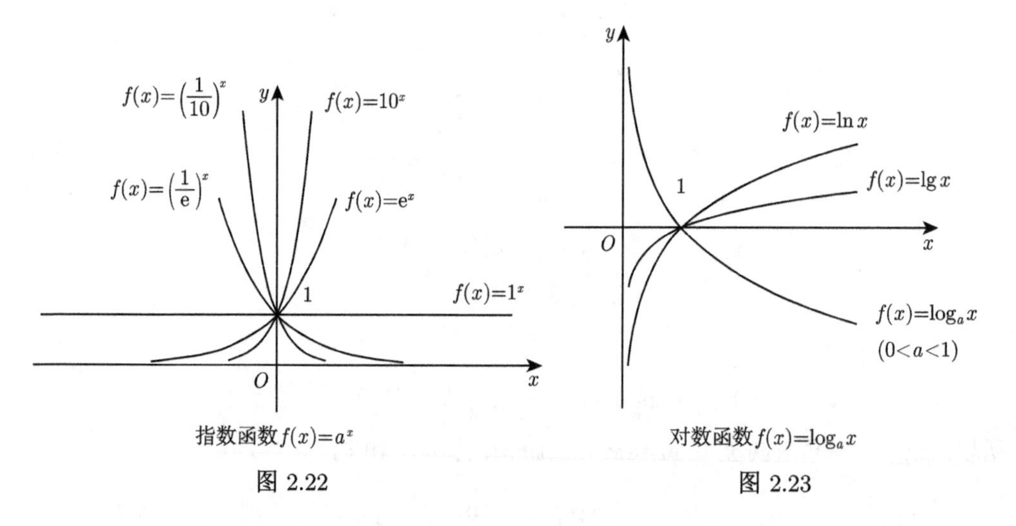

图 2.22　　　　图 2.23

定理 2.4.1 (**换底公式** (change of base formula))　设 a, c 为大于 0 且不等于 1 的常数. 对于所有 $b > 0$, 皆有

$$\log_a b = \frac{\log_c b}{\log_c a}.$$

证明　记

$$x = \log_a b, \quad y = \log_c b, \quad z = \log_c a.$$

根据定义, 我们有

$$b = a^x, \quad b = c^y, \quad a = c^z.$$

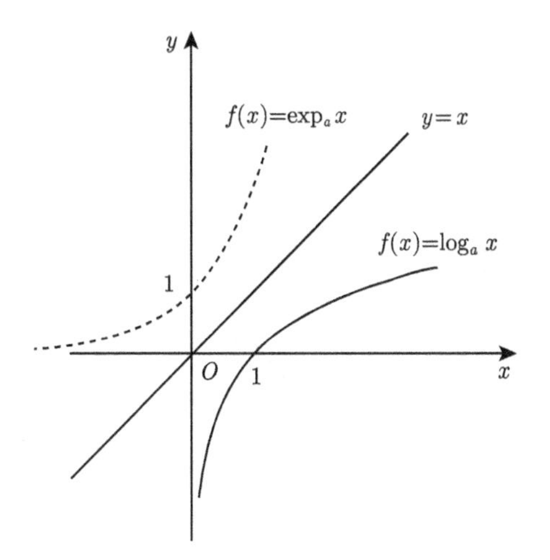

指数函数 $\exp_a x$ 与对数函数 $\log_a x$

图 2.24

于是,

$$c^y = b = a^x = (c^z)^x = c^{zx}.$$

由于指数函数是严格上升的, 我们有 $y = zx$. 因此,

$$\log_a b = x = \frac{y}{z} = \frac{\log_c b}{\log_c a}.$$

所以, 换底公式得证. □

定义 2.4.1 所有基本初等函数, 以及由它们通过四则运算及复合而得的函数, 统称为*初等函数* (elementary function).

例 2.4.2 *双曲函数* (hyperbolic function) $\sinh x, \cosh x, \tanh x$ 为初等函数. 事实上, 它们被定义成

$$\sinh x = \frac{e^x - e^{-x}}{2},$$
$$\cosh x = \frac{e^x + e^{-x}}{2},$$
$$\tanh x = \frac{e^x - e^{-x}}{e^x + e^{-x}}.$$

它们名称的由来, 可以通过图 2.25 说明.

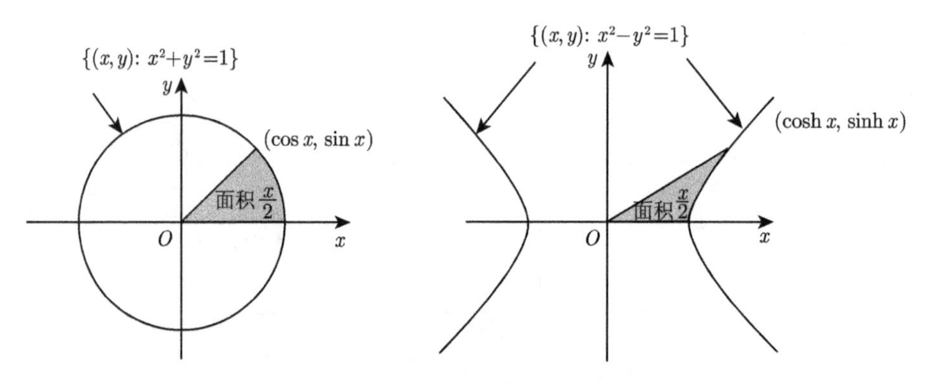

圆函数 $\cos x, \sin x$ 与双曲函数 $\sinh x, \cosh x$

图 2.25

□

习题 2.4

1. 若 $f(-x)=f(x)$, 则函数 f 称为**偶函数**. 若 $f(-x)=-f(x)$, 则 f 称为**奇函数**. 例如 $f(x)=x^2, g(x)=|x|$ 或 $h(x)=\cos x$ 都是偶函数; 而 $f(x)=x^3, f(x)=\sin x$ 则为奇函数.

(1) f 可选为偶函数或奇函数, g 也可选为偶函数或奇函数, 试确定 $f+g$ 何时是偶函数、奇函数, 或两者都不是;

(2) 如同 (1), 判断 fg 的奇偶性;

(3) 判断复合函数 $f\circ g$ 的奇偶性.

2. 指出下列函数是否为: 奇函数, 或偶函数, 或非奇非偶.

(1) $y=x+x^3-x^5$;　　(2) $y=a+b\cos x$;

(3) $y=x+\sin x+\mathrm{e}^x$;　　(4) $y=x\sin\dfrac{1}{x}$;

(5) $\ln(x+\sqrt{1+x^2})$;

(6) $y=\operatorname{sgn} x=\begin{cases}1, & x>0,\\ 0, & x=0,\\ -1, & x<0,\end{cases}$ 这个函数称为符号函数;

(7) $y=\begin{cases}\dfrac{2}{x^2}, & +\infty>x>\dfrac{1}{2},\\ \sin x^2, & \dfrac{1}{2}\geqslant x\geqslant-\dfrac{1}{2},\\ \dfrac{1}{2}x^2, & -\dfrac{1}{2}>x>-\infty.\end{cases}$

3. 说明下列函数哪些是周期函数, 并求其最小周期:

(1) $y=\cos^2 x$;　　(2) $y=\cos x^2$;

(3) $y=\cos x+\dfrac{1}{2}\cos 2x$;　　(4) $y=\sin\dfrac{\pi x}{4}$;

(5) $y=|\sin 2x|+|\cos 2x|$; (6) $y=[x]-x$;

(7) $y=\cos n\pi x$.

4. 令 $\operatorname{sgn} x=\begin{cases}1, & x>0,\\ 0, & x=0,\\ -1, & x<0.\end{cases}$ 试作这个函数的图形, 并证明 $|x|=x\cdot\operatorname{sgn} x$.

5. 作下列函数的图形:

(1) $y=\operatorname{sgn}\sin x$; (2) $y=2\left|\dfrac{x}{2}\right|-[x]$;

(3) $y=|\sin x+\cos x|,\ x\in[0,2\pi]$; (4) $y=\begin{cases}x-1, & 0\leqslant x\leqslant 2,\\ x+1, & -2\leqslant x<0.\end{cases}$

6. 指出下列函数为哪些基本初等函数的复合函数.

(1) $y=\sqrt{x}\ (x>0)$; (2) $y=\arcsin\sqrt[3]{a^x}$;

(3) $y=\ln\sin^3(1+x)$; (4) $y=a^{\sin(3x^2-1)}$;

(5) $y=\ln^3[\ln^2(\ln x)]$; (6) $y=\ln\big(\sin(\arctan x^2)\big)$.

7. 判断下列函数是否相等, 并说明理由.

(1) $f(x)=2\ln x$ 与 $g(x)=\ln x^2$;

(2) $g(x)=\arccos x$ 与 $f(x)=\pi-\arccos x$.

8. 设有函数 $f:[0,+\infty)\to\mathbb{R}$, 对任意的 $b>a\geqslant 0$, $f(x)$ 在 $[a,b]$ 上有界. 令

$$m(x)=\inf_{0\leqslant t\leqslant x} f(t),\quad M(x)=\sup_{0\leqslant t\leqslant x} f(t).$$

(1) 当 $f(x)=\sin x$ 时;

(2) 当 $f(x)=\cos x$ 时.

试作出 $m(x)$ 与 $M(x)$ 的图形.

第3章　数　　列

3.1　数列的定义

定义 3.1.1　设 $f:\mathbb{N}\longrightarrow\mathbb{R}$ 为从自然数集 $\mathbb{N}$ 映到实数集 $\mathbb{R}$ 的一个函数. 记

$$x_n=f(n),\quad \forall n\in\mathbb{N}.$$

由此而得一列实数

$$x_1,x_2,x_3,\cdots,x_n,\cdots,$$

称为 $\mathbb{R}$ 中的**数列** (sequence), 并简记为 $\{x_n\}_{n\geqslant 1}$, $\{x_n\}_n$, 或者 $\{x_n\}$.

例 3.1.1　(1) 数列 $\left\{\dfrac{1}{n}\right\}_{n\geqslant 1}$ 代表以下的一列数字:

$$1,\frac{1}{2},\frac{1}{3},\cdots,\frac{1}{n},\cdots.$$

定义数列 $\left\{\dfrac{1}{n}\right\}_{n\geqslant 1}$ 的函数 $f:\mathbb{N}\longrightarrow\mathbb{R}$ 是

$$f(n)=\frac{1}{n}.$$

(2) 数列 $\left\{\dfrac{1+(-1)^{n+1}}{2}\right\}_{n\geqslant 1}$ 代表以下的一列数字:

$$1,0,1,0,\cdots,\frac{1+(-1)^{n+1}}{2},\cdots.$$

定义数列 $\left\{\dfrac{1+(-1)^{n+1}}{2}\right\}_{n\geqslant 1}$ 的函数 $f:\mathbb{N}\longrightarrow\mathbb{R}$ 是

$$f(n)=\frac{1+(-1)^{n+1}}{2}=\begin{cases}1, & n=1,3,5,\cdots,\\ 0, & n=2,4,6,\cdots.\end{cases}$$

(3) 数列 $\{n^2\}_{n\geqslant 1}$ 代表以下的一列数字:

$$1,4,9,16,\cdots,n^2,\cdots.$$

定义数列 $\{n^2\}_{n\geqslant 1}$ 的函数 $f:\mathbb{N}\longrightarrow\mathbb{R}$ 是

$$f(n)=n^2.$$ □

定义 3.1.2 设数列 $\{x_n\}_{n\geqslant 1}$ 是由函数 $f:\mathbb{N}\longrightarrow\mathbb{R}$ 所定义, 即

$$f(n)=x_n,\quad n=1,2,\cdots,$$

如果函数 f 有上界、有下界、有界、单调上升、单调下降、严格单调上升或严格单调下降, 则我们也称数列 $\{x_n\}_{n\geqslant 1}$ 具有相同的性质.

例 3.1.2 (1) $\left\{\dfrac{1}{n}\right\}_{n\geqslant 1}$ 是有上界 (例如取上界为 1)、有下界 (例如取下界为 0)、有界、严格单调下降的数列. 定义数列的函数是

$$f(n)=x_n=\frac{1}{n},\quad \forall n=1,2,\cdots.$$

如图 3.1 所示.

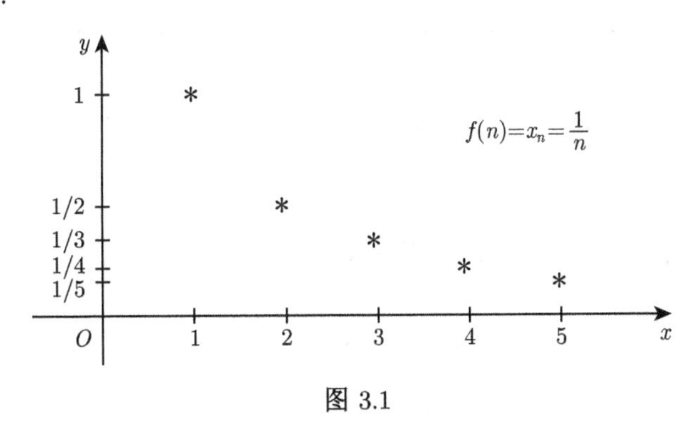

图 3.1

(2) $\left\{\dfrac{1+(-1)^{n+1}}{2}\right\}_{n\geqslant 1}$ 是有上界 (例如 1)、有下界 (例如 0), 但却不是单调上升, 也不是单调下降的数列. 定义数列的函数是

$$f(n)=x_n=\frac{1+(-1)^{n+1}}{2},\quad \forall n=1,2,\cdots.$$

如图 3.2 所示.

(3) $\{n^2\}_{n\geqslant 1}$ 是没有上界, 但是有下界 (例如 0), 严格单调上升的数列. 定义数列的函数是

$$f(n)=x_n=n^2,\quad \forall n=1,2,\cdots.$$

如图 3.3 所示.

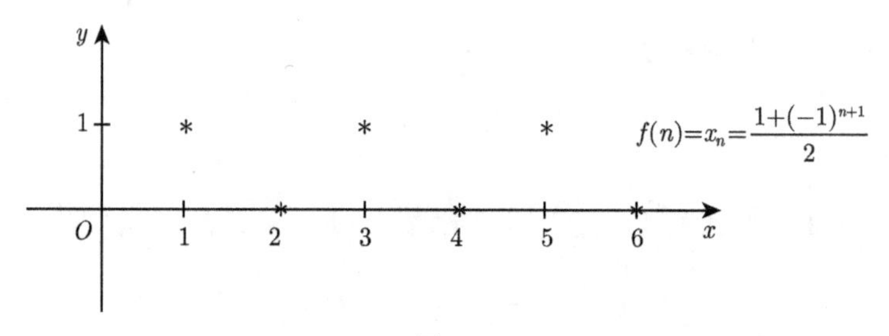

图 3.2

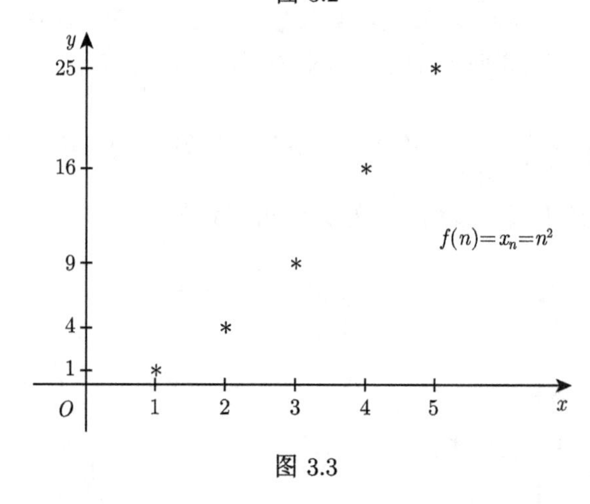

图 3.3

□

定义 3.1.3　设数列 $\{x_n\}_{n\geqslant 1}$ 由函数 $f:\mathbb{N}\longrightarrow\mathbb{R}$ 所定义. 若 $\{x_n\}_{n\geqslant 1}$ 有上界, 则记

$$\sup_n x_n=\sup_n f(n)$$

为 $\{x_n\}_{n\geqslant 1}$ 的**上确界**(supremum) (或称**最小上界**(least upper bound)). 若 $\{x_n\}_{n\geqslant 1}$ 有下界, 则记

$$\inf_n x_n=\inf_n f(n)$$

为 $\{x_n\}_{n\geqslant 1}$ 的**下确界** (infimum) (或称**最大下界** (greatest lower bound)).

3.2　数列极限

研究一个数列 $\{x_n\}_{n\geqslant 1}: x_1,x_2,x_3,\cdots,x_n,\cdots$, 不能只看它的前面几项, 最重要的是它的发展趋势. 讲得直接一点, 就是当 n 变得很大时, x_n 的变化规律. 对于某些数列, 如 $\left\{\frac{1}{n}\right\}_{n\geqslant 1}$, 当 n 变得很大时, x_n 变得很稳定. 对于另一些数列,

如 $\left\{\frac{1+(-1)^{n+1}}{2}\right\}_{n\geqslant 1}$, 当 n 变得很大时, x_n 仍然在跳跃不定. 又有一些数列, 如 $\{n^2\}_{n\geqslant 1}$, 当 n 变得很大时, x_n 也无限制地变大.

只有对于那些当 n 变大时, x_n 变得稳定的数列 $\{x_n\}_{n\geqslant 1}$, 我们才比较容易研究、把握与应用. 这种数列, 称为**收敛数列** (convergent sequence). 在收敛这个概念里面, 牵涉到一个比较的问题:

"当 n 变得很大时, x_n 很稳定".

我们不能单单说 x_n 会变得很稳定. 因为 "稳定" 的意义, 只有在一个过程中才会显现出来. 因此, 只有说当 n 变得很大时, x_n 变得很稳定, 意思才完整. 换句话说, x_n 的稳定, 是相对于当 n 变得很大来说的. 以下是数学化的处理.

定义 3.2.1 给定数列 $\{x_n\}_{n\geqslant 1}$. 若存在实数 a, 对于任何的小数 $\varepsilon>0$[①], 总存在着正整数 N, 使得

$$n>N \Longrightarrow |x_n-a|<\varepsilon,$$

则称 a 为 $\{x_n\}_{n\geqslant 1}$ 的**极限** (limit), 并记为

$$\lim_{n\to\infty} x_n=a$$

或

$$x_n\longrightarrow a,\quad n\longrightarrow\infty.$$

当数列 $\{x_n\}_{n\geqslant 1}$ 具有极限 a 时, 我们可以近似地将 $\{x_n\}_{n\geqslant 1}$ 的尾巴的项都看成 a. 这样做, 所引起的误差可以控制在任意小的范围.

例 3.2.1 求数列 $\left\{\frac{1}{n}\right\}_{n\geqslant 1}$ 的极限.

解 直观地看: 当 n 无限制地变大时, $\frac{1}{n}$ 会变得很接近于 0. 换句话说, $\left\{\frac{1}{n}\right\}_{n\geqslant 1}$ 的尾巴很稳定, 而且可以近似地以 0 来表征. 严格的证明如下.

给定任意的 $\varepsilon>0$. 取正整数 N, 使得

$$\frac{1}{N}<\varepsilon \quad 或 \quad N>\frac{1}{\varepsilon}.$$

譬如, 我们可以取 $N=\left[\frac{1}{\varepsilon}\right]+1$. 这里**高斯符号** $[x]:=$ 实数 x 的最大整数部分. 这

① 在这里, 希腊字母 ε 读作 "epsilon", 代表微小之意.

样, 对于任何的正整数 $n > N$, 我们总有

$$|x_n - 0| = \left|\frac{1}{n} - 0\right| = \frac{1}{n} < \frac{1}{N} < \varepsilon.$$

所以,

$$\lim_{n\to\infty} x_n = 0. \qquad \square$$

注意　我们要强调一点: 在上例中, 正整数 N 的选取是机动地配合误差 ε 的大小. 如果 $\varepsilon = 10^{-3} = 0.001$, 则 N 应选为大于 $\frac{1}{\varepsilon} = 10^3 = 1000$ 的正整数, 如 $N = 1001$. 但是, 若我们要求的误差改为 $\varepsilon = 10^{-6} = 0.000001$, 则 N 应选为大于 $\frac{1}{\varepsilon} = 10^6 = 1000000$ 的正整数, 如 $N = 1000001$. 因此, 原来的 $N = 1001$ 不再适合我们的新要求了. 总之, 不一定存在一个 N, 可以满足所有误差 ε 的限制. 正整数 N 是要随着 ε 而调整的. 我们为了点出这一点, 常常写

$$N = N(\varepsilon).$$

这表示 N 是 ε 的一个 (多值) 函数.

事实上, 在误差 $\varepsilon = \frac{1}{1000}$ 的范围内, 0 可以看成 $\frac{1}{1001}, \frac{1}{1002}, \cdots$ 的很好的近似. 但是在误差 $\varepsilon = \frac{1}{1000000} = 10^{-6}$ 的范围内, 0 只可以看成 $\frac{1}{1000001}, \frac{1}{1000002}, \cdots$ 的很好的近似. 所谓 0 是 $\left\{\frac{1}{n}\right\}_{n\geqslant 1}$ 的极限, 或者 $x_n = \frac{1}{n}$ 趋向于 0 是表示: 这种近似, 在任意小的误差范围内, 都可以实现 (只是, 合适的尾巴可能变小了).

例 3.2.2　求 $\left\{\frac{n^2+2n}{n^2+1}\right\}_{n\geqslant 1}$ 的极限.

解　我们先观察:

$$x_n = \frac{n^2+2n}{n^2+1} = \frac{\dfrac{n^2+2n}{n^2}}{\dfrac{n^2+1}{n^2}} = \frac{1+\dfrac{2}{n}}{1+\dfrac{1}{n^2}}.$$

当 n 很大时, x_n 可以近似地看成 1. 因此, 将会有

$$x_n \longrightarrow 1, \quad 当\ n \longrightarrow \infty.$$

可是, 需要一个严格的证明.

设 $\varepsilon > 0$, 我们希望可以找出正整数 N, 使得

$$|x_n - 1| < \varepsilon, \quad \forall n > N,$$

即

$$\left|\frac{n^2+2n}{n^2+1} - 1\right| = \left|\frac{n^2+2n-n^2-1}{n^2+1}\right| = \left|\frac{2n-1}{n^2+1}\right| < \varepsilon, \quad \forall n > N.$$

这个正整数 N 应当与不等式

$$\left|\frac{2n-1}{n^2+1}\right| < \varepsilon$$

的解有关. 然而, 解这个不等式并不简单. 我们常用以下的技巧:

$$\begin{aligned}\left|\frac{2n-1}{n^2+1}\right| &= \frac{2n-1}{n^2+1} \quad (\text{因为 } n \geqslant 1)\\ &< \frac{2n}{n^2+1} < \frac{2n}{n^2} = \frac{2}{n}.\end{aligned}$$

因此, 若

$$\frac{2}{n} < \varepsilon \quad \text{或} \quad n > \frac{2}{\varepsilon},$$

我们就会得到

$$\left|\frac{2n-1}{n^2+1}\right| < \varepsilon.$$

所以, 我们可以选正整数

$$N = \left[\frac{2}{\varepsilon}\right] + 1.$$

(我们当然也可以选 $N = \left[\frac{2}{\varepsilon}\right] + 2, \left[\frac{2}{\varepsilon}\right] + 3, \left[\frac{2}{\varepsilon}\right] + 1000, \cdots$. 但是, 这并非本质的问题. 只要存在一个这样的 N 就可以了.) 当 $n > N$ 时,

$$|x_n - 1| = \left|\frac{n^2-2n}{n^2+1} - 1\right| = \left|\frac{2n-1}{n^2+1}\right| < \frac{2}{n} < \frac{2}{N} = \frac{2}{\left[\frac{2}{\varepsilon}\right]+1} < \frac{2}{2/\varepsilon} = \varepsilon.$$

所以, 根据数列极限的定义,

$$\lim_{n\to\infty} \frac{n^2-2n}{n^2+1} = 1.$$

□

例 3.2.3 求 $\{\sqrt{n+1} - \sqrt{n-1}\}_{n\geqslant 1}$ 的极限.

解 设 $x_n = \sqrt{n+1} - \sqrt{n-1}$. 直观地, 我们应该有

$$\lim_{n\to\infty} x_n = 0.$$

观察: 当 $n > 1$ 时,

$$\begin{aligned}|x_n - 0| &= |\sqrt{n+1} - \sqrt{n-1}| \\ &= \left|(\sqrt{n+1} - \sqrt{n-1}) \cdot \frac{\sqrt{n+1} + \sqrt{n-1}}{\sqrt{n+1} + \sqrt{n-1}}\right| \\ &= \frac{(n+1)-(n-1)}{\sqrt{n+1} + \sqrt{n-1}} = \frac{2}{\sqrt{n+1} + \sqrt{n-1}} \\ &< \frac{2}{2\sqrt{n-1}} = \frac{1}{\sqrt{n-1}}.\end{aligned}$$

对于 $\varepsilon > 0$, 若取正整数 N, 使得

$$\frac{1}{\sqrt{N-1}} < \varepsilon \quad 或 \quad N > 1 + \frac{1}{\varepsilon^2},$$

则当 $n > N$ 时,

$$|x_n - 0| = |\sqrt{n+1} - \sqrt{n-1}| < \frac{1}{\sqrt{n-1}} < \frac{1}{\sqrt{N-1}} < \varepsilon.$$

所以, 根据数列极限的定义,

$$\lim_{n\to\infty} (\sqrt{n+1} - \sqrt{n-1}) = 0.$$ □

例 3.2.4 求 $\lim_{n\to\infty} x_n$, 其中, $x_n = \sqrt[n]{a}$, 且 a 为正的常数.

解 经验预示我们:

$$\lim_{n\to\infty} \sqrt[n]{a} = 1.$$

当 $a = 1$ 时, 结论是显然正确的.

当 $a > 1$ 时, $\sqrt[n]{a}$ 不断地变小而接近于 1. 换句话说, 若

$$a_n = \sqrt[n]{a} - 1,$$

则将有: 当 $n \to \infty$ 时, $a_n \to 0$. 严格的证明如下:

$$\begin{aligned}a &= (1 + a_n)^n = 1 + na_n + \frac{n(n-1)}{2} a_n^2 + \cdots + a_n^n \\ &> 1 + na_n. \quad (因为\ a_n > 0)\end{aligned}$$

由此, 我们得知

$$0 < a_n < \frac{a-1}{n}.$$

给定 $\varepsilon > 0$, 若正整数 N 使得

$$\frac{a-1}{N} < \varepsilon \quad 或 \quad N > \frac{a-1}{\varepsilon},$$

则对于所有 $n > N$, 有

$$|\sqrt[n]{a} - 1| = a_n < \frac{a-1}{n} < \frac{a-1}{N} < \varepsilon.$$

因此, 当 $a > 1$ 时, 我们证明了

$$\lim_{n\to\infty} \sqrt[n]{a} = 1.$$

最后, 若 $0 < a < 1$, 则 $\frac{1}{a} > 1$. 所以

$$\lim_{n\to\infty} \sqrt[n]{\frac{1}{a}} = 1.$$

这句话的意义是说: 给定 $\varepsilon > 0$, 存在正整数 N, 使得

$$\left|\frac{1}{\sqrt[n]{a}} - 1\right| < \varepsilon, \quad \forall n > N.$$

那么,

$$\begin{aligned} |\sqrt[n]{a} - 1| &= \left|\sqrt[n]{a}\left(1 - \frac{1}{\sqrt[n]{a}}\right)\right| \\ &< \left|1 - \frac{1}{\sqrt[n]{a}}\right| \quad (因为\ 0 < a < 1) \\ &< \varepsilon, \quad \forall n > N. \end{aligned}$$

所以, 我们也有

$$\lim_{n\to\infty} \sqrt[n]{a} = 1 \quad (0 < a < 1).$$

总的来说, 我们证明了:

$$\lim_{n\to\infty} \sqrt[n]{a} = 1 \quad (对任何\ a > 0).$$

□

定义 3.2.2 我们称不收敛的数列 $\{x_n\}_{n\geqslant 1}$ 为发散数列 (divergent sequence).

例 3.2.5　数列 $\left\{\frac{1+(-1)^{n+1}}{2}\right\}_{n\geqslant 1}$ 是发散的. 数列 $\{n^2\}_{n\geqslant 1}$ 也是发散的. 前者的尾巴在 1 和 0 之间振动, 后者的尾巴则趋向正无限大 $+\infty$. □

定义 3.2.3　给定数列 $\{x_n\}_{n\geqslant 1}$.

(1) 若对于任意给定的常数 $A>0$, 总存在正整数 N, 使得

$$n>N \Longrightarrow x_n>A,$$

则称 $\{x_n\}_{n\geqslant 1}$**发散至正无限大** (diverge to positive infinity), 并记为

$$\lim_{n\to\infty} x_n=+\infty$$

或

$$x_n\to+\infty, \quad 当\ n\to\infty.$$

(2) 若 $\lim\limits_{n\to\infty}(-x_n)=+\infty$, 我们称数列 $\{x_n\}_{n\geqslant 1}$**发散至负无限大** (diverge to negative infinity), 并记为 $\lim\limits_{n\to\infty} x_n=-\infty$.

(3) 若 $\lim\limits_{n\to\infty}|x_n|=+\infty$, 我们称数列 $\{x_n\}_{n\geqslant 1}$**发散至无限大** (diverge to infinity), 并记为 $\lim\limits_{n\to\infty} x_n=\infty$.

例 3.2.6　数列 $\{n!\}_{n\geqslant 1}$ 发散至正无限大; 数列 $\left\{\tan\left(\frac{1}{n}-\frac{\pi}{2}\right)\right\}_{n\geqslant 1}$ 发散至负无限大; 数列 $\{(-1)^n n^2\}_{n\geqslant 1}$ 发散至无限大.

证明留作习题 (见习题 3.2 第 6 题). □

定理 3.2.7　给定数列 $\{x_n\}_{n\geqslant 1}$, 且 $x_n\neq 0, \forall n\in\mathbb{N}$.

$$\lim_{n\to\infty} x_n=0 \Longleftrightarrow \lim_{n\to\infty}\frac{1}{x_n}=\infty.$$

证明留作习题 (见习题 3.2 第 7 题). □

习题 3.2

1. 写出下列数列的前六项:

(1) $x_n=\frac{1}{2n}\sin n^2$;

(2) $x_n=\frac{1}{\sqrt{n+1}}+\frac{1}{\sqrt{n+2}}+\frac{1}{\sqrt{n+3}}+\cdots+\frac{1}{\sqrt{n+n}}$;

(3) $x_n=1+\frac{1}{2}+\cdots+\frac{1}{n}$;

(4) $\begin{cases} x_{2n}=1+\dfrac{1}{2}+\cdots+\dfrac{1}{n}, \\ x_{2n+1}=\dfrac{1}{n} \quad (n=1,2,\cdots). \end{cases}$

2. 说明下列数列有没有上 (下) 界, 是否 (严格) 单调上升 (下降). 若有上 (下) 界, 找出它们的上确界 (下确界).

(1) $\left\{\dfrac{n-1}{n^2+1}\right\}_{n\geqslant 1}$;

(2) $\left\{\dfrac{\sin n}{n}\right\}_{n\geqslant 1}$;

(3) $\left\{\dfrac{\cos n}{n}\right\}_{n\geqslant 1}$;

(4) $\left\{\dfrac{(-1)^n+n}{n^2-1}\right\}_{n\geqslant 1}$;

(5) $\left\{\dfrac{1}{n!}\right\}_{n\geqslant 1}$ (注: $n!=1\times 2\times 3\times\cdots\times n$);

(6) $\{\sqrt{n}-\sqrt{n-1}\}_{n\geqslant 1}$;

(7) $\left\{\dfrac{1}{n}+\mathrm{e}^{-n}\right\}_{n\geqslant 1}$;

(8) $\left\{\dfrac{\mathrm{e}^{-n}}{n}\right\}_{n\geqslant 1}$;

(9) $\{\sqrt{n+1}\}_{n\geqslant 1}$;

(10) $\left\{\dfrac{n^2+1}{2n+1}\right\}_{n\geqslant 1}$;

(11) $\left\{\dfrac{n^2-1}{2n+1}\right\}_{n\geqslant 1}$.

3. 按照定义, 证明:

(1) $\lim\limits_{n\to\infty}\dfrac{2n^2+n}{3n^2-5}=\dfrac{2}{3}$;

(2) $\lim\limits_{n\to\infty}(6.\overbrace{99\cdots 9}^{n个})=7$;

(3) $\lim\limits_{n\to\infty}\dfrac{n}{\sqrt{n^2+1}}=1$;

(4) $x_n=\dfrac{1}{1\cdot 2}+\dfrac{1}{2\cdot 3}+\cdots+\dfrac{1}{(n-1)n}\xrightarrow{n\to\infty}1$;

(5) $\lim\limits_{n\to\infty}\dfrac{(-1)^n}{n}=0$.

4. 求 $\lim\limits_{n\to\infty}a^n$, 其中, a 为常数且

(1) $|a|<1$;

(2) $|a|=1$;

(3) $|a|>1$.

5. 求 $\lim\limits_{n\to\infty}\dfrac{1}{\sqrt{n-a}}$, 其中 a 为常数.

6. 证明: 例 3.2.6.

7. 证明: 定理 3.2.7.

8. 举出满足下列要求的数列的例子:

(1) 无界数列, 但不是发散至无限大;

(2) 有界数列, 但发散.

3.3　收敛数列的性质及运算

定理 3.3.1　收敛数列的极限是唯一的.

证明　假设

$$\lim_{n\to\infty} x_n = a \quad 及 \quad \lim_{n\to\infty} x_n = b,$$

且 $a \neq b$. 根据定义, 若取 $\varepsilon = \dfrac{|a-b|}{2} > 0$, 则存在正整数 N_1, 使得

$$|x_n - a| < \frac{\varepsilon}{2}, \quad \forall n > N_1,$$

以及正整数 N_2, 使得

$$|x_n - b| < \frac{\varepsilon}{2}, \quad \forall n > N_2.$$

取 $N = \max\{N_1, N_2\} + 1$, 则有

$$|x_N - a| < \frac{\varepsilon}{2} \quad 及 \quad |x_N - b| < \frac{\varepsilon}{2}.$$

于是,

$$\begin{aligned}|a-b| &= |a - x_N + x_N - b| \leqslant |a - x_N| + |x_N - b| \\ &< \frac{\varepsilon}{2} + \frac{\varepsilon}{2} = \varepsilon = \frac{|a-b|}{2},\end{aligned}$$

矛盾! 这个矛盾的由来, 是我们假设了 $a \neq b$. 所以, $a = b$. 换句话说, 收敛数列 $\{x_n\}_{n\geqslant 1}$ 只能有一个极限. □

定理 3.3.2　设

$$\lim_{n\to\infty} x_n = a \quad 及 \quad \lim_{n\to\infty} y_n = b.$$

若 $a < b$, 则存在正整数 N, 使得

$$x_n < y_n, \quad \forall n > N.$$

证明　直观上看, $\{x_n\}_{n\geqslant 1}$ 的尾巴近似地是 a, 而 $\{y_n\}_{n\geqslant 1}$ 的尾巴近似地是 b. 假设的条件 $a < b$, 表示 $\{x_n\}_{n\geqslant 1}$ 的尾巴低于 $\{y_n\}_{n\geqslant 1}$ 的尾巴. 换句话说 $x_n < y_n$, $n = N+1, N+2, \cdots$.

严格的证明如下: 取 $\varepsilon = \dfrac{b-a}{2} > 0$, 如图 3.4 所示, 则存在正整数 N_1, N_2, 使得

$$|x_n - a| < \varepsilon, \quad \forall n \geqslant N_1,$$

以及

$$|y_n - b| < \varepsilon, \quad \forall n \geqslant N_2.$$

不妨假设 $N_1 = N_2 = N$ (若不然, 可以用 $N = \max\{N_1, N_2\}$ 代替 N_1 及 N_2). 现在, 由于

$$a - \varepsilon < x_n < a + \varepsilon,$$
$$b - \varepsilon < y_n < b + \varepsilon,$$
$$a + \varepsilon = a + \frac{b-a}{2} = \frac{b+a}{2},$$

以及

$$b - \varepsilon = b - \frac{b-a}{2} = \frac{b+a}{2},$$

我们可以看出

$$x_n < \frac{b+a}{2} < y_n, \quad \forall n > N.$$

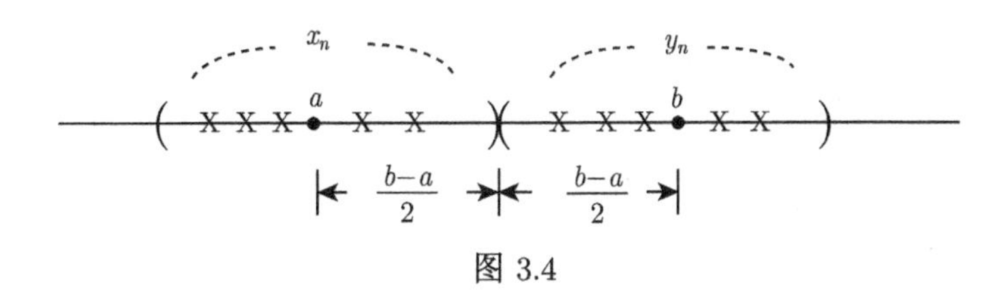

图 3.4

□

推论 3.3.3 若

$$\lim_{n\to\infty} x_n = a \quad 及 \quad \lim_{n\to\infty} y_n = b,$$

且存在正整数 N, 使得

$$x_n \leqslant y_n, \quad n > N,$$

则

$$a \leqslant b.$$

证明 假若不然, 则有 $a > b$. 于是由定理 3.3.2 得知: 存在正整数 N_1, 使得

$$y_n < x_n, \quad \forall n > N_1.$$

这与假设 $x_n \leqslant y_n, \forall n > N$, 矛盾! 所以 $a \leqslant b$. □

注意 在推论 3.3.3 中, 前提

$$x_n < y_n, \quad \forall n > N,$$

并不能推出结论

$$a < b.$$

考虑以下例子.

例 3.3.4　观察

$$\frac{1}{n+1} < \frac{1}{n}, \quad n = 1, 2, \cdots.$$

然而

$$\lim_{n\to\infty} \frac{1}{n+1} = 0 = \lim_{n\to\infty} \frac{1}{n}.$$

□

定理 3.3.5(收敛数列必有界定理)　若

$$\lim_{n\to\infty} x_n = a,$$

且 $b < a < c$, 则存在正整数 N, 使得

$$b < x_n < c, \quad \forall n > N.$$

证明留作习题 (见习题 3.3 第 2 题). □

定理 3.3.6 (极限的四则运算)　假设数列 $\{x_n\}_{n\geqslant 1}$ 和 $\{y_n\}_{n\geqslant 1}$ 收敛, 则数列 $\{x_n + y_n\}_{n\geqslant 1}$, $\{x_n - y_n\}_{n\geqslant 1}$, 以及 $\{x_n y_n\}_{n\geqslant 1}$ 皆收敛. 若 $\lim\limits_{n\to\infty} y_n \neq 0$, 则 $\left\{\dfrac{x_n}{y_n}\right\}_{n\geqslant 1}$ 也收敛. 再者,

(1) $\lim\limits_{n\to\infty}(x_n + y_n) = \lim\limits_{n\to\infty} x_n + \lim\limits_{n\to\infty} y_n$.

(2) $\lim\limits_{n\to\infty}(x_n - y_n) = \lim\limits_{n\to\infty} x_n - \lim\limits_{n\to\infty} y_n$.

(3) $\lim\limits_{n\to\infty}(x_n y_n) = \lim\limits_{n\to\infty} x_n \lim\limits_{n\to\infty} y_n$.

(4) $\lim\limits_{n\to\infty} \dfrac{x_n}{y_n} = \dfrac{\lim\limits_{n\to\infty} x_n}{\lim\limits_{n\to\infty} y_n}$ $\left(当 \lim\limits_{n\to\infty} y_n \neq 0 时\right)$.

证明　我们只证明 (4), 其他证明留作习题 (见习题 3.3 第 8 题). 假设 $\lim\limits_{n\to\infty} y_n = b \neq 0$. 此时, 极限 $\lim\limits_{n\to\infty} \dfrac{x_n}{y_n}$ 应作如下的理解.

(1) 从某一正整数 N_1 开始,

$$y_n \neq 0, \quad n = N_1 + 1, N_1 + 2, \cdots.$$

(这被定理 3.3.5 所保证.)

(2) 我们只从第 $N_1 + 1$ 项开始算

$$\frac{x_n}{y_n}, \quad n = N_1 + 1, N_1 + 2, \cdots.$$

由此, 我们才讨论极限 $\lim\limits_{n\to\infty} \dfrac{x_n}{y_n}$.

令 $a = \lim\limits_{n\to\infty} x_n$. 现在, 我们证明:

$$\lim_{n\to\infty} \frac{x_n}{y_n} = \frac{\lim\limits_{n\to\infty} x_n}{\lim\limits_{n\to\infty} y_n} = \frac{a}{b}.$$

观察:

$$\begin{aligned}\left|\frac{x_n}{y_n} - \frac{a}{b}\right| &= \left|\frac{bx_n - ay_n}{by_n}\right| = \left|\frac{bx_n - ba + ba - ay_n}{by_n}\right| \\ &\leqslant \frac{|b||x_n - a| + |a||y_n - b|}{|by_n|}.\end{aligned}$$

对于任意的 $\varepsilon' > 0$, 由于已假设 $\lim\limits_{n\to\infty} x_n = a$ 及 $\lim\limits_{n\to\infty} y_n = b$, 所以存在正整数 N_2, 使得

$$|x_n - a| < \varepsilon', \quad \forall n > N_2,$$
$$|y_n - b| < \varepsilon', \quad \forall n > N_2.$$

另外, 我们要处理在分母中的 $|by_n|$. 由于 $\lim\limits_{n\to\infty} y_n = b \neq 0$, 存在 $N_3 > 0$, 使得

$$|y_n - b| < \frac{|b|}{2}, \quad \forall n > N_3.$$

因此,

$$|y_n| = |b + (y_n - b)| \geqslant |b| - |y_n - b| \geqslant \frac{|b|}{2}, \quad \forall n > N_3.$$

于是, 当 $n > N = \max\{N_1, N_2, N_3\}$ 时,

$$\left|\frac{x_n}{y_n} - \frac{a}{b}\right| \leqslant \frac{|b|\varepsilon' + |a|\varepsilon'}{|b|^2/2}, \quad \forall n > N.$$

易见, 当 $\varepsilon' \to 0$ 时, 右端的分数趋向于 0. 不过为了使上式具有在极限定义中出现的形状, 可以在任意的 $\varepsilon > 0$ 给定以后, 考虑一个新的 $\varepsilon' > 0$, 使得

$$\frac{|b|\varepsilon' + |a|\varepsilon'}{|b|^2/2} < \varepsilon.$$

这样的 ε' 总是存在的. 譬如, 令

$$\varepsilon' = \frac{|b|^2\varepsilon}{2(|b| + |a|)}.$$

现在, 只要 $n > N$, 我们就有

$$\left|\frac{x_n}{y_n} - \frac{a}{b}\right| < \varepsilon.$$

所以,

$$\lim_{n\to\infty}\frac{x_n}{y_n}=\frac{a}{b}.$$ □

定理 3.3.7 (三明治定理 (sandwich theorem)或称夹挤定理 (squeeze theorem)) 设数列 $\{x_n\}_{n\geqslant 1}$, $\{y_n\}_{n\geqslant 1}$ 及 $\{z_n\}_{n\geqslant 1}$ 具有性质:

$$x_n\leqslant y_n\leqslant z_n,\quad \forall n>N,$$

其中 N 为一正整数. 若

$$\lim_{n\to\infty}x_n=\lim_{n\to\infty}z_n=a,$$

则同时有

$$\lim_{n\to\infty}y_n=a.$$

证明　设 $\varepsilon>0$. 存在 $N_1>0$, 使得

$$|x_n-a|<\varepsilon,\quad \forall n>N_1,$$

以及

$$|z_n-a|<\varepsilon,\quad \forall n>N_1.$$

换句话说, 当 $n>N_1$ 时,

$$x_n,z_n\in(a-\varepsilon,a+\varepsilon).$$

另一方面, 当 $n>N$ 时,

$$x_n\leqslant y_n\leqslant z_n.$$

因此, 当 $n>N_2=\max\{N,N_1\}$ 时,

$$a-\varepsilon<x_n\leqslant y_n\leqslant z_n<a+\varepsilon.$$

即有

$$|y_n-a|<\varepsilon,\quad \forall n>N_2.$$

根据数列极限的定义,

$$\lim_{n\to\infty}y_n=a.$$ □

例 3.3.8　证明: $\lim\limits_{n\to\infty}a^n=0$, 其中常数 a 满足 $0<a<1$.

解　存在着正整数 p,q 使得 $0<a<q/p<1$. 观察:

$$q<p\Longrightarrow q+1\leqslant p.$$

于是,

$$\begin{aligned}0 < a^n &< \frac{q^n}{p^n} \leqslant \frac{q^n}{(q+1)^n}\\ &= \frac{q^n}{q^n + nq^{n-1} + \cdots + 1} < \frac{q^n}{q^n + nq^{n-1}}\\ &= \frac{q}{q+n} \to 0, \quad \text{当 } n \to \infty.\end{aligned}$$

因此, $\lim\limits_{n\to\infty} a^n = 0$. □

例 3.3.9 求 $\lim\limits_{n\to\infty} \sqrt[n]{n}$.

解 首先, 我们估计 $\{\sqrt[n]{n}\}_{n\geqslant 1}$ 的尾巴会不会收敛, 又会收敛到什么地方. 直观地, $\sqrt[n]{n} \to 1$ 当 $n \to \infty$. 如果写

$$\sqrt[n]{n} = 1 + a_n,$$

则 $a_n \geqslant 0$, 且

$$\begin{aligned}n &= (1+a_n)^n\\ &= 1 + na_n + \frac{n(n-1)}{2}a_n^2 + \cdots\\ &\geqslant \frac{n(n-1)}{2}a_n^2.\end{aligned}$$

由此,

$$0 \leqslant a_n^2 \leqslant \frac{2}{n-1}, \quad n = 2, 3, \cdots.$$

应用三明治定理 $\left(x_n = 0,\ y_n = a_n^2,\ z_n = \dfrac{2}{n-1}\right)$, 得

$$\lim_{n\to\infty} a_n^2 = 0.$$

于是, $\lim\limits_{n\to\infty} a_n = 0$. 证明留作习题 (见习题 3.3 第 3 题). 换句话说,

$$\lim_{n\to\infty} \sqrt[n]{n} = \lim_{n\to\infty}(1+a_n) = 1 + \lim_{n\to\infty} a_n = 1.$$ □

例 3.3.10 若 $x_n = \dfrac{1}{(n+1)^2} + \dfrac{1}{(n+2)^2} + \cdots + \dfrac{1}{(2n)^2}$, $n = 1, 2, 3, \cdots$, 求 $\lim\limits_{n\to\infty} x_n$.

解 观察

$$\underbrace{\frac{1}{(2n)^2} + \frac{1}{(2n)^2} + \cdots + \frac{1}{(2n)^2}}_{n\text{ 个}} \leqslant x_n \leqslant \underbrace{\frac{1}{n^2} + \frac{1}{n^2} + \cdots + \frac{1}{n^2}}_{n\text{ 个}},$$

即

$$n \cdot \frac{1}{4n^2} \leqslant x_n \leqslant n \cdot \frac{1}{n^2}.$$

于是,

$$\frac{1}{4n} \leqslant x_n \leqslant \frac{1}{n}.$$

由三明治定理,

$$\lim_{n\to\infty} x_n = 0.$$

□

习题 3.3

1. 在下列各题中, $x, y, z \in \mathbb{R}$, 试证下列各式:

(1) $|xy| = |x|\,|y|$;　(2) 若 $x \neq 0$, 则 $\left|\frac{1}{x}\right| = \frac{1}{|x|}$;

(3) 若 $y \neq 0$, 则 $\frac{|x|}{|y|} = \left|\frac{x}{y}\right|$;　(4) $||x| - |y|| \leqslant |x - y|$;

(5) $|x + y| \leqslant |x| + |y|$ 及 $|x - y| \leqslant |x| + |y|$;　(6) $|x + y + z| \leqslant |x| + |y| + |z|$.

2. 证明定理 3.3.5.

3. 证明: 若 $\lim\limits_{n\to\infty} a_n^2 = 0$, 则 $\lim\limits_{n\to\infty} a_n = 0$.

4. 设 $\{a_n\}_{n\geqslant 1}$ 为一实数序列,

(1) 按照序列收敛的定义证明: 若 $a_n \xrightarrow{n\to\infty} a$, 则对任一自然数 k, $a_{n+k} \xrightarrow{n\to\infty} a$.

(2) 按照序列收敛的定义证明: 若 $a_n \xrightarrow{n\to\infty} a$, 则 $|a_n| \xrightarrow{n\to\infty} |a|$.

(3) 若 $|a_n| \longrightarrow 0$, 试问 $a_n \longrightarrow 0$ 是否成立?

5. 设 $x_n = (a^n + b^n)^{\frac{1}{n}}$, 且 $0 < b \leqslant a$, 请利用三明治定理, 求 $\lim\limits_{n\to\infty} x_n$.

6. 设 $X = \{x_n\}_{n\geqslant 1}$, $Y = \{y_n\}_{n\geqslant 1}$ 为实数列, 请判断下列叙述是否正确? 如果是对的, 请证明它; 不对的, 请举出例子说明.

(1) 如果 $X + Y = \{x_n + y_n\}_{n\geqslant 1}$ 收敛, 则 X, Y 都收敛, 且 $\lim(X + Y) = \lim X + \lim Y$;

(2) 如果 $XY = \{x_n y_n\}_{n\geqslant 1}$ 收敛, 则 X, Y 均收敛, 且 $\lim(X \cdot Y) = (\lim X)(\lim Y)$.

7. 尝试应用各种数列收敛的性质及运算, 求下列序列的极限:

(1) $x_n = \frac{n^2 - n + 6}{n^3 + 2}, n \geqslant 1$;　(2) $x_n = \frac{n^{10} + a^{10}}{n^9 + a^9}, n \geqslant 1$, a 为常数;

(3) $\sqrt{1 + \frac{1}{n}}, n \geqslant 1$;　(4) $x_n = \sqrt{n}(\sqrt{n+1} - \sqrt{n})$;

(5) $x_n = \frac{n}{2^n}$;　(6) $x_n = \sqrt{1 - \frac{1}{n}},\ n \geqslant 1$.

8. 证明定理 3.3.6 中的 (1), (2), (3).

3.4 单调数列

数列 $\{x_n\}_{n\geqslant 1}$ 是单调 (monotone) 的意思是说: $\{x_n\}_{n\geqslant 1}$**单调上升** (monotone increasing), 即

$$x_n \leqslant x_{n+1}, \quad n = 1, 2, \cdots,$$

或者**单调下降** (monotone decreasing), 即

$$x_n \geqslant x_{n+1}, \quad n = 1, 2, \cdots.$$

以上, 若使用严格不等号 “$<$” 和 “$>$”, 来代替不等号 “$\leqslant$” 和 “$\geqslant$”, 我们将得到对应的**严格单调上升**和**严格单调下降**数列的概念.

例 3.4.1 数列 $\left\{\dfrac{1}{n}\right\}_{n\geqslant 1}$ 是严格单调下降的. □

例 3.4.2 数列 $\left\{\left[\dfrac{n}{2}\right]\right\}_{n\geqslant 1}$ 是单调上升的, 但不是严格单调上升. 事实上, 这串数列是

$$0, 1, 1, 2, 2, 3, 3, 4, 4, \cdots.$$ □

例 3.4.3 数列 $\left\{\sin\dfrac{n\pi}{2}\right\}_{n\geqslant 1}$ 并不是单调列. 它的前几项是

$$1, 0, -1, 0, 1, 0, -1, 0, \cdots.$$ □

定理 3.4.4 单调数列要么是收敛的, 要么就是发散到 ∞.

证明 设 $\{x_n\}_{n\geqslant 1}$ 是单调上升的数列, 即

$$x_1 \leqslant x_2 \leqslant x_3 \leqslant \cdots.$$

假设 $\{x_n\}_{n\geqslant 1}$ 有 (上) 界, 即存在 $M > 0$, 使得

$$x_n \leqslant M, \quad n = 1, 2, \cdots.$$

于是有界数集 $\{x_n : n = 1, 2, \cdots\}$ 具有上确界 $u_0 = \sup\limits_{n\geqslant 1} x_n$ (定理 1.3.2). 直观地, u_0 应该是 $\{x_n\}_{n\geqslant 1}$ 的极限. 事实上, 若给定任意的 $\varepsilon > 0$, 由命题 1.2.3, 存在 $\{x_n : n = 1, 2, \cdots\}$ 中的 x_N, 使得

$$u_0 - \varepsilon < x_N.$$

由于 $\{x_n\}_{n\geqslant 1}$ 单调上升, 所以

$$u_0 - \varepsilon < x_N \leqslant x_{N+1} \leqslant x_{N+2} \leqslant \cdots.$$

换句话说

$$u_0 - \varepsilon < x_n, \quad \forall n \geqslant N.$$

由于 u_0 是 $\{x_n\}_n$ 的上界, 这推出

$$u_0 - \varepsilon < x_n \leqslant u_0 < u_0 + \varepsilon, \quad \forall n \geqslant N.$$

换句话说,

$$|x_n - u_0| < \varepsilon, \quad \forall n \geqslant N.$$

根据数列极限的定义,

$$\lim_{n \to \infty} x_n = u_0.$$

如果数列 $\{x_n\}_n$ 没有上界, 则对于任何的常数 $M > 0$, 总有一个 x_N, 使得 $M < x_N$. 由于 $\{x_n\}_n$ 单调上升,

$$M < x_N \leqslant x_n, \quad \forall n > N.$$

由极限的定义, $\lim\limits_{n \to \infty} x_n = +\infty$. 总之, $\{x_n\}_{n \geqslant 1}$ 要么收敛, 要么就发散至 $+\infty$.

同法讨论单调下降数列, 我们可以得到结论: 单调下降数列要么收敛, 要么就发散至 $-\infty$. 证明留作习题 (见习题 3.4 第 3 题). □

推论 3.4.5 (单调有界数列收敛定理) 单调有界数列必有极限.

证明 这是因为在此条件之下, 它不能发散至 ∞. □

例 3.4.6 证明 $\left\{\dfrac{n}{2^n}\right\}_{n \geqslant 1}$ 收敛.

证明 明显地

$$0 < \frac{n}{2^n}, \quad n = 1, 2, \cdots.$$

所以 $\left\{\dfrac{n}{2^n}\right\}_{n \geqslant 1}$ 具有下界 0. 另一方面, 由推论 3.4.5, 我们只需证明 $\left\{\dfrac{n}{2^n}\right\}_{n \geqslant 1}$ 单调下降, 就能得出 $\left\{\dfrac{n}{2^n}\right\}_{n \geqslant 1}$ 收敛的结论. 事实上, 设 $x_n = \dfrac{n}{2^n}$, 并且观察

$$\frac{x_{n+1}}{x_n} = \frac{\dfrac{n+1}{2^{n+1}}}{\dfrac{n}{2^n}} = \frac{n+1}{2n} \leqslant 1, \quad n = 1, 2, \cdots,$$

因此

$$x_{n+1} \leqslant x_n, \quad n = 1, 2, \cdots.$$

这正好说明了 $\left\{\dfrac{n}{2^n}\right\}_{n \geqslant 1}$ 是单调下降数列. □

例 3.4.7 求数列 $\{x_n\}_{n\geqslant 1}$ 的极限, 其中

$$x_1 = 1,$$
$$x_{n+1} = \sqrt{1+x_n}, \quad n = 1, 2, \cdots.$$

证明 首先, 假设 $\{x_n\}_{n\geqslant 1}$ 收敛且

$$\lim_{n\to\infty} x_n = u.$$

对于等式

$$x_{n+1}^2 = 1 + x_n,$$

两边同时取极限, 得

$$\lim_{n\to\infty} x_{n+1}^2 = \lim_{n\to\infty}(1+x_n).$$

于是有

$$\left(\lim_{n\to\infty} x_{n+1}\right)^2 = 1 + \lim_{n\to\infty} x_n.$$

由此

$$u^2 = 1 + u$$

或

$$u^2 - u - 1 = 0.$$

解此二次方程, 得

$$u = \frac{1 \pm \sqrt{5}}{2}.$$

由于

$$x_{n+1} = \sqrt{1+x_n} \geqslant 0, \quad n = 1, 2, \cdots,$$

所以

$$u = \frac{1+\sqrt{5}}{2}.$$

(有趣的是, 我们从始至终, 一直没有用到 $x_1 = 1$ 这个条件.)

我们的解答还没有完成. 还需要证明 $\{x_n\}_{n\geqslant 1}$ 收敛. 为了应用推论 3.4.5, 我们验证 $\{x_n\}_{n\geqslant 1}$ 有上界 2 (由于我们注意到 $u < 2$, 所以选取 2 为可能的上界). 应用数学归纳法.

第一步:

$$x_1 < 2.$$

第二步: 假设

$$x_n < 2,$$

那么,

$$x_{n+1} = \sqrt{1+x_n} < \sqrt{1+2} < \sqrt{4} = 2,$$

所以,

$$x_n < 2, \quad n = 1, 2, \cdots.$$

再一次应用归纳法证明 $\{x_n\}_{n\geqslant 1}$ 严格单调上升, 即

$$x_1 < x_2 < x_3 < \cdots.$$

第一步:

$$x_1 = 1,$$
$$x_2 = \sqrt{1+x_1} = \sqrt{2}.$$

所以,

$$x_1 < x_2.$$

第二步: 假设

$$x_{n-1} < x_n.$$

那么

$$x_{n+1} - x_n = \sqrt{1+x_n} - \sqrt{1+x_{n-1}} > 0.$$

所以

$$x_n < x_{n+1}.$$

由归纳法原理得证: $\{x_n\}_{n\geqslant 1}$ 是有界的, 而且 (严格) 单调上升. 所以, $\{x_n\}_{n\geqslant 1}$ 收敛且收敛至 $(1+\sqrt{5})/2$. □

在上例中, 如果不考虑数列 $\{x_n\}_n$ 的极限是否存在且有限, 而单纯只用前半部的演算得到有关假想极限 $u = \lim\limits_{n\to\infty} x_n$ 的代数方程, 解之而得 u 的值, 那么所求得的答案很可能是不正确的. 以下, 我们提供一个反例.

例 3.4.8 讨论数列 $\{x_n\}_{n\geqslant 1}$ 的极限, 其中

$$x_1 = 1,$$
$$x_{n+1} = -x_n, \quad n = 1, 2, \cdots.$$

如果我们不管 $u = \lim\limits_{n\to\infty} x_n$ 的存在性, 只注意到取极限后所得到的代数方程

$$u = \lim_{n\to\infty} x_{n+1} = -\lim_{n\to\infty} x_n = -u,$$

将会得到错误的结论: $u = 0$. 然而, $\lim\limits_{n\to\infty} x_n$ 根本就不存在. □

在以后的研究中, 常常会碰见自然常数 (natural constant) e. 自然常数 e 的欧拉 (Euler) 定义如下.

定理 3.4.9 设

$$x_n = \sum_{k=0}^{n} \frac{1}{k!} = 1 + 1 + \frac{1}{2!} + \frac{1}{3!} + \cdots + \frac{1}{n!}.$$

数列 $\{x_n\}_{n\geqslant 1}$ 单调上升且有上界 3. 所以 $\{x_n\}_{n\geqslant 1}$ 收敛. 记其极限为

$$\mathrm{e} = \lim_{n\to\infty} \sum_{k=0}^{n} \frac{1}{k!}.$$

证明 由于 $2^{n-1} \leqslant n!,\ n = 1, 2, \cdots$. 证明留作习题 (见习题 3.4 第 4 题). 我们有

$$x_n \leqslant 1 + 1 + \frac{1}{2} + \frac{1}{2^2} + \frac{1}{2^3} + \cdots + \frac{1}{2^{n-1}} < 3.$$

另一方面, 明显地有

$$x_n < x_n + \frac{1}{(n+1)!} = x_{n+1}, \quad n = 0, 1, 2, \cdots.$$

因此, 单调上升有界数列 $\{x_n\}_n$ 收敛到有限的极限

$$\mathrm{e} = \lim_{n\to\infty} x_n = 1 + 1 + \frac{1}{2!} + \frac{1}{3!} + \cdots + \frac{1}{n!} + \cdots.$$

通过计算 $\{x_n\}_{n\geqslant 1}$ 的前几项, 可得 $\mathrm{e} \approx 2.718281828459045\cdots$. □

定理 3.4.10

$$\mathrm{e} = \lim_{n\to\infty} \left(1 + \frac{1}{n}\right)^n.$$

证明 设

$$x_n = \sum_{k=0}^{n} \frac{1}{k!} = 1 + 1 + \frac{1}{2!} + \frac{1}{3!} + \cdots + \frac{1}{n!},$$

$$y_n = \left(1 + \frac{1}{n}\right)^n, \quad n = 1, 2, \cdots.$$

应用二项式展开,

$$\begin{aligned} y_n &= \left(1 + \frac{1}{n}\right)^n \\ &= 1 + n \cdot \left(\frac{1}{n}\right) + \frac{n(n-1)}{2!}\left(\frac{1}{n}\right)^2 + \frac{n(n-1)(n-2)}{3!}\left(\frac{1}{n}\right)^3 + \cdots \end{aligned}$$

$$
\begin{aligned}
&+\frac{n(n-1)\cdots 3\cdot 2\cdot 1}{n!}\left(\frac{1}{n}\right)^{n} \\
&=1+1+\frac{1}{2!}\left(1-\frac{1}{n}\right)+\frac{1}{3!}\left(1-\frac{1}{n}\right)\left(1-\frac{2}{n}\right)+\cdots \\
&\quad+\frac{1}{n!}\left(1-\frac{1}{n}\right)\left(1-\frac{2}{n}\right)\cdots\left(1-\frac{n-1}{n}\right) \\
&\leqslant 1+1+\frac{1}{2!}+\frac{1}{3!}+\cdots+\frac{1}{n!} \\
&=x_n, \quad \forall n=1,2,\cdots.
\end{aligned}
$$

由于

$$
\mathrm{e}=\lim_{n\to\infty} x_n=\sup_n x_n,
$$

所以

$$
y_n\leqslant \mathrm{e}, \quad \forall n\geqslant 1.
$$

另一方面,

$$
\begin{aligned}
y_{n+1}&=\left(1+\frac{1}{n+1}\right)^{n+1} \\
&=1+1+\frac{1}{2!}\left(1-\frac{1}{n+1}\right)+\frac{1}{3!}\left(1-\frac{1}{n+1}\right)\left(1-\frac{2}{n+1}\right) \\
&\quad+\cdots+\frac{1}{n!}\left(1-\frac{1}{n+1}\right)\left(1-\frac{2}{n+1}\right)\cdots\left(1-\frac{n-1}{n+1}\right) \\
&\quad+\frac{1}{(n+1)!}\left(1-\frac{1}{n+1}\right)\left(1-\frac{2}{n+1}\right)\cdots\left(1-\frac{n}{n+1}\right).
\end{aligned}
$$

由于

$$
1-\frac{k}{n}<1-\frac{k}{n+1}, \quad k=1,2,\cdots,n-1,
$$

我们有

$$
y_n<y_{n+1}, \quad n=1,2,\cdots.
$$

由推论 3.4.5, 单调上升有界数列 $\{y_n\}_{n\geqslant 1}$ 收敛, 并且

$$
\lim_{n\to\infty} y_n\leqslant \mathrm{e}.
$$

另一方面, 设 k 为固定的指标. 则对于那些 $n>k$, 我们有

$$
\begin{aligned}
y_n&=1+1+\frac{1}{2!}\left(1-\frac{1}{n}\right)+\cdots+\frac{1}{n!}\left(1-\frac{1}{n}\right)\left(1-\frac{2}{n}\right)\cdots\left(1-\frac{n-1}{n}\right) \\
&\geqslant 1+1+\frac{1}{2!}\left(1-\frac{1}{n}\right)+\cdots+\frac{1}{k!}\left(1-\frac{1}{n}\right)\left(1-\frac{2}{n}\right)\cdots\left(1-\frac{k-1}{n}\right).
\end{aligned}
$$

令 $n \to \infty$, 得

$$\lim_{n\to\infty} y_n \geqslant 1+1+\frac{1}{2!}+\cdots+\frac{1}{k!}=x_k.$$

再令 $k \to \infty$, 得

$$\lim_{n\to\infty} y_n \geqslant \lim_{k\to\infty} x_k = \mathrm{e}.$$

所以

$$\lim_{n\to\infty}\left(1+\frac{1}{n}\right)^n = \lim_{n\to\infty}\sum_{k=0}^{n}\frac{1}{k!}=\mathrm{e}.$$ □

习题 3.4

1. 利用 “单调有界数列必有极限” 的性质, 证明下列数列的极限存在:

(1) $x_n = 1+\frac{1}{2^2}+\cdots+\frac{1}{n^2}$;

(2) $x_n = 1+\frac{1}{2+1}+\frac{1}{2^2+1}+\cdots+\frac{1}{2^n+1}$;

(3) $x_n = \frac{n^k}{5^n}$ (k 是正整数);

(4) $x_n = \sqrt[n]{a}(0<a<1)$.

2. 利用 “单调有界数列必有极限” 的性质, 证明 $\lim\limits_{n\to\infty} x_n$ 存在, 并求之.

(1) $x_1=\sqrt{3},\cdots,x_n=\sqrt{3x_{n-1}}$;

(2) $x_1=\sqrt{5},\cdots,x_n=\sqrt{5+x_{n-1}}$;

(3) $x_0=2, x_1=2+\frac{x_0}{2+x_0},\cdots,x_{n+1}=2+\frac{x_n}{2+x_n}$.

3. 完成定理 3.4.4 的证明: $\{x_n\}_{n\geqslant 1}$ 为单调递减数列, 则 $\{x_n\}_{n\geqslant 1}$ 收敛或发散到 $-\infty$.

4. 证明: $n! \geqslant 2^{n-1}$, $\forall n=1,2,\cdots$. (试试看! 用数学归纳法.)

5. 以下是一个计算 e 的值的方法, 设 $x_n=\sum\limits_{k=0}^{n}\frac{1}{k!}$.

(1) 证明: $x_{n+m}-x_n<\frac{1}{(n+1)!}\frac{n+2}{n+1}, m=1,2,\cdots$;

(2) 证明: $0\leqslant \mathrm{e}-x_n<\frac{1}{n!}\frac{1}{n}$;

(3) 令 $\theta_n=(n!n)(\mathrm{e}-x_n)$, 于是 $0<\theta_n<1$, 证明 $\mathrm{e}=1+1+\frac{1}{2!}+\cdots+\frac{1}{n!}+\frac{\theta_n}{n!n}$;

(4) 估算 e, 准确至小数点后 15 位有效数字.

3.5 有界闭区间及取值于其中的数列

定理 3.5.1(康托尔闭区间套定理 (Cantor nested closed interval principle)) 假设

(1) $[a_1,b_1]\supseteq[a_2,b_2]\supseteq\cdots\supseteq[a_n,b_n]\supseteq\cdots$;

(2) $\lim\limits_{n\to\infty}(b_n-a_n)=0$,

则存在唯一的一点 ζ, 使得

$$\bigcap_{n=1}^{\infty}[a_n,b_n]=\{\zeta\},$$

且

$$\lim_{n\to\infty}a_n=\lim_{n\to\infty}b_n=\zeta.$$

证明　由条件 (1), 得知

$$a_1\leqslant a_2\leqslant a_3\leqslant\cdots\leqslant a_n\leqslant\cdots\leqslant b_n\leqslant b_{n-1}\leqslant\cdots\leqslant b_2\leqslant b_1.$$

所以, 数列 $\{a_n\}_{n\geqslant1}$ 单调上升且有上界 b_1, 而数列 $\{b_n\}_{n\geqslant1}$ 单调下降且有下界 a_1. 由推论 3.4.5 得知 $\lim\limits_{n\to\infty}a_n=\sup\limits_{n\geqslant1}a_n$ 和 $\lim\limits_{n\to\infty}b_n=\inf\limits_{n\geqslant1}b_n$ 存在且有限. 再由条件 (2), 得知

$$\lim_{n\to\infty}a_n=\lim_{n\to\infty}b_n.$$

令

$$\zeta=\lim_{n\to\infty}a_n=\lim_{n\to\infty}b_n.$$

易见,

$$a_n\leqslant\sup_{k\geqslant1}a_k=\zeta=\inf_{k\geqslant1}b_k\leqslant b_n,\quad n=1,2,\cdots.$$

因此,

$$\zeta\in\bigcap_{n=1}^{\infty}[a_n,b_n].$$

我们证明 ζ 是 $\bigcap\limits_{n=1}^{\infty}[a_n,b_n]$ 中唯一的点. 事实上, 若 $\eta\in\bigcap\limits_{n=1}^{\infty}[a_n,b_n]$, 则

$$a_n\leqslant\eta\leqslant b_n,\quad n=1,2,\cdots.$$

由三明治定理,

$$\lim_{n\to\infty}a_n\leqslant\eta\leqslant\lim_{n\to\infty}b_n.$$

于是, $\eta=\zeta$. □

考虑数列 $\{x_n\}_{n\geqslant1}$, 其中

$$x_n=f(n),\quad n=1,2,\cdots.$$

在这里, 定义 $\{x_n\}_{n\geqslant 1}$ 的函数为 $f:\mathbb{N}\to\mathbb{R}$. 若 M 是 $\mathbb{N}$ 的一个无穷子集, M 中的元素, 依大小次序排列成

$$n_1 < n_2 < n_3 < \cdots < n_k < \cdots.$$

则以 M 中的元素为指标, 可以构造一新数列 $\{x_{n_k}\}_{k\geqslant 1}$:

$$x_{n_1},\ x_{n_2},\ x_{n_3},\cdots,\ x_{n_k},\cdots.$$

例如, $M=\{1,3,5,7,\cdots,2k+1,\cdots\}$ 给出数列

$$x_1,\ x_3,\ x_5,\ x_7,\ \cdots,\ x_{2k+1},\cdots.$$

数列 $\{x_{n_k}\}_{k\geqslant 1}$ 也可以看成由函数

$$k\ \mapsto\ n_k\ \mapsto\ x_{n_k},\quad \forall n\in\mathbb{N}$$

所定义.

注意 n_k 是一正整数, 而且

$$n_k < n_{k+1},\quad k=1,2,\cdots.$$

由此易知 (见习题 3.5 第 5 题)

$$k\leqslant n_k,\quad k=1,2,\cdots.$$

定义 3.5.1 设数列 $\{x_n\}_{n\geqslant 1}$ 由函数 $f:\mathbb{N}\longrightarrow\mathbb{R}$ 所定义, 即

$$f(n)=x_n,\quad n=1,2,\cdots.$$

若函数 $g:\mathbb{N}\longrightarrow\mathbb{N}$ 严格单调上升, 则复合函数 $f\circ g:\mathbb{N}\longrightarrow\mathbb{R}$ 定义一新的数列:

$$y_k=f\circ g(k)=f(g(k)),\quad k=1,2,\cdots.$$

明显地, 数列 $\{y_k\}_{k\geqslant 1}$ 是从数列 $\{x_n\}_{n\geqslant 1}$ 中挑选出来的.

$$y_k=x_{g(k)},\quad k=1,2,\cdots,$$

我们称 $\{y_k\}_{k\geqslant 1}$ 为数列 $\{x_n\}_{n\geqslant 1}$ 的**子列** (subsequence). 有时, 为了直观的感觉及方便, 常写 $n_k=g(k)$ 及

$$x_{n_k}=x_{g(k)},\quad k=1,2,\cdots.$$

例 3.5.2　考虑数列

$$x_n = f(n) = \frac{1}{n},$$

$\{x_n\}_{n\geqslant 1}$ 可以表示成以下的一串数字:

$$1, \frac{1}{2}, \frac{1}{3}, \frac{1}{4}, \cdots, \frac{1}{n}, \cdots.$$

$\{x_n\}_{n\geqslant 1}$ 具有子列:

$$\begin{aligned}
&1, \frac{1}{3}, \frac{1}{5}, \cdots, \frac{1}{2k-1}, \cdots, \\
&\frac{1}{2}, \frac{1}{4}, \frac{1}{6}, \cdots, \frac{1}{2k}, \cdots, \\
&\frac{1}{2}, \frac{1}{3}, \frac{1}{5}, \cdots, \frac{1}{p_k}, \cdots,
\end{aligned}$$

其中, p_k 为第 k 个质数. 它们的定义函数分别是

$$f\circ g_1(k) = \frac{1}{2k-1}, \quad f\circ g_2(k) = \frac{1}{2k}, \quad f\circ g_3(k) = \frac{1}{p_k}.$$

在这里,

$$g_1(k) = 2k-1, \quad g_2(k) = 2k, \quad g_3(k) = \text{第 } k \text{ 个质数 } p_k.$$

如果, 我们用另一种记号 $\{x_{n_k}\}_{k\geqslant 1}$ 来表示 $\{x_n\}_{n\geqslant 1}$ 的子数列, 则有

$$x_{n_k} = \frac{1}{2k-1}, \quad x_{n_k} = \frac{1}{2k}, \quad \text{或} \quad x_{n_k} = \frac{1}{p_k}, \quad k = 1, 2, \cdots.$$ □

例 3.5.3　设

$$x_n = 2^{(-1)^n n}, \quad n = 1, 2, \cdots.$$

$\{x_n\}_{n\geqslant 1}$ 代表以下一列数字:

$$\frac{1}{2}, 4, \frac{1}{8}, 16, \frac{1}{32}, 64, \cdots, 2^{(-1)^n n}, \cdots.$$

以下都是 $\{x_n\}_{n\geqslant 1}$ 的子列:

$$\begin{aligned}
&\frac{1}{2}, \frac{1}{8}, \frac{1}{32}, \cdots, 2^{-(2k-1)}, \cdots, \\
&4, 16, 64, \cdots, 2^{2k}, \cdots, \\
&\frac{1}{2}, 4, \frac{1}{32}, 64, \cdots.
\end{aligned}$$

其中第一个子列具有形式

$$x_{n_k} = x_{2k-1}, \quad k = 1, 2, \cdots.$$

第二个子列具有形式

$$x_{n_k} = x_{2k}, \quad k = 1, 2, \cdots.$$

第三个子列具有形式

$$x_{n_k} = \begin{cases} x_{2k-1}, & k \text{ 为奇数}, \\ x_{2(k-1)}, & k \text{ 为偶数}. \end{cases}$$

这个子列也可以由函数

$$f(n) = 2^{(-1)^n n}$$

及

$$g(k) = \begin{cases} 2k-1, & k \text{ 为奇数}, \\ 2(k-1), & k \text{ 为偶数} \end{cases}$$

的复合函数

$$\begin{aligned} f \circ g(k) &= \begin{cases} 2^{(-1)^{2k-1}(2k-1)}, & k \text{ 为奇数}, \\ 2^{(-1)^{2(k-1)}2(k-1)}, & k \text{ 为偶数} \end{cases} \\ &= \begin{cases} 2^{-(2k-1)}, & k \text{ 为奇数}, \\ 2^{2(k-1)}, & k \text{ 为偶数} \end{cases} \end{aligned}$$

来表示.

然而, 因为不是按原来的次序递增选取, 以下数列皆不是 $\{x_n\}_{n\geqslant 1}$ 的子列:

$$4,\ \frac{1}{2},\ 16,\ \frac{1}{8}, \cdots,$$
$$\frac{1}{2},\ \frac{1}{8},\ \frac{1}{32},\ 4,\ 16, \cdots. \qquad \square$$

一般来说, 若 $\{x_n\}_{n\geqslant 1}$ 发散, 则它的子列可能是收敛的, 发散至无限大, 或发散但不发散至无限大, 如在例 3.5.3 中, 数列 $\{2^{(-1)^n n}\}_{n\geqslant 1}$ 是发散的. 然而, $\{2^{(-1)^n n}\}_{n\geqslant 1}$ 具有收敛的子列

$$\frac{1}{2}, \frac{1}{8}, \frac{1}{32}, \cdots (\text{收敛至 } 0),$$

发散至无限大的子列

$$4, 16, 64, \cdots (\text{发散至 } +\infty),$$

以及发散 (但不发散至无限大) 的子列

$$\frac{1}{2}, 4, \frac{1}{32}, 64, \cdots.$$

事实上, $\{x_n\}_{n\geqslant 1}$ 本身也是 $\{x_n\}_{n\geqslant 1}$ 的一个子列. 但是, 也有一些发散数列没有任何收敛的子列, 如 $\{n\}_{n\geqslant 1}$. 可是, 若数列 $\{x_n\}_{n\geqslant 1}$ 收敛, 则它的所有子列 $\{x_{n_k}\}_{k\geqslant 1}$ 也收敛.

定理 3.5.4 若数列 $\{x_n\}_{n\geqslant 1}$ 收敛, 且

$$\lim_{n\to\infty} x_n = a,$$

则 $\{x_n\}_{n\geqslant 1}$ 的所有子列 $\{x_{n_k}\}$ 皆收敛, 且

$$\lim_{k\to\infty} x_{n_k} = a.$$

证明 给定任意的 $\varepsilon > 0$. 由假设 $\lim\limits_{n\to\infty} x_n = a$, 可取一正整数 N, 使得

$$|x_n - a| < \varepsilon, \quad \forall n > N.$$

由子列的性质,

$$n_k > k, \quad k = 1, 2, \cdots.$$

所以, 当 $k > N$ 时, $n_k > N$. 因此,

$$|x_{n_k} - a| < \varepsilon, \quad \forall k > N.$$

故有

$$\lim_{k\to\infty} x_{n_k} = a. \qquad \square$$

定理 3.5.5(**魏尔斯特拉斯致密性定理** (Weierstrass density theorem)) 任一有界数列必有收敛的子列.

证明 这里, 我们用著名的 “二分法”. 设数列 $\{x_n\}_{n\geqslant 1}$ 有下界 a 及上界 b, 即

$$x_n \in [a, b], \quad n = 1, 2, \cdots.$$

将 $[a, b]$ 二等分成子区间 $[a, c]$ 及 $[c, b]$, 其中

$$c = \frac{b + a}{2}.$$

那么, 这两个闭区间中必有至少一个区间包含无限多个 x_n. 选其中一个包含无限多个 x_n 的闭区间, 记为 $[a_1, b_1]$. 任取 $[a_1, b_1]$ 所包含的一个 x_{n_1}, 有

$$x_{n_1} \in [a_1, b_1] \subseteq [a, b].$$

接着, 我们将 $[a_1, b_1]$ 再二等分成 $[a_1, c_1]$ 及 $[c_1, b_1]$, 其中

$$c_1 = \frac{b_1 + a_1}{2}.$$

于是, 在 $[a_1,c_1]$ 及 $[c_1,b_1]$ 中, 必有至少一个闭子区间, 包含无限多个 x_n. 选其中一个包含无限多个 x_n 的闭子区间, 并记为 $[a_2,b_2]$. 任取 $[a_2,b_2]$ 所包含的一个 x_{n_2}, 使得其下标 $n_2>n_1,\cdots$.

如此类推, 我们将得到闭区间列

$$[a,b]\supset[a_1,b_1]\supset[a_2,b_2]\supset\cdots,$$

且

$$\lim_{n\to\infty}(b_n-a_n)=\lim_{n\to\infty}\frac{b-a}{2^n}=0.$$

由康托尔闭区间套定理 (定理 3.5.1),

$$\bigcap_{n=1}^{\infty}[a_n,b_n]=\{\xi\}$$

且

$$\lim_{n\to\infty}a_n=\lim_{n\to\infty}b_n=\xi.$$

另一定面, 由

$$x_{n_k}\in[a_k,b_k],\quad k=1,2,\cdots$$

得知

$$a_k\leqslant x_{n_k}\leqslant b_k,\quad k=1,2,\cdots.$$

由三明治定理,

$$\lim_{k\to\infty}x_{n_k}=\xi.$$

所以, $\{x_{n_k}\}_{k\geqslant1}$ 是 $\{x_n\}_{n\geqslant1}$ 的收敛子列. □

定义 3.5.2 设 X 为一集合. $Y\subseteq X$ 及 $A_i\subseteq X,\forall i\in I$. 若有 $Y\subseteq\bigcup\limits_{i\in I}A_i$, 我们称集族 $\{A_i\}_{i\in I}$ 为 Y 的一个**覆盖** (covering). 若 I 只有有限 (或可数) 个元素, 我们称 $\{A_i\}_{i\in I}$ 为 Y 的一个**有限 (或可数) 的覆盖** (finite or countable covering).

特别地, 若 $Y\subseteq X=\mathbb{R}$, $A_i=(a_i,b_i)$, $\forall i\in I$, 而且

$$Y\subseteq\bigcup_{i\in I}(a_i,b_i),$$

则我们称 $\{(a_i,b_i)\}_{i\in I}$ 为 Y 的一个**开 (区间) 覆盖** (open covering).

例如: $\left\{\left(-\dfrac{1}{2},1\right),\left(\dfrac{1}{2},3\right),\left(\dfrac{3}{2},5\right)\right\}$ 是闭区间 $[0,4]$ 的一个有限开覆盖.

定理 3.5.6(博雷尔覆盖定理 (Borel covering theorem)) 任一有界闭区间的开覆盖必有有限子覆盖. 换句话说, 若

$$[a,b] \subseteq \bigcup_{i\in I}(\alpha_i,\beta_i),$$

则存在 $i_1,i_2,\cdots,i_N$, 使得

$$[a,b] \subseteq \bigcup_{k=1}^{N}(\alpha_{i_k},\beta_{i_k}).$$

证明 用反证法. 设 $[a,b]$ 不能被有限多个 (α_i,β_i) 所覆盖. 二等分 $[a,b]$ 成二闭子区间. 则至少有一个闭子区间 $[a_1,b_1]$ 不能被有限多个 (α_i,β_i) 所覆盖. 再二等分 $[a_1,b_1]$ 成二闭子区间. 则其中至少有一个闭子区间 $[a_2,b_2]$ 不能被有限多个 (α_i,β_i) 所覆盖 $\cdots\cdots$. 由此, 我们建立了闭区间列

$$[a,b]\supset[a_1,b_1]\supset[a_2,b_2]\supset\cdots$$

且

$$\lim_{n\to\infty}(b_n-a_n)=\lim_{n\to\infty}\frac{b-a}{2^n}=0,$$

其中每个闭区间 $[a_n,b_n]$ 都不能被有限多个 (α_i,β_i) 所覆盖. 由康托尔闭区间套定理 (定理 3.5.1),

$$\bigcap_{n=1}^{\infty}[a_n,b_n]=\{\xi\}$$

且

$$\lim_{n\to\infty}a_n=\lim_{n\to\infty}b_n=\xi.$$

由于

$$\xi\in[a,b]\subseteq\bigcup_{i\in I}(\alpha_i,\beta_i),$$

存在 I 中的 i_0, 使得

$$\xi\in(\alpha_{i_0},\beta_{i_0}),\quad \text{即 } \alpha_{i_0}<\xi<\beta_{i_0}.$$

根据定理 3.3.5, 存在 $N>0$, 使得

$$a_n,b_n\in(\alpha_{i_0},\beta_{i_0}),\quad \forall n>N.$$

特别地,

$$[a_n,b_n]\subseteq(\alpha_{i_0},\beta_{i_0}),\quad \forall n>N.$$

那么, 从 $n=N+1$ 开始, 单单一个 $(\alpha_{i_0},\beta_{i_0})$ 就覆盖了 $[a_n,b_n]$. 这与假设 "每一个 $[a_n,b_n]$ 都不能被有限多个 (α_i,β_i) 所覆盖" 的条件矛盾. □

习题 3.5

1. 设 a,b 为任意实数. 令 $x_0=a$, $x_1=b$, 且当 $n\geqslant 2$ 时, 令

$$x_n=\frac{x_{n-1}+x_{n-2}}{2}.$$

证明 $\lim\limits_{n\to\infty}x_n$ 的极限存在且有限.

提示: 画出数线, 依照闭区间套定理找出极限值, 那么问题就解决了.

2. 举出满足下列要求的数列例子, 并且验证它们满足所要求的条件.

(1) 无界数列, 但不发散到无穷大;

(2) 有界数列, 但发散;

(3) 发散数列, 但有一些收敛的子数列.

3. 一般而言, 如果数列 $\{x_n\}$ 有一些收敛的子列, 并不能保证它也收敛; 但是, 若

$$x_{2k}\longrightarrow a\quad(k\to\infty),$$

而且

$$x_{2k+1}\longrightarrow a\quad(k\to\infty),$$

则有

$$x_n\longrightarrow a\quad(n\to\infty).$$

请证明之.

提示: 用 "数列收敛的定义" 就可以证明了, 只是要小心 k 和 n 的关系.

4. 在闭区间套定理中, 假设了一些条件:

(1) 区间必须是闭区间;

(2) $[a_1,b_1]\supset[a_2,b_2]\supset\cdots$;

(3) $\lim\limits_{n\to\infty}(b_n-a_n)=0$.

如果

(1) 将闭区间改为开区间, 结果怎样?

(2) 区间不是递减的, 即去掉 $[a_1,b_1]\supset[a_2,b_2]\supset\cdots\supset[a_n,b_n]\supset\cdots$ 这个条件, 结果怎样?

(3) $\lim\limits_{n\to\infty}(b_n-a_n)$ 不是 0, 结果怎样?

试分别举例说明.

5. 用归纳法证明: 若 $g:\mathbb{N}\to\mathbb{N}$ 严格单调上升, 恒有 $g(k)\geqslant k$, $k=1,2,\cdots$. 特别地, 在 "子列" 的定义中, 下标

$$k\leqslant n_k,\quad k=1,2,\cdots.$$

6. 证明: 如果 $\{x_n\}$ 有界但不收敛, 则存在两个子数列, $x_{n_k}^{(1)}\xrightarrow{k\to\infty}a, x_{n_k}^{(2)}\xrightarrow{k\to\infty}b$, 且 $a\neq b$. 因此,

$$\lim_{n\to\infty}x_n=a\Longleftrightarrow \text{对所有子列皆有}\lim_{k\to\infty}x_{n_k}=a.$$

应用以上结果, 证明数列 $\left\{\sin\frac{n\pi}{2}\right\}_{n\geqslant 1}$ 及 $\left\{\cos\frac{n\pi}{2}\right\}_{n\geqslant 1}$ 发散.

7. 证明**林德勒夫** (Lindelöf) **定理**: 对于 $\mathbb{R}$ 的任何开覆盖, 皆具有可数的子覆盖.

提示: $\mathbb{R}=\bigcup_{n=1}^{\infty}[-n,n]$.

3.6 柯西数列

定义 3.6.1 设 $\{x_n\}_{n\geqslant 1}$ 为 $\mathbb{R}$ 中的数列. 并且对于任何 $\varepsilon>0$, 存在正整数 N, 使得

$$n,m>N \implies |x_n-x_m|<\varepsilon.$$

我们称这种数列 $\{x_n\}_{n\geqslant 1}$ 为**柯西数列**、 **柯西列** (Cauchy sequence), 或**基本列** (fundamental sequence). 以上的条件也常常被写成

$$\lim_{m,n\to\infty}|x_n-x_m|=0.$$

当我们讨论收敛的数列时, 大多先有一个特定的对象, 即该数列的极限. 但是, 柯西列只要求数列中各项相互越趋接近, 而不必要点出极限的值为何. 看起来, 柯西列的要求较少. 事实上, 我们有如下定理.

定理 3.6.1 (**柯西列收敛定理**) 在 $\mathbb{R}$ 中收敛的数列必是柯西列, 而柯西列也必收敛.

证明 首先, 设数列 $\{x_n\}_{n\geqslant 1}$ 收敛. 我们证明 $\{x_n\}_{n\geqslant 1}$ 为柯西列. 设

$$\lim_{n\to\infty}x_n=a.$$

于是对于任意的 $\varepsilon>0$, 存在正整数 N, 使得

$$|x_n-a|<\varepsilon/2,\quad \forall n>N.$$

对于那些正整数 n 及 m, 只要 $n,m>N$, 就有

$$\begin{aligned}|x_n-x_m|&=|x_n-a+a-x_m|\\&\leqslant|x_n-a|+|x_m-a|\\&<\varepsilon/2+\varepsilon/2=\varepsilon.\end{aligned}$$

所以 $\{x_n\}_{n\geqslant 1}$ 为柯西列.

现在, 假设数列 $\{x_n\}_{n\geqslant 1}$ 为柯西列. 证明 $\{x_n\}_{n\geqslant 1}$ 收敛. 首先, 证明 $\{x_n\}_{n\geqslant 1}$ 为有界数列. 事实上, 若取 $\varepsilon=1$, 则存在正整数 N, 使得

$$|x_n-x_m|<1,\quad \forall n,m>N.$$

特别地, 若固定 $m = N+1$, 有

$$|x_n - x_{N+1}| < 1, \quad \forall n > N.$$

所以

$$|x_n| < 1 + |x_{N+1}|, \quad \forall n > N.$$

令

$$B = \max\{|x_1|, |x_2|, \cdots, |x_N|, 1 + |x_{N+1}|\},$$

则

$$|x_n| \leqslant B, \quad n = 1, 2, \cdots.$$

由魏尔斯特拉斯致密性定理 (定理 3.5.5), 有界数列 $\{x_n\}_{n\geqslant 1}$ 具有收敛的子列 $\{x_{n_k}\}_{k\geqslant 1}$. 设

$$\lim_{k\to\infty} x_{n_k} = a.$$

我们验证 a 也是数列 $\{x_n\}_{n\geqslant 1}$ 本身的极限. 由于 $\lim\limits_{n,m\to\infty} |x_n - x_m| = 0$, 对于任意给定的 $\varepsilon > 0$, 存在着正整数 N, 使得

$$|x_n - x_{n_k}| < \varepsilon/2, \quad \forall n_k > N, \quad \forall n > N.$$

另一方面, 由于 $\lim\limits_{k\to\infty} x_{n_k} = a$, 存在着正整数 N_1, 使得

$$|x_{n_k} - a| < \varepsilon/2, \quad \forall k > N_1.$$

现在, 我们选一个指标 $k > \max\{N, N_1\}$. 由 $n_k \geqslant k > N$, 有

$$|x_n - a| \leqslant |x_n - x_{n_k}| + |x_{n_k} - a| < \varepsilon/2 + \varepsilon/2 = \varepsilon, \quad \forall n > N.$$

换句话说,

$$\lim_{n\to\infty} x_n = a.$$

(在以上的计算中, 有一个巧妙的地方, 就是 n_k 只起过渡的作用, 而不出现在首尾项.) □

例 3.6.2 讨论数列 $\{x_n\}_{n\geqslant 1}$ 的敛散性, 其中

(1) $x_n = \dfrac{\cos 1}{3} + \dfrac{\cos 2}{3^2} + \cdots + \dfrac{\cos n}{3^n}, n = 1, 2, \cdots;$

(2) $x_n = 1 + \dfrac{1}{2} + \cdots + \dfrac{1}{n}, n = 1, 2, \cdots;$

(3) $x_n = 1 - \dfrac{1}{2} + \cdots + (-1)^{n+1}\dfrac{1}{n}, n = 1, 2, \cdots.$

解　(1) 假设 $n>m$. (对于 $m>n$ 的情形, 我们也可以用一样的方法来处理.)

$$
\begin{aligned}
|x_n-x_m| &= \left|\left(\frac{\cos 1}{3}+\frac{\cos 2}{3^2}+\cdots+\frac{\cos n}{3^n}\right)-\left(\frac{\cos 1}{3}+\frac{\cos 2}{3^2}+\cdots+\frac{\cos m}{3^m}\right)\right| \\
&= \left|\frac{\cos(m+1)}{3^{m+1}}+\cdots+\frac{\cos n}{3^n}\right| \leqslant \frac{|\cos(m+1)|}{3^{m+1}}+\cdots+\frac{|\cos n|}{3^n} \\
&\leqslant \frac{1}{3^{m+1}}+\cdots+\frac{1}{3^n}=\frac{1}{3^{m+1}}\frac{1-\left(\dfrac{1}{3}\right)^{n-m}}{1-\dfrac{1}{3}} \\
&< \frac{1}{3^{m+1}}\cdot\frac{1}{1-\dfrac{1}{3}}=\frac{1}{2}\cdot\frac{1}{3^m}.
\end{aligned}
$$

当 $n,m\to\infty$ 时, $|x_n-x_m|\to 0$. 由此可见, $\{x_n\}_{n\geqslant 1}$ 为柯西列, 所以 $\{x_n\}_{n\geqslant 1}$ 收敛.

(2) 考虑:

$$
\begin{aligned}
|x_{2n}-x_n| &= \left|\frac{1}{n+1}+\frac{1}{n+2}+\cdots+\frac{1}{2n}\right| \\
&\geqslant \underbrace{\frac{1}{2n}+\frac{1}{2n}+\cdots+\frac{1}{2n}}_{n\text{ 个}}=n\cdot\left(\frac{1}{2n}\right)=\frac{1}{2}.
\end{aligned}
$$

所以, $\{x_n\}_{n\geqslant 1}$ 不是柯西列. 因此, $\{x_n\}_{n\geqslant 1}$ 也不是收敛列. 于是 $\{x_n\}_{n\geqslant 1}$ 发散至正无限大. (为什么?)

(3) 假设 $n>m$. (对于 $m>n$ 的情形, 我们也可以用一样的方法来处理.)

$$
\begin{aligned}
|x_n-x_m| &= \left|(-1)^{m+1}\frac{1}{m}+(-1)^{m+2}\frac{1}{m+1}+\cdots+(-1)^{n+1}\frac{1}{n}\right| \\
&= \left|\frac{1}{m}-\frac{1}{m+1}+\cdots+(-1)^{n-m}\frac{1}{n}\right| \\
&\leqslant \left|\frac{1}{m}-\frac{1}{m+1}\right|+\left|\frac{1}{m+2}-\frac{1}{m+3}\right|+\cdots \\
&\qquad \left(\text{最后一项或为 }\left|\frac{1}{n-1}-\frac{1}{n}\right|,\text{ 或为 }\left|\frac{1}{n}\right|\right) \\
&< \left(\frac{1}{m}-\frac{1}{m+1}\right)+\left(\frac{1}{m+1}-\frac{1}{m+2}\right)+\left(\frac{1}{m+2}-\frac{1}{m+3}\right)+\cdots \\
&\qquad \left(\text{最后一项或为}\left(\frac{1}{n-1}-\frac{1}{n}\right),\text{或为 }\left(\frac{1}{n-1}-\frac{1}{n}\right)+\frac{1}{n}\right) \\
&\leqslant \frac{1}{m}.
\end{aligned}
$$

一般地, $|x_n - x_m| < \max\left\{\dfrac{1}{m}, \dfrac{1}{n}\right\} \to 0$ 当 $n, m \to \infty$. 所以 $\{x_n\}_{n\geqslant 1}$ 是柯西列, 故收敛. □

上面的例子说明了应用柯西列概念的一个特色: 我们不必事先知道数列的可能极限值为何, 而是可以通过观察是否成立条件 $|x_n - x_m| \to 0$, 来判断 $\{x_n\}_{n\geqslant 1}$ 的敛散性.

作为总结, 我们给出到此为止所讲过的 7 个重要定理的关系.

定理 3.6.3 以下各命题相互等价:

(1) 实数的完备性公理 (1.3 节).

(2) 确界存在定理 (定理 1.3.2).

(3) 单调数列收敛定理 (推论 3.4.5).

(4) 康托尔闭区间套定理 (定理 3.5.1).

(5) 魏尔斯特拉斯致密性定理 (定理 3.5.5).

(6) 博雷尔覆盖定理 (定理 3.5.6).

(7) 柯西列收敛定理 (定理 3.6.1).

证明 大部分已证. 请指出前文中相关的证明所在, 以及自行补足缺少的部分 (见习题 3.6 第 2 题). □

习题 3.6

1. 请尝试利用柯西数列的定义, 直接证明:

(1) 设 $x_n = 1 + \dfrac{1}{1!} + \dfrac{1}{2!} + \cdots + \dfrac{1}{n!}$, $n \in \mathbb{N}$, 则 $\{x_n\}$ 为柯西数列;

(2) 设 $y_n = (-1)^n$, $n \in \mathbb{N}$, 则 $\{y_n\}$ 不为柯西数列;

(3) 设 $z_n = \sum\limits_{k=0}^{n} \dfrac{\sin k}{2^k}$, $n \in \mathbb{N}$, 则 $\{z_n\}$ 为柯西数列;

(4) 设 $w_n = \sum\limits_{k=0}^{n} \dfrac{(-1)^{k+1}}{2^k}$, $n \in \mathbb{N}$, 则 $\{w_n\}$ 为柯西数列;

(5) 设 $0 < q < 1$, $a_n = 1 + q + q^2 + \cdots + q^n$, $n \in \mathbb{N}$, 则 $\{a_n\}$ 为柯西数列;

(6) 设 $1 \leqslant p < +\infty$, $b_n = 1 + p + p^2 + \cdots + p^n$, $n \in \mathbb{N}$, 则 $\{b_n\}$ 不是柯西数列.

2. 完成定理 3.6.3 的证明. 提示: 您可能需要补足以下命题的证明

(5) $\Longrightarrow$ (6), (6) $\Longrightarrow$ (4), (4) $\Longrightarrow$ (2), (2) $\Longrightarrow$ (1), 以及 (7) $\Longrightarrow$ (4).

不妨将各命题中可以直接互相证明的都尝试证明; 当然, 如果每一对的关系都讨论, 总共会有 $7 \times 6 = 42$ 个命题. 要一一地给出所有的证明不是件容易的工作! 但是, 也不妨试试你的身手.

第4章　函数极限

4.1　函数极限的定义

令 $X \subseteq \mathbb{R}$. 考虑函数 $f: X \longrightarrow \mathbb{R}$. 函数 f 给出了自变量 x 与因变量 y 相互的变化关系:

$$y = f(x).$$

函数 f 所决定的这种关系, 是不是具有很好而有用的性质, 往往取决于函数 f 的内在属性. 而 f 的内在属性, 又往往通过极限的概念来刻画. 我们需要特别地注意: f 的所有属性都是有关 x 及 y 的变化关系. 而极限的观念, 也刚好是描述两个变量间, 在变化过程中的相互关系. 这里并不存在着分裂的 "x 的极限" 或 "y 的极限" 的概念, 而只存在着

"当 x 趋向某点时, y 也趋向某点的极限".

定义 4.1.1　设 $f: (a, +\infty) \longrightarrow \mathbb{R}$, 以及 $l \in \mathbb{R}$. 若对任何 $\varepsilon > 0$, 存在 $N > 0$, 使得当 $x \in \mathrm{Dom}(f)$ 时,

$$x > N \implies |f(x) - l| < \varepsilon,$$

则称 l 为当 x 趋向正无限大时 f 的*极限*, 并记为

$$\lim_{x \to +\infty} f(x) = l$$

或

$$f(x) \longrightarrow l, \quad \text{当 } x \longrightarrow +\infty.$$

例 4.1.1　定义 $f: \mathbb{R} \longrightarrow \mathbb{R}$ 为

$$f(x) = \frac{1}{x^2 + 1}.$$

则直观地有

$$\lim_{x \to +\infty} f(x) = \lim_{x \to +\infty} \frac{1}{x^2 + 1} = 0.$$

如图 4.1 所示.

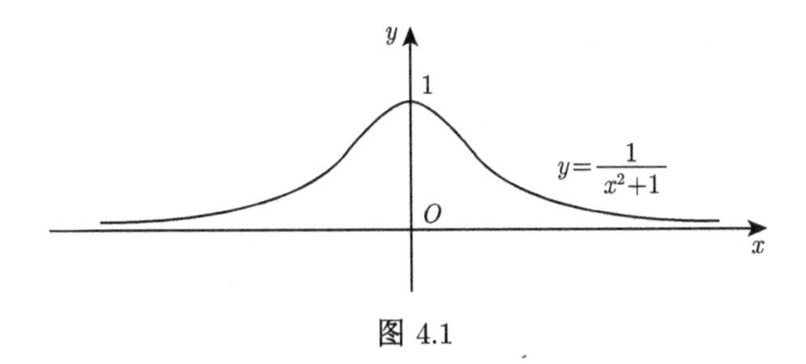

图 4.1

这就是说, 当 x 无限制地增大时, $f(x)$ 趋向于 0. 注意: 若光说 "$f(x)$ 趋向于零", 而不强调这是 "当 x 趋向于 $+\infty$ 时", 这是没有意义的.

以下给出

$$\lim_{x\to+\infty} f(x)=0$$

的严格证明. 设 $\varepsilon>0$. 观察

$$|f(x)-0|=\left|\frac{1}{x^2+1}-0\right|=\frac{1}{x^2+1}<\frac{1}{x^2}\quad (当\ x\neq 0\ 时).$$

所以当 $x>\dfrac{1}{\sqrt{\varepsilon}}$ 时,

$$|f(x)-0|<\frac{1}{x^2}<\varepsilon.$$

如果我们取 $N=\dfrac{1}{\sqrt{\varepsilon}}$, 则有

$$x>N\implies |f(x)-0|<\varepsilon.$$

根据定义, $\lim\limits_{x\to+\infty} f(x)=0$. (注意: 这跟数列的情况不一样, N 可以不是正整数.) □

同理, 我们也可以定义当 $x\to-\infty$ 时, 函数值 $f(x)$ 的极限.

定义 4.1.2 设 $f:(-\infty,b)\longrightarrow\mathbb{R}$, 以及 $l\in\mathbb{R}$. 若对任何 $\varepsilon>0$, 存在 $N>0$, 使得当 $x\in\mathrm{Dom}(f)$ 时,

$$x<-N\implies |f(x)-l|<\varepsilon,$$

则称 l 为当 x 趋向负无限大时 f 的极限, 并记为

$$\lim_{x\to-\infty} f(x)=l$$

或

$$f(x)\longrightarrow l,\quad 当\ x\longrightarrow-\infty.$$

定义 4.1.3　设 $f:(-\infty,+\infty)\longrightarrow\mathbb{R}$, 以及 $l\in\mathbb{R}$. 我们以

$$\lim_{x\to\infty}f(x)=l$$

表示: 当 $|x|\to+\infty$ 时, $f(x)\to l$. 换句话说, 对所有 $\varepsilon>0$, 存在 $N>0$, 使得

$$|x|>N\implies|f(x)-l|<\varepsilon.$$

易见

$$\lim_{x\to\infty}f(x)=l\iff\lim_{x\to+\infty}f(x)=\lim_{x\to-\infty}f(x)=l.$$

例 4.1.2　$\lim\limits_{x\to\infty}\dfrac{1}{x^2+1}=0.$

证明留作习题 (见习题 4.1 第 3 题 (2)).　□

单侧极限 $\lim\limits_{x\to+\infty}f(x)$ 及 $\lim\limits_{x\to-\infty}f(x)$ 很好地描述了 f 在距离原点两端远处的情形. 例如, 当 $f(x)=\dfrac{1}{x^2+1}$ 时,

$$\lim_{x\to+\infty}f(x)=\lim_{x\to-\infty}f(x)=0.$$

表明了当 x 很大或很小 (即是 "负得很大") 时, $f(x)$ 大约等于零. 余下的, 我们只需要研究在有界区间中, 函数 f 的性质了. 譬如说, 如果在容许的误差范围设定为 1/100 以内的条件下, 因为

$$|x|>10\implies|f(x)|=\frac{1}{x^2+1}<\frac{1}{x^2}<\frac{1}{100},$$

我们只需研究函数 f 在有界区间 $[-10,10]$ 上的表现就可以了; 至于在区间以外的那些 x, 我们不妨直接将 $f(x)=\dfrac{1}{x^2+1}$ 看成 0.

如果将 $\pm\infty$ 换成一个具体的有限数字时, 我们也有

定义 4.1.4　设 $f:I\longrightarrow\mathbb{R}$, $x_0\in I$ 及 $a\in\mathbb{R}$. 若对任何 $\varepsilon>0$, 存在 $\delta>0$, 使得①

$$0<|x-x_0|<\delta\implies|f(x)-a|<\varepsilon,$$

则称 a 为当 x 趋向于 x_0 时函数 $f(x)$ 的极限, 并记为

$$\lim_{x\to x_0}f(x)=a$$

或

$$f(x)\longrightarrow a,\quad 当\ x\longrightarrow x_0.$$

① 这里, δ 是希腊字母, 读作 "delta"; 和 ε (epsilon) 一样, δ 也是表示微小之意.

换句话说,

$\lim\limits_{x\to x_0} f(x)=a$ 表明了: 当 x 很接近 x_0 时, $f(x)$ 也很接近 a.

为什么不考虑 x_0 和 $f(x_0)$ 呢? 这跟在讨论 $\lim\limits_{x\to+\infty} f(x)$ 或 $\lim\limits_{x\to-\infty} f(x)$ 时有些类似. 因为 $\pm\infty$ 并非数字, 而 $\lim\limits_{x\to+\infty} f(x)$ 及 $\lim\limits_{x\to-\infty} f(x)$ 只是描绘了 f 在无限远处的一种变化趋势, 因此, $f(+\infty)$ 或 $f(-\infty)$ 不管存不存在, 或者是何值, 都不影响我们的观测结果. 相同地, 在讨论极限 $\lim\limits_{x\to x_0} f(x)$ 时, 我们是在研究, 当 x 很接近 x_0 时, $f(x)$ 的变化趋势. 至于 $f(x_0)$ 是什么, 其实与 $\lim\limits_{x\to x_0} f(x)$ 所要描述的毫不相干.

例 4.1.3 $\lim\limits_{x\to 1}(x-2)=-1$. 事实上, 若令 $f(x)=x-2$, 则 $y=f(x)$ 的图形如图 4.2 所示.

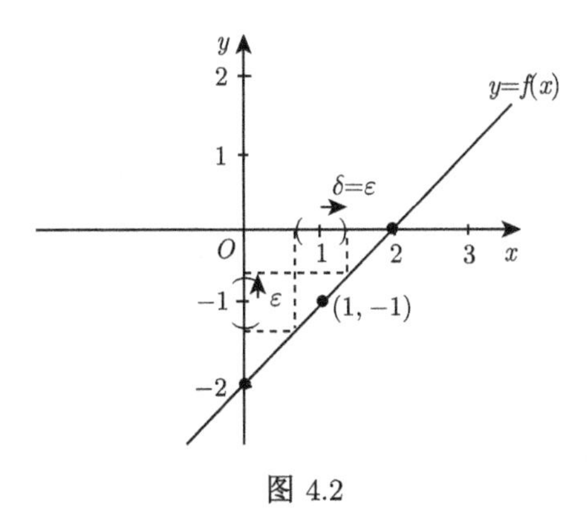

图 4.2

在 $x=1$ 附近, $f(x)$ 总是在 -1 的附近: 对于任意的 $\varepsilon>0$, 只要取 $\delta=\varepsilon>0$, 则

$$0<|x-1|<\delta \implies |f(x)-(-1)|=|(x-2)+1|=|x-1|<\varepsilon.$$

根据函数极限的定义,

$$\lim_{x\to 1} f(x)=-1.$$ □

例 4.1.4

$$\lim_{x\to 1}\frac{x^3-1}{x-1}=3.$$

严格来说, 函数 $f(x)=\dfrac{x^3-1}{x-1}$ 在 $x=1$ 处并没有定义. 然而, 正如我们所强调的, $\lim\limits_{x\to 1} f(x)$ 只讨论当 x 很接近 1 时, $f(x)$ 的变化情形. 至于在 $x=1$ 这个特殊点上, $f(x)$ 是什么, 倒是无关紧要的. 因此, 我们还是可以讨论 $\lim\limits_{x\to 1}\dfrac{x^3-1}{x-1}$ 的. 事实

上,

$$f(x)=\frac{x^3-1}{x-1}=x^2+x+1.$$

直观地,

$$\lim_{x\to 1}f(x)=1+1+1=3.$$

严格的证明如下. 对于任意的 $\varepsilon>0$, 我们需要找出 $\delta>0$, 使得

$$0<|x-1|<\delta \implies |f(x)-3|<\varepsilon.$$

观察: 当 $x\neq 1$ 时,

$$\begin{aligned}|f(x)-3|&=\left|\frac{x^3-1}{x-1}-3\right|\\&=|x^2+x+1-3|=|x^2+x-2|=|x+2||x-1|,\end{aligned}$$

其中, $|x-1|$ 的大小是可以控制的. 对于 $|x+2|$, 我们需要一些小技巧来帮忙.

$$|x+2|=|(x-1)+3|\leqslant|x-1|+3.$$

于是

$$|f(x)-3|\leqslant(|x-1|+3)|x-1|.$$

当 $|x-1|$ 很小时, 譬如 $|x-1|<\frac{1}{2}$, 我们有

$$(|x-1|+3)|x-1|<4|x-1|.$$

令

$$\delta=\min\left\{\frac{1}{2},\frac{\varepsilon}{4}\right\}.$$

此时,

$$0<|x-1|<\delta \implies |f(x)-3|<4|x-1|<\varepsilon.$$

根据极限的定义,

$$\lim_{x\to 1}f(x)=3.$$

□

例 4.1.5　设

$$f(x)=\operatorname{sgn}(|x|).$$

于是

$$f(x)=\begin{cases}1, & x\neq 0,\\ 0, & x=0.\end{cases}$$

如图 4.3 所示.

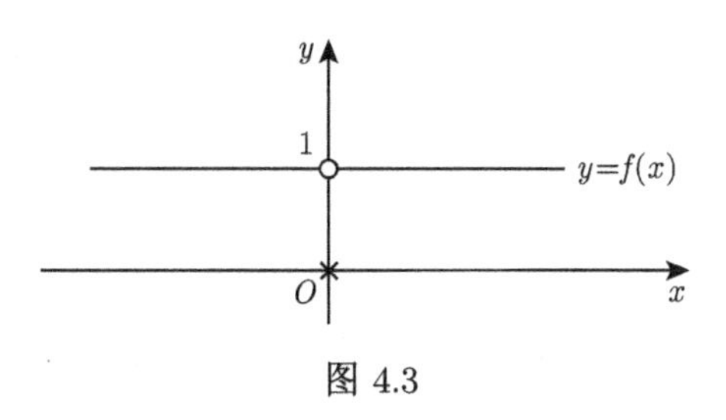

图 4.3

f 在 $x=0$ 时断开. 然而,

$$\lim_{x\to 0} f(x)=1.$$

事实上, 对于任意的 $\varepsilon>0$, 只要取 $\delta=1$ (或任何大于零的数), 我们就会有

$$0<|x-0|<\delta \implies |f(x)-1|=0<\varepsilon.$$

所以, $\lim\limits_{x\to 0} f(x)=1$. □

令

$$U_{x_0,\delta}=\{y\in\mathbb{R}:|y-x_0|<\delta\}=(x_0-\delta,x_0+\delta).$$

我们称 $U_{x_0,\delta}$ 为点 x_0 的 δ-邻域. 邻域是一种用以表征所谓 x (或 $f(x)$) 很接近 x_0 (或 $f(x_0)$) 的语言工具. 当点 x 越接近 x_0 时, 表示 x 会落在 x_0 越小的邻域中. 如图 4.4 所示.

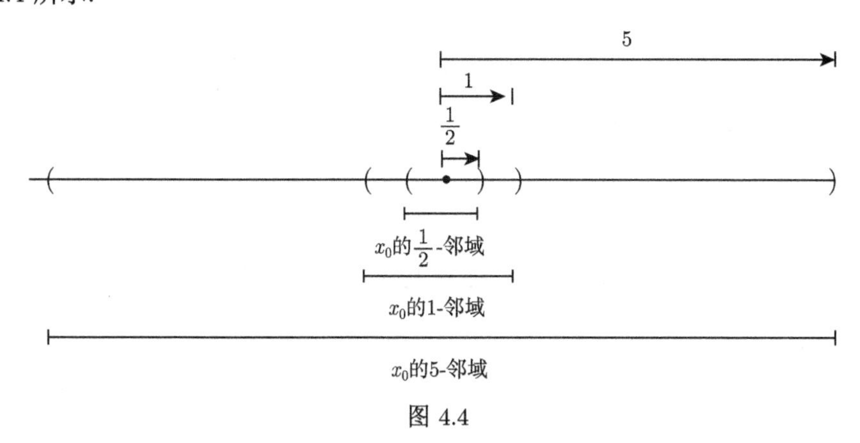

图 4.4

如果令

$$U_{a,\varepsilon}=\{y\in\mathbb{R}:|y-a|<\varepsilon\}=(a-\varepsilon,a+\varepsilon),$$

则 $\lim\limits_{x\to x_0} f(x)=a$ 表示: 对于 a 的任意小的邻域 $U_{a,\varepsilon}$, 存在着 x_0 的与之对应的小邻域 $U_{x_0,\delta}$, 使得

$$f(U_{x_0,\delta}\backslash\{x_0\})\subseteq U_{a,\varepsilon}.$$

我们也可以说:

“当 x 进入了 x_0 的 δ-邻域时 (但是 $x\neq x_0$), 函数值 $f(x)$ 则会进入到 $f(x_0)$ 的 ε-邻域中去.” 如图 4.5 所示.

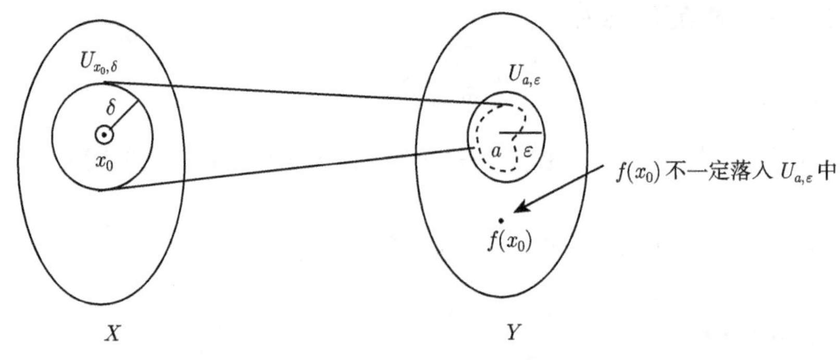

图 4.5

无论正数 ε 变得有多小, 也就是无论我们要求有多严格的容许误差范围, 即规定了多么小的 ε-邻域, 只要适当地提高了精确度, 即通过限制 x_0 的邻域 $U_{x_0,\delta}$ 的大小, 则 f 总会将 x_0 附近的点 $x\in U_{x_0,\delta}\backslash\{x_0\}$, 映入到我们预先规定的 a 的容许误差范围邻域 $U_{a,\varepsilon}$ 中去.

例 4.1.6　定义黎曼函数 (Riemann function)

$$f(x)=\begin{cases}\dfrac{1}{q}, & x=\dfrac{p}{q}, q>0,\ p,q \text{ 为互质整数},\\ 0, & x \text{ 为无理数},\\ 1, & x=0.\end{cases}$$

对于每一个 $\mathbb{R}$ 中的点 x_0, 总有 $\lim\limits_{x\to x_0} f(x)=0$.

证明　设 $x_0\in\mathbb{R}$. 我们要证明: 对于任意的 $\varepsilon>0$, 存在 $\delta>0$, 使得

$$0<|x-x_0|<\delta \Longrightarrow |f(x)-0|<\varepsilon.$$

我们先观察有哪些点 x 会使得

$$|f(x)|\geqslant\varepsilon.$$

我们留意那些互质的整数 p 和 $q>0$, 它们会使得

$$\left|f\left(\frac{p}{q}\right)\right|=\frac{1}{q}\geqslant\varepsilon \quad 或 \quad q\leqslant\frac{1}{\varepsilon}.$$

这些 q 只有有限多个: 它们是

$$q = 1, 2, \cdots, [1/\varepsilon].$$

另一方面, 如果我们限制在 x_0 的某一邻域内讨论 $f(x)$ 的值, 譬如 x_0 的 1-邻域

$$U_{x_0,1} = \{x \in \mathbb{R} : |x - x_0| < 1\} = (x_0 - 1, x_0 + 1),$$

则在 $U_{x_0,1}$ 中, 只能找出有限多个形如 $\dfrac{p}{q}$ 的有理数, 使得 $q = 1, 2, \cdots, [1/\varepsilon]$, 以及 p, q 互质, 如图 4.6.

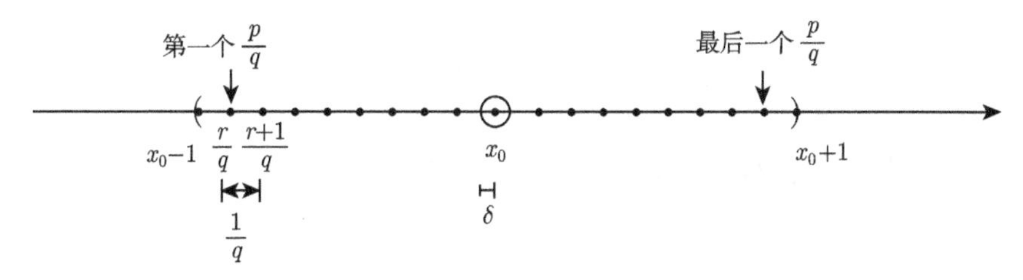

图 4.6

事实上, 对于每一个 $q = 1, 2, \cdots, [1/\varepsilon]$, 那些在 $U_{x_0,1}$ 中, 使得 $|f(x)| \geqslant \varepsilon$ 的 $x = p/q$, 最多只能有 $\dfrac{2}{1/q} = 2q$ 个. 于是, 在 $U_{x_0,1}$ 中有可能使 $|f(x)| \geqslant \varepsilon$ 的点 x, 全部最多只能有 $\left(\sum\limits_{q=1}^{[1/\varepsilon]} 2q\right) + 1$ 个 (可能包括 $x = 0$). 适当地取 x_0 的 δ-邻域, 我们总可以使 $U_{x_0,\delta} \backslash \{x_0\}$ 避开了所有这些点. 于是,

$$0 < |x - x_0| < \delta \implies |f(x)| < \varepsilon.$$

根据极限的定义,

$$\lim_{x \to x_0} f(x) = 0.$$

□

例 4.1.7 定义狄利克雷函数 (Dirichlet function)

$$f(x) = \begin{cases} 1, & x \in \mathbb{Q}, \\ 0, & x \notin \mathbb{Q}. \end{cases}$$

对于 $\mathbb{R}$ 中的每一点 x_0, 极限

$$\lim_{x \to x_0} f(x)$$

都不存在.

证明　对于任何实数 a, 不管怎么选取 $\delta>0$, 总会有一个点 x, 使得

$$0<|x-x_0|<\delta, \quad \text{但是} \quad |f(x)-a|>\frac{1}{3}.$$

事实上, 若

(1) $|a|\leqslant\frac{1}{3}$, 则不管 $\delta>0$ 有多小, 在 $U_{x_0,\delta}\backslash\{x_0\}$ 中的一切有理数 x, 都使得

$$|f(x)-a|=|1-a|\geqslant 1-\frac{1}{3}=\frac{2}{3}>\frac{1}{3};$$

(2) $|a|>\frac{1}{3}$, 则不管 $\delta>0$ 有多小, 在 $U_{x,\delta}\backslash\{x_0\}$ 中的一切无理数 x, 都使得

$$|f(x)-a|=|a|>\frac{1}{3}.$$

于是, 对于 $\varepsilon=\frac{1}{3}$, 我们无法选取 $\delta>0$, 使得

$$0<|x-x_0|<\delta \Longrightarrow |f(x)-a|<\varepsilon.$$

换句话说, $\lim\limits_{x\to x_0}f(x)$ 并不存在. □

习题 4.1

1. 写出下列各函数极限的分析定义 (即 ε-δ 定义或 ε-N 定义):

(1) $\lim\limits_{x\to-\infty}f(x)=0$;　　(2) $\lim\limits_{x\to a}f(x)=-\infty$;

(3) $\lim\limits_{x\to\infty}f(x)=-\infty$;　　(4) $\lim\limits_{x\to 0}f(x)=\infty$.

我们约定 (别的书不见得一样): $y\to\infty$ 的意思是 $|y|\to+\infty$.

2. 在下列各题中, 对于 $\varepsilon>0$, 试求出 $\delta>0$, 使得当 $0<|x-a|<\delta$ 时, 有 $|f(x)-l|<\varepsilon$.

(1) $f(x)=x^3$; $l=a^3$.　　(2) $f(x)=\frac{1}{x}$; $a=2, l=\frac{1}{2}$.

(3) $f(x)=x^3+\frac{1}{x}$; $a=2, l=\frac{17}{2}$.　　(4) $f(x)=\frac{x}{1+\cos^2 x}$; $a=0, l=0$.

(5) $f(x)=\sqrt{|x|}$; $a=0, l=0$.　　(6) $f(x)=\sqrt{|x-1|}$; $a=1, l=0$.

3. 求出下列各函数在指定点的极限, 并运用极限的定义证明之: 即对于任意 $\varepsilon>0$, "找出 $\delta>0$", 使得当 x 和指定点的距离小于 δ, 但不等于零时, $f(x)$ 和极限值的差距小于 ε.

(1) $f(x)=\frac{1}{x}$, 当 $x\to\infty$;　　(2) $\lim\limits_{x\to\infty}\frac{1}{x^2+1}$;

(3) $\lim\limits_{x\to 1}\frac{x^2-1}{x+1}$;　　(4) $\lim\limits_{a\to 0}\frac{\sqrt{a+x_0}-\sqrt{x_0}}{a}$;

(5) $\lim\limits_{x\to\infty}\frac{3x+1}{2x+1}=\frac{3}{2}$.

4. 对于下列函数, 当 x_0 是些什么数时, 极限 $\lim\limits_{x\to x_0} f(x)$ 存在? (具体地说, 当 x 和某一 x_0 很接近时, $f(x)$ 也稳定地接近某一固定的值.)

(1) $f(x)=[x]$;

(2) $f(x)=\left[\dfrac{1}{x}\right]$;

(3) $f(x)=\{x\}$, 其中 $\{x\}=x-[x]$ 是由 x 至最近整数的距离.

5. 试举例一函数 f, 说明下列的叙述不成立.

假设: 当 $0<|x-a|<\delta$ 时, $|f(x)-l|<\varepsilon$.

则有: 当 $0<|x-a|<\dfrac{\delta}{2}$ 时, $|f(x)-l|<\dfrac{\varepsilon}{2}$.

6. 用极限的意义证明 $\lim\limits_{x\to a} f(x)=\lim\limits_{h\to 0} f(a+h)$.

提示: 先假设 $\lim\limits_{x\to a} f(x)$ 存在, 导出 $\lim\limits_{h\to 0} f(a+h)$ 的极限值: $\lim\limits_{x\to a} f(x)=l=\lim\limits_{h\to 0} f(a+h)$. 再反过来由右式导出左式的极限值.

7. 用极限的定义证明下列的叙述.

(1) 若 $\lim\limits_{x\to 0} f(x)=A$, 则 $\lim\limits_{x\to\infty} f\left(\dfrac{1}{x}\right)=A$;

(2) 若 $\lim\limits_{x\to+\infty} g(x)=B$, 则 $\lim\limits_{x\to-\infty} g(-x)=B$.

8. 这个习题可以帮助读者澄清 “极限意义” 的逻辑概念, 不妨花点时间仔细想一想.

举例说明下列叙述, 若作为 $\lim\limits_{x\to a} f(x)=l$ 的定义, 则是 “错误” 的:

(1) $\forall\delta>0, \exists\varepsilon>0$, 使得当 $0<|x-a|<\delta$ 时, 就会有 $|f(x)-l|<\varepsilon$;

(2) $\forall\varepsilon>0, \exists\delta>0$, 使得当 $|f(x)-l|<\varepsilon$ 时, 就会有 $0<|x-a|<\delta$.

(什么是 “正确” 的极限概念? 请从 “现实” 的、“具体” 的、“实用” 的观点, 来讨论这个问题. 问你自己: 怎么样定义 “极限” 才会使得你满意呢?)

4.2 左、右极限及聚点

设 $f:\mathbb{R}\longrightarrow\mathbb{R}$, $x_0\in\mathbb{R}$ 及 $a\in\mathbb{R}$. 极限

$$\lim_{x\to x_0} f(x)=a$$

表示当 x 趋向于 x_0 时, $f(x)$ 趋向于 a. 在这里, x 趋向于 x_0 可以有很多不同的方法, 如图 4.7 所示.

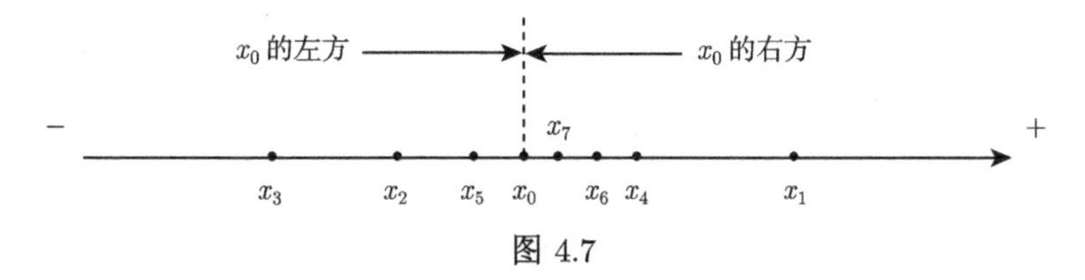

图 4.7

有时 x 可能在 x_0 的左方, 有时 x 可能在 x_0 的右方, $\cdots\cdots$. 我们要看的, 其实只是 $|x-x_0|$ 的大小. 至于 x 在 x_0 的左方或右方并不重要. 然而, 当我们限制了 x 趋向 x_0 的方向时, $f(x)$ 的变化可能会变得简单一些. 譬如说, 我们可以考虑当 x 从 x_0 左方 (或右方) 趋向于 x_0 时 $f(x)$ 的极限. 我们注意到,

当 x 从 x_0 的左方趋向于 x_0 时, $0 < x_0 - x \longrightarrow 0$;

当 x 从 x_0 的右方趋向于 x_0 时, $0 < x - x_0 \longrightarrow 0$.

由此, 我们定义函数 f 在点 x_0 处的*单侧极限* (one-sided limit).

定义 4.2.1　设 $f:\mathbb{R}\longrightarrow\mathbb{R}$, $x_0\in\mathbb{R}$ 及 $a\in\mathbb{R}$.

(1) 若对于任何 $\varepsilon>0$, 存在 $\delta>0$, 使得

$$0 < x_0 - x < \delta \implies |f(x)-a| < \varepsilon,$$

则称 a 为当 x 从 x_0 的左方趋向 x_0 时, 函数值 $f(x)$ 的极限, 简称为 f 在点 x_0 处的*左极限* (left limit), 并记为

$$\lim_{x\to x_0^-} f(x) = a$$

或

$$f(x)\longrightarrow a, \quad 当\ x\longrightarrow x_0^-.$$

(2) 若对于任何 $\varepsilon>0$, 存在 $\delta>0$, 使得

$$0 < x - x_0 < \delta \implies |f(x)-a| < \varepsilon,$$

则称 a 为当 x 从 x_0 的右方趋向 x_0 时, 函数值 $f(x)$ 的极限, 简称为 f 在点 x_0 处的*右极限* (right limit), 并记为

$$\lim_{x\to x_0^+} f(x) = a$$

或

$$f(x)\longrightarrow a, \quad 当\ x\longrightarrow x_0^+.$$

广义来说, 我们也可以将 $\lim\limits_{x\to+\infty} f(x)$ 及 $\lim\limits_{x\to-\infty} f(x)$ 都看成函数 f 在*无穷远点* ∞ 处的单侧极限.

例 4.2.1

$$\lim_{x\to 0^-} \operatorname{sgn} x = -1,$$

$$\lim_{x\to 0^+} \operatorname{sgn} x = 1.$$

但是, $\lim\limits_{x\to 0}\operatorname{sgn} x$ 不存在.

证明留作习题 (见习题 4.2 第 2 题). □

例 4.2.2

$$\lim_{x\to 1^+}\sqrt{x-1}=0.$$

证明 对于任意 $\varepsilon>0$, 取 $\delta=\left(\frac{\varepsilon}{2}\right)^2>0$. 则

$$0<x-1<\delta \implies |\sqrt{x-1}-0|<\sqrt{\delta}=\sqrt{\left(\frac{\varepsilon}{2}\right)^2}=\frac{\varepsilon}{2}<\varepsilon.$$

根据定义,

$$\lim_{x\to 1^+}\sqrt{x-1}=0.$$ □

注意 当 x 在点 1 处的左方, 即 $x<1$ 时, $\sqrt{x-1}$ 没有定义. 此时, 我们没法讨论极限

$$\lim_{x\to 1^-}\sqrt{x-1} \quad 和 \quad \lim_{x\to 1}\sqrt{x-1}$$

的意义.

定理 4.2.3

$$\lim_{x\to x_0}f(x)=a$$

当且仅当

$$\lim_{x\to x_0^-}f(x)=\lim_{x\to x_0^+}f(x)=a.$$

证明 若 $\lim\limits_{x\to x_0}f(x)=a$, 则易见 (见习题 4.2 第 3 题)

$$\lim_{x\to x_0^+}f(x)=\lim_{x\to x_0^-}f(x)=a.$$

反过来看, 若

$$\lim_{x\to x_0^+}f(x)=\lim_{x\to x_0^-}f(x)=a,$$

以及 $\varepsilon>0$, 则存在 $\delta_1>0$ 及 $\delta_2>0$, 使得

$$0<x-x_0<\delta_1 \implies |f(x)-a|<\varepsilon,$$

$$0<x_0-x<\delta_2 \implies |f(x)-a|<\varepsilon.$$

若取 $\delta=\min\{\delta_1,\delta_2\}$, 则

$$0<|x-x_0|<\delta \implies |f(x)-a|<\varepsilon.$$

根据定义, $\lim\limits_{x\to x_0}f(x)=a$. □

现在, 我们进一步研究 “$x\longrightarrow x_0$” 还涵盖哪些可能的意义.

定理 4.2.4 (海涅定理 (Heine theorem)) 设 $f:\mathbb{R}\longrightarrow\mathbb{R}$, $x_0\in\mathbb{R}$ 及 $a\in\mathbb{R}$. 极限

$$\lim_{x\to x_0} f(x)=a,$$

若且唯若, 对于任何的数列 $\{x_n\}_{n\geqslant 1}$, $x_n\neq x_0$, $n=1,2,\cdots$, 我们有

$$\lim_{n\to\infty} x_n=x_0 \implies \lim_{n\to\infty} f(x_n)=a.$$

证明 首先假设

$$\lim_{x\to x_0} f(x)=a,$$

以及 $x_n\neq x_0$, $n=1,2,\cdots$, 且

$$\lim_{n\to\infty} x_n=x_0.$$

那么, 对于任意 $\varepsilon>0$, 存在 $\delta>0$, 使得

$$0<|x-x_0|<\delta \implies |f(x)-a|<\varepsilon.$$

又存在正整数 N, 使得

$$n>N \implies 0<|x_n-x_0|<\delta.$$

于是,

$$n>N \implies |f(x_n)-a|<\varepsilon.$$

根据定义,

$$\lim_{n\to\infty} f(x_n)=a.$$

反过来看, 假设对于所有数列 $\{x_n\}_n$, 其中 $x_n\neq x_0$, $n=1,2,\cdots$, 我们总有

$$\lim_{n\to\infty} x_n=x_0 \implies \lim_{n\to\infty} f(x_n)=a.$$

若 $\lim\limits_{x\to x_0} f(x)\neq a$, 则存在 $\varepsilon>0$, 使得对于不管怎样小的 $\delta>0$, 都有 x 使得

$$0<|x-x_0|<\delta, \quad 但是\ |f(x)-a|\geqslant\varepsilon.$$

于是, 对于 $\delta=1,\frac{1}{2},\frac{1}{3},\cdots,\frac{1}{n},\cdots$, 我们相对地有 $x_1,x_2,x_3,\cdots,x_n,\cdots$, 使得

$$0<|x_n-x_0|<\frac{1}{n}, \quad 但是\ |f(x_n)-a|\geqslant\varepsilon.$$

现在, $x_n \neq x_0$, $n=1,2,\cdots$, 而且 $\lim\limits_{n\to\infty} x_n = x_0$. 但是 $\lim\limits_{n\to\infty} f(x_n) \neq a$. 这与所设矛盾. 所以, $\lim\limits_{x\to x_0} f(x) = a$. □

在定理 4.2.4 中, 当 $x_0=+\infty$ 或 $x_0=-\infty$ 时, 又或 $a=+\infty$ 或 $a=-\infty$ 时, 定理的结论仍然成立. 证明留作习题 (见习题 4.2 第 5 题).

例 4.2.5　证明

$$\lim_{x\to 0}\cos\frac{1}{x}$$

不存在.

证明　取

$$x_n=\frac{1}{2n\pi+\frac{\pi}{2}} \quad 及 \quad y_n=\frac{1}{2n\pi}, \quad n=1,2,\cdots,$$

则所有的 $x_n, y_n \neq 0$, 而且

$$\lim_{n\to\infty} x_n = \lim_{n\to\infty} y_n = 0,$$

但是

$$\lim_{n\to\infty}\cos\frac{1}{x_n}=0, \quad 而 \lim_{n\to\infty}\cos\frac{1}{y_n}=1,$$

并不相等. 故 $\lim\limits_{x\to 0}\cos\frac{1}{x}$ 不存在. □

例 4.2.6　设

$$f(x)=\sin x\log x.$$

我们计算 $\lim\limits_{x\to+\infty} f(x)$. 取

$$x_n=2n\pi+\frac{1}{2}\pi \quad 及 \quad y_n=2n\pi, \quad n=1,2,\cdots,$$

则

$$\lim_{n\to\infty} x_n = \lim_{n\to\infty} y_n = +\infty.$$

但是,

$$\begin{aligned}\lim_{n\to\infty} f(x_n) &= \lim_{n\to\infty}\sin\left(2n\pi+\frac{1}{2}\pi\right)\log\left(2n\pi+\frac{1}{2}\pi\right)\\ &= \lim_{n\to\infty}\log\left(2n\pi+\frac{1}{2}\pi\right)=+\infty;\end{aligned}$$

而另一方面,

$$\lim_{n\to\infty} f(y_n) = \lim_{n\to\infty}\sin 2n\pi\log 2n\pi = 0.$$

所以

$$\lim_{n\to\infty} f(x_n) \neq \lim_{n\to\infty} f(y_n).$$

因此, $\lim\limits_{x\to+\infty} f(x)$ 不存在. □

通过数列极限的帮助, 我们可以考虑定义在一般数集 $X \subseteq \mathbb{R}$ 上的函数 f 的极限问题.

定义 4.2.2　设 $X \subseteq \mathbb{R}$ 及 $x_0 \in \mathbb{R}$. 若存在 X 中的数列 $\{x_n\}_{n\geqslant 1}$ (即 $x_n \in X, n = 1, 2, \cdots$), 使得

$$x_n \neq x_0,\ n = 1, 2, \cdots, \quad 以及 \quad \lim_{n\to\infty} x_n = x_0,$$

则我们称 x_0 为 X 的一个**聚点** (cluster point), 或**极限点** (limit point).

仿照以上的说法, 我们也可以说无穷远点 $\pm\infty$ 是集合 $\mathbb{R} = (-\infty, +\infty)$ 的聚点. 一般地, $X \subset \mathbb{R}$ 没有上界或下界, 当且仅当, $+\infty$ 或 $-\infty$ 是 X 的聚点.

定义 4.2.3　设 $f: X \to \mathbb{R}$, $X \subseteq \mathbb{R}$ 及 x_0 是 X 的一个聚点. 若有 $a \in \mathbb{R}$, 使得对于所有 X 中的数列 $\{x_n\}_{n\geqslant 1}, x_n \neq x_0,\ n = 1, 2, \cdots$, 我们皆有

$$\lim_{n\to\infty} x_n = x_0 \Longrightarrow \lim_{n\to\infty} f(x_n) = a,$$

则称 a 为函数 f 在点 x_0 处的**极限**, 并记为

$$\lim_{x\to x_0} f(x) = a.$$

同理, 可以定义极限

$$\lim_{x\to+\infty} f(x) \quad 和 \quad \lim_{x\to-\infty} f(x),$$

以及

$$\lim_{x\to x_0} f(x) = +\infty \ \ 或 \ -\infty$$

的概念. 我们将这些工作留作习题 (见习题 4.2 第 4 题 (1)(2)(4)(5)).

假若 x_0 不是 X 的聚点 (但是, 可能会有 $x_0 \in X$), 讨论极限 $\lim\limits_{x\to x_0} f(x)$ 是没有意义的. 例如, 设 $X = (0, 1) \cup \{2\}$ 及定义 $f(x) = x^2, \forall x \in X$, 如图 4.8.

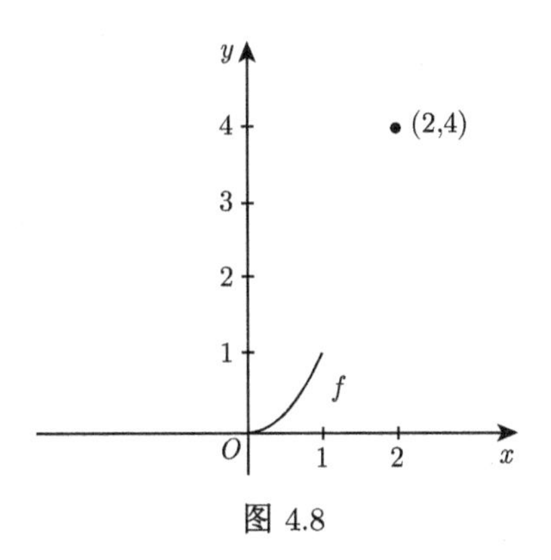

图 4.8

若说 $\lim\limits_{x\to 2} f(x) = 4$, 这将是毫无理由的. 要注意到我们讨论极限 $\lim\limits_{x\to 2} f(x)$ 时, $f(2)$ 的值是无关重要的. 事实上, 只要留意极限 $\lim\limits_{x\to 2} f(x) = a$ 的定义:

$$0 < |x-2| < \delta \implies |f(x) - a| < \varepsilon,$$

便会知道: 我们所要关心的 x, 都不会是 2. 另一方面, 由于 2 孤立地与 X 中的其他点分离, 如果取 $\delta < 1$, 则没有任何 X 中的 x, 适合条件

$$0 < |x-2| < \delta.$$

因此, 对于任何的 a (包括 $\pm\infty$), 命题

$$0 < |x-2| < \delta \implies |f(x) - a| < \varepsilon$$

都会自动成立!

通常, 我们要考虑的 x_0, 都是 X 的内点 (interior point), 即存在 x_0 的 δ-邻域

$$U_{x_0,\delta} = (x_0 - \delta, x_0 + \delta),$$

使得

$$x_0 \in U_{x_0,\delta} \subseteq X.$$

在此时, $\lim\limits_{x\to x_0} f(x)$ 可以用原来的极限定义来处理 (即 ε-δ 法). 特别常见的情形是定义在开区间 $f : (a,b) \longrightarrow \mathbb{R}$ 上的函数. 此时, 所有 (a,b) 中的 x_0 都是内点, 所以讨论极限 $\lim\limits_{x\to x_0} f(x)$ 有意义. 再者,

$$\lim_{x\to a^+} f(x) \quad 及 \quad \lim_{x\to b^-} f(x)$$

也有意义. 就函数 f 的定义域为 (a,b) 而言, 端点 a, b 都是开区间 (a,b) 的聚点. 我们也可以说

$$\lim_{x\to a} f(x) = \lim_{x\to a^+} f(x)$$

及

$$\lim_{x\to b} f(x) = \lim_{x\to b^-} f(x).$$

然而, 我们通常还是保留 $\lim\limits_{x\to a^+} f(x)$ 及 $\lim\limits_{x\to b^-} f(x)$ 的记法, 以便指出它们作为单侧极限的本质.

习题 4.2

1. 求下列各函数在指定点的左、右极限, 并由此判断函数在此点的极限是否存在.

(1) $f(x) = \sqrt{x+1}$, 在点 $x = -1$ 处;

(2) $f(x) = \dfrac{2}{x-2}$, 在点 $x = 2$ 处;

(3) $f(x) = \sin(x^2)$, 在点 $x = 0$ 处;

(4) $f(x) = \begin{cases} 0, & x > 1, \\ 1, & x = 1, \\ x^2+1, & x < 1, \end{cases}$ 在点 $x = 1$ 处;

(5) $f(x) = \begin{cases} 0, & x \in [0,1] \cap \mathbb{Q}, \\ 1, & x \in [0,1] \cap \mathbb{Q}^c, \end{cases}$ 在点 $x = \dfrac{\sqrt{2}}{2}$ 处($\mathbb{Q}$ 是所有有理数的集合. $\mathbb{Q}^c$ 是 $\mathbb{Q}$ 的余集 (complement). 事实上, $\mathbb{Q}^c = \mathbb{R} \setminus \mathbb{Q}$ 是所有无理数的集合);

(6) $f(x) = \dfrac{1}{x} - \left[\dfrac{1}{x}\right]$, 在点 $x = 1$ 处.

2. 证明例 4.2.1.

3. 证明: 若 $\lim\limits_{x\to x_0} f(x) = a$, 则 $\lim\limits_{x\to x_0^+} f(x) = \lim\limits_{x\to x_0^-} f(x) = a$.

4. 假设 x_0 是 $X = \mathrm{Dom}(f)$ 的聚点. 假设对于所有取值于 X 中的数列 $\{x_n\}_{n\geqslant 1}$, 其中 $x_n \neq x_0$, $n = 1, 2, \cdots$, 我们总有

$$\lim_{n\to\infty} x_n = x_0 \Longrightarrow \lim_{n\to\infty} f(x_n) = a.$$

依定义, 我们称 a 为函数 f 在点 x_0 的极限, 并记为 $\lim\limits_{x\to x_0} f(x) = a$. 请模仿这种方法, 叙述下列各种函数极限的概念

(1) $\lim\limits_{x\to+\infty} f(x) = a$;

(2) $\lim\limits_{x\to-\infty} f(x) = b$;

(3) $\lim\limits_{x\to\infty} f(x) = c$ (这跟 (1) 或 (2) 都不一样);

(4) $\lim\limits_{x\to x_0} f(x) = +\infty$;

(5) $\lim\limits_{x\to x_0} f(x) = -\infty$.

5. 证明: 在定理 4.2.4 中, 当 $x_0=+\infty$ 或 $x=-\infty$ 时, 或当 $a=+\infty$ 或 $a=-\infty$ 时, 定理的结论仍然成立. 即证明下列叙述:

(1) 假设 $\lim\limits_{x\to+\infty} f(x)=A$ 成立. 若 $\lim\limits_{n\to\infty} x_n=+\infty$, 则 $\lim\limits_{n\to\infty} f(x_n)=A$.

(2) 假设 $\lim\limits_{x\to-\infty} f(x)=B$ 成立. 若 $\lim\limits_{n\to\infty} x_n=-\infty$, 则 $\lim\limits_{n\to\infty} f(x_n)=B$.

(3) 假设 $\lim\limits_{x\to x_0} f(x)=+\infty$ 成立. 若 $\lim\limits_{n\to\infty} x_n=x_0$, 则 $\lim\limits_{n\to\infty} f(x_n)=+\infty$ $(x_n\neq x_0,\ n=1,2,\cdots)$.

(4) 假设 $\lim\limits_{x\to x_0} f(x)=-\infty$ 成立. 若 $\lim\limits_{n\to\infty} x_n=x_0$, 则 $\lim\limits_{n\to\infty} f(x_n)=-\infty$ $(x_n\neq x_0,\ n=1,2,\cdots)$.

6. 利用海涅定理, 证明下列函数极限不存在.

(1) $\lim\limits_{x\to0}\sin\dfrac{1}{x^2}$;　　(2) $\lim\limits_{x\to\infty}\left(x-4\left[\dfrac{x}{4}\right]\right)$.

7. 讨论下列函数极限:

(1) $\lim\limits_{x\to\infty} x\cos x$;　　(2) $\lim\limits_{x\to\infty}\dfrac{\cos x}{x}$;

(3) $\lim\limits_{x\to\infty} x\tan x$;　　(4) $\lim\limits_{x\to\infty}\dfrac{\tan x}{x}$.

8. 讨论了许多函数的极限之后, 你对函数极限是否了解于心? 试试下列的问题: (先不要去看现成的例子, 就你所知道的函数及极限的意义, 来构造函数.)

(1) 举出一个函数, 使它定义在 $[-1,1]$ 上, 而且除了 $x=0$ 之外, 每一点的极限都不存在;

(2) 作一函数, 使它在 $x=1$ 的任何邻域内无界, 但在 $x=1$ 时, 又不以 ∞ 为极限.

4.3 函数极限的性质与运算

为了叙述上的简洁, 在本节中出现的命题

$$\lim_{x\to x_0} f(x)=a,$$

除特别声明外, 一律可以理解为正常的情况, 即 x_0 和 a 皆为实数, 或者特殊的情况

$$\lim_{x\to+\infty} f(x)=a,\quad \lim_{x\to-\infty} f(x)=a.$$

这里, a 也可以是 $\pm\infty$. 对于单侧 (即左或右) 极限, 我们也使用这个约定. 所以, 以下的结果一般都包括了很多不同的版本. 它们的证明基本上大同小异, 故多从略.

定理 4.3.1　假设 $f,g:X\to\mathbb{R}$,

$$\lim_{x\to x_0} f(x)=A \quad 及 \quad \lim_{x\to x_0} g(x)=B.$$

若 $A < B$, 则存在 $\delta > 0$, 使得对所有 X 中的 x, 有

$$0 < |x - x_0| < \delta \implies f(x) < g(x).$$

证明　取

$$\varepsilon = \frac{B - A}{2} > 0.$$

存在 $\delta > 0$, 使得同时有

$$0 < |x - x_0| < \delta \implies |f(x) - A| < \varepsilon,$$

$$0 < |x - x_0| < \delta \implies |g(x) - B| < \varepsilon.$$

于是, 当 $0 < |x - x_0| < \delta$ 时,

$$A - \varepsilon < f(x) < A + \varepsilon,$$

$$B - \varepsilon < g(x) < B + \varepsilon.$$

特别地,

$$f(x) < A + \varepsilon = A + \frac{B - A}{2} = \frac{B + A}{2} = B - \frac{B - A}{2} = B - \varepsilon < g(x). \qquad \square$$

推论 4.3.2　假设

$$\lim_{x \to x_0} f(x) = A \quad 及 \quad \lim_{x \to x_0} g(x) = B,$$

且存在 $\delta > 0$, 使得

$$0 < |x - x_0| < \delta \implies f(x) \geqslant g(x),$$

则

$$A \geqslant B.$$

证明　用反证法. 假设

$$A < B.$$

由定理 4.3.1, 存在 $\delta' > 0$, 使得

$$0 < |x - x_0| < \delta' \implies f(x) < g(x).$$

那么对于那些 x 使得

$$0 < |x - x_0| < \min\{\delta, \delta'\},$$

我们导出了矛盾:

$$f(x) < g(x) \quad \text{及} \quad f(x) \geqslant g(x)$$

同时成立! □

注意 在推论 4.3.2 中, 若将 "$f(x) \geqslant g(x)$" 改为 "$f(x) > g(x)$", 我们仍然只能获得结论 "$A \geqslant B$", 而不是 "$A > B$". 你能举一个例子吗? (见习题 4.3 第 1 题).

推论 4.3.3 若

$$\lim_{x \to x_0} f(x) = A$$

且 $B < A < C$, 则存在 $\delta > 0$ 使得

$$0 < |x - x_0| < \delta \implies B < f(x) < C.$$

证明 考虑常数函数

$$g(x) = B \quad \text{及} \quad h(x) = C.$$

应用定理 4.3.1. □

推论 4.3.4 (极限的唯一性 (uniqueness of limits)) 若

$$\lim_{x \to x_0} f(x) = A \quad \text{及} \quad \lim_{x \to x_0} f(x) = B,$$

则

$$A = B.$$

证明 应用定理 4.3.1 两次. □

定理 4.3.5 (三明治定理 (sandwich theorem)) 假设存在 $\delta > 0$ 使得

$$0 < |x - x_0| < \delta \implies f(x) \leqslant g(x) \leqslant h(x)$$

及

$$\lim_{x \to x_0} f(x) = \lim_{x \to x_0} h(x) = a,$$

则

$$\lim_{x \to x_0} g(x) = a.$$

证明留作习题 (见习题 4.3 第 2 题). □

定理 4.3.6 (局部有界性及无界性) (1) 若 $\lim\limits_{x \to x_0} f(x) = a \in \mathbb{R}$, 则存在 x_0 的 δ-邻域 $U_{x_0,\delta}$, 使得 f 在 $U_{x_0,\delta} \backslash \{x_0\}$ 上有界 (若 $f(x_0)$ 有定义, 则 f 在 $U_{x_0,\delta}$ 上有界).

(2) 若 $\lim\limits_{x \to x_0} f(x) = +\infty$ (或 $-\infty, \infty$), 则对于 x_0 的任意 δ-邻域 $U_{x_0,\delta}$, 函数 f 在 $U_{x_0,\delta}$ 上无界.

注意　当 $x_0 \in \mathbb{R}$ 时,

$$U_{x_0,\delta} = (x_0 - \delta, x_0 + \delta).$$

如图 4.9 所示.

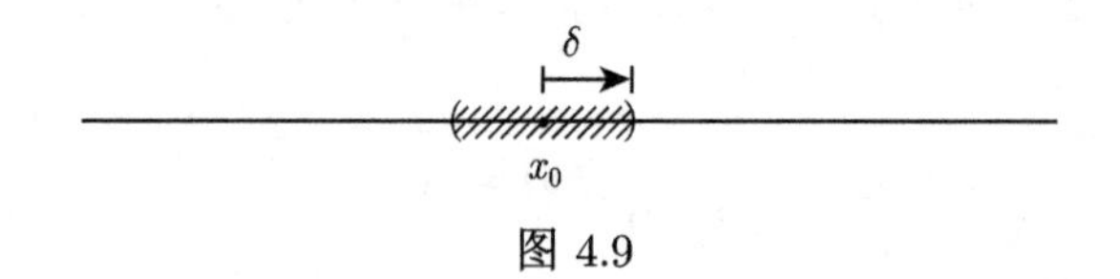

图 4.9

当 $x_0 = +\infty$ 或 $-\infty$ 时, 我们变通地容许 δ 可正可负, 并且设

$$U_{+\infty,\delta} = (\delta, +\infty) \quad 和 \quad U_{-\infty,\delta} = (-\infty, \delta).$$

如图 4.10 所示.

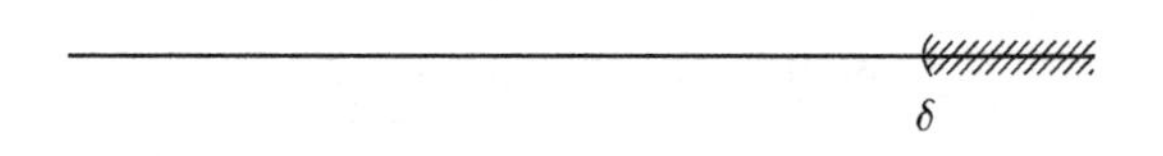

δ

图 4.10

证明　(1) 设

$$\lim_{x \to x_0} f(x) = a \in \mathbb{R}.$$

对于 $\varepsilon = 1$, 存在 x_0 的 δ-邻域 $U_{x_0,\delta}$, 使得

$$x \in U_{x_0,\delta} \backslash \{x_0\} \implies |f(x) - a| < 1.$$

于是, 当 $x \in U_{x_0,\delta} \backslash \{x_0\}$ 时,

$$a - 1 < f(x) < a + 1.$$

所以, f 在 $U_{x_0,\delta} \backslash \{x_0\}$ 有上界 $a+1$ 及下界 $a-1$, 故有界. 当 $f(x_0)$ 有定义时, 则 f 在 $U_{x_0,\delta}$ 有上界 $\max\{a+1, f(x_0)\}$ 和下界 $\min\{a-1, f(x_0)\}$.

(2) 设

$$\lim_{x \to x_0} f(x) = +\infty.$$

$\left(\lim\limits_{x \to x_0} f(x) = -\infty\right.$ 或 ∞ 的情形留作习题 (见习题 4.3 第 3 题).$\left.\right)$ 对于任意大的 $N > 0$, 存在 x_0 的 δ'-邻域 $U_{x_0,\delta'}$ 使得

$$x \in U_{x_0,\delta'} \backslash \{x_0\} \implies f(x) > N.$$

取 Dom f 中, 相异于 x_0 的点 $x_1, x_2, \cdots, x_n, \cdots$, 使得

$$\lim_{n\to\infty} x_n = x_0,$$

以及

$$f(x_n) > n, \quad n = 1, 2, \cdots,$$

于是, 对于 x_0 的任意的 δ-邻域 $U_{x_0,\delta}$, 由于 x_0 是 $\{x_n\}_{n\geqslant 1}$ 的极限, 数列 $\{x_n\}_{n\geqslant 1}$ 的尾巴必然全部进入了 $U_{x_0,\delta}\backslash\{x_0\}$. 譬如说 $x_n \in U_{x_0,\delta}\backslash\{x_0\}, n = k+1, k+2, \cdots$. 因而在 $U_{x_0,\delta}\backslash\{x_0\}$ 中, f 可以取值

$$f(x_n) > n, \quad n = k+1, k+2, \cdots.$$

于是, f 在 $U_{x_0,\delta}\backslash\{x_0\}$ 上无界. □

定理 4.3.7 设 $\lim\limits_{x\to x_0} f(x) = a$ 及 $\lim\limits_{x\to x_0} g(x) = b$, 则

(1) $\lim\limits_{x\to x_0} [f(x) \pm g(x)] = a \pm b$;

(2) $\lim\limits_{x\to x_0} f(x)g(x) = ab$;

(3) $\lim\limits_{x\to x_0} \dfrac{f(x)}{g(x)} = \dfrac{a}{b}$, 其中 $b \neq 0$.

证明 我们只证明 (3), 其他留作习题 (见习题 4.3 第 10 题). 给定任意 $\varepsilon > 0$. 观察:

$$\begin{aligned}\left|\frac{f(x)}{g(x)} - \frac{a}{b}\right| &= \left|\frac{bf(x) - ag(x)}{bg(x)}\right| = \left|\frac{b(f(x)-a) - a(g(x)-b)}{bg(x)}\right| \\ &\leqslant \frac{|b|\,|f(x)-a| + |a|\,|g(x)-b|}{|bg(x)|}.\end{aligned}$$

其中分母可以处理如下: 由于

$$\lim_{x\to x_0} bg(x) = b \lim_{x\to x_0} g(x) = b^2 > \frac{b^2}{2},$$

于是, 由推论 4.3.3, 存在 $\delta > 0$, 使得

$$0 < |x - x_0| < \delta \implies bg(x) > \frac{b^2}{2}.$$

若有需要, 只要将 δ 控制得更小一点, 我们也有

$$0 < |x - x_0| < \delta \implies |f(x) - a| < \frac{\varepsilon'}{2}$$

及

$$0 < |x - x_0| < \delta \implies |g(x) - b| < \frac{\varepsilon'}{2},$$

其中, $\varepsilon' > 0$ 是一个我们可以任意选取的待定常数. 于是, 当 $0 < |x - x_0| < \delta$ 时,

$$\left|\frac{f(x)}{g(x)} - \frac{a}{b}\right| < \frac{|b|\frac{\varepsilon'}{2} + |a|\frac{\varepsilon'}{2}}{\frac{b^2}{2}} = \frac{|a| + |b|}{b^2}\varepsilon' \quad (b \neq 0).$$

在这里, $\frac{|a| + |b|}{b^2}$ 是常数. 若细心地调整 ε' 的值, 譬如, 令 $0 < \varepsilon' < \frac{b^2}{|a| + |b|}\varepsilon$, 则

$$\left|\frac{f(x)}{g(x)} - \frac{a}{b}\right| < \frac{|a| + |b|}{b^2}\varepsilon' < \varepsilon.$$

根据极限的定义,

$$\lim_{x \to x_0} \frac{f(x)}{g(x)} = \frac{a}{b}.$$

□

定理 4.3.8

$$\lim_{x \to x_0} f(x) = \infty \iff \lim_{x \to x_0} \frac{1}{f(x)} = 0.$$

证明留作习题 (见习题 4.3 第 4 题). (在证明中要小心 $f(x) = 0$ 的情形. 另外, $\lim\limits_{x \to x_0} f(x) = \infty$ 等价于 $\lim\limits_{x \to x_0} |f(x)| = +\infty$.) □

定理 4.3.9 设 $g(x)$ 在 x_0 的某个 δ-邻域 $U_{x_0,\delta} = (x_0 - \delta, x_0 + \delta)$ 上有界, 且

$$\lim_{x \to x_0} f(x) = 0,$$

则

$$\lim_{x \to x_0} f(x)g(x) = 0$$

证明留作习题 (见习题 4.3 第 5 题). □

例 4.3.10

$$\lim_{x \to 0} x \sin\frac{1}{x} = 0.$$

这是因为 $\lim\limits_{x \to 0} x = 0$ 及

$$\left|\sin\frac{1}{x}\right| \leqslant 1, \qquad \forall x \in \mathbb{R}.$$

应用定理 4.3.9. □

例 4.3.11 (有理函数在 ∞ 处的极限) 设 $a_n \neq 0, b_m \neq 0$, 以及 m, n 皆为非负整数.

$$\begin{aligned}
&\lim_{x\to+\infty}\frac{a_n x^n + a_{n-1}x^{n-1} + \cdots + a_1 x + a_0}{b_m x^m + b_{m-1}x^{m-1} + \cdots + b_1 x + b_0} \\
&= \lim_{x\to+\infty} x^{n-m}\frac{a_n + \dfrac{a_{n-1}}{x} + \cdots + \dfrac{a_0}{x^n}}{b_m + \dfrac{b_{m-1}}{x} + \cdots + \dfrac{b_0}{x^m}} \\
&= \begin{cases} \dfrac{a_n}{b_m}, & m = n, \\ 0, & m > n, \\ +\infty, & m < n \text{ 及 } \dfrac{a_n}{b_m} > 0, \\ -\infty, & m < n \text{ 及 } \dfrac{a_n}{b_m} < 0. \end{cases}
\end{aligned}$$

至于在 $-\infty$ 处的极限, 我们留给读者计算. □

例 4.3.12 设 $f(x) = x^2$ 及 $g(x) = \operatorname{sgn} x$, 则

$$\lim_{x\to0} f(x) = 0, \quad \lim_{x\to0^-} g(x) = -1, \quad \lim_{x\to0^+} g(x) = +1,$$

但是, $\lim\limits_{x\to0} g(x)$ 不存在.

再者, 我们有

$$\lim_{x\to0} g\circ f(x) = \lim_{x\to0} \operatorname{sgn}(x^2) = 1.$$

另一方面,

$$\lim_{x\to0^-} f\circ g(x) = \lim_{x\to0^-} (\operatorname{sgn} x)^2 = 1,$$

以及

$$\lim_{x\to0^+} f\circ g(x) = \lim_{x\to0^+} (\operatorname{sgn} x)^2 = 1.$$

所以

$$\lim_{x\to0} f\circ g(x) = 1.$$

因此,

$$\lim_{x\to0} g\circ f(x) \neq g\left(\lim_{x\to0} f(x)\right) = \operatorname{sgn}(0) = 0,$$

以及

$$\lim_{x\to0} f\circ g(x) \neq f\left(\lim_{x\to0} g(x)\right) \quad (\text{因为后者不存在}).$$ □

习题 4.3

1. 举一个符合下列情况的例子: $\lim\limits_{x\to x_0} f(x) = A$ 及 $\lim\limits_{x\to x_0} g(x) = B$, 且存在 $\delta > 0$, 使得

$$0 < |x - x_0| < \delta \implies f(x) > g(x),$$

但是 $A = B$, 而不是 $A > B$.

2. 证明三明治定理 (定理 4.3.5).

3. 若 $\lim\limits_{x \to x_0} f(x) = -\infty$. 证明对于 x_0 的任意 δ-邻域 $U_{x_0,\delta} = (x_0 - \delta, x_0 + \delta)$, 函数 f 在 $U_{x_0,\delta}$ 上无界.

4. 证明: $\lim\limits_{x \to x_0} f(x) = \infty \iff \lim\limits_{x \to x_0} \dfrac{1}{f(x)} = 0$. (注意: 在证明过程中要小心 $f(x) = 0$ 的情形.)

5. 设 $g(x)$ 在 x_0 的某个 δ-邻域有界 (但是, x_0 除外), 且

$$\lim_{x \to x_0} f(x) = 0.$$

证明: $\lim\limits_{x \to x_0} f(x)g(x) = 0$.

6. 设 $a_n \neq 0, b_m \neq 0, m, n$ 皆为非负整数. 求

$$\lim_{x \to -\infty} \frac{a_n x^n + a_{n-1}x^{n-1} + \cdots + a_1 x + a_0}{b_m x^m + b_{m-1}x^{m-1} + \cdots + b_1 x + a_0}.$$

7. 求下列函数的极限值. 提示: 请小心判断, 也许极限值并不存在.

(1) $\lim\limits_{x \to 5}(x^2 - 6x + 4)$;

(2) $\lim\limits_{x \to -3}(x^5 - x^3 + 1)$;

(3) $\lim\limits_{x \to 1} \dfrac{(x+4)(4x-3)}{x^2 + 4x - 5}$;

(4) $\lim\limits_{x \to \infty} \dfrac{7x^{10} + 8x^9 + 9x^8 + 6x^2 - 3}{5x^{10} - 8x^8 - 7x^3}$;

(5) $\lim\limits_{h \to 0} \dfrac{\sqrt{100+h} - 9}{h}$;

(6) $\lim\limits_{x \to 0} \dfrac{4}{2 + \mathrm{e}^{-2/x}}$;

(7) $\lim\limits_{x \to a} \dfrac{x^n - a^n}{x - a}$;

(8) $\lim\limits_{y \to b} \dfrac{b^n - y^n}{b - y}$;

(9) $\lim\limits_{x \to 0} \dfrac{x}{1 + \sin^2 x}$;

(10) $\lim\limits_{x \to 0} \sqrt{|x|}$;

(11) $\lim\limits_{x \to 2} \dfrac{\sqrt{x} - 1}{2 - x}$;

(12) $\lim\limits_{h \to 0} \dfrac{(3+h)^4 - 81}{h}$;

(13) $\lim\limits_{x \to \infty} \dfrac{(2x-1)(4x+3)(6x-5)}{(5x+6)(3x-4)(x+2)}$;

(14) $\lim\limits_{x \to -1} \dfrac{1}{x+1}\left(\dfrac{1}{3x+5} - \dfrac{1}{x+3}\right)$;

(15) $\lim\limits_{x \to 2}\{x - [x]\}$;

(16) $\lim\limits_{x \to 0} \dfrac{[x]}{x}$;

(17) $\lim\limits_{x \to 2} 100^{-1/(x-2)^3}$;

(18) $\lim\limits_{x \to 0} x^2 \cos \dfrac{1}{x}$.

8. 令 $f(x) = \begin{cases} 2x + 1, & x < 0, \\ 0, & x = 0, \\ 3x - 2, & x > 0. \end{cases}$ 在回答下列问题时, 请详细叙述理由.

(1) 试绘出 f 的图形;

(2) 计算 $\lim\limits_{x \to 0^+} f(x)$, $\lim\limits_{x \to 0^-} f(x)$ 及 $\lim\limits_{x \to 0} f(x)$;

(3) 计算 $\lim\limits_{x \to 1^-} f(x)$, $\lim\limits_{x \to 1^+} f(x)$ 及 $\lim\limits_{x \to 1} f(x)$.

9. 令 $g(x)=\begin{cases}\dfrac{10+100^{-1/x}}{20-100^{-1/x}}, & x\in\mathbb{R}\backslash\{0\},\\ 1/2, & x=0.\end{cases}$ 计算:

(1) $\lim\limits_{x\to0^+}g(x)$, $\lim\limits_{x\to0^-}g(x)$ 及 $\lim\limits_{x\to0}g(x)$;

(2) $\lim\limits_{x\to+\infty}g(x)$, $\lim\limits_{x\to-\infty}g(x)$ 及 $\lim\limits_{x\to\infty}g(x)$.

10. 证明定理 4.3.7 中第 (1)(2).

4.4 几个重要的极限

有两个极限, 它们对于初等函数的研究起着极为重要的作用. 现在我们来计算它们.

定理 4.4.1

$$\lim_{x\to\infty}\left(1+\frac{1}{x}\right)^x=\mathrm{e},$$

其中 e 为自然常数.

注意 在这里 $x\to\infty$ 实际上是 $|x|\to+\infty$ 的简写.

证明 先讨论 $x\to+\infty$ 的情形. 由定理 3.4.10, 已知

$$\lim_{n\to\infty}\left(1+\frac{1}{n}\right)^n=\mathrm{e}.$$

对于任意 $x\geqslant1$, 总有

$$1\leqslant[x]\leqslant x<[x]+1,$$

于是

$$1+\frac{1}{[x]+1}<1+\frac{1}{x}\leqslant1+\frac{1}{[x]}.$$

由此

$$\begin{aligned}\left(1+\frac{1}{[x]+1}\right)^{[x]}&<\left(1+\frac{1}{x}\right)^{[x]}\leqslant\left(1+\frac{1}{x}\right)^x\\&\leqslant\left(1+\frac{1}{[x]}\right)^x<\left(1+\frac{1}{[x]}\right)^{[x]+1}.\end{aligned}$$

由于

$$\begin{aligned}\lim_{n\to\infty}\left(1+\frac{1}{n+1}\right)^n&=\lim_{n\to\infty}\left(1+\frac{1}{n+1}\right)^{n+1}\Big/\left(1+\frac{1}{n+1}\right)\\&=\frac{\lim\limits_{n\to\infty}\left(1+\dfrac{1}{n+1}\right)^{n+1}}{\lim\limits_{n\to\infty}\left(1+\dfrac{1}{n+1}\right)}=\frac{\mathrm{e}}{1}=\mathrm{e},\end{aligned}$$

以及

$$\lim_{n\to\infty}\left(1+\frac{1}{n}\right)^{n+1}=\lim_{n\to\infty}\left(1+\frac{1}{n}\right)^{n}\cdot\left(1+\frac{1}{n}\right)$$
$$=\lim_{n\to\infty}\left(1+\frac{1}{n}\right)^{n}\cdot\lim_{n\to\infty}\left(1+\frac{1}{n}\right)=\mathrm{e},$$

三明治定理保证了

$$\lim_{x\to+\infty}\left(1+\frac{1}{x}\right)^{x}=\mathrm{e}.$$

当 $x\to-\infty$ 时, 可令 $y=-x$, 则 $y\to+\infty$. 于是

$$\lim_{x\to-\infty}\left(1+\frac{1}{x}\right)^{x}=\lim_{y\to+\infty}\left(1-\frac{1}{y}\right)^{-y}$$
$$=\lim_{y\to+\infty}\left(\frac{y}{y-1}\right)^{y}=\lim_{y\to+\infty}\left(1+\frac{1}{y-1}\right)^{y}$$
$$=\lim_{y\to+\infty}\left(1+\frac{1}{y-1}\right)^{y-1}\cdot\lim_{y\to+\infty}\left(1+\frac{1}{y-1}\right)=\mathrm{e}.$$

由于 $\lim\limits_{x\to+\infty}f(x)=\lim\limits_{x\to-\infty}f(x)=\mathrm{e}$, 由此得到

$$\lim_{|x|\to+\infty}\left(1+\frac{1}{x}\right)^{x}=\mathrm{e},$$

即

$$\lim_{x\to\infty}\left(1+\frac{1}{x}\right)^{x}=\mathrm{e}.$$

□

注意让我们重复一遍:

$$\lim_{x\to\infty}f(x)=\lim_{|x|\to+\infty}f(x)=a\Longleftrightarrow\lim_{x\to+\infty}f(x)=\lim_{x\to-\infty}f(x)=a.$$

日后当我们考虑比 $\mathbb{R}$ 更一般的空间时, 例如 $\mathbb{R}^2$, $\mathbb{R}^3$, 或复数域 $\mathbb{C}$, 无穷远点 ∞ 的意义, 将会更加明确. 那时, 区分 $\pm\infty$ 反而就没有太大的意义了.

例 4.4.2

$$\lim_{x\to0}(1+x)^{\frac{1}{x}}=\mathrm{e}.$$

证明　令 $y=\dfrac{1}{x}$, 则有

$$y\to\infty\quad\text{当且仅当}\quad x\to0.$$

所以,

$$\lim_{x\to0}(1+x)^{\frac{1}{x}}=\lim_{y\to\infty}\left(1+\frac{1}{y}\right)^{y}=\mathrm{e}.$$

□

例 4.4.3

$$\lim_{x\to0}(1+3x^2)^{\frac{1}{x^2}}=\lim_{x\to0}[(1+3x^2)^{\frac{1}{3x^2}}]^3=\left[\lim_{x\to0}(1+3x^2)^{\frac{1}{3x^2}}\right]^3=\mathrm{e}^3.$$ □

定理 4.4.4

$$\lim_{x\to0}\sin x=0,\quad \lim_{x\to0}\cos x=1,$$

以及

$$\lim_{x\to0}\frac{\sin x}{x}=1.$$

证明 我们首先证明 $\lim\limits_{x\to0^+}\sin x=0$, $\lim\limits_{x\to0^+}\cos x=1$, 以及

$$\lim_{x\to0^+}\frac{\sin x}{x}=1.$$

对于 $0<x<\dfrac{\pi}{2}$, 我们可以作如图 4.11 所示的图形.

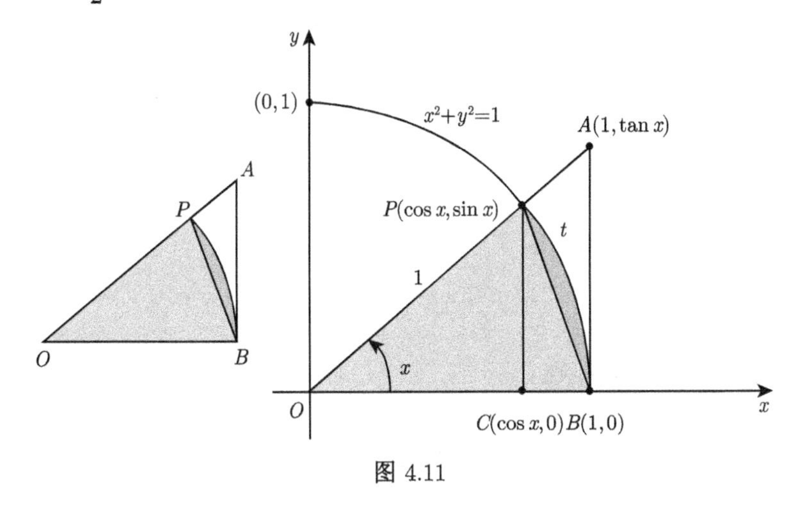

图 4.11

其中

$$\triangle OBP\text{ 的面积}<\text{ 扇形}OBP\text{ 的面积}<\triangle OBA\text{ 的面积}.$$

于是有

$$0<\frac{1}{2}\sin x<\frac{x}{2}<\frac{1}{2}\tan x,$$

$$0<\sin x<x<\tan x. \tag{4.4.1}$$

所以,

$$\lim_{x\to0^+}\sin x=0.$$

再者,

$$0 < \sin\frac{x}{2} < \frac{x}{2}, \quad \forall x \in \left(0, \frac{\pi}{2}\right).$$

于是,

$$0 \leqslant 1 - \cos x = 2\sin^2\frac{x}{2} < 2\left(\frac{x}{2}\right)^2 = \frac{1}{2}x^2.$$

由三明治定理

$$\lim_{x\to 0^+}(1-\cos x) = 0,$$

即

$$\lim_{x\to 0^+}\cos x = 1.$$

由 (4.4.1), 我们得到

$$1 < \frac{x}{\sin x} < \frac{1}{\cos x}$$

或

$$1 > \frac{\sin x}{x} > \cos x.$$

再应用三明治定理, 即得

$$\lim_{x\to 0^+}\frac{\sin x}{x} = 1.$$

另一方面, 令 $y = -x$, 则

$$x \to 0^- \quad \text{当且仅当} \quad y \to 0^+.$$

所以,

$$\lim_{x\to 0^-}\sin x = \lim_{y\to 0^+}\sin(-y) = -\lim_{y\to 0^+}\sin y = 0,$$
$$\lim_{x\to 0^-}\cos x = \lim_{y\to 0^+}\cos(-y) = \lim_{y\to 0^+}\cos y = 1,$$

以及

$$\lim_{x\to 0^-}\frac{\sin x}{x} = \lim_{y\to 0^+}\frac{\sin(-y)}{-y} = \lim_{y\to 0^+}\frac{\sin y}{y} = 1.$$

应用定理 4.2.3, 即得所需结论. □

例 4.4.5 假设 $m \neq 0, n \neq 0$.

$$\begin{aligned}\lim_{x\to 0}\frac{\sin mx}{\sin nx} &= \left(\lim_{x\to 0}\frac{\sin mx}{mx}\right)\left(\lim_{x\to 0}\frac{nx}{\sin nx}\right)\frac{m}{n}\\ &= \left(\lim_{mx\to 0}\frac{\sin mx}{mx}\right)\left(\lim_{nx\to 0}\frac{1}{\dfrac{\sin nx}{nx}}\right)\frac{m}{n}\\ &= 1\cdot 1\cdot\frac{m}{n}=\frac{m}{n}.\end{aligned}$$

□

例 4.4.6

$$\begin{aligned}\lim_{x\to 0}\frac{1-\cos x}{x^2} &= \lim_{x\to 0}\frac{2\sin^2\dfrac{x}{2}}{x^2} = \lim_{x\to 0}\left(\frac{\sin\dfrac{x}{2}}{\dfrac{x}{2}}\right)^2\cdot\frac{1}{2}\\ &= \frac{1}{2}\left(\lim_{\frac{x}{2}\to 0}\frac{\sin\dfrac{x}{2}}{\dfrac{x}{2}}\right)^2 = \frac{1}{2}.\end{aligned}$$

□

习题 4.4

1. 我们已经知道 $\lim\limits_{x\to 0}\dfrac{\sin x}{x}=1$. 应用三角函数的性质, 请计算下列的极限值:

(1) $\lim\limits_{x\to 0}\dfrac{\sin 3x}{x}$;

(2) $\lim\limits_{x\to 0}\dfrac{1-\cos x}{x}$;

(3) $\lim\limits_{x\to 0}\dfrac{1-\cos x}{x^2}$;

(4) $\lim\limits_{x\to 3}(x-3)\csc \pi x$;

(5) $\lim\limits_{x\to 0}\dfrac{\cos ax-\cos bx}{x^2}$;

(6) $\lim\limits_{x\to 1}\dfrac{3\sin \pi x-\sin 3\pi x}{x^3}$;

(7) $\lim\limits_{x\to 0}\dfrac{1-2\cos x+\cos 2x}{x^2}$.

2. 若已知 $\lim\limits_{x\to 0}\dfrac{\mathrm{e}^x-1}{x}=1$, 试证:

(1) $\lim\limits_{x\to 0}\dfrac{\mathrm{e}^{-ax}-\mathrm{e}^{-bx}}{x}=b-a$;

(2) $\lim\limits_{x\to 0}\dfrac{a^x-b^x}{x}=\ln\dfrac{a}{b}\ (a,b>0)$;

(3) $\lim\limits_{x\to 0}\dfrac{\tanh ax}{x}=a$.

3. 试求下列极限:

(1) $\lim\limits_{x\to 0}(\sin mx-\sin nx)$, 其中 m,n 为非零的整数;

(2) $\lim\limits_{x\to 0}\dfrac{\sin 2x-\sin 3x}{x}$;

(3) $\lim\limits_{h\to 0}\dfrac{\cos(x+h)-\cos x}{h}$;

(4) $\lim\limits_{x\to \pi}\dfrac{\sin mx}{\sin nx}$, 其中 m,n 为非零的整数;

(5) $\lim\limits_{x\to 0}\dfrac{\tan x}{x}$;

(6) $\lim\limits_{x\to 0}\dfrac{\cos 3x-\cos x}{x^2}$;

(7) $\lim\limits_{x\to 0}\dfrac{\sin 5x-\sin 3x}{\sin 2x}$;

(8) $\lim\limits_{x\to 1}(1-x)\tan\dfrac{\pi x}{2}$;

(9) $\lim\limits_{x\to a}\dfrac{\sin x-\sin a}{x-a}$;

(10) $\lim\limits_{x\to 1}\dfrac{\sin(x^2-1)}{x-1}$;

(11) $\lim\limits_{x\to 0}\dfrac{1-\cos x}{\sqrt{1-\cos x^2}}$;

(12) $\lim\limits_{x\to 0}\dfrac{\sin(\sin x)}{x}$;

(13) $\lim\limits_{x\to a}\left(\dfrac{\sin x}{\sin a}\right)^{\frac{1}{x-a}}$;

(14) $\lim\limits_{x\to 0}(1-5x)^{\frac{1}{x}}$.

第5章　连续函数

5.1　连续函数的定义、运算及性质

观察图 5.1、图 5.2 的函数图形.

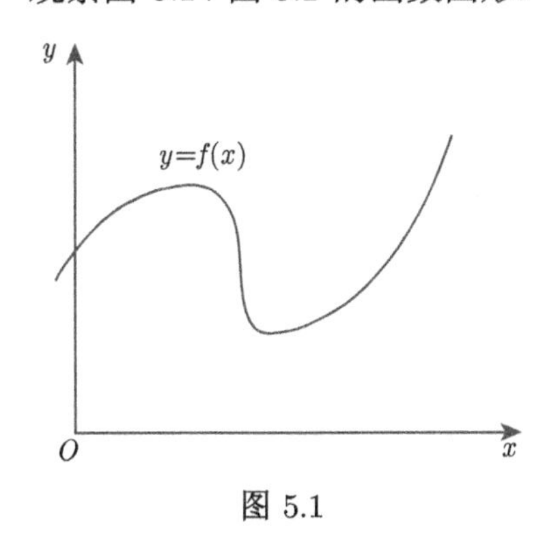

图 5.1

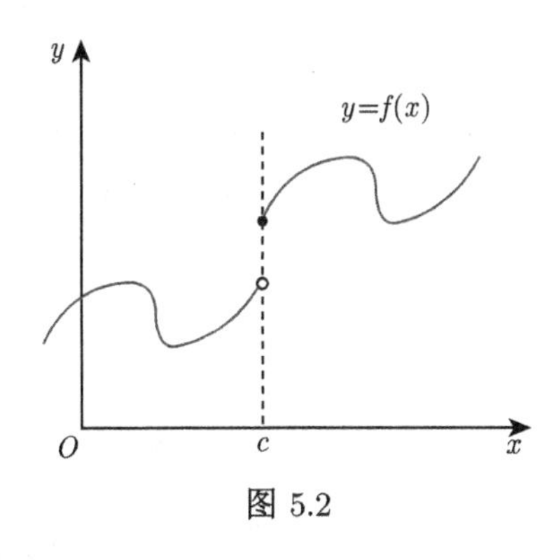

图 5.2

我们称图 5.1 的函数为连续, 而图 5.2 的函数则为不连续.

直观地, 不连续就是间断; 间断就是说在函数 f 的定义域中的某点 x_0, 函数值 $f(x)$ 有跳跃性的变化. 所谓 f 在点 x_0 连续, 就是说函数值 $f(x)$ 在点 x_0 附近很稳定. 什么叫做稳定? 稳定的意思就是说, 对在点 x_0 附近很小的范围中变化的 x, 函数值 $f(x)$ 也只能在 $f(x_0)$ 附近变化. 这最后一句话的数学含义, 可以有多种不同的诠释. 其中较弱的解释是函数的连续性 (continuity), 较强的是函数的可导性 (differentiability)、光滑性 (smoothness), 以至于解析性 (analyticity)⋯⋯ 此刻, 我们先讨论连续性.

定义 5.1.1　设 $f: X \to \mathbb{R}$ 及 $x_0 \in X \subseteq \mathbb{R}$. 若对于任意的 $\varepsilon > 0$, 存在 $\delta > 0$, 使得

$$x \in X \text{ 及 } |x - x_0| < \delta \implies |f(x) - f(x_0)| < \varepsilon,$$

则称 f 在点 x_0 处连续 (continuity). 若 f 在 X 中每一个点处都连续, 则称 f 为连续函数 (continuous function).

利用函数极限的性质 (定理 4.2.3 及定理 4.2.4), 立刻有如下定理.

定理 5.1.1　设 $f: X \to \mathbb{R}$, 以及 $x_0 \in X$ 且为 X 的聚点. 以下各条件等价:

(1) f 在点 x_0 处连续;

(2) $\lim\limits_{x\to x_0} f(x) = f(x_0)$;

(3) $\lim\limits_{x\to x_0^-} f(x) = f(x_0)$ 及 $\lim\limits_{x\to x_0^+} f(x) = f(x_0)$;

(4) 对所有 X 中的数列 $\{x_n\}_{n\geqslant 1}$, 我们总有

$$x_n \longrightarrow x_0 \implies f(x_n) \longrightarrow f(x_0).$$

定义 5.1.2 若 $\lim\limits_{x\to x_0^-} f(x) = f(x_0)$, 则称 f 在点 x_0 处**左连续** (continuity from the left). 若 $\lim\limits_{x\to x_0^+} f(x) = f(x_0)$, 则称 f 在点 x_0 处**右连续** (continuity from the right).

设 $f:[a,b]\to\mathbb{R}$. 若 f 是连续函数, 则 f 在 $[a,b]$ 的每一个**内点** (interior point) c (即满足条件 $a<c<b$) 都是连续的. 至于在**边界点** (boundary point) a 及 b 上, 由定义有

$$\lim_{x\to a} f(x) = \lim_{x\to a^+} f(x) = f(a),$$
$$\lim_{x\to b} f(x) = \lim_{x\to b^-} f(x) = f(b).$$

注意 有时为了强调在边界点上的要求 "较弱", 我们将定义在闭区间 $[a,b]$ 上的函数 f 的连续性, 陈述为 f 需满足以下条件:

(1) f 在 (a,b) 中的每一点 c 都连续;

(2) f 在点 a 右连续;

(3) f 在点 b 左连续.

例 5.1.2 证明 $\sin x$ 为连续函数.

证明 注意 $\mathrm{Dom}(\sin x)=\mathbb{R}$. 任取 $x_0\in\mathbb{R}$. 观察:

$$\begin{aligned}0 \leqslant |\sin x - \sin x_0| &= 2\left|\cos\frac{x+x_0}{2}\right| \left|\sin\frac{x-x_0}{2}\right| \\ &\leqslant 2\left|\sin\frac{x-x_0}{2}\right| \\ &\leqslant |x-x_0| \quad (\text{参考定理 4.4.4 的证明}).\end{aligned}$$

由三明治定理,

$$\lim_{x\to x_0} \sin x = \sin x_0.$$ □

所以 $\sin x$ 是连续函数.

同理, 我们有如下结论.

例 5.1.3 $\cos x$ 也是连续函数.

证明留作习题 (见习题 5.1 第 2 题). □

例 5.1.4 证明 $f(x) = x^n$ 是连续函数, 其中 $n = 0, 1, 2, \cdots$.

证明 由 "乘积的极限是极限的乘积" 这个性质, 我们得到

$$\lim_{x\to x_0} f(x) = \lim_{x\to x_0} x^n = \left(\lim_{x\to x_0} x\right)^n = x_0^n = f(x_0). \qquad \square$$

例 5.1.5 证明指数函数 $\exp_a x = a^x$ 是连续函数, 其中 a 为正的常数.

证明 当 $a = 1$ 时, $\exp_1 x = 1^x = 1$ 当然是连续函数. 假设 $a \neq 1$. 我们首先证明 $\exp_a x$ 在点 0 处的连续性. 对于任意的 $\varepsilon > 0$, 观察哪些 x 会使得下式成立:

$$|\exp_a x - \exp_a 0| = |a^x - 1| < \varepsilon.$$

这相当于

$$-\varepsilon < a^x - 1 < \varepsilon.$$

当 $a > 1$ 及 $x > 0$ 时, $a^x > 1$. 所以此时只要考虑

$$a^x - 1 < \varepsilon \quad 或 \quad a^x < 1 + \varepsilon,$$

即

$$x < \log_a(1+\varepsilon) = \frac{\log(1+\varepsilon)}{\log a}.$$

于是, 若取 $\delta = \dfrac{\log(1+\varepsilon)}{\log a} > 0$, 即有

$$0 < x - 0 < \delta \implies |a^x - 1| < \varepsilon.$$

所以, 当 $a > 1$ 时, 我们有

$$\lim_{x\to 0^+} a^x = a^0 = 1.$$

应用一个典型的技巧, 我们得到

$$\begin{aligned}\lim_{x\to 0^-} a^x &= \lim_{y\to 0^+} a^{-y} \quad (令\ y = -x)\\ &= \lim_{y\to 0^+} \frac{1}{a^y} = \frac{1}{\lim\limits_{y\to 0^+} a^y} = 1 = a^0.\end{aligned}$$

因此, 当 $a > 1$ 时,

$$\lim_{x\to 0} a^x = a^0 = 1.$$

另一方面, 当 $0 < a < 1$ 时, 同样的技巧给出

$$\lim_{x\to 0} a^x = \lim_{x\to 0} \frac{1}{a^{-x}} = \lim_{y\to 0} \left(\frac{1}{a}\right)^y \quad (令\ y=-x)$$
$$= \left(\frac{1}{a}\right)^0 = 1 = a^0.$$

因此, 对于任何 $a>0$, 指数函数 $\exp_a x$ 在点 0 处连续. 而对于其他的点 x_0, 观察

$$|a^x - a^{x_0}| = a^{x_0}|a^{x-x_0} - 1|.$$

由此可得

$$当\ x - x_0 \longrightarrow 0\ 时, \quad 我们有\ a^x \longrightarrow a^{x_0}.$$

于是, 指数函数 $\exp_a x$ 是 $\mathbb{R}$ 上的连续函数. □

以下三个定理皆由极限的性质所保证.

定理 5.1.6 设 $f: X \to \mathbb{R}$, $x_0 \in X$, 以及 f 在点 x_0 处连续.

(1) 若 $f(x_0) > 0$, 则存在 x_0 的 δ-邻域 $U_{x_0,\delta} = (x_0-\delta, x_0+\delta)$, 使得

$$x \in U_{x_0,\delta} \cap X \implies f(x) > 0.$$

如图 5.3 所示. (注: 当 $x \notin X$ 时, $f(x)$ 没有定义.)

(2) 若 $f(x_0) < 0$, 则存在 x_0 的 δ-邻域 $U_{x_0,\delta} = (x_0-\delta, x_0+\delta)$, 使得

$$x \in U_{x_0,\delta} \cap X \implies f(x) < 0.$$

如图 5.4 所示.

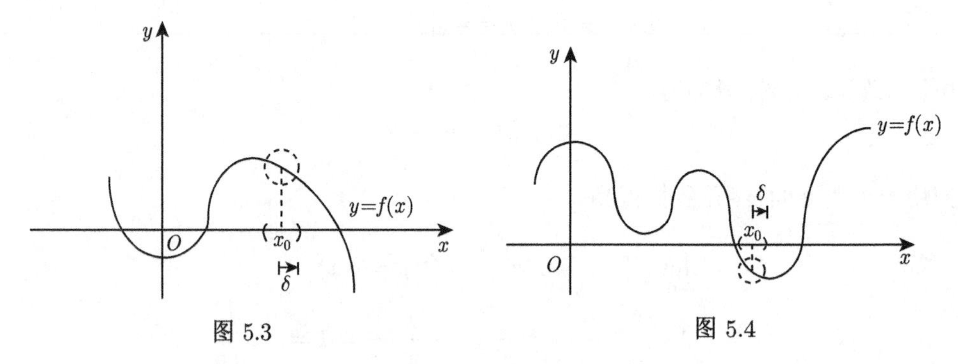

图 5.3 图 5.4

证明 应用推论 4.3.3. □

定理 5.1.7 设 $f: X \to \mathbb{R}$, 以及 $x_0 \in X$. 若 f 在点 x_0 处连续, 则存在 x_0 的 δ-邻域 $U_{x_0,\delta} = (x_0-\delta, x_0+\delta)$, 使得 f 在 $X \cap U_{x_0,\delta}$ 上有界, 即存在 $M>0$, 使得

$$x \in X \cap U_{x_0,\delta} \implies |f(x)| < M.$$

证明 应用定理 4.3.6. □

定理 5.1.8 (连续函数的四则运算) 设 $f,g: X \to \mathbb{R}$, 以及 $x_0 \in X$. 若 f,g 皆在点 x_0 处连续, 则 $f \pm g, fg$ 皆在点 x_0 处连续; 又若 $g(x_0) \neq 0$, 则 f/g 也在点 x_0 处连续.

证明 应用定理 4.3.7. □

我们已知: 对于一般函数 f 及 g, 复合函数的极限 $\lim\limits_{x\to x_0} g\circ f(x)$ 不一定存在, 就算存在也不一定是 $g\left(\lim\limits_{x\to x_0} f(x)\right)$ (参考例 4.3.12). 可是, 我们有如下定理.

定理 5.1.9 假设 $f: X \to \mathbb{R}$, $g: Y \to \mathbb{R}$, 以及 $\mathrm{Ran}(f) \subseteq \mathrm{Dom}(g)$. 假设 x_0 为 X 的聚点, 而且 $\lim\limits_{x\to x_0} f(x) = y_0$. 如果函数 g 在点 y_0 处连续, 则

$$\lim_{x\to x_0} g(f(x)) = g\left(\lim_{x\to x_0} f(x)\right).$$

证明 对于 X 中的数列 $\{x_n\}_{n\geqslant 1}$, 其中 $x_n \neq x_0$, $n=1,2,\cdots$, 我们有

$$\lim_{n\to\infty} x_n = x_0 \implies \lim_{n\to\infty} f(x_n) = y_0.$$

设 $y_n = f(x_n)$. 由 g 在点 y_0 处的连续性, 有

$$\begin{aligned}\lim_{n\to\infty} x_n = x_0 &\implies \lim_{n\to\infty} y_n = y_0\\ &\implies \lim_{n\to\infty} g(y_n) = g(y_0)\\ &\implies \lim_{n\to\infty} g\circ f(x_n) = g(y_0).\end{aligned}$$

因此, 由海涅定理 (定理 4.2.4),

$$\lim_{x\to x_0} g(f(x)) = g(y_0) = g\left(\lim_{x\to x_0} f(x)\right).$$

当 $x_0 = \pm\infty$ 时, 我们也有相同的结果. □

定理 5.1.10 假设 $f: X \to \mathbb{R}$, $g: Y \to \mathbb{R}$, 以及 $\mathrm{Ran}(f) \subseteq \mathrm{Dom}(g)$. 又假设 $\lim\limits_{x\to\infty} f(x) = y_0$ $\left(\text{或} \lim\limits_{x\to+\infty} f(x) = y_0, \lim\limits_{x\to-\infty} f(x) = y_0\right)$. 若 g 在 y_0 处连续, 则

$$\lim_{x\to\infty} g\circ f(x) = g\left(\lim_{x\to\infty} f(x)\right)$$

$$\left(\text{或} \lim_{x\to+\infty} g\circ f(x) = g\left(\lim_{x\to+\infty} f(x)\right), \lim_{x\to-\infty} g\circ f(x) = g\left(\lim_{x\to-\infty} f(x)\right)\right).$$

证明留作习题 (见习题 5.1 第 4 题). □

定义 5.1.3　设 $x_0 \in X$, 但 x_0 不是 X 的聚点. 称这种点 x_0 为 X 的**孤立点** (isolated point).

引理 5.1.11　若 x_0 是 X 的孤立点, 则存在 x_0 的 δ-邻域 $U_{x_0,\delta}=(x_0-\delta, x_0+\delta)$, 使得

$$U_{x_0,\delta} \cap X = \{x_0\}.$$

如图 5.5 所示.

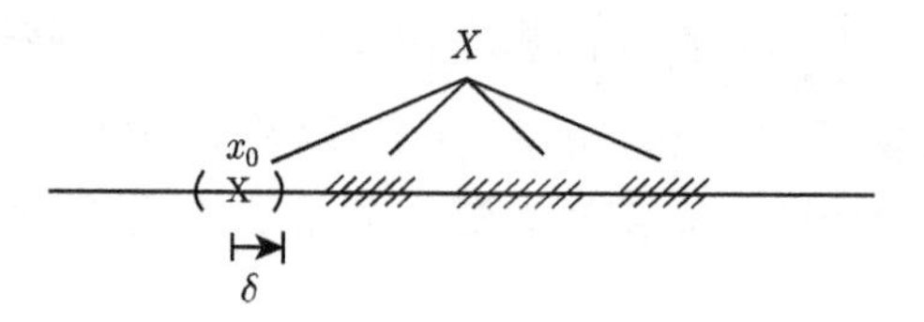

图 5.5

证明　设 x_0 是 X 的孤立点, 即 $x_0 \in X$ 及不存在 X 中的数列 $\{x_n\}_{n\geqslant 1}$, 其中, $x_n \neq x_0$, $n=1,2,\cdots$, 使得

$$\lim_{n\to\infty} x_n = x_0.$$

我们应用反证法来证明 $U_{x_0,\delta}$ 的存在. 假设对于任何正整数 n, 我们都可以找到 X 中的点 $x_n \neq x_0$, 使得

$$x_n \in U_{x_0,\frac{1}{n}} \cap X.$$

因而,

$$0 < |x_n - x_0| < \frac{1}{n}, \quad n=1,2,\cdots,$$

所以,

$$\lim_{n\to\infty} x_n = x_0.$$

这与 x_0 被假设为 X 的孤立点矛盾! 因此, 必存在正整数 n, 使得 $U_{x_0,\frac{1}{n}} \cap X$ 不包含 X 中除了 x_0 以外的点, 即

$$U_{x_0,\frac{1}{n}} \cap X = \{x_0\}.$$

今取 $\delta = \dfrac{1}{n}$ 即可.　□

如果 X 中的每一点都是孤立点, 我们称 X 为**离散空间** (discrete space).

定理 5.1.12　任何函数 $f: X \longrightarrow \mathbb{R}$ 在 X 的所有孤立点处都连续. 特别地, 定义在离散空间上的函数皆自动连续.

证明　设 x_0 是 X 的孤立点. 由引理 5.1.11, 存在 x_0 的 δ-邻域 $U_{x_0,\delta} = (x_0-\delta, x_0+\delta)$ 使得

$$U_{x_0,\delta} \cap X = \{x_0\}.$$

因此, 对任何 $\varepsilon>0$, 都有

$$\begin{aligned}|x-x_0|<\delta \text{ 及 } x\in X &\Longrightarrow x\in U_{x_0,\delta}\cap X \Longrightarrow x=x_0\\ &\Longrightarrow |f(x)-f(x_0)|=0<\varepsilon.\end{aligned}$$

所以, f 在 x_0 处连续. □

定理 5.1.13 (连续函数的复合仍为连续函数) 设 $f:X\to\mathbb{R}$, $g:Y\to\mathbb{R}$ 及 $\mathrm{Ran}(f)\subseteq\mathrm{Dom}(g)$. 若 f 在点 x_0 处连续, 而 g 在点 $f(x_0)$ 处连续, 则 $g\circ f$ 在点 x_0 处连续. 特别地, 若 f 及 g 皆为连续函数, 则 $g\circ f$ 也是连续函数.

证明 由定理 5.1.9, 对于任何 X 中的聚点 x_0, 我们有

$$\lim_{x\to x_0} g\circ f(x)=g\left(\lim_{x\to x_0} f(x)\right)=g\circ f(x_0).$$

所以 $g\circ f$ 在点 x_0 处连续. 若 x_0 是 X 的孤立点, 则 $g\circ f$ 在 x_0 处自动连续 (定理 5.1.12). 所以, $g\circ f$ 是定义在 $\mathrm{Dom}(g\circ f)=\mathrm{Dom}(f)$ 上的连续函数. □

习题 5.1

1. 分别用 ε-δ 语言及邻域概念, 验证下列函数在指定的点处连续.

(1) 证明函数 $f(x)=x$ 在点 $x=0$ 处连续;

(2) 证明 $g(x)=4x^2$ 在点 $x=100$ 处连续;

(3) 证明 $h(x)=|x|$ 在点 $x=0$ 处连续.

2. 请证明 $\cos x$ 在 $\mathbb{R}$ 中的每一点都连续; 也就是说, 函数 $\cos x$ 在 $\mathbb{R}$ 上连续.

3. 在下列函数中, 找出它们连续的范围; 当然, 你得验证你的结论 —— 用定义或定理 (序列方式或左右极限性质) 来说明都可以.

(1) $f(x)=\begin{cases} x\sin\dfrac{1}{x}, & x\in\mathbb{R}\backslash\{0\},\\ 1, & x=0;\end{cases}$ (2) $f(x)=\dfrac{x}{1-x^2}$;

(3) $g(x)=\begin{cases} \dfrac{x-|x|}{x}, & x\in\mathbb{R}\backslash\{0\},\\ 0, & x=0;\end{cases}$ (4) $g(x)=\dfrac{2+\cos x}{5+\sin x}$;

(5) $h(x)=\dfrac{1}{\sqrt[3]{20+x}}$; (6) $h(x)=\sqrt[4]{x^2+\dfrac{1}{x^2}}$;

(7) $I(x)=10^{-1/(x-5)}$; (8) $I(x)=\dfrac{x^4-x^3+x^2+3}{x-1}$;

(9) $J(x)=x-[x]$; (10) $J(x)=x-|x|$;

(11) $K(x)=\dfrac{x}{(x-2)(x-4)}$; (12) $K(x)=\sqrt{(x-8)(6-x)}$;

(13) $L(x)=\begin{cases} x^2\sin\dfrac{1}{x}, & x\neq 0,\\ 0, & x=0;\end{cases}$ (14) $L(x)=\dfrac{1}{1+3\sin x}$.

4. 设 $\lim\limits_{x\to\infty} f(x)=y_0$. 证明若 g 在 y_0 处连续, 则 $\lim\limits_{x\to\infty} g\circ f(x)=g\left(\lim\limits_{x\to\infty} f(x)\right)$.

5.2 不连续点及其分类

定义 5.2.1 设 $f:X\longrightarrow\mathbb{R}$ 及 $x_0\in X$. 若 f 在点 x_0 处不连续, 则称 x_0 为 f 的一个**不连续点或间断点** (point of discontinuity).

由定义, $x_0\in X$ 是 f 的一个连续点, 当且仅当,

$$\lim_{x\to x_0^+} f(x)=\lim_{x\to x_0^-} f(x)=f(x_0).$$

依此, 我们将不连续点分为如下的三类.

(1) **可移的不连续点** (removable discontinuity)

$$\lim_{x\to x_0^+} f(x)=\lim_{x\to x_0^-} f(x)\neq f(x_0).$$

如图 5.6 所示.

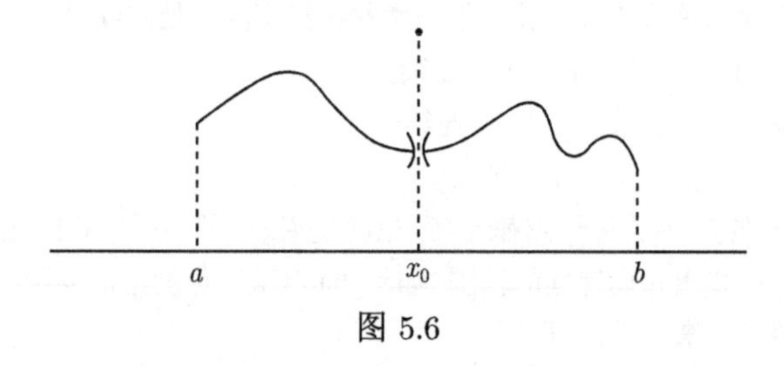

图 5.6

(2) **间断的不连续点** (jump discontinuity)

$$\lim_{x\to x_0^+} f(x) \text{ 及 } \lim_{x\to x_0^-} f(x) \text{ 皆存在, 但是 } \lim_{x\to x_0^+} f(x)\neq\lim_{x\to x_0^-} f(x).$$

如图 5.7 所示.

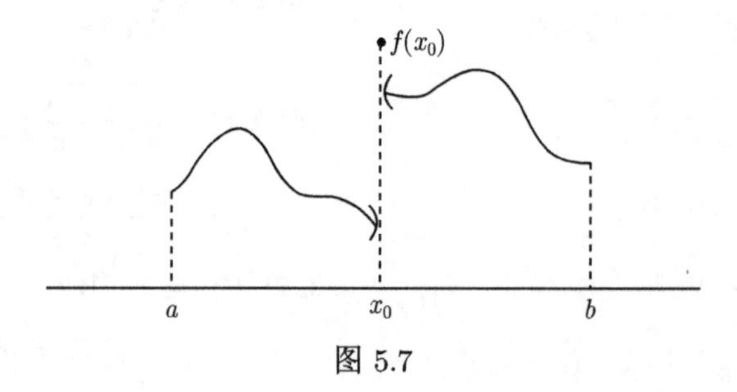

图 5.7

(3) **本质的不连续点** (essential discontinuity)

$$\lim_{x\to x_0^-} f(x) \text{ 或 } \lim_{x\to x_0^+} f(x) \text{ 至少有一个不存在, 或为无限大.}$$

如图 5.8 所示.

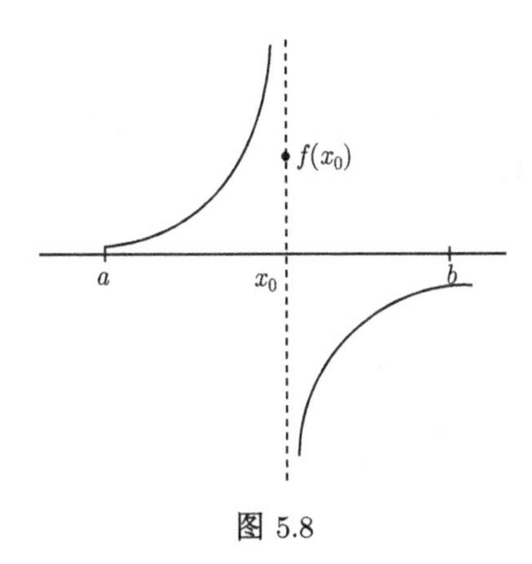

图 5.8

例 5.2.1 0 是符号函数 $\operatorname{sgn} x$ 的间断性不连续点. □

例 5.2.2 $x_n = n\pi + \dfrac{\pi}{2}$ 是 $\tan x$ 的本质性不连续点, $n = 0, \pm 1, \pm 2, \cdots$. □

例 5.2.3 设

$$f(x) = \begin{cases} x\cos x, & x \neq 0 \\ 1, & x = 0. \end{cases}$$

点 0 是 f 的可移的不连续点. 事实上, 由定理 4.3.9 可见

$$\lim_{x\to 0} f(x) = \lim_{x\to 0} x\cos x = 0.$$ □

对于可移的不连续点,

$$\lim_{x\to x_0} f(x) \neq f(x_0).$$

只要重新定义 $f(x_0)$ 的值, 就可以移去 f 在点 x_0 处的不连续性. 事实上, 若定义

$$\tilde{f}(x) = \begin{cases} f(x), & x \in \operatorname{Dom}(f)\backslash\{x_0\}, \\ \lim\limits_{x\to x_0} f(x), & x = x_0, \end{cases}$$

则 $\tilde{f}$ 在点 x_0 连续. 因此, 可移的不连续点基本上不会对我们造成很大的不便.

对于间断性不连续点, 其实也不会引起太多的困扰. 设 $f : [a, b] \longrightarrow \mathbb{R}$. 记

$$D = \{x \in [a, b] : f \text{ 在点 } x \text{ 处不连续}\}.$$

假设 D 只包含有限多个间断的不连续点 (可移的不连续点大可先行处理掉):

$$d_1 < d_2 < \cdots < d_n.$$

将 $[a,b]$ 分割成 $n+1$ 个子闭区间:

$$[d_0, d_1],\ [d_1, d_2], \cdots,\ [d_n, d_{n+1}].$$

在这里, $d_0 = a$ 及 $d_{n+1} = b$. 在每一个开区间 (d_{k-1}, d_k) 上, f 都是连续的. 因此可将 f 看成有限个连续函数 $f_1, f_2, \cdots, f_n$ 的 "接合". 其中, $f_k : [d_{k-1}, d_k] \to \mathbb{R}$ 被定义为

$$f_k(x) = \begin{cases} \lim\limits_{x \to d_{k-1}^+} f(x), & x = d_{k-1}, \\ f(x), & d_{k-1} < x < d_k, \\ \lim\limits_{x \to d_k^-} f(x), & x = d_k. \end{cases}$$

对于 $a = d_1$ 或 $b = d_n$ 的例外情形, 我们也可以用类似的方法处理. 在应用上, 我们可以分段地来讨论 f 在各子开区间上的性质.

定义 5.2.2 设 $f : X \longrightarrow \mathbb{R}$, 其中 $X \subseteq \mathbb{R}$ 是有界区间 (开、闭或半开半闭皆可). 若 f 在 X 上只有有限多个可移的及间断的不连续点, 而没有本质的不连续点, 则称 f 为**分段连续函数** (piecewise continuous function).

对于本质的不连续点, 一般都没有很好的方法来处理.

习题 5.2

1. 找出下列函数在指定范围内的不连续点, 并指出它们是属于哪一种不连续性:

(1) $f(x) = \begin{cases} x+1, & x \geqslant 0, \\ x-1, & x < 0; \end{cases}$

(2) $f(x) = \tan x,\ x \in [0, 2\pi]$;

(3) $f(x) = \begin{cases} x\cos x, & x \neq 0, \\ 1, & x = 0; \end{cases}$

(4) $f(x) = \begin{cases} \dfrac{1}{(x+1)^2}, & x \neq -1, \\ 1, & x = -1; \end{cases}$

(5) $f(x) = \begin{cases} \dfrac{x^2-1}{x+1}, & x \neq -1, \\ -2, & x = -1; \end{cases}$

(6) $g(x) = \begin{cases} \mathrm{e}^{1/x}, & x \neq 0, \\ 1, & x = 0; \end{cases}$

(7) $g(x) = \begin{cases} \dfrac{x}{3-x^2}, & x \neq \pm\sqrt{3}, \\ 1, & x = \sqrt{3}, \\ 0, & x = -\sqrt{3}; \end{cases}$

(8) $g(x) = \begin{cases} \dfrac{x}{\cos x}, & x \neq \dfrac{(2k+1)\pi}{2}, \\ 0, & x = \dfrac{(2k+1)\pi}{2}, \end{cases}$
$k = 0, \pm 1, \pm 2, \cdots$;

(9) $h(x)=[x]+x$;

(10) $h(x)=\begin{cases}\dfrac{\cos x}{|x|}, & x\neq 0,\\ 1, & x=0;\end{cases}$

(11) $h(x)=\begin{cases}\sin\dfrac{\pi x}{2}, & |x|\leqslant 1,\\ x, & |x|>1;\end{cases}$

(12) $h(x)=\begin{cases}0, & x\in\mathbb{Q},\\ 1, & x\in\mathbb{R}\backslash\mathbb{Q}.\end{cases}$

2. (1) 构造一个函数, 使得它在 $1,\dfrac{1}{2},\dfrac{1}{3},\cdots,\dfrac{1}{n},\cdots$ 点上不连续, 而在其他点上连续;

(2) 构造一个函数, 使得它在 $1,\dfrac{1}{2},\dfrac{1}{3},\cdots,\dfrac{1}{n},\cdots$ 及 0 点上不连续, 而在其他点上连续.

3. 设 $f:[a,b]\longrightarrow\mathbb{R}$ 单调上升. 令

$$D=\{x\in[a,b]:f\text{ 在点 }x\text{ 处不连续}\}.$$

证明:

(1) D 只包含间断的不连续点, 即 D 中没有可移的及本质的不连续点.

提示: 考虑三种不连续点的定义, 以及 f 单调上升的性质.

(2) 若 $x_0\in D$, 则

$$f(a)\leqslant\lim_{x\to x_0^-}f(x)\leqslant f(x_0)\leqslant\lim_{x\to x_0^+}f(x)\leqslant f(b).$$

(3) 设 $x_1,x_2\in D$, 若 $x_1<x_2$ 则

$$\lim_{x\to x_1^+}f(x)<\lim_{x\to x_2^-}f(x).$$

(4) 对于 $x\in D$, 总可选取一有理数 r_x, 使得

$$\lim_{y\to x^-}f(y)<r_x<\lim_{y\to x^+}f(y).$$

并且若 $x_1,x_2\in D,x_1\neq x_2$, 则

$$r_{x_1}\neq r_{x_2}.$$

提示: 考虑有理数的稠密性 (见习题 1.3 第 14 题).

(5) 证明 D 的元素个数最多只能有可数多个. 提示: 应用 (4).

(6) D 是否最多只能有有限多个元素?

提示: 考虑函数 $f(x)=\begin{cases}\dfrac{1}{2^n}, & \dfrac{1}{2^{n+1}}<x\leqslant\dfrac{1}{2^n}, \quad n=0,1,2,\cdots,\\ 0, & x=0.\end{cases}$

4. 找出下列函数的不连续点, 并设法改变该不连续点的函数值, 使函数在该点处连续:

(1) $f(x)=\begin{cases}\dfrac{\sin x}{x}, & x\neq 0,\\ 0, & x=0;\end{cases}$

(2) $g(x)=\begin{cases}\cos x\cos\dfrac{1}{x}, & x\in\left(0,\dfrac{\pi}{2}\right],\\ 0, & x=0;\end{cases}$

(3) $h(x)=\begin{cases}\dfrac{\sqrt{x+8}-8}{\sqrt[3]{x+8}-8}, & x\geqslant -8, x\neq 0,504,\\ 0, & x=0.\end{cases}$

5.3　一致 (均匀) 连续性及闭区间上连续函数的性质

设 $f: X\longrightarrow \mathbb{R}$ 及 $x_0\in X$. 函数 f 在点 x_0 处的连续性, 只表明了在 x_0 附近, $f(x)$ 的取值基本上可以用 $f(x_0)$ 来近似表示. 这种近似一般随着精确度的要求增大 (ε 变小), 而使得有效的范围——x_0 的 δ-邻域变小 (δ 变小). 所以, f 在点 x_0 处的连续性, 只是函数 f 在点 x_0 的局部性质. 就算函数 f 在 X 上每个点处都连续, 这种局部性仍然没有改善.

例 5.3.1　考察函数

$$f(x)=\frac{1}{x},\quad x>0.$$

函数 f 在其定义域 $(0,+\infty)$ 上每个点处都连续. 然而, 固定 $\varepsilon>0$, 在 $(0,+\infty)$ 中的某些点, 例如 $x_0=2$, 对于容许的误差范围条件

$$|f(x)-f(2)|<\varepsilon,$$

在 $x_0=2$ 的一个比较宽的 δ-邻域内普遍成立, 如图 5.9 所示. 而在另外一些点, 例如 $x_0=1/2$, 对于容许的误差范围条件

$$\left|f(x)-f\left(\frac{1}{2}\right)\right|<\varepsilon,$$

只能在 $x_0=1/2$ 的一个比较窄的 δ-邻域内普遍成立, 如图 5.10 所示.

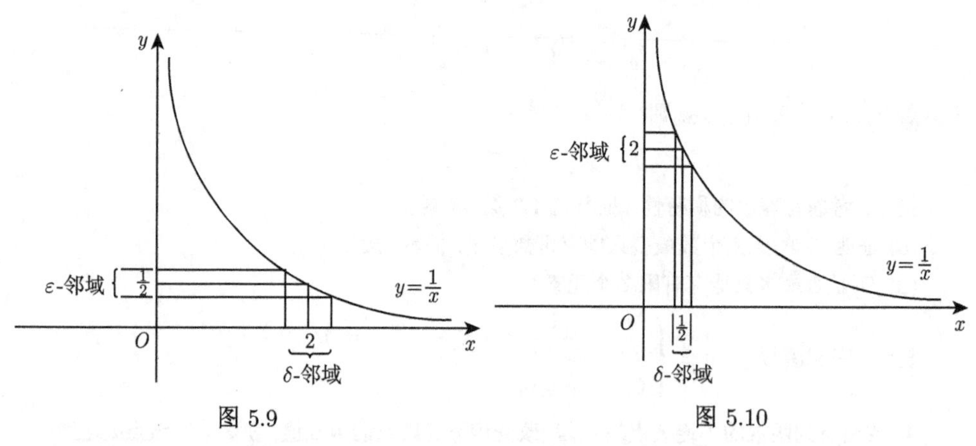

图 5.9　　图 5.10

事实上, 对于任意点 $x_0>0$, 若要有

$$|x-x_0|<\delta \Longrightarrow |f(x)-f(x_0)|<\varepsilon,$$

即

$$\left|\frac{1}{x}-\frac{1}{x_0}\right|<\varepsilon$$

或

$$|x-x_0|<xx_0\varepsilon=(x_0+(x-x_0))x_0\varepsilon.$$

我们要限制 δ, 使得

$$0<\delta<(x_0\pm\delta)x_0\varepsilon=x_0^2\varepsilon\pm\delta x_0\varepsilon$$

或

$$\delta(1\pm x_0\varepsilon)<x_0^2\varepsilon.$$

因此,

$$x_0\to 0^+\implies\delta\to 0^+.$$

换句话说, 对于预先给定的容许的误差范围 $\varepsilon>0$, 连续函数 $f(x)=\dfrac{1}{x}$ 在 $(0,+\infty)$ 中不同的点 x_0 附近, 能够以 $f(x_0)$ 的值来近似其他函数值 $f(x)$ 的范围, 并没有一致的大小. □

对于很多应用的问题, 一致性显得有用并且必需. 因此, 我们有必要对此下一定义.

定义 5.3.1 设 $f:X\longrightarrow\mathbb{R}$. 若对于任意固定的 $\varepsilon>0$, 存在 $\delta>0$, 使得

$$|x-y|<\delta\implies|f(x)-f(y)|<\varepsilon,\quad\forall x,y\in X,$$

则称函数 f 在 X 上一致连续, 或称均匀连续 (uniformly continuous).

例 5.3.2 证明函数 $f(x)=\dfrac{1}{x}$ 在 $[1,+\infty)$ 上一致连续.

证明 对于 $x,y\in[1,+\infty)$, 有

$$\left|\frac{1}{x}-\frac{1}{y}\right|=\frac{|x-y|}{xy}\leqslant|x-y|.$$

因此, 对于任意的 $\varepsilon>0$, 只要取 $\delta=\varepsilon$, 则有

$$|x-y|<\delta\Longrightarrow|f(x)-f(y)|<\varepsilon.$$

所以, $f(x)=\dfrac{1}{x}$ 在 $[1,+\infty)$ 上一致连续. □

一致连续函数当然是连续的. 以下的定理告诉我们, 一致连续性并不是很难达到的.

定理 5.3.3 (海涅-康托尔一致连续性定理 (Heine-Cantor uniform continuity theorem)) 连续函数在有界闭区间上一致连续.

证明 用反证法. 假设

$$f:[a,b]\longrightarrow\mathbb{R}$$

为连续函数, 但不一致连续. 于是条件: "对于任意的 $\varepsilon>0$, 存在 $\delta>0$, 使得

$$|x-y|<\delta\implies|f(x)-f(y)|<\varepsilon,\ \forall x,y\in[a,b]\text{''}$$

不成立. 换句话说, 存在 $\varepsilon>0$, 使得对任何的 $\delta>0$, 总有 $[a,b]$ 中的 x 及 y, 适合

$$|x-y|<\delta,\quad \text{但是 } |f(x)-f(y)|\geqslant\varepsilon.$$

依次令 $\delta=1,\frac{1}{2},\frac{1}{3},\cdots,\frac{1}{n},\cdots$, 我们将会得到 $[a,b]$ 中的点 $x_1,x_2,\cdots,x_n,\cdots$, 以及 $y_1,y_2,\cdots,y_n,\cdots$, 使得

$$|x_n-y_n|<\frac{1}{n}\quad\text{及}\quad|f(x_n)-f(y_n)|\geqslant\varepsilon,\quad n=1,2,\cdots.$$

由魏尔斯特拉斯致密性定理得知, 存在 $\{x_n\}_{n\geqslant1}$ 的收敛子列 $\{x_{n_k}\}_{k\geqslant1}$ 及 $\{y_n\}_{n\geqslant1}$ 的收敛子列 $\{y_{n_k}\}_{k\geqslant1}$. 设

$$\lim_{k\to\infty}x_{n_k}=x_0\quad\text{及}\quad\lim_{k\to\infty}y_{n_k}=y_0.$$

由于

$$|x_{n_k}-y_{n_k}|<\frac{1}{n_k},\quad k=1,2,\cdots,$$

我们必有

$$x_0=y_0.$$

另一方面, 由于 f 连续,

$$\lim_{k\to\infty}f(x_{n_k})=f(x_0)\quad\text{及}\quad\lim_{k\to\infty}f(y_{n_k})=f(y_0).$$

可是从条件

$$|f(x_{n_k})-f(y_{n_k})|\geqslant\varepsilon,\quad k=1,2,\cdots,$$

我们也必有

$$|f(x_0)-f(y_0)|\geqslant\varepsilon.$$

特别地

$$f(x_0)\neq f(y_0).$$

这与 $x_0=y_0$ 矛盾! 因此, f 在 $[a,b]$ 上一致连续. □

以上定理说明, 定义在闭区间上的连续函数, 具有比较好的性质. 接着, 我们将更深入探讨这些函数的其他优良属性.

定理 5.3.4 (连续函数有界定理) 连续函数在有界闭区间上有界.

证明 设 $f:[a,b]\longrightarrow\mathbb{R}$ 为连续函数. 由定理 5.3.3, f 也是一致连续的. 特别地, 若设 $\varepsilon=1$, 存在 $\delta>0$, 使得对所有 $[a,b]$ 中的 x 及 y, 有

$$|x-y|<\delta \implies |f(x)-f(y)|<1.$$

由于有界闭区间 $[a,b]$ 的长度 $b-a$ 为有限数, 我们总可以选取 $[a,b]$ 中的分点 $x_1,x_2,\cdots,x_n$, 使得

$$[a,b]\subseteq(x_1-\delta,x_1+\delta)\cup(x_2-\delta,x_2+\delta)\cup\cdots\cup(x_n-\delta,x_n+\delta).$$

换句话说, 任何 $[a,b]$ 中的 x, 必落在至少一个 x_i 的 δ-邻域里面, $i=1,2,\cdots,n$. 于是

$$\begin{aligned}|x-x_i|<\delta &\implies |f(x)-f(x_i)|<1\\ &\implies f(x_i)-1<f(x)<f(x_i)+1.\end{aligned}$$

令

$$m=\min\{f(x_i)-1:i=1,2,\cdots,n\}$$

及

$$M=\max\{f(x_i)+1:i=1,2,\cdots,n\}.$$

由此,

$$x\in[a,b]\implies m<f(x)<M.$$

所以, f 在 $[a,b]$ 上有界. □

定理 5.3.5 (连续函数最值存在定理) 设 $f:[a,b]\longrightarrow\mathbb{R}$ 为连续函数. 则存在 $[a,b]$ 中的 c 及 d, 使得

$$f(c)=\min\{f(x):x\in[a,b]\}$$

及

$$f(d)=\max\{f(x):x\in[a,b]\},$$

即有

$$f(c)\leqslant f(x)\leqslant f(d),\quad \forall x\in[a,b].$$

证明 由定理 5.3.4 及戴德金确界存在定理 (定理 1.3.2), 我们得到有限的数

$$m=\inf_{a\leqslant x\leqslant b}f(x)>-\infty,$$

$$M = \sup_{a \leqslant x \leqslant b} f(x) < +\infty.$$

由命题 1.2.3, 对于任意的 $\varepsilon > 0$, 存在 $[a, b]$ 中的 x 及 y, 使得

$$m + \varepsilon > f(x) \geqslant m,$$
$$M - \varepsilon < f(y) \leqslant M.$$

相继地, 令 $\varepsilon = 1, \frac{1}{2}, \frac{1}{3}, \cdots, \frac{1}{n}, \cdots$, 并选 $[a, b]$ 中的 x_n 及 y_n, 使得

$$m + \frac{1}{n} > f(x_n) \geqslant m,$$
$$M - \frac{1}{n} < f(y_n) \leqslant M, \quad n = 1, 2, \cdots.$$

由魏尔斯特拉斯致密性定理, 存在 $\{x_n\}_{n\geqslant 1}$ 的收敛子列 $\{x_{n_k}\}_{k\geqslant 1}$ 及 $\{y_n\}_{n\geqslant 1}$ 的收敛子列 $\{y_{n_k}\}_{k\geqslant 1}$. 令

$$\lim_{k\to\infty} x_{n_k} = c \in [a, b],$$
$$\lim_{k\to\infty} y_{n_k} = d \in [a, b].$$

由三明治定理及 f 的连续性,

$$f(c) = \lim_{k\to\infty} f(x_{n_k}) = m = \min_{a\leqslant x\leqslant b} f(x),$$

$$f(d) = \lim_{k\to\infty} f(y_{n_k}) = M = \max_{a\leqslant x\leqslant b} f(x).$$ □

定理 5.3.6 (根的存在定理, 或称零点定理)　设 $f : [a, b] \longrightarrow \mathbb{R}$ 为连续函数, 且 $f(a)$ 与 $f(b)$ 取异号, 即

$$f(a)f(b) < 0.$$

则方程 $f(x) = 0$ 在 $[a, b]$ 中必有至少一个根 (root).

证明留作习题 (见习题 5.3 第 7 题). □

定理 5.3.7 (中间值定理或介值定理 (intermediate value theorem))　设函数 f 在 $[a, b]$ 上连续, 对于任何介于 $f(a)$ 及 $f(b)$ 的数 l, 存在介于 a 和 b 之间的点 c, 使得

$$f(c) = l.$$

如图 5.11 所示.

证明　定义 $g : [a, b] \longrightarrow \mathbb{R}$ 为 $g(x) = f(x) - l$. 则 g 在 $[a, b]$ 上连续,

$$g(a)g(b) = (f(a) - l)(f(b) - l) < 0.$$

由定理 5.3.6, 所论得证.

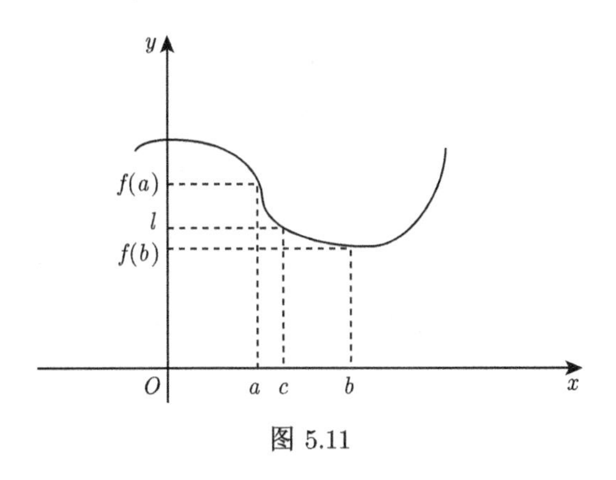

图 5.11

□

推论 5.3.8 连续函数将区间映成区间.

证明留作习题 (见习题 5.3 第 10 题). □

习题 5.3

1. 对于下列函数, 找出它们连续的范围, 以及一致连续的区域:

(1) $f(x)=x$;　　(2) $g(x)=x^3$;

(3) $k(x)=\sqrt{x}$;　　(4) $h(x)=|x|$;

(5) $I(x)=\sin x$;　　(6) $J(x)=\sin\dfrac{1}{x}$.

2. 我们已经证明了定义在 $[a,b]$ 上的连续函数必有界. 现在请你证明: 定义在有界开区间 (a,b) 上的一致连续函数必有界.

3. 函数 $f(x)=x^2$ 在 $\mathbb{R}$ 上是一致连续吗? 请说明理由. 另外, 如果把定义域限制在 $[0,1]$ 上, 会不会有不同的结果? 请证明你的结论.

4. 就 $g(x)=\dfrac{1}{x^2}$, 讨论它的连续范围及一致连续的区域; 请用 ε-δ 语言来严格地证明.

5. 若 $f(x)$ 在 $[a,+\infty)$ 上连续, 又 $\lim\limits_{x\to\infty}f(x)$ 存在而且有限, 请证明 $f(x)$ 在 $[a,+\infty)$ 上一致连续.

6. 任何奇数次多项式必有实根.

提示: $\lim\limits_{x\to+\infty}P_{2n+1}(x)=+\infty$, $\lim\limits_{x\to-\infty}P_{2n+1}(x)=-\infty$, 以及应用定理 5.3.6.

7. **二分法求根.** 设函数 f 在 $[a,b]$ 上连续且 $f(a)f(b)<0$. 令 $c_1=\dfrac{b+a}{2}$.

若 $f(c_1)=0$, 则 c_1 是 f 的一个根. 若 $f(c_1)\neq 0$ 及 $f(a)f(c_1)<0$, 则

$$\begin{cases} a_1=a, \\ b_1=c_1; \end{cases}$$

若 $f(c_1)\neq 0$ 及 $f(b)f(c_1)<0$, 则

$$\begin{cases} a_1 = c_1, \\ b_1 = b. \end{cases}$$

无论如何, 对于新的区间 $[a_1, b_1]$, 函数 f 在其上连续, 而且 $f(a_1)f(b_1) < 0$. 如此再进行下去, 将会得到 $[a, b]$ 中的闭子区间

$$[a,b] \supset [a_1,b_1] \supset [a_2,b_2] \supset \cdots,$$

以及数列 $\{c_n\}_{n\geqslant 1}$, 使得 $a_n \leqslant c_n \leqslant b_n$, 以及 $b_n - a_n = \dfrac{b-a}{2^n} \to 0$. 由康托尔闭区间套定理, 数列 $\{c_n\}_{n\geqslant 1}$ 收敛到 $[a,b]$ 中的一点 c. 证明:

$$f(c) = 0.$$

注意 在一般应用上, 我们只需要求 c 的一个近似值, 即某一个 c_n. 设 $\varepsilon > 0$ 是预定的容许误差范围, 即要求

$$|c - c_n| < \varepsilon.$$

由 $\{c_n\}_{n\geqslant 1}$ 的构造方法可见: 对任何 $\varepsilon > 0$, 存在正整数 $N > 0$, 使得

$$|c_n - c_m| < \varepsilon, \quad \forall n, m > N.$$

(事实上, 这同时也保证了 $|c - c_n| < \varepsilon,\ \forall n > N$.) 所以在应用上, 我们只要观察: 当对某于一个 n, 条件

$$|c_n - c_{n-1}| = \frac{b-a}{2^n} < \varepsilon$$

适合时, 便可以 c_n 作为 $f(x) = 0$ 的根 c 的一个 "合适的" 近似. 因此, 我们需要计算的步骤的数目, 是可以预先确定的. 例如, 我们可以取 $n = \left[\dfrac{\log\dfrac{b-a}{\varepsilon}}{\log 2}\right] + 1$.

8. 设函数 $f(x)$ 在 $[a,b]$ 上连续. 证明

(1) 存在着 $c \in [a,b]$, 使得 $f(c) = \dfrac{1}{2}[f(a) + f(b)]$.

(2) 设 $0 \leqslant \lambda \leqslant 1$, 则存在 $d \in [a,b]$, 使得

$$f(d) = \lambda f(a) + (1-\lambda) f(b).$$

9. 证明闭区间在连续函数下的像还是闭区间.

10. 证明推论 5.3.8.

提示: 由第 9 题得知: 若

$$[a,b] \subseteq I \implies [f(a), f(b)] \quad 或 \quad [f(b), f(a)] \subseteq f([a,b]) \subseteq f(I).$$

令 $m = \inf f(I)$ 及 $M = \sup f(I)$. 则

$$f(I) = (m, M), (m, M], [m, M) \quad 或 \quad [m, M],$$

其中, $m \geqslant -\infty$, $M \leqslant +\infty$.

11. 证明方程 $\sin x - x^2 \cos x = 0$ 在 $\left(\pi, \frac{3}{2}\pi\right)$ 内至少有一个实根.

12. 证明方程 $x^3 - 8x + 3 = 0$ 有三个实数根; 并且进一步估计这三个根的位置.

提示: 应用第 7 题来估计三个根的近似值.

13. 证明: 若函数 f 在 $[a, c]$ 及 $[c, b]$ 上都一致连续, 则 f 在 $[a, b]$ 上也一致连续.

提示: 考虑点 c 附近的状况就好了.

5.4 初等函数都是连续的

所谓*初等函数* (elementary function) 就是那些由以下五种基本初等函数, 通过四则运算及复合而成的函数.

(1) **幂函数**: $f(x) = x^n$, $n = 0, 1, 2, \cdots$;

(2) **三角函数**: $\sin x$, $\cos x$, $\tan x$, $\sec x$, $\csc x$ 及 $\cot x$;

(3) **反三角函数**: $\arcsin x$, $\arccos x$, $\arctan x$, $\operatorname{arcsec} x$, $\operatorname{arccsc} x$ 及 $\operatorname{arccot} x$;

(4) **指数函数**: $\exp_a x$ $(a > 0, a \neq 1)$;

(5) **对数函数**: $\log_a x$ $(a > 0, a \neq 1)$.

由于连续函数的和、差、积、商及复合, 在其定义域上仍是连续函数, 所以只要我们证明了以上这五种基本初等函数的连续性, 则所有初等函数的连续性也就自动成立了.

定理 5.4.1 所有幂函数、三角函数及指数函数都是连续函数.

证明 幂函数的连续性是显然的 (例 5.1.4). 在例 5.1.2 中, $\sin x$ 已被证明是连续的. 由于

$$\cos x = \sin\left(\frac{\pi}{2} - x\right),$$

$\cos x$ 作为连续函数 $\sin x$ 及 $x \longmapsto \frac{\pi}{2} - x$ 的复合也是连续的. 于是 $\tan x = \frac{\sin x}{\cos x}$, $\cot x = \frac{\cos x}{\sin x}$, $\sec x = \frac{1}{\cos x}$ 及 $\csc x = \frac{1}{\sin x}$, 在它们的定义域上也是连续的. 最后, 例 5.1.5 证明了 $\exp_a x$ 的连续性. □

我们注意到反三角函数与三角函数有以下关系:

$$\begin{aligned}
\arcsin x &= \left(\sin x|_{[-\frac{\pi}{2}, \frac{\pi}{2}]}\right)^{-1}, \\
\arccos x &= \left(\cos x|_{[0,\pi]}\right)^{-1}, \\
\arctan x &= \left(\tan x|_{(-\frac{\pi}{2}, \frac{\pi}{2})}\right)^{-1}, \\
\operatorname{arccot} x &= \left(\cot x|_{(0,\pi)}\right)^{-1}, \\
\operatorname{arcsec} x &= \left(\sec x|_{[0,\frac{\pi}{2})\cup(\frac{\pi}{2},\pi]}\right)^{-1},
\end{aligned}$$

$$\operatorname{arccsc} x = (\csc x|_{[-\frac{\pi}{2},0)\cup(0,\frac{\pi}{2}]})^{-1}.$$

类似地,

$$\log_a x = (\exp_a x)^{-1} \quad (a > 0,\ a \neq 1).$$

因此, 反三角函数及对数函数都是连续函数的反函数. 于是, 我们有兴趣研究以下关于连续函数的反函数定理.

定理 5.4.2 (*反函数定理* (inverse function theorem)) 设 I 为 $\mathbb{R}$ 中的(开、闭、左开右闭或左闭右开) 区间. 假设函数 $f: I \longrightarrow \mathbb{R}$ 连续, 且严格单调上升 (或下降). 则

(1) 其值域 $J = f(I)$ 为与 I 同型的区间;

(2) 存在着 f 的反函数 $f^{-1}: J \to I$;

(3) f^{-1} 在 J 上严格单调上升 (或下降) 及连续.

证明 我们先假设 f 严格单调上升. 由推论 5.3.8, $J = f(I)$ 为区间. 易见, J 与 I 同型. 由定理 2.3.8, $f^{-1}: J \to I$ 存在. 对于 $x_1, x_2 \in I$, 有

$$x_1 > x_2 \Longleftrightarrow f(x_1) > f(x_2).$$

于是, 对于 $y_1, y_2 \in f(I)$, 有

$$f^{-1}(y_1) > f^{-1}(y_2) \Longleftrightarrow y_1 > y_2.$$

所以 f^{-1} 在 J 上严格上升.

要证明 f^{-1} 在 J 上连续, 对于任意的 $y_0 \in J$ 及 $\varepsilon > 0$, 我们要找出 $\delta > 0$, 使得对于 J 中的 y, 有

$$|y - y_0| < \delta \implies |f^{-1}(y) - f^{-1}(y_0)| < \varepsilon,$$

即

$$f^{-1}(y_0) - \varepsilon < f^{-1}(y) < f^{-1}(y_0) + \varepsilon.$$

记 $x_0 = f^{-1}(y_0)$ 及 $x = f^{-1}(y)$. 于是, 上式又相当于

$$x_0 - \varepsilon < x < x_0 + \varepsilon.$$

因为 f 严格上升, 以上条件可以改写成

$$f(x_0 - \varepsilon) < f(x) < f(x_0 + \varepsilon)$$

或

$$f(x_0 - \varepsilon) < y < f(x_0 + \varepsilon). \tag{5.4.1}$$

现在, 我们可以控制的条件是

$$|y-y_0|<\delta$$

或

$$y_0-\delta<y<y_0+\delta$$

或

$$f(x_0)-\delta<y<f(x_0)+\delta. \tag{5.4.2}$$

剩下的问题是怎样从 (5.4.2) 推出 (5.4.1). 为此, 我们只要选取 $\delta>0$, 使得

$$f(x_0-\varepsilon)\leqslant f(x_0)-\delta$$

及

$$f(x_0+\varepsilon)\geqslant f(x_0)+\delta.$$

因此, 可以令

$$\delta=\min\{f(x_0)-f(x_0-\varepsilon),\quad f(x_0+\varepsilon)-f(x_0)\}>0$$

即可. 此时,

$$\begin{aligned}|y-y_0|<\delta &\Longrightarrow y_0-\delta<y<y_0+\delta\\ &\Longrightarrow f(x_0-\varepsilon)\leqslant f(x_0)-\delta<f(x)<f(x_0)+\delta\leqslant f(x_0+\varepsilon)\\ &\Longrightarrow x_0-\varepsilon<x<x_0+\varepsilon \Longrightarrow |x-x_0|<\varepsilon\\ &\Longrightarrow |f^{-1}(y)-f^{-1}(y_0)|<\varepsilon.\end{aligned}$$

当 f 严格下降时, 只要令 $g=-f$, 则可以应用以上结果而得到 g^{-1} 的连续性. 于是, $f^{-1}=-g^{-1}$ 也是连续的. □

推论 5.4.3 反三角函数及对数函数都是连续函数.

证明 这是因为

$$\begin{gathered}\sin x|_{[-\frac{\pi}{2},\frac{\pi}{2}]},\quad \cos x|_{[0,\pi]},\quad \tan x|_{(-\frac{\pi}{2},\frac{\pi}{2})},\quad \cot x|_{(0,\pi)},\\ \sec x|_{[0,\frac{\pi}{2})\cup(\frac{\pi}{2},\pi]},\quad \csc x|_{[-\frac{\pi}{2},0)\cup(0,\frac{\pi}{2}]},\quad \exp_a x\end{gathered}$$

都是严格上升的连续函数. □

推论 5.4.4 所有初等函数都是连续函数.

习题 5.4

1. 就下列初等函数, 讨论下述问题:

(1) 绘出函数的图形, 并找出它们连续的范围.

(2) 写出它们的反函数并绘其图形, 找出其定义的范围.

(3) 找出反函数的连续范围.

(i) $f(x) = x^2$;　　(ii) $f(x) = x^3$;

(iii) $g(x) = \cos^2 x$;　　(iv) $g(x) = \csc x$;

(v) $h(x) = \mathrm{e}^{-x}$;　　(vi) $h(x) = \mathrm{e}^{-\frac{x^2}{2}}$.

2. 设 $f : (a, b) \to \mathbb{R}$ 为一对一的连续函数. 证明:

(1) 若 $a < \alpha < \beta < \gamma < b$, 则必有

$$f(\alpha) < f(\beta) < f(\gamma)$$

或

$$f(\alpha) > f(\beta) > f(\gamma).$$

(2) $\operatorname{Ran}(f) = \left(\lim\limits_{x\to a^+} f(x), \lim\limits_{x\to b^-} f(x)\right)$ 或 $\operatorname{Ran}(f) = \left(\lim\limits_{x\to b^-} f(x), \lim\limits_{x\to a^+} f(x)\right)$.

(3) f 在 (a, b) 上严格单调.

若 (a, b) 被换成 $[a, b]$, 我们会有相似的结论吗?

第6章 微　　分

6.1 导 函 数

本节将讨论一种研究函数的基本方法: 利用简单的函数来 “模拟” 复杂的函数, 并且严密地监控这种简约过程的误差.

在所有函数中, 最简单的当然是常数函数. 利用常数函数来模拟一般函数的研究, 就是函数连续性的研究. 事实上, 若给出函数 f 在点 x_0 处的值 $f(x_0)$, 我们希望在点 x_0 处的附近, 可以用单独一个数值 $f(x_0)$, 来表征函数值 $f(x)$ 的变化, 即

$$x \approx x_0 \implies f(x) \approx f(x_0).$$

严格点说: 我们希望, 对于任意的给定误差 $\varepsilon > 0$, 存在 x_0 的 δ-邻域 $(x_0 - \delta, x_0 + \delta)$, 使得在此区间内, 函数值 f 可以用常数 $f(x_0)$ 来代替, 其误差小于 ε, 即

$$|x - x_0| < \delta \implies |f(x) - f(x_0)| < \varepsilon.$$

这正是 f 在点 x_0 连续的条件.

从图 6.1 容易看出: 利用常数函数 $y = f(x_0)$ 来代替 $y = f(x)$ 并不怎样好. 如果我们能够利用 f 在点 x_0 处的切线来代替水平线 $y = f(x_0)$, 效果可能会好一些.

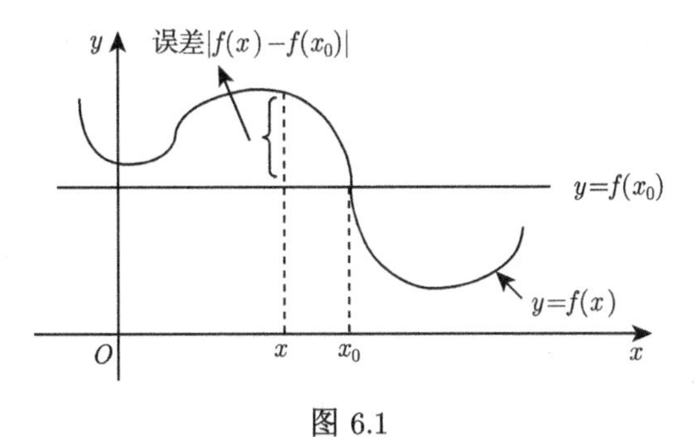

图 6.1

所谓 “曲线 $y = f(x)$ 在点 $(x_0, f(x_0))$ 的切线”, 是指所有与曲线 $y = f(x)$ 交于点 $(x_0, f(x_0))$, 并且使得误差

$$|f(x) - (ax + b)|$$

为最小的直线 $y = ax + b$. 如图 6.2 所示.

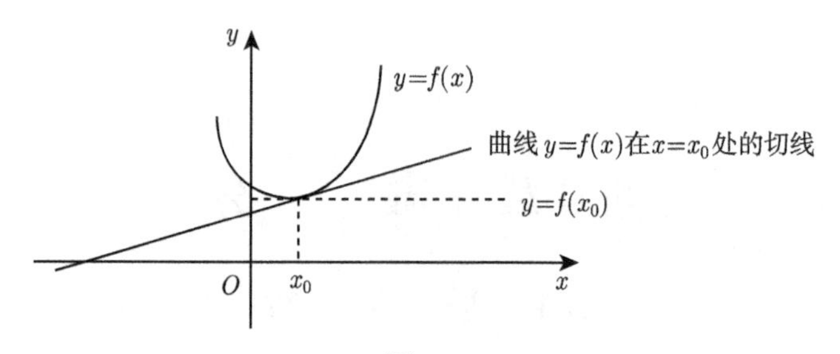

图 6.2

由直线的**点斜公式** (point-slope formula)得: 所有通过点 $(x_0, f(x_0))$ 的直线都具有方程

$$y = m(x - x_0) + f(x_0),$$

其中 m 为直线的斜率. 现在的问题是如何选取 m 的值, 使得曲线 $y = f(x)$ 与直线 $y = m(x - x_0) + f(x_0)$ 在点 $(x_0, f(x_0))$ 附近的 "距离"

$$\begin{aligned}|f(x) - (m(x - x_0) + f(x_0))| &= |f(x) - f(x_0) - m(x - x_0)| \\ &= \left|\frac{f(x) - f(x_0)}{x - x_0} - m\right| |x - x_0|\end{aligned}$$

最小. 观察: 当 $x \to x_0$ 时, 以上的距离为最小的条件应该是

$$m = \lim_{x \to x_0} \frac{f(x) - f(x_0)}{x - x_0}.$$

事实上, $\dfrac{f(x) - f(x_0)}{x - x_0}$ 是通过曲线上的两点 $(x_0, f(x_0))$ 和 $(x, f(x))$ 的**割线**的斜率. 当 $x \longrightarrow x_0$ 时, 割线渐与切线重合, 于是割线的斜率会趋向于切线的斜率 m, 如图 6.3 所示. 这种代替的误差, "应该趋向于 0". 所以, 直观地

$$m = \lim_{x \to x_0} \frac{f(x) - f(x_0)}{x - x_0}.$$

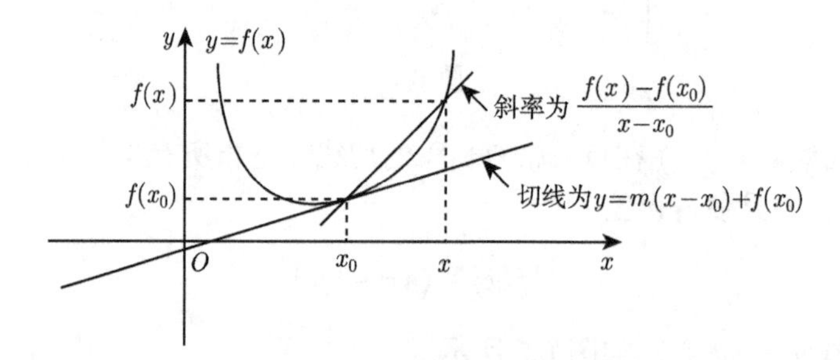

图 6.3　曲线的割线与切线

定义 6.1.1 设 x_0 为函数 f 的定义域 $\mathrm{Dom}(f)$ 的内点. 若极限

$$\lim_{x\to x_0}\frac{f(x)-f(x_0)}{x-x_0}$$

存在且有限, 则称 f 在 x_0 处**可导**或**可微** (differentiable), 并记

$$f'(x_0)=\lim_{x\to x_0}\frac{f(x)-f(x_0)}{x-x_0}$$

为 f 在 x_0 处的**导数** (derivative).

定义 6.1.2 在 $\mathcal{D}(f)=\{x\in\mathbb{R}: x$ 为 $\mathrm{Dom}(f)$ 的内点, 且 f 在 x 处可导$\}$ 上可以定义函数

$$f'(x_0)=\lim_{x\to x_0}\frac{f(x)-f(x_0)}{x-x_0},\quad x_0\in\mathcal{D}(f),$$

我们称 f' 为 f 的**导函数** (derivative function). 若 $A\subseteq\mathcal{D}(f)$, 则称 f 在 A 上**可导** (differentiable).

定义 6.1.3 若函数 f 在 x_0 处可导及 $m=f'(x_0)$, 则称直线

$$y=m(x-x_0)+f(x_0)$$

为曲线 $y=f(x)$ 在 x_0 处的**切线** (tangent line).

例 6.1.1 求曲线 $y=x^2$ 在 $x=1$ 处的切线方程.

解 设 $f:\mathbb{R}\longrightarrow\mathbb{R}$ 被定义为 $f(x)=x^2$. 计算 f 在 $x=1$ 处的导数:

$$f'(1)=\lim_{x\to1}\frac{f(x)-f(1)}{x-1}=\lim_{x\to1}\frac{x^2-1}{x-1}=\lim_{x\to1}(x+1)=2.$$

所以, $y=x^2$ 在 $x=1$ 的切线为

$$y=2(x-1)+f(1),$$

即

$$y=2x-1.$$

如图 6.4 所示. □

并不是所有函数都是处处可导的. 换言之, 并非所有曲线都是处处有切线的.

例 6.1.2

$$\frac{\mathrm{d}\,|x|}{\mathrm{d}x}=\frac{|x|}{x},\quad \forall x\neq0.$$

解 设 $f:\mathbb{R}\longrightarrow\mathbb{R}$ 被定义为 $f(x)=|x|$. f 的图形如图 6.5 所示.

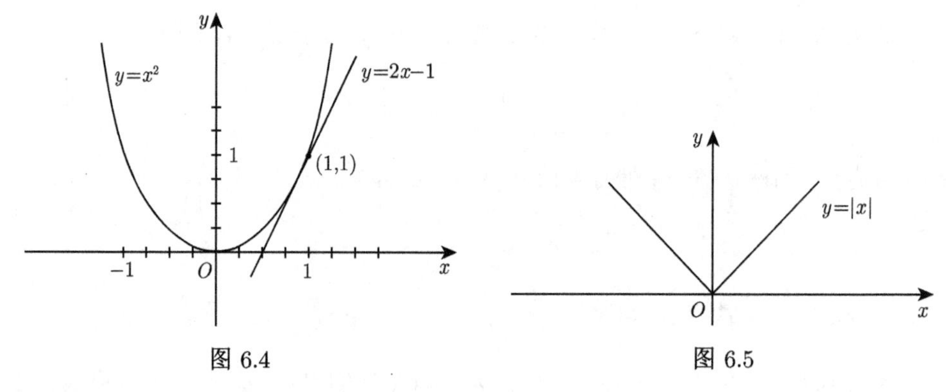

图 6.4 图 6.5

当 $x>0$ 时, f 在点 x 处的切线为

$$y=x;$$

当 $x<0$ 时, f 在点 x 处的切线为

$$y=-x.$$

事实上, 根据定义,

$$f'(x)=\lim_{y\to x}\frac{f(y)-f(x)}{y-x}=\lim_{y\to x}\frac{|y|-|x|}{y-x}.$$

若 $x>0$, 则只要 y 很接近 x, 必有 $y>0$. 于是

$$f'(x)=\lim_{y\to x}\frac{y-x}{y-x}=1.$$

若 $x<0$, 则只要 y 很接近 x, 必有 $y<0$. 于是

$$f'(x)=\lim_{y\to x}\frac{-y+x}{y-x}=-1.$$

然而, 当 $x=0$ 时, 有

$$\lim_{y\to 0^-}\frac{f(y)-f(0)}{y-0}=\lim_{y\to 0^-}\frac{|y|}{y}=\lim_{y\to 0^-}\frac{-y}{y}=-1$$

及

$$\lim_{y\to 0+}\frac{f(y)-f(0)}{y-0}=\lim_{y\to 0+}\frac{|y|}{y}=\lim_{y\to 0+}\frac{y}{y}=1.$$

因此得到结论

$$\lim_{y\to 0^-}\frac{f(y)-f(0)}{y-0}\neq\lim_{y\to 0^+}\frac{f(y)-f(0)}{y-0}.$$

所以

$$f'(0)=\lim_{y\to 0}\frac{f(y)-f(0)}{y-0}\text{ 不存在,}$$

即 f 在 0 处不可导, 而且曲线 $y=|x|$ 在 $x=0$ 处没有切线. 总的来说, $\frac{\mathrm{d}\,|x|}{\mathrm{d}x}=\frac{|x|}{x}$. □

在上例中, 虽然在点 0 处不能以单一直线来逼近 $f(x)=|x|$, 然而若只从点 0 的左方 (或右方) 来看, 皆存在着直线 $y=-x$ (或 $y=x$) 与之相切于点 0.

定义 6.1.4 若存在 $\delta>0$, 使得 $(x_0-\delta,x_0]\subseteq\mathrm{Dom}(f)$, 且**左导数**

$$f'_-(x_0)=\lim_{x\to x_0^-}\frac{f(x)-f(x_0)}{x-x_0}$$

存在且有限, 则称 f 在 x_0 处**左可导** (differentiable from the left). 同理, 我们可以定义**右可导** (differentiable from the right)和**右导数** $f'_+(x_0)$ 的概念.

在上例中, $f(x)=|x|$ 在 $x=0$ 处既有左导数

$$f'_-(0)=-1,$$

又有右导数

$$f'_+(0)=1.$$

但是, f 在 $x=0$ 处却不可导.

注意 函数 f 在点 x_0 处可导, 当且仅当 f 在 x_0 处左、右可导, 且 $f'_-(x_0)=f'_+(x_0)$. 此时, $f'(x_0)=f'_-(x_0)=f'_+(x_0)$.

最后, 我们介绍导数的其他常用记号.

$$\left.\frac{\mathrm{d}f}{\mathrm{d}x}\right|_{x=x_0},\quad \lim_{h\to 0}\frac{f(x_0+h)-f(x_0)}{h},\quad \dot{f}(x_0),\cdots$$

皆与 $f'(x_0)$ 同义. 例如, 在极限

$$\lim_{x\to x_0}\frac{f(x)-f(x_0)}{x-x_0}$$

中, 若令 $h=x-x_0$, 则可将之改写成

$$\lim_{h\to 0}\frac{f(x_0+h)-f(x_0)}{h}.$$

另一种常见的写法是

$$f'(x_0)=\lim_{\Delta x\to 0}\frac{\Delta f}{\Delta x},$$

其中, $\Delta x = x - x_0$, $\Delta f = f(x) - f(x_0) \approx f'(x_0)\Delta x$.

习题 6.1

1. 由定义, 求 $f'(0)$, 其中

(1) $f(x) = c$, c 为常数;　　(2) $f(x) = x$;

(3) $f(x) = \operatorname{sgn} x$.

2. 证明: 若 f 在点 0 处可导, 且 $m = f'(0)$, 则切线

$$y = mx + f(0)$$

为 f 在点 $(0, f(0))$ 的 "最佳逼近." 即证: 若 $a \neq m$, 则存在 $\delta > 0$, 使得对于所有在 $(-\delta, 0) \cup (0, \delta)$ 中的 x, 有

$$|f(x) - (mx + f(0))| < |f(x) - (ax + f(0))|.$$

6.2　可导函数的性质及运算

定理 6.2.1　若函数 f 在点 x_0 处左可导 (或右可导, 可导), 则 f 在点 x_0 处左连续 (或右连续、左右连续).

证明　假设

$$f'_-(x_0) = \lim_{x \to x_0^-} \frac{f(x) - f(x_0)}{x - x_0}$$

存在且有限. 于是

$$\begin{aligned}
\lim_{x \to x_0^-} (f(x) - f(x_0)) &= \lim_{x \to x_0^-} \frac{f(x) - f(x_0)}{x - x_0} \cdot (x - x_0) \\
&= \lim_{x \to x_0^-} \frac{f(x) - f(x_0)}{x - x_0} \cdot \lim_{x \to x_0^-} (x - x_0) \\
&= f'_-(x_0) \cdot 0 = 0,
\end{aligned}$$

即

$$\lim_{x \to x_0^-} f(x) = f(x_0).$$

于是 f 在 x_0 处左连续. 同理可证有关 "右连续" 及 "连续" 的命题. (见习题 6.2 第 1 题.) □

注意　若 f 在 x_0 处左可导及右可导, 则 f 必在 x_0 处连续; 然而, f 却不一定在 x_0 可导. 参看例 6.1.2.

定理 6.2.2　设 f 在 x_0 处可导. 记

$$\varepsilon_0(h) = f(x_0 + h) - f(x_0)$$

及

$$\varepsilon_1(h) = f(x_0 + h) - (f(x_0) + f'(x_0)h),$$

则有

$$\lim_{h \to 0} \varepsilon_0(h) = 0$$

及

$$\lim_{h \to 0} \frac{\varepsilon_1(h)}{h} = 0. \tag{6.2.1}$$

证明留作习题 (见习题 6.2 第 2 题). □

由定理 6.2.2 可见, 利用函数 f 的可导性, 比利用 f 的连续性来研究 f 更为有效. 适合性质 (6.2.1) 的误差 $\varepsilon_1(h)$, 记为

$$\varepsilon_1(h) = o(h).$$

在这里, $o(h)$ 代表一个比 h 更小位阶 (order) 的变量. 一般地, 我们有如下定义.

定义 6.2.1 若有 $\lim\limits_{h \to 0} \dfrac{\varepsilon_n(h)}{h^n} = 0$, 则记

$$\varepsilon_n(h) = o(h^n),$$

并称 $\varepsilon_n(h)$ 为相对于 h 的 n **阶无穷小量** (infinitesimal of order n). 若逼近 $f \approx P_n$ 具有 n 阶无穷小量的误差, 即

$$\lim_{h \to 0} \frac{f(x_0 + h) - P_n(x_0 + h)}{h^n} = 0,$$

则称 P_n 为 f 在 x_0 处的一个n **阶逼近** (approximation of order n).

推论 6.2.3 (1) 函数 f 在点 x_0 处连续 $\Longleftrightarrow f$ 在点 x_0 处有 0 阶逼近 (或称常数逼近), 即

$$f(x_0 + h) = f(x_0) + o(h^0) = f(x_0) + o(1).$$

(2) 函数 f 在点 x_0 处可导 $\Longleftrightarrow f$ 在点 x_0 处有 1 阶逼近 (或称**线性逼近** (linear approximation)), 即

$$f(x_0 + h) = f(x_0) + f'(x_0)h + o(h^1).$$

简单地说: 越 “好” 的函数具有越高阶的简单函数逼近. 在以后的章节中, 我们将再讨论这个问题.

定理 6.2.4 设函数 f 和 g 在 x 处可微, λ 为常数, 则 $\lambda f, f \pm g, fg$ 在 x 处可微. 若 $g(x) \neq 0$, 则 f/g 在 x 处可微. 再者,

(1) $(\lambda f)'(x) = \lambda f'(x)$;

(2) $(f \pm g)'(x) = (f' \pm g')(x)$;

(3) $(fg)'(x) = f'(x)g(x) + g'(x)f(x)$;

(4) $\left(\dfrac{f}{g}\right)'(x) = \dfrac{f'(x)g(x) - f(x)g'(x)}{(g(x))^2}$, 其中 $g(x) \neq 0$.

证明 我们将 (1), (2), (3) 留作习题 (见习题 6.2 第 3 题). 现在证明 (4). 由定义,

$$\left(\frac{f}{g}\right)'(x) = \lim_{h\to 0} \frac{\dfrac{f(x+h)}{g(x+h)} - \dfrac{f(x)}{g(x)}}{h}.$$

由于 $g(x) \neq 0$ 及 g 在 x 处的连续性 (定理 6.2.1), 对于足够小的 h, 我们可以保证 $g(x+h) \neq 0$. 现在,

$$\begin{aligned}\left(\frac{f}{g}\right)'(x) &= \lim_{h\to 0} \frac{f(x+h)g(x) - f(x)g(x+h)}{hg(x)g(x+h)} \\ &= \lim_{h\to 0} \frac{1}{g(x)g(x+h)} \left(\frac{f(x+h)-f(x)}{h} g(x) - \frac{g(x+h)-g(x)}{h} f(x)\right) \\ &= \frac{1}{(g(x))^2}(f'(x)g(x) - g'(x)f(x)).\end{aligned}$$

□

对于复合函数 $f \circ g$, 我们有着著名的**链式法则** (chain rule).

定理 6.2.5 设 $\mathrm{Ran}(g) \subseteq \mathrm{Dom}(f)$, g 在 x 处可导及 f 在 $g(x)$ 处可导, 则复合函数 $f \circ g$ 在 x 处可导, 且

$$(f \circ g)'(x) = f'(g(x))g'(x).$$

证明 由于 $g'(x)$ 及 $f'(g(x))$ 皆存在, 我们有一阶逼近:

$$g(x+h) = g(x) + g'(x)h + \sigma(h)$$

及

$$f(g(x)+k) = f(g(x)) + f'(g(x))k + \Delta(k),$$

其中, $\lim\limits_{h\to 0} \dfrac{\sigma(h)}{h} = 0$ 及 $\lim\limits_{k\to 0} \dfrac{\Delta(k)}{k} = 0$. 于是

$$\begin{aligned}f(g(x+h)) - f(g(x)) &= f(g(x) + g'(x)h + \sigma(h)) - f(g(x)) \\ &= f'(g(x))(g'(x)h + \sigma(h)) + \Delta(g'(x)h + \sigma(h)).\end{aligned}$$

所以

$$\frac{f(g(x+h)) - f(g(x))}{h} = f'(g(x))\left(g'(x) + \frac{\sigma(h)}{h}\right) + \frac{\Delta(g'(x)h + \sigma(h))}{h}.$$

当 $h \longrightarrow 0$ 时, 分两种情形来讨论:

(1) 若 $g'(x) \neq 0$, 则当 h 很小时, $g'(x)+\dfrac{\sigma(h)}{h}$ 有界且不为 0. 于是, 当 $h \longrightarrow 0$ 时, $g'(x)h+\sigma(h) \to 0$ 及

$$\frac{\Delta(g'(x)h+\sigma(h))}{h}=\frac{\Delta(g'(x)h+\sigma(h))}{g'(x)h+\sigma(h)}\cdot\frac{g'(x)h+\sigma(h)}{h}\longrightarrow 0.$$

(2) 若 $g'(x)=0$, 则

$$\frac{\Delta(g'(x)h+\sigma(h))}{h}=\frac{\Delta(\sigma(h))}{h}.$$

由于 $\lim\limits_{k\to 0}\dfrac{\Delta(k)}{k}=0$, 当 k 很小时, $|\Delta(k)|\leqslant|k|$. 另一方面, 由于 $\lim\limits_{n\to 0}\dfrac{\sigma(h)}{h}=0$, 当 h 很小时, $\sigma(h)$ 也很小. 所以当 h 很小时, $|\Delta(\sigma(h))|\leqslant|\sigma(h)|$. 最后

$$\lim_{h\to 0}\left|\frac{\Delta(\sigma(h))}{h}\right|\leqslant\lim_{h\to 0}\left|\frac{\sigma(h)}{h}\right|=0.$$

这就证明了

$$\begin{aligned}(f\circ g)'(x)&=\lim_{h\to 0}\frac{f\circ g(x+h)-f\circ g(x)}{h}\\&=\lim_{h\to 0}\frac{f(g(x+h))-f(g(x))}{h}=f'(g(x))g'(x).\end{aligned}$$

□

注意　(1) 使用相同的证明方法, 可得 $(f\circ g)'_{\pm}(x)=f'(g(x))g'_{\pm}(x)$.

(2) 链式法则常被记为

$$\left.\frac{\mathrm{d}z}{\mathrm{d}x}\right|_{x=x_0}=\left.\frac{\mathrm{d}z}{\mathrm{d}y}\right|_{y=g(x_0)}\cdot\left.\frac{\mathrm{d}y}{\mathrm{d}x}\right|_{x=x_0},$$

其中 $y=g(x)$ 及 $z=f(y)=f(g(x))$.

例 6.2.6　设函数 $f:\mathbb{R}\to\mathbb{R}$ 具有反函数 f^{-1}. 若 f 在 x 处可导, 且 f^{-1} 在 $y=f(x)$ 处也可导, 则

$$(f^{-1})'(y)=\frac{1}{f'(x)}.$$

证明　因为

$$f^{-1}\circ f(x)=x,$$

由定理 6.2.5,

$$\begin{aligned}\left(f^{-1}\circ f(x)\right)'&=(x)',\\(f^{-1})'(f(x))\cdot f'(x)&=1,\\(f^{-1})'(f(x))&=\frac{1}{f'(x)}.\end{aligned}$$

□

由定理 2.3.8 和定理 5.4.2, 我们已经知道: 若函数 f 严格单调, 则 f^{-1} 存在, 且假若 f 是连续的话, 则 f^{-1} 也连续. 更进一步, 我们有如下定理.

定理 6.2.7 假设函数 $f:(a,b)\longrightarrow(c,d)$ 严格单调、满射、可导, 且 f' 处处非零, 则其反函数 $f^{-1}:(c,d)\longrightarrow(a,b)$ 存在, 而且也是严格单调、可导, 以及

$$(f^{-1})'(y)=\frac{1}{f'(f^{-1}(y))},\quad \forall y\in(c,d).$$

证明 由定理 5.4.2, f^{-1} 存在而且严格单调及连续. 观察

$$\frac{\Delta f^{-1}}{\Delta y}=\frac{f^{-1}(y+k)-f^{-1}(y)}{k}=\frac{f^{-1}(y+k)-f^{-1}(y)}{f(f^{-1}(y+k))-f(f^{-1}(y))}.$$

由于 f^{-1} 严格单调,

$$k\neq 0\implies f^{-1}(y+k)\neq f^{-1}(y).$$

于是

$$\frac{\Delta f^{-1}}{\Delta y}=\frac{1}{\dfrac{f(f^{-1}(y+k))-f(f^{-1}(y))}{f^{-1}(y+k)-f^{-1}(y)}}.$$

因为 f^{-1} 连续, 当 $k\to 0$ 时, $f^{-1}(y+k)\to f^{-1}(y)$. 由 f 的可导性, 当 $k\to 0$ 时,

$$\frac{f(f^{-1}(y+k))-f(f^{-1}(y))}{f^{-1}(y+k)-f^{-1}(y)}\to f'(f^{-1}(y)).$$

因此

$$\begin{aligned}(f^{-1})'(y)&=\lim_{k\to 0}\frac{f^{-1}(y+k)-f^{-1}(y)}{k}\\&=\lim_{k\to 0}\frac{1}{\dfrac{f(f^{-1}(y+k))-f(f^{-1}(y))}{f^{-1}(y+k)-f^{-1}(y)}}\\&=\frac{1}{f'(f^{-1}(y))}.\end{aligned}$$

□

习题 6.2

1. 证明: 若函数 f 在 $x=x_0$ 处可导, 则函数 f 在 $x=x_0$ 处连续.
2. 证明: 定理 6.2.2.
3. 证明: 定理 6.2.4 的 (1), (2) 及 (3).
4. 写出函数 $f(x)=1+x+x^2+x^3$ 分别在

(1) $x=0$

(2) $x=1$

处的 n 阶多项式逼近, 其中 $n=0,1,2,3,4,5$.

5. 若 f 在 $x=x_0$ 处具有一阶逼近 g_1 及 g_2, 证明: $g_1(x_0+h)-g_2(x_0+h)=o(h)$.

6.3 常见函数的导函数

1. 多项式函数及有理函数

例 6.3.1

$$\frac{\mathrm{d}}{\mathrm{d}x}x^n = nx^{n-1}, \quad n = 0, \pm 1, \pm 2, \cdots.$$

解 设 $f(x) = x^n$. 当 n 为正整数时, 由定义

$$\begin{aligned}
f'(x) &= \lim_{h \to 0} \frac{f(x+h) - f(x)}{h} = \lim_{h \to 0} \frac{(x+h)^n - x^n}{h} \\
&= \lim_{h \to 0} \frac{x^n + nx^{n-1}h + \dfrac{n(n-1)}{2}x^{n-2}h^2 + \cdots + h^n - x^n}{h} \\
&= \lim_{h \to 0} \left(nx^{n-1} + \underbrace{\frac{n(n-1)}{2}x^{n-2}h + \cdots + h^{n-1}}_{\text{每项都含有因子 } h} \right) \\
&= nx^{n-1}.
\end{aligned}$$

当 $n = 0$ 时, $f' = 0$. (见习题 6.3 第 1 题 (2).)

当 n 为负整数时, $m = -n$ 为正整数,

$$f'(x) = (x^n)' = \left(\frac{1}{x^m}\right)'.$$

由定理 6.2.4(3),

$$\begin{aligned}
f'(x) &= \frac{(1)'x^m - 1 \cdot (x^m)'}{x^{2m}} = \frac{-mx^{m-1}}{x^{2m}} \\
&= -mx^{-m-1} = nx^{n-1}.
\end{aligned}$$

□

例 6.3.2

$$\frac{\mathrm{d}\sqrt{x}}{\mathrm{d}x} = \frac{1}{2\sqrt{x}}, \quad \forall x > 0.$$

解 设 $f(x) = \sqrt{x}$. 由定义, 若 $x > 0$,

$$\begin{aligned}
f'(x) &= \lim_{h \to 0} \frac{\sqrt{x+h} - \sqrt{x}}{h} \\
&= \lim_{h \to 0} \frac{(\sqrt{x+h} - \sqrt{x})(\sqrt{x+h} + \sqrt{x})}{(\sqrt{x+h} + \sqrt{x})h} \\
&= \lim_{h \to 0} \frac{1}{\sqrt{x+h} + \sqrt{x}} = \frac{1}{2\sqrt{x}}.
\end{aligned}$$

□

例 6.3.3　求有理函数

$$R(x)=\frac{3x^2-1}{x+1}$$

的导函数.

解

$$\begin{aligned}\frac{\mathrm{d}R}{\mathrm{d}x}&=\frac{(3x^2-1)'(x+1)-(x+1)'(3x^2-1)}{(x+1)^2}\\&=\frac{6x(x+1)-(3x^2-1)}{(x+1)^2}\\&=\frac{3x^2+6x+1}{(x+1)^2}.\end{aligned}$$

□

2. 三角函数

例 6.3.4　$\dfrac{\mathrm{d}\sin x}{\mathrm{d}x}=\cos x.$

证明　回顾三角函数的 “和差化积公式”:

$$\sin A-\sin B=2\cos\frac{A+B}{2}\sin\frac{A-B}{2}.$$

由此

$$\begin{aligned}\frac{\mathrm{d}}{\mathrm{d}x}\sin x&=\lim_{h\to0}\frac{\sin(x+h)-\sin x}{h}\\&=\lim_{h\to0}\frac{2\cos\left(x+\dfrac{h}{2}\right)\sin\dfrac{h}{2}}{h}\\&=\lim_{h\to0}\cos\left(x+\frac{h}{2}\right)\cdot\lim_{h\to0}\frac{\sin\dfrac{h}{2}}{\dfrac{h}{2}}\\&=\cos x.\end{aligned}$$

□

例 6.3.5　$\dfrac{\mathrm{d}\cos x}{\mathrm{d}x}=-\sin x.$

证明

$$\begin{aligned}\frac{\mathrm{d}}{\mathrm{d}x}\cos x&=\frac{\mathrm{d}}{\mathrm{d}x}\sin\left(\frac{\pi}{2}-x\right)\\&=\frac{\mathrm{d}\sin\left(\dfrac{\pi}{2}-x\right)}{\mathrm{d}\left(\dfrac{\pi}{2}-x\right)}\cdot\frac{\mathrm{d}\left(\dfrac{\pi}{2}-x\right)}{\mathrm{d}x}\\&=\cos\left(\frac{\pi}{2}-x\right)\cdot(-1)=-\sin x.\end{aligned}$$

□

例 6.3.6　$\dfrac{\mathrm{d}\tan x}{\mathrm{d}x}=\sec^2 x.$

证明
$$\frac{\mathrm{d}}{\mathrm{d}x}\tan x=\frac{\mathrm{d}}{\mathrm{d}x}\frac{\sin x}{\cos x}=\frac{(\sin x)'\cos x-\sin x\cdot(\cos x)'}{(\cos x)^2}$$
$$=\frac{\cos^2 x+\sin^2 x}{\cos^2 x}=\frac{1}{\cos^2 x}=\sec^2 x.$$ □

例 6.3.7 $\dfrac{\mathrm{d}\sec x}{\mathrm{d}x}=\sec x\tan x.$

证明
$$\frac{\mathrm{d}}{\mathrm{d}x}\sec x=\frac{\mathrm{d}}{\mathrm{d}x}\frac{1}{\cos x}=\frac{-(\cos x)'}{\cos^2 x}$$
$$=\frac{\sin x}{\cos^2 x}=\sec x\tan x.$$ □

此外尚有公式
$$\frac{\mathrm{d}}{\mathrm{d}x}\cot x=-\csc^2 x$$
及
$$\frac{\mathrm{d}}{\mathrm{d}x}\csc x=-\csc x\cot x.$$
我们将它们的证明留作习题 (见习题 6.3 第 3 题 (4) 和 (5)).

3. *反三角函数*

例 6.3.8 $(\arcsin x)'=\dfrac{1}{\sqrt{1-x^2}}.$

证明 注意 $\mathrm{Dom}(\arcsin x)=[-1,1]$ 及 $\arcsin x=\left(\sin x|_{[-\frac{\pi}{2},\frac{\pi}{2}]}\right)^{-1}$. 因为 $\sin x$ 在 $\left[-\dfrac{\pi}{2},\dfrac{\pi}{2}\right]$ 严格上升且可导, 由定理 6.2.7, 若 $-\dfrac{\pi}{2}<x<\dfrac{\pi}{2}$, 则
$$\frac{\mathrm{d}}{\mathrm{d}x}\arcsin x=\frac{1}{\sin'(\arcsin x)}=\frac{1}{\cos(\arcsin x)}.$$

设 $\theta=\arcsin x$, 即 $\sin\theta=x$. 由此建立直角三角形, 其中底边的长为 $a=\sqrt{1-x^2}$. 如图 6.6 所示. 因此
$$\cos(\arcsin x)=\cos\theta=\sqrt{1-x^2}.$$

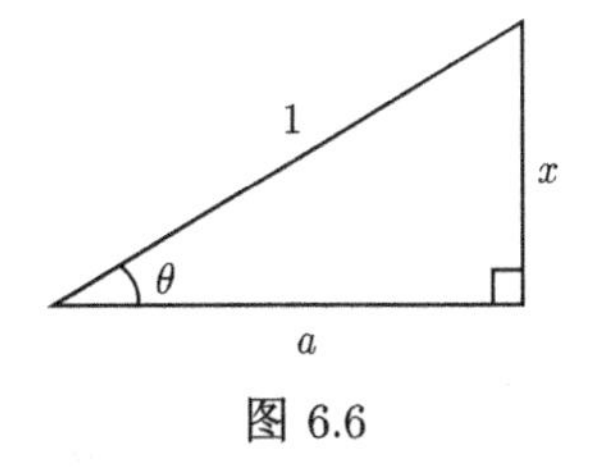

图 6.6

所以
$$\frac{\mathrm{d}}{\mathrm{d}x}\arcsin x=\frac{1}{\sqrt{1-x^2}}.$$ □

例 6.3.9 $(\arccos x)'=-\dfrac{1}{\sqrt{1-x^2}}.$

证明　我们应用恒等式:

$$\arccos x + \arcsin x = \frac{\pi}{2}.$$

由于 $\cos x$ 在 $[0,\pi]$ 上严格下降且可导, $(\arccos x)'$ $(0 < x < \pi)$ 存在. 对以上等式两边求导:

$$\frac{\mathrm{d}}{\mathrm{d}x}\arccos x + \frac{\mathrm{d}}{\mathrm{d}x}\arcsin x = \frac{\mathrm{d}}{\mathrm{d}x}\left(\frac{\pi}{2}\right),$$

得

$$\frac{\mathrm{d}}{\mathrm{d}x}\arccos x = -\frac{1}{\sqrt{1-x^2}}.$$ □

例 6.3.10　$\dfrac{\mathrm{d}}{\mathrm{d}x}\arctan x = \dfrac{1}{1+x^2}.$

证明　由于 $\tan x$ 在 $\left(-\dfrac{\pi}{2}, \dfrac{\pi}{2}\right)$ 上严格上升且可导, $(\arctan x)'$ $(-\infty < x < +\infty)$ 存在. 由定理 6.2.7,

$$\frac{\mathrm{d}}{\mathrm{d}x}\arctan x = \frac{1}{\tan'(\arctan x)} = \frac{1}{\sec^2(\arctan x)} = \cos^2(\arctan x).$$

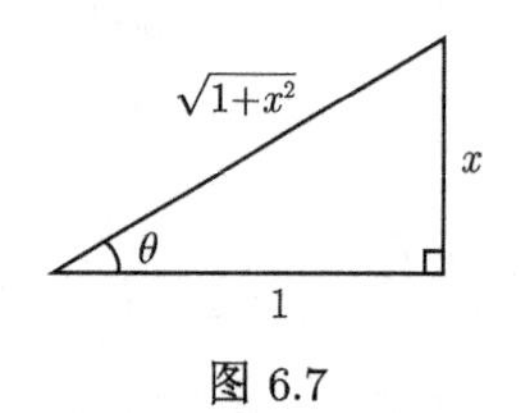

图 6.7

设 $\theta = \arctan x$, 即 $\tan\theta = x$. 如图 6.7 所示, 由直角三角形得 $\cos\theta = \dfrac{1}{\sqrt{1+x^2}}$. 所以

$$\frac{\mathrm{d}}{\mathrm{d}x}\arctan x = \frac{1}{1+x^2}.$$ □

例 6.3.11　(1) $\dfrac{\mathrm{d}}{\mathrm{d}x}\operatorname{arccot} x = \dfrac{-1}{1+x^2}.$

(2) $\dfrac{\mathrm{d}}{\mathrm{d}x}\operatorname{arcsec} x = \dfrac{1}{|x|\sqrt{x^2-1}}.$

(3) $\dfrac{\mathrm{d}}{\mathrm{d}x}\operatorname{arccsc} x = \dfrac{-1}{|x|\sqrt{x^2-1}}.$

证明留作习题 (见习题 6.3 第 3 题 (1)(2)(3)). □

4. 对数函数

例 6.3.12　设常数 $a > 0$, $a \neq 1$, 且变量 $x > 0$. 则

$$\frac{\mathrm{d}\log_a x}{\mathrm{d}x} = \frac{1}{x\ln a}.$$

证明
$$\begin{aligned}\frac{\mathrm{d}\log_a x}{\mathrm{d}x} &= \lim_{h\to 0}\frac{\log_a(x+h)-\log_a x}{h}\\ &= \lim_{h\to 0}\frac{\log_a\left(1+\dfrac{h}{x}\right)}{h} = \lim_{h\to 0}\log_a\left(1+\frac{h}{x}\right)^{\frac{1}{h}}\\ &= \log_a\left(\lim_{h\to 0}\left(1+\frac{h}{x}\right)^{\frac{1}{h}}\right) \quad (\text{因为 } \log_a x \text{ 连续})\\ &= \log_a\left(\lim_{h\to 0}\left(1+\frac{h}{x}\right)^{\frac{x}{h}}\right)^{\frac{1}{x}} = \log_a \mathrm{e}^{\frac{1}{x}}\\ &= \frac{1}{x}\log_a \mathrm{e} = \frac{1}{x\ln a}.\end{aligned}$$
□

注意 当 $a=\mathrm{e}$ 时,

$$(\log_{\mathrm{e}} x)' = (\ln x)' = \frac{1}{x}.$$

5. 指数函数

例 6.3.13 设常数 $a>0$, $a\neq 1$, 则

$$\frac{\mathrm{d}a^x}{\mathrm{d}x} = a^x\ln a.$$

证明 由于 $\exp_a x$ 是 $\log_a x$ 的反函数, 而且 $\log_a x$ 严格单调上升且可导, $\exp_a' x$ 存在. 由恒等式

$$\log_a(\exp_a x) = x,$$

得

$$\log_a'(a^x)\cdot \exp_a' x = 1.$$

于是

$$\frac{\mathrm{d}a^x}{\mathrm{d}x} = \frac{1}{(\log_a y)'\,|_{y=a^x}} = \frac{1}{\dfrac{1}{a^x\ln a}} = a^x\ln a.$$
□

注意 当 $a=\mathrm{e}$ 时,

$$(\mathrm{e}^x)' = \mathrm{e}^x.$$

6. 其他

例 6.3.14 设 $a\in\mathbb{R}$ 为常数, 则

$$\frac{\mathrm{d}x^a}{\mathrm{d}x} = ax^{a-1}, \quad \forall x>0.$$

证明　设 $f(x)=x^a$. 因为

$$\log f(x)=\log x^a=a\log x,$$

我们可以改写

$$f(x)=\mathrm{e}^{a\log x}.$$

利用链式法则

$$f'(x)=(\mathrm{e}^{a\log x})'=(\mathrm{e}^{a\log x})\cdot(a\log x)'=x^a\cdot\left(a\cdot\frac{1}{x}\right)=ax^{a-1}.\qquad\square$$

例 6.3.15　设 $f(x)=x^x$, $x>0$. 求 $f'(x)$.

解　取对数

$$\log f(x)=x\log x.$$

两边求导

$$\begin{aligned}\frac{\mathrm{d}}{\mathrm{d}x}(\log f(x))&=\frac{\mathrm{d}}{\mathrm{d}x}(x\log x),\\ \frac{1}{f(x)}\cdot f'(x)&=\log x+x\cdot\frac{1}{x},\\ f'(x)&=f(x)(\log x+1).\end{aligned}$$

所以

$$\frac{\mathrm{d}}{\mathrm{d}x}x^x=x^x(\log x+1).\qquad\square$$

注意　上例中的计算并不是完美的. 问题在于我们事前并不知道 $f'(x)$ 是否存在. 因此, 第二行是 “非法” 的. 比较严谨的算法如下:

$$\begin{aligned}\frac{\mathrm{d}}{\mathrm{d}x}x^x&=\frac{\mathrm{d}}{\mathrm{d}x}\mathrm{e}^{\log x^x}=\frac{\mathrm{d}}{\mathrm{d}x}\mathrm{e}^{x\log x}\\ &=\mathrm{e}^{x\log x}\cdot\frac{\mathrm{d}}{\mathrm{d}x}(x\log x)\\ &=\mathrm{e}^{\log x^x}\cdot\left(x\cdot\frac{1}{x}+\log x\right)\\ &=x^x(1+\log x).\end{aligned}$$

不过, 为了方便, 一般都采 “对数方法” 计算.

例 6.3.16　设 $f(x)=\log|1+x|$, 求 $f'(x)$.

解　由例 6.1.2, 有

$$\frac{\mathrm{d}\,|x|}{\mathrm{d}x}=\frac{|x|}{x}.$$

应用链式法则

$$\begin{aligned}\frac{\mathrm{d}\log|1+x|}{\mathrm{d}x}&=\frac{\mathrm{d}\log|1+x|}{\mathrm{d}|1+x|}\cdot\frac{\mathrm{d}|1+x|}{\mathrm{d}(1+x)}\cdot\frac{\mathrm{d}(1+x)}{\mathrm{d}x}\\&=\frac{1}{|1+x|}\cdot\frac{|1+x|}{1+x}\cdot 1\\&=\frac{1}{1+x}.\end{aligned}$$

□

例 6.3.17 设

$$f(x)=\begin{cases}x\sin\dfrac{1}{x}, & x\neq 0,\\ 0, & x=0.\end{cases}$$

函数 f 在 $x=0$ 处连续, 但不可导.

证明 因为 $\left|\sin\dfrac{1}{x}\right|\leqslant 1$, 我们有

$$\left|x\sin\frac{1}{x}\right|\leqslant |x|.$$

当 $x\to 0$ 时, $\left|x\sin\dfrac{1}{x}\right|\to 0$, 即 f 在 $x=0$ 处连续. 然而

$$\lim_{h\to 0}\frac{f(0+h)-f(0)}{h}=\lim_{h\to 0}\frac{h\sin\dfrac{1}{h}-0}{h}=\lim_{h\to 0}\sin\frac{1}{h}$$

不存在. 所以 f 在 $x=0$ 处不可导. (而且, $f'_{\pm}(0)$ 也不存在.) □

例 6.3.18 求曲线 $y^3+y^2=2x$ 在点 $(1,1)$ 处的切线方程和法线方程 (假设它们都存在).

解 假设由曲线所决定的函数 $y=f(x)$ 存在且可导对曲线方程两边求导

$$\begin{aligned}\frac{\mathrm{d}}{\mathrm{d}x}(y^3+y^2)&=\frac{\mathrm{d}}{\mathrm{d}x}(2x),\\ \frac{\mathrm{d}y^3}{\mathrm{d}y}\cdot\frac{\mathrm{d}y}{\mathrm{d}x}+\frac{\mathrm{d}y^2}{\mathrm{d}y}\cdot\frac{\mathrm{d}y}{\mathrm{d}x}&=2\frac{\mathrm{d}x}{\mathrm{d}x},\\ 3y^2\frac{\mathrm{d}y}{\mathrm{d}x}+2y\frac{\mathrm{d}y}{\mathrm{d}x}&=2,\\ \frac{\mathrm{d}y}{\mathrm{d}x}&=\frac{2}{3y^2+2y}.\end{aligned}$$

在点 $(1,1)$ 处,

$$\left.\frac{\mathrm{d}y}{\mathrm{d}x}\right|_{(1,1)}=\frac{2}{3+2}=\frac{2}{5}.$$

所以, 曲线在点 $(1,1)$ 处的切线的斜率为 $\frac{2}{5}$, 法线的斜率为 $-\frac{5}{2}$. 因此, 切线的方程为

$$y=\frac{2}{5}(x-1)+1,$$

法线的方程为

$$y=-\frac{5}{2}(x-1)+1. \qquad \square$$

例 6.3.19 求摆线

$$\begin{cases} x=a(t-\sin t), \\ y=a(1-\cos t) \end{cases}$$

在 $t=\pi/3$ 处的切线方程.

解 现在, x,y 都是 t 的函数. 易见 $x=\varphi(t)=a(t-\sin t)$ 严格单调上升且可导. 由定理 6.2.7, $t=\varphi^{-1}(x)$ 存在且可导. 由链式法则及反函数求导法则

$$\begin{aligned}\frac{\mathrm{d}y}{\mathrm{d}x}&=\frac{\mathrm{d}y}{\mathrm{d}t}\cdot\frac{\mathrm{d}t}{\mathrm{d}x}=\frac{\mathrm{d}y}{\mathrm{d}t}\cdot\frac{1}{\frac{\mathrm{d}x}{\mathrm{d}t}}\\&=\frac{\frac{\mathrm{d}}{\mathrm{d}t}(a(1-\cos t))}{\frac{\mathrm{d}}{\mathrm{d}t}(a(t-\sin t))}=\frac{a\sin t}{a(1-\cos t)}=\frac{\sin t}{1-\cos t}.\end{aligned}$$

所以, 摆线在 $t=\frac{\pi}{3}$ 处的切线的斜率为

$$\left.\frac{\mathrm{d}y}{\mathrm{d}x}\right|_{t=\frac{\pi}{3}}=\frac{\sin\frac{\pi}{3}}{1-\cos\frac{\pi}{3}}=\sqrt{3}.$$

当 $t=\frac{\pi}{3}$ 时,

$$\begin{cases} x=a\left(\frac{\pi}{3}-\sqrt{\frac{3}{2}}\right), \\ y=\frac{a}{2}. \end{cases}$$

所以, 切线的方程为

$$y=\sqrt{3}\left(x-a\left(\frac{\pi}{3}-\sqrt{\frac{3}{2}}\right)\right)+\frac{a}{2}. \qquad \square$$

习题 6.3

1. 证明:

(1) $\frac{\mathrm{d}x}{\mathrm{d}x}=1$;

(2) 若 $f(x)=C$, 其中 C 为常数, 则 $f'(x)=0$.

2. 试问 $\arcsin x$ 在 $x=1$ 的左导数及在 $x=-1$ 的右导数, 是否存在?

3. 证明:

(1) $\dfrac{\mathrm{d}}{\mathrm{d}x}\operatorname{arccot} x=\dfrac{-1}{1+x^2}$;

(2) $\dfrac{\mathrm{d}}{\mathrm{d}x}\operatorname{arcsec} x=\dfrac{1}{|x|\sqrt{x^2-1}}$;

(3) $\dfrac{\mathrm{d}}{\mathrm{d}x}\operatorname{arccsc} x=\dfrac{-1}{|x|\sqrt{x^2-1}}$;

(4) $\dfrac{\mathrm{d}}{\mathrm{d}x}\cot x=-\csc^2 x$;

(5) $\dfrac{\mathrm{d}}{\mathrm{d}x}\csc x=-\csc x\cot x$.

4. 求下列函数的导函数:

(1) $f(x)=4\sin x-\ln x+x^2$;

(2) $f(x)=\mathrm{e}^x\sin x-7\tan x+\sqrt[3]{x}$;

(3) $f(x)=\ln(\ln x)$;

(4) $f(x)=x^x+10x+x^{10}$;

(5) $f(x)=\dfrac{\sin x}{1+\tan x}$;

(6) $f(x)=\dfrac{x\ln x}{1+x}$.

5. 令

$$f(x)=\begin{cases}\dfrac{1-\cos x}{x}, & x\neq 0,\\ 0, & x=0.\end{cases}$$

求 $f'(0)$.

6. 若定义

$$f(x)=\begin{cases}x^2\sin\dfrac{1}{x}, & x\neq 0,\\ 0, & x=0.\end{cases}$$

求 $f'(0)$. 又问: f' 在 $x=0$ 处是否连续?

7. 设

$$f(x)=\begin{cases}x[x], & x<2,\\ 2x-2, & x\geqslant 2.\end{cases}$$

(在这里, 高斯符号 $[x]$ 代表实数 x 的最大整数部分.)

(1) 求 $\lim\limits_{x\to 2^+}f(x)$ 及 $\lim\limits_{x\to 2^-}f(x)$.

(2) 函数 f 在 $x=2$ 处是否可导? 何故?

(3) 试描出函数 f 的图形.

8. 设

$$f(x)=\begin{cases}\sin x, & x<0,\\ x, & 0\leqslant x<1,\\ 2x^3-1, & x\geqslant 1.\end{cases}$$

问: 函数 f 在 $x=0$ 及 $x=1$ 处是否可导?

9. 设 f 在点 x 处可导. 证明

$$f'(x)=\lim_{h\to 0}\frac{f(x+h)-f(x-h)}{2h}.$$

10. 证明: 若 f 是可微的偶函数, 则其导函数为奇函数, 即满足 $f'(-x)=-f'(x)$.

11. 求下列函数的导函数在指定点处的值:

(1) $y = x\cos 3x,\ x = \pi$;

(2) $y = \left(x - \dfrac{1}{x}\right)^3,\ x = 2$;

(3) $y = \sin(1 + x^3),\ x = -3$;

(4) $f(0) = 1,\ f'(0) = 2,\ g(0) = 0$ 且 $g'(0) = 3$, 求 $(f \circ g)'(0)$.

6.4　中值定理及洛必达法则

6.4.1　极值

定义 6.4.1　若函数 f 在点 x_0 的某个 δ-邻域 $U_{x_0,\delta} = (x_0 - \delta, x_0 + \delta)$ 内有定义, 且 $f(x_0)$ 为 f 在 $U_{x_0,\delta}$ 上的最大 (最小) 值, 则称 x_0 为函数值 $f(x)$ 的 **(局部) 极大 (极小) 点** (local maximum (local minimum)). 极大、极小点 (值) 统称为**极值点** (optimum) (**极值** (optimal value)).

从图 6.8 来看, 若 x_0 为 f 的极大点, 则对于 x_0 左方附近的点 x, 总有

$$f(x) \leqslant f(x_0), \quad x_0 - \delta < x < x_0;$$

而在 x_0 右方附近的点 x, 总有

$$f(x_0) \geqslant f(x), \quad x_0 < x < x_0 + \delta.$$

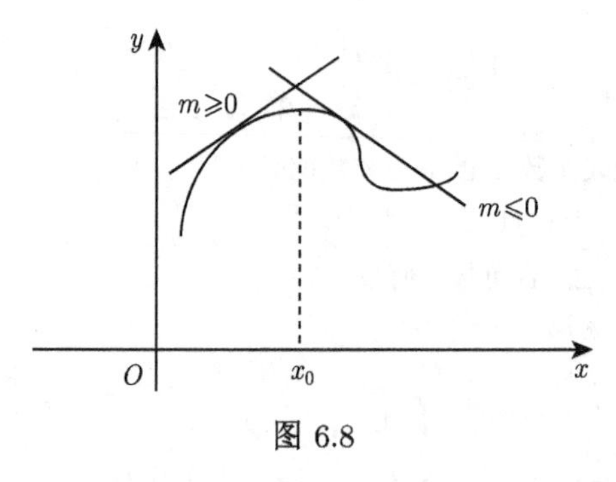

图 6.8

由图 6.8, 我们猜想 $f'(x_0) = 0$.

定理 6.4.1　若函数 f 在点 x_0 可导, 且在点 x_0 取得极值, 则

$$f'(x_0) = 0.$$

证明　我们只讨论当 x_0 为 f 的极大点的情况. 其余情况类似可得. 注意: 当 x 在点 x_0 的附近时, $f(x) \leqslant f(x_0)$. 观察: 当 $x \to x_0^-$, 即 x 从点 x_0 的左手方趋近

于 x_0 时, $x < x_0$; 相似地, 当 $x \to x_0^+$, 即 x 从点 x_0 的右手方趋近于 x_0 时, $x > x_0$. 于是,

$$f'_-(x_0) = \lim_{x \to x_0^-} \frac{f(x) - f(x_0)}{x - x_0} \geqslant 0,$$

$$f'_+(x_0) = \lim_{x \to x_0^+} \frac{f(x) - f(x_0)}{x - x_0} \leqslant 0.$$

因为 f 在点 x_0 处可导, 所以

$$f'(x_0) = f'_-(x_0) = f'_+(x_0) = 0. \qquad \square$$

定理 6.4.1 的逆并不成立. 换句话说, 只从假设条件 "$f'(x_0) = 0$", 我们并不能推出 "x_0 为 f 的极点" 的结论. 例如 $f(x) = x^3$, $f'(x) = 3x^2$, $f'(0) = 0$. 但是, 0 并不是 f 的极点.

定理 6.4.2 假设 $f : [a, b] \to \mathbb{R}$ 连续. 函数 f 的最大值及最小值, 必定发生在以下某一类型的临界点 (critical point) 上:

(1) $\{x \in (a, b) : f'(x) = 0\}$;

(2) $\{x \in (a, b) : f'(x)$ 不存在$\}$;

(3) $\{a, b\}$.

证明 由定理 5.3.5, 连续函数 f 在 $[a, b]$ 上取得最大值 M 及最小值 m. 设 $x_0 \in [a, b]$, 使得 $f(x_0) = M$ 或 m. 若 $f'(x_0)$ 存在, 则 $x_0 \in (a, b)$ (因为由导数的定义, x_0 必为 $[a, b]$ 的内点) 及 $f'(x_0) = 0$ (定理 6.4.1); 若 $f'(x_0)$ 不存在, 则 x_0 可能是 a 或 b (因为 a, b 不是内点, 所以, $f'(a)$, $f'(b)$ 没有定义), 或者 $x_0 \in (a, b)$. 所以, (1), (2), (3) 中必有一种情形会发生. $\square$

例 6.4.3 求 $f(x) = |x^2 - 1|$ 在 $[-1, 2]$ 的最大值及最小值.

解 计算

$$f'(x) = \frac{\mathrm{d}|x^2 - 1|}{\mathrm{d}x} = \frac{\mathrm{d}|x^2 - 1|}{\mathrm{d}(x^2 - 1)} \frac{\mathrm{d}(x^2 - 1)}{\mathrm{d}x} = \frac{|x^2 - 1|}{x^2 - 1} \cdot (2x) = \frac{2x|x^2 - 1|}{x^2 - 1}.$$

导函数 $f'(x)$ 在 $x = 0$ 处为 0, 而在 $x = \pm 1$ 处没有定义. 所以, f 在 $[-1, 2]$ 上, 所有的临界点为

$$x = 0, \pm 1, 2,$$

其中, 2 为 $[-1, 2]$ 的端点. 比较

$$f(0) = |0^2 - 1| = 1,$$

$$f(\pm 1) = |(\pm 1)^2 - 1| = 0,$$

$$f(2) = |2^2 - 1| = 3,$$

我们得到结论: f 在 $x=\pm1$ 处取其在 $[-1,2]$ 中的最小值 0, 以及 f 在 $x=2$ 处取最大值 3. □

6.4.2 中值定理

在一元微分学中, 中值定理 (mean value theorem) 可能是最重要的工具. 设函数 f 在 $[a,b]$ 上有定义. f 从 a 到 b 的总增量 (或减量) 为

$$\Delta f = f(b) - f(a).$$

于是在闭区间 $[a,b]$ 上, f 的平均增量 (或减量) 为

$$\frac{\Delta f}{\Delta x} = \frac{f(b)-f(a)}{b-a}.$$

从图 6.9 来看, $\dfrac{\Delta f}{\Delta x}$ 刚好是连接曲线 $y=f(x)$ 的两个点 $(a,f(a))$ 及 $(b,f(b))$ 的弦线的斜率 m. 中值定理表明在 (a,b) 中必存在一点 c, 使得在此点上的切线的斜率 $f'(c)$, 刚巧是 $\dfrac{f(b)-f(a)}{b-a}$. 如图 6.10 所示.

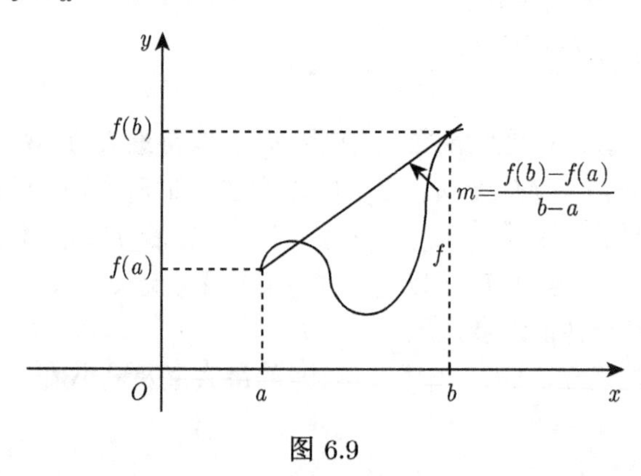

图 6.9

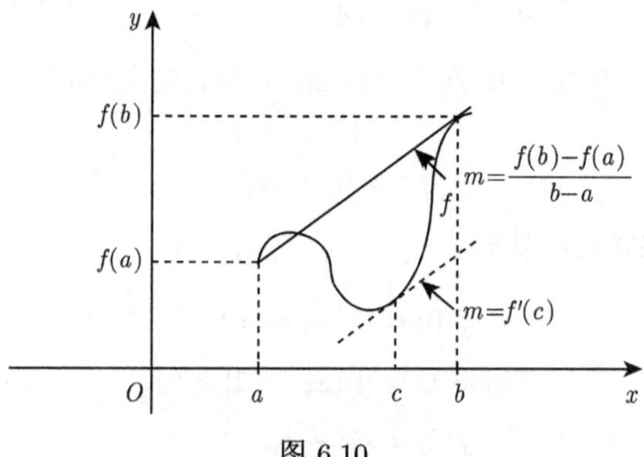

图 6.10

定理 6.4.4 (拉格朗日(Lagrange)中值定理, 或称均值定理 (mean value theorem)) 设函数 f 在 $[a,b]$ 上连续及在 (a,b) 上可微. 则存在点 c, 使得 $a<c<b$ 及

$$f'(c)=\frac{f(b)-f(a)}{b-a}.$$

证明 首先证明中值定理的一个特殊情形: $f(a)=f(b)$ (此亦称为罗尔 (Rolle) 引理).

由于 f 在 $[a,b]$ 上连续, 定理 5.3.5 保证: 存在着 x_1, x_2, 使得 $x_1,x_2\in[a,b]$, 而且 f 在点 x_1 取得其在 $[a,b]$ 上的最大值, 以及在点 x_2 取得其在 $[a,b]$ 上的最小值, 即

$$f(x_2)\leqslant f(x)\leqslant f(x_1),\quad \forall x\in[a,b].$$

若

$$f(x_1)=f(x_2),$$

则 f 在 $[a,b]$ 上为常数函数. 因此, $f'(x)=0$, $a<x<b$. 那么, 对于任何在 (a,b) 中的点 c, 皆有

$$f'(c)=\frac{f(b)-f(a)}{b-a}=0.$$

若 $f(x_1)>f(x_2)$, 则由于 $f(a)=f(b)$, 必有 $\{x_1,x_2\}\neq\{a,b\}$. 因此, 在 x_1 及 x_2 两者之中, 必可选出点 c, 使得 $a<c<b$, 而且 f 在点 c 取得其在 $[a,b]$ 上的极值. 由定理 6.4.1,

$$f'(c)=0=\frac{f(b)-f(a)}{b-a}.$$

于是罗尔引理得证.

现在讨论一般的情形. 假设 $f(a)\neq f(b)$. 定义 $g:[a,b]\longrightarrow\mathbb{R}$,

$$g(x)=f(x)-f(a)-\frac{f(b)-f(a)}{b-a}(x-a).$$

从图 6.11 来看,

$$y=f(a)+\frac{f(b)-f(a)}{b-a}(x-a)$$

是连接 $(a,f(a))$ 及 $(b,f(b))$ 的直线 L.

另一方面, $g(x)$ 是 f 与 L 在 x 处的垂直距离. 特别地, g 在 $[a,b]$ 上连续, 在 (a,b) 上可微, 而且

$$g(a)=g(b)=0.$$

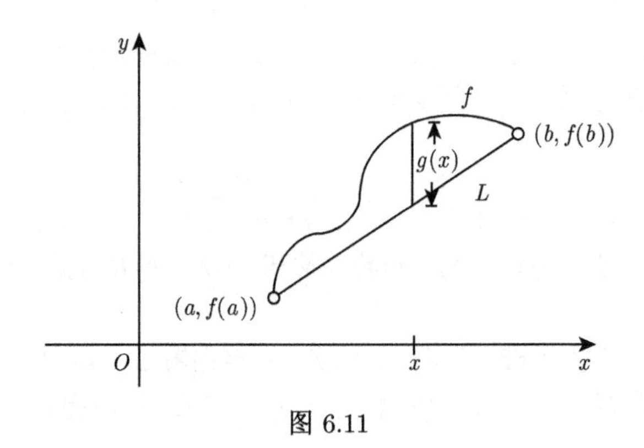

图 6.11

应用罗尔引理于 g, 可知存在点 c, 使得 $a<c<b$ 及

$$g'(c)=\frac{g(b)-g(a)}{b-a}=0.$$

因此

$$\left[f(x)-f(a)-\frac{f(b)-f(a)}{b-a}(x-a)\right]'\bigg|_{x=c}=0.$$

所以

$$f'(c)=\frac{f(b)-f(a)}{b-a}.$$

□

定理 6.4.5　设 f 在 $[a,b]$ 上连续及

$$f'(x)=0,\quad \forall x\in(a,b).$$

则存在常数 C, 使得

$$f(x)=C,\quad \forall x\in(a,b).$$

证明　用反证法. 假设 f 在 (a,b) 上不是常数函数. 则存在 $x_1,x_2\in(a,b)$, 使得 $f(x_1)\neq f(x_2)$. 可是, 由中值定理, 存在介于 x_1 与 x_2 中的点 c (此时, 自然有 $a<c<b$), 使得

$$f'(c)=\frac{f(x_2)-f(x_1)}{x_2-x_1}\neq 0.$$

这与假设 $f'(x)$ 在 (a,b) 上恒等于零矛盾!　□

推论 6.4.6　假设 f 及 g 在 (a,b) 上可导, 且

$$f'(x)=g'(x),\quad \forall x\in(a,b).$$

则在 (a,b) 上,

$$f(x)=g(x)+C,$$

其中 C 为某一个 (待定) 常数.

6.4.3 洛必达法则

现在, 若我们比较可导函数 f 及 g 在 $[a,b]$ 上的平均变化, 则有

$$\frac{\dfrac{\Delta f}{\Delta x}}{\dfrac{\Delta g}{\Delta x}}=\frac{\dfrac{f(b)-f(a)}{b-a}}{\dfrac{g(b)-g(a)}{b-a}}=\frac{f(b)-f(a)}{g(b)-g(a)}.$$

定理 6.4.7 (柯西中值定理) 设 f,g 在 $[a,b]$ 上连续, 在 (a,b) 上可微, 则在 (a,b) 中至少存在一点 c, 使得

$$(f(b)-f(a))g'(c)=(g(b)-g(a))f'(c).$$

当 $g'(x)\neq 0,\forall x\in(a,b)$ 时, 以上等式可以改写成

$$\frac{f(b)-f(a)}{g(b)-g(a)}=\frac{f'(c)}{g'(c)}. \tag{6.4.1}$$

证明 考虑函数

$$h(x)=f(x)[g(b)-g(a)]-g(x)[f(b)-f(a)].$$

易见 h 在 $[a,b]$ 上连续, 在 (a,b) 上可导, 且

$$h(a)=f(a)g(b)-g(a)f(b)=h(b).$$

由罗尔引理, 存在 (a,b) 中的点 c, 使得 $h'(c)=0$, 即

$$f'(c)[g(b)-g(a)]-g'(c)[f(b)-f(a)]=0.$$

当 $g'(c)\neq 0$ 和 $g(b)-g(a)\neq 0$ 时,

$$\frac{f(b)-f(a)}{g(b)-g(a)}=\frac{f'(c)}{g'(c)}.$$

现在假设 $g'(x)\neq 0,\forall x\in(a,b)$. 由中值定理 (定理 6.4.4), $g(b)-g(a)=g'(x_0)(b-a)\neq 0$, 其中 $x_0\in(a,b)$. 于是 (6.4.1) 有意义. □

定理 6.4.8 (洛必达 (L'Hospital) 法则) 假设 $\lim\limits_{x\to a}f(x)=\lim\limits_{x\to a}g(x)=0$ 及 $\lim\limits_{x\to a}\dfrac{f'(x)}{g'(x)}$ 存在, 则

$$\lim_{x\to a}\frac{f(x)}{g(x)}=\lim_{x\to a}\frac{f'(x)}{g'(x)}.$$

证明 由于假设 $\lim\limits_{x\to a}\dfrac{f'(x)}{g'(x)}$ 存在, 于是存在 a 的 2δ-邻域 $U_{a,2\delta}=(a-2\delta,a+2\delta)$, 使得

(1) $f'(x)$ 及 $g'(x)$ 在 $U_{a,2\delta}\backslash\{a\}$ 存在;

(2) $g'(x)\neq 0$, $\forall x\in U_{a,2\delta}\backslash\{a\}$.

但是在 $x=a$ 处, f 及 g 却有可能不连续. 为了严密性, 定义函数 f_1, g_1: $[a-\delta,a]\longrightarrow\mathbb{R}$,

$$f_1(x)=f(x),\quad g_1(x)=g(x),\quad a-\delta\leqslant x<a,$$

$$f_1(a)=\lim_{x\to a^-}f(x)=0,\quad g_1(a)=\lim_{x\to a^-}g(x)=0.$$

于是 f_1, g_1 在 $[a-\delta,a]$ 上连续, 在 $(a-\delta,a)$ 内可微. 应用柯西中值定理得

$$\frac{f_1(x)}{g_1(x)}=\frac{f_1(x)-f_1(a)}{g_1(x)-g_1(a)}=\frac{f_1'(c)}{g_1'(c)},$$

其中 $a-\delta<x<c<a$. 当 $x\to a^-$ 时, $c\to a^-$ 及

$$\lim_{x\to a^-}\frac{f(x)}{g(x)}=\lim_{x\to a^-}\frac{f'(c)}{g'(c)}=\lim_{c\to a^-}\frac{f'(c)}{g'(c)}=\lim_{x\to a^-}\frac{f'(x)}{g'(x)}.$$

同样的方法给出

$$\lim_{x\to a^+}\frac{f(x)}{g(x)}=\lim_{x\to a^+}\frac{f'(x)}{g'(x)}.$$

所以,

$$\lim_{x\to a}\frac{f(x)}{g(x)}=\lim_{x\to a}\frac{f'(x)}{g'(x)}.$$ □

洛必达法则对于形如 $\dfrac{\infty}{\infty}$ 的极限也有效.

定理 6.4.9 (一般的洛必达法则) 若 $\lim\limits_{x\to a}f(x)=\lim\limits_{x\to a}g(x)=\ell$ 及 $\lim\limits_{x\to a}\dfrac{f'(x)}{g'(x)}=L$, 则

$$\lim_{x\to a}\frac{f(x)}{g(x)}=L,$$

其中 a 可以是 $a^+,a^-,\pm\infty$, ℓ 可以是 $0,\pm\infty$, 以及 L 可以是任何实数或 $\pm\infty$.

证明留作习题 (见习题 6.4 第 11, 12 题). □

例 6.4.10 求极限

$$\lim_{x\to 0}\frac{\sin kx}{x}.$$

解 此是 $\frac{0}{0}$ 型. 应用洛必达法则,

$$\lim_{x\to 0}\frac{\sin kx}{x}=\lim_{x\to 0}\frac{(\sin kx)'}{(x)'}=\lim_{x\to 0}\frac{k\cos kx}{1}=k. \qquad \square$$

注意 若再次 "应用" 洛必达法则于 $\lim\limits_{x\to 0}\frac{k\cos kx}{1}$, 将得到 $\lim\limits_{x\to 0}\frac{-k^2\sin kx}{0}$ 不存在的错误结论. 这是因为 $\lim\limits_{x\to 0}\frac{k\cos kx}{1}$ 的极限是 $\frac{k}{1}$, 而不是 $\frac{0}{0}$ 或 $\frac{\infty}{\infty}$ 型, 洛必达法则不能用 (也不必用)!

例 6.4.11 求 $\lim\limits_{x\to+\infty}\frac{\log x}{x^\alpha}$ $(\alpha>0)$.

解 这是 $\frac{\infty}{\infty}$ 型. 应用洛必达法则, 得

$$\lim_{x\to+\infty}\frac{\log x}{x^\alpha}=\lim_{x\to\infty}\frac{\frac{1}{x}}{\alpha x^{\alpha-1}}=\lim_{x\to\infty}\frac{1}{\alpha x^\alpha}=0. \qquad \square$$

例 6.4.12 求 $\lim\limits_{x\to+\infty}x^{\frac{1}{x}}$.

解 令 $y=x^{\frac{1}{x}}$. 取对数

$$\log y=\frac{1}{x}\log x.$$

于是,

$$\begin{aligned}\lim_{x\to+\infty}\log y&=\lim_{x\to+\infty}\frac{\log x}{x}\quad\left(\frac{\infty}{\infty}\right)\\&=\lim_{x\to+\infty}\frac{\frac{1}{x}}{1}=0.\end{aligned}$$

由于 $\log y$ 是连续函数, 所以

$$\log\left(\lim_{x\to+\infty}y\right)=\lim_{x\to+\infty}\log y=0.$$

因此

$$\lim_{x\to+\infty}x^{\frac{1}{x}}=\lim_{x\to+\infty}y=\mathrm{e}^0=1. \qquad \square$$

我们常用初等函数 $\log_a x$, x^r, b^x $(a>0,\ a\neq 1,\ r>0,\ b>1)$ 来和一般的函数作比较. 若函数 f 具有性质: 当 x 很大时, 存在有限的常数 $M,N>0$ 使得

$$N\leqslant\left|\frac{f(x)}{\log_a x}\right|\leqslant M,\quad N\leqslant\left|\frac{f(x)}{x^r}\right|\leqslant M \quad 或 \quad N\leqslant\left|\frac{f(x)}{b^x}\right|\leqslant M,$$

则我们分别称函数 f 具有**对数增长** (logarithmic growth), r **次多项式增长** (polynomial growth of order r) 或**指数增长** (exponential growth). 以下的定理说明: 这三种增长的速度不大一样.

我们以条件

$$\text{“}f(x) \ll g(x) \quad \text{当 } x \text{ 很大”}$$

表示

$$\lim_{x\to+\infty} \frac{f(x)}{g(x)} = 0.$$

定理 6.4.13　当 $x>0$ 很大时,

$$\log_a x \ll x^r \ll b^x,$$

其中 $a \neq 1, a>0, r>0$ 及 $b>1$.

证明　观察:

$$\begin{aligned} &\lim_{x\to+\infty} \frac{\log_a x}{x^r} \quad \left(\frac{\infty}{\infty}\right) \\ =& \lim_{x\to+\infty} \frac{\dfrac{1}{x\log a}}{rx^{r-1}} = \lim_{x\to+\infty} \frac{1}{rx^r \cdot \log a} = 0. \end{aligned}$$

另外,

$$\begin{aligned} &\lim_{x\to+\infty} \frac{x^r}{b^x} \quad \left(\frac{\infty}{\infty}\right) \\ =& \lim_{x\to+\infty} \frac{rx^{r-1}}{b^x \log b} = \cdots \\ =& \lim_{x\to+\infty} \frac{r(r-1)\cdots 3\cdot 2\cdot x^{r-[r]}}{b^x(\log b)^{[r]}}. \end{aligned}$$

此时, 若 $r-[r]=0$, 则极限为 0; 若 $r-[r]\neq 0$, 则 $r-[r]-1<0$, 如果我们再用洛必达法则, 也将得到极限为零的结论. □

最后, 我们举一个例子说明: 极限 $\lim\limits_{x\to a} \dfrac{f(x)}{g(x)}$ 存在, 并不能保证 $\lim\limits_{x\to a} \dfrac{f'(x)}{g'(x)}$ 存在. 反过来说, $\lim\limits_{x\to+\infty} \dfrac{f'(x)}{g'(x)}$ 的不存在, 也不能保证 $\lim\limits_{x\to+\infty} \dfrac{f(x)}{g(x)}$ 不存在.

例 6.4.14　求 $\lim\limits_{x\to+\infty} \dfrac{x+\cos x}{x}$.

解　虽然

$$\lim_{x\to+\infty} \frac{x+\cos x}{x} = \lim_{x\to+\infty} \left(1+\frac{\cos x}{x}\right) = 1.$$

但是

$$\lim_{x\to+\infty}\frac{(x+\cos x)'}{(x)'}=\lim_{x\to+\infty}(1-\sin x)$$

并不存在. □

习题 6.4

1. 对于下列函数:

(1) 求在指定区间内, 导数为 0 或不存在的点.

(2) 在 (1) 中所求得的点上计算函数值, 并将之与在区间端点上的函数值作比较.

(3) 确定函数在指定区间上的最大值与最小值.

(i) $f(x)=x^3-x^2-8x-1$, 在 $[-2,2]$ 上;

(ii) $g(x)=3x^4-8x^3+6x^2$, 在 $\left[-\frac{1}{2},\frac{1}{2}\right]$ 上;

(iii) $h(x)=\dfrac{1}{x^2+x+1}$, 在 $[-1,1]$ 上;

(iv) $k(x)=\dfrac{x^2}{x^2-1}$, 在 $[0,2]$ 上.

2. 假设$a_1<a_2<\cdots<a_n$. 求函数 $f(x)=\sum\limits_{i=1}^{n}(x-a_i)^2$ 的最小值.

提示: f 是偶次多项式, 所以确实有最小值. 而这最小值会发生在使 $f'(x)=0$ 的地方.

3. 求下列各函数的局部最大点及局部最小点 (即极点):

(1) $f(x)=\begin{cases}x, & x\neq 3,5,7,9,\\ 5, & x=3,\\ -7, & x=5,\\ 10, & x=7,\\ 20, & x=9;\end{cases}$

(2) $g(x)=\begin{cases}0, & x \text{ 为无理数},\\ \dfrac{1}{q}, & x=\dfrac{p}{q},\ q>0,\ p,q \text{ 为互质的整数};\end{cases}$

(3) $h(x)=\begin{cases}x, & x \text{ 为有理数},\\ 0, & x \text{ 为无理数};\end{cases}$

(4) $k(x)=\begin{cases}1, & \text{当 } x \text{ 的十进位小数表示包含数字 5 时},\\ 0, & \text{其他情形}.\end{cases}$

4. 在下列函数定义的区域中, 找出其最大点及最小点:

(1) $f(x)=x^3+ax+b,\ x\in\mathbb{R}$;

(2) $g(x)=ax^3+kx+4,\ x\in\mathbb{R}$;

(3) $f(x)=\log(x^2-16),\ |x|>4$;

(4) $g(x)=\log(x^2-a), |x|>\sqrt{a}, a>0$;

(5) $f(x)=x^{2/3}(x-1)^4,\ 0\leqslant x\leqslant 1$; (6) $g(x)=x^{1/2}(x-1)^2,\ 0\leqslant x\leqslant 1$;

(7) $f(x)=\dfrac{\sin x}{x}$ 若 $x\neq 0$, $f(0)=1$, $0\leqslant x\leqslant \dfrac{\pi}{2}$;

(8) $g(x)=\dfrac{\cos x\sin x}{x}$ 若 $x\neq 0$, $g(0)=1$, $0\leqslant x\leqslant \dfrac{\pi}{2}$.

5. 如图 6.12 所示, 自 x 轴上选取一点 P. 证明: 点 P 与 A,B 的连线, 在角 α 与角 β 相等时, 长度和 $\overline{PA}+\overline{PB}$ 最小.

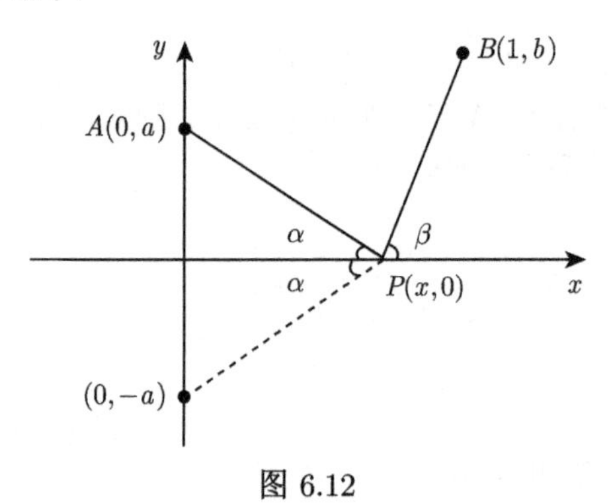

图 6.12

6. 在所有体积为 V 的圆柱体中, 求其中表面积 (包括顶面和底面) 为最小的一个. 即确定它的半径 r 和高 h; 假设其表面积由函数 $S(r)$ 所表示, 我们要求 $S(r)$ 在 $(0,+\infty)$ 上的最小点.

7. 应用中值定理, 证明下列叙述:

(1) 若对于 $[a,b]$ 内所有的 x, 都有 $f'(x)\geqslant m$, 则

$$f(b)\geqslant f(a)+m(b-a).$$

(2) 若对于 $[a,b]$ 内所有的 x, 都有 $f'(x)\leqslant M$, 则

$$f(b)\leqslant f(a)+M(b-a).$$

(3) 若对于 $[a,b]$ 上所有的 x, 都有 $|f'(x)|\leqslant K$, 试写出一个类似上述的不等式.

(4) 请用图示方法, 解释 (1), (2), (3) 中的不等式的几何意义.

8. 证明:

$$\frac{1}{9}<\sqrt{66}-8<\frac{1}{8}.$$

提示: 设 $f(x)=\sqrt{x}$, 则 $f(x)$ 在区间 $(64,66)$ 上可微分. 应用中值定理于 $f(x)$.

9. 下式 "应用" 洛必达法则, 错在何处?

$$\lim_{x\to 1}\frac{x^3+x-2}{x^2-3x+2}=\lim_{x\to 1}\frac{3x^2+1}{2x-3}=\lim_{x\to 1}\frac{6x}{2}=3.$$

(事实上, 其极限值是 -4.)

10. 求下列极限:

(1) $\lim\limits_{x\to 0}\dfrac{x}{\tan x}$; (2) $\lim\limits_{x\to 0}\dfrac{\cos^2 x-1}{x^2}$.

11. 对于定理 6.4.9 (洛必达法则), 我们已经完成了

$$\lim_{x\to a^-}\frac{f(x)}{g(x)}=\lim_{x\to a^-}\frac{f'(x)}{g'(x)}$$

的证明. 现在请你用同样的方法, 证明

$$\lim_{x\to a^+}\frac{f(x)}{g(x)}=\lim_{x\to a^+}\frac{f'(x)}{g'(x)}.$$

12. 以下是洛必达法则的一种形式:

若 $\lim\limits_{x\to+\infty}f(x)=\lim\limits_{x\to+\infty}g(x)=+\infty$ 且 $\lim\limits_{x\to+\infty}\dfrac{f'(x)}{g'(x)}=\ell$, 则 $\lim\limits_{x\to+\infty}\dfrac{f(x)}{g(x)}=\ell$.

其证明方法概略如下. 请完成全部的证明:

(1) 对于任意正数 ε, 可以有一数 a, 使得当 $x>a$ 时, 恒有

$$\left|\frac{f'(x)}{g'(x)}-\ell\right|<\varepsilon.$$

(想一想, 这样的叙述是根据什么条件?)

(2) 在 $[a,x]$ 上, 应用柯西中值定理于 f 和 g, 则对于 $x>a$, 有

$$\left|\frac{f(x)-f(a)}{g(x)-g(a)}-\ell\right|<\varepsilon.$$

(为什么我们能假设 $g(x)-g(a)\neq 0$?)

(3) 运用代数运算:

$$\frac{f(x)}{g(x)}=\frac{f(x)-f(a)}{g(x)-g(a)}\cdot\frac{f(x)}{f(x)-f(a)}\cdot\frac{g(x)-g(a)}{g(x)}.$$

(对于相当大的 x, 我们可以假定 $f(x)-f(a)\neq 0$, 为什么?)

(4) 由 (3) 中的式子, 可以断定对于足够大的 x, 有

$$\left|\frac{f(x)}{g(x)}-\ell\right|<2\varepsilon.$$

于是证明完成.

13. 用 12 题的证明方法, 来证明下列洛必达法则的其他形式.

(1) 若 $\lim\limits_{x\to a}f(x)=\lim\limits_{x\to a}g(x)=0$ 且 $\lim\limits_{x\to a^-}\dfrac{f'(x)}{g'(x)}=+\infty$, 则 $\lim\limits_{x\to a^-}\dfrac{f(x)}{g(x)}=+\infty$.

(若将 $+\infty$ 换成 $-\infty$, ∞, 或将 $x\to a^-$ 换成 $x\to a^+$ 或 $x\to a$ 命题仍然成立.)

(2) 若 $\lim\limits_{x\to+\infty}f(x)=\lim\limits_{x\to+\infty}g(x)=0$, 且 $\lim\limits_{x\to+\infty}\dfrac{f'(x)}{g'(x)}=\ell$, 则 $\lim\limits_{x\to+\infty}\dfrac{f(x)}{g(x)}=\ell$.

提示: 上式可以写成 $\lim\limits_{y\to 0+}\dfrac{f\left(\dfrac{1}{y}\right)}{g\left(\dfrac{1}{y}\right)}=\ell$.

(3) 若 $\lim\limits_{x\to\infty}f(x)=\lim\limits_{x\to\infty}g(x)=0$, 且 $\lim\limits_{x\to\infty}\dfrac{f'(x)}{g'(x)}=\infty$, 则 $\lim\limits_{x\to\infty}\dfrac{f(x)}{g(x)}=\infty$.

14. 求下列极限:

(1) $\lim\limits_{x\to 0}\dfrac{1-\cos 3x}{x^2}$.　　(2) $\lim\limits_{x\to\pi}\dfrac{\tan nx}{\tan mx}\ (n,m\in\mathbb{N})$.

(3) $\lim\limits_{x\to 0}\dfrac{(1+x)^{\frac{1}{x}}-\mathrm{e}}{x}$. 提示: $\lim\limits_{x\to 0}(1+x)^{\frac{1}{x}}=\mathrm{e}$.

(4) $\lim\limits_{x\to 0}\dfrac{x-(1+x)\ln(1+x)}{x^2}$. 提示: $\dfrac{0}{0}$ 型式.

(5) $\lim\limits_{x\to+\infty}x(a^{\frac{1}{x}}-b^{\frac{1}{x}})\ (a,b>0)$. 提示: $\infty\cdot 0$ 化为 $\dfrac{0}{0}$ 型式.

15. 应用中值定理, 证明下列不等式:

(1) $|\sin x-\sin y|\leqslant|x-y|$;　　(2) $|\arctan a-\arctan b|\leqslant|a-b|$;

(3) $\dfrac{1}{1+x}<\ln(1+x)-\ln x<\dfrac{1}{x}\ (x>0)$;　　(4) $\mathrm{e}^x>1+x\ (x\neq 0)$;

(5) 若 $0<x<y$, 则

$$1-\frac{x}{y}<\ln\frac{y}{x}<\frac{y}{x}-1.$$

6.5　高阶导数及有限泰勒展开式

为了研究函数的结构, 我们已经引入了连续性及可导性. 函数 f 在某点 x_0 处连续, 相当于

$$f(x)=f(x_0)+o((x-x_0)^0),$$

其中 $\lim\limits_{x\to x_0}o((x-x_0)^0)=0$. 函数 f 在点 x_0 处可导, 则相当于

$$f(x)=f(x_0)+f'(x_0)(x-x_0)+o(x-x_0),$$

其中 $\lim\limits_{x\to x_0}\dfrac{o(x-x_0)}{x-x_0}=0$. 换句话说, 函数 f 在 x_0 处连续, 相当于 f 在 x_0 附近有常数 (0 阶) 逼近; 函数 f 在 x_0 处可微, 相当于 f 在点 x_0 处附近有直线 (1 阶) 逼近. 由此, 我们可以进一步研究, 函数 f 在 x_0 处附近有抛物线 (2 阶) 逼近的条件.

$$f(x)=a_0+a_1(x-x_0)+a_2(x-x_0)^2+o((x-x_0)^2),\tag{6.5.1}$$

其中 $\lim\limits_{x\to x_0}\dfrac{o((x-x_0)^2)}{(x-x_0)^2}=0$.

假定 (6.5.1) 对于某些常数 a_0,a_1,a_2 成立. 我们现在来确定 a_0,a_1,a_2 的值. 令 $x\to x_0$, 由 (6.5.1), 得

$$a_0=f(x_0).$$

由此改写 (6.5.1) 为

$$\frac{f(x)-f(x_0)}{x-x_0}=a_1+a_2(x-x_0)+\frac{o((x-x_0)^2)}{(x-x_0)^2}(x-x_0).$$

再令 $x\to x_0$, 得

$$a_1=f'(x_0).$$

现在, (6.5.1) 可以再变为

$$\frac{f(x)-f(x_0)-f'(x_0)(x-x_0)}{(x-x_0)^2}=a_2+\frac{o((x-x_0)^2)}{(x-x_0)^2}.$$

应用一次洛必达法则, 我们得到

$$\begin{aligned}a_2&=\lim_{x\to x_0}\frac{f(x)-f(x_0)-f'(x_0)(x-x_0)}{(x-x_0)^2}\\&=\lim_{x\to x_0}\frac{f'(x)-f'(x_0)}{2(x-x_0)}\\&=\frac{f''(x_0)}{2}.\end{aligned}$$

因此, 我们可以改写 (6.5.1) 为

$$f(x)=f(x_0)+f'(x_0)(x-x_0)+\frac{f''(x_0)}{2}(x-x_0)^2+o((x-x_0)^2).$$

一般而言, 若 f 可以求导 n 次, 则将有

$$\begin{aligned}f(x)=&f(x_0)+f'(x_0)(x-x_0)+\frac{f''(x_0)}{2!}(x-x_0)^2+\frac{f'''(x_0)}{3!}(x-x_0)^3\\&+\cdots+\frac{f^{(n)}(x_0)}{n!}(x-x_0)^n+o((x-x_0)^n).\end{aligned}\tag{6.5.2}$$

在此, 我们简记:

$$\begin{aligned}f''&=(f')'=\frac{\mathrm{d}}{\mathrm{d}x}\left(\frac{\mathrm{d}}{\mathrm{d}x}f\right)=\frac{\mathrm{d}^2}{\mathrm{d}x^2}f,\\f'''&=(f'')'=\frac{\mathrm{d}}{\mathrm{d}x}\left(\frac{\mathrm{d}}{\mathrm{d}x}\left(\frac{\mathrm{d}}{\mathrm{d}x}f\right)\right)=\frac{\mathrm{d}^3}{\mathrm{d}x^3}f,\end{aligned}$$

$$\vdots$$

$$f^{(n)} = (f^{(n-1)})' = \underbrace{\frac{\mathrm{d}}{\mathrm{d}x}\left(\frac{\mathrm{d}}{\mathrm{d}x}\cdots\left(\frac{\mathrm{d}}{\mathrm{d}x}f\right)\cdots\right)}_{\text{共 } n \text{ 个 } \frac{\mathrm{d}}{\mathrm{d}x}} = \frac{\mathrm{d}^n}{\mathrm{d}x^n}f.$$

我们称 $f^{(n)}(x_0)$ 为 f 在点 x_0 的 n **阶导数** (nth derivative), 称 (6.5.2) 为 f 在点 x_0 处的 n **阶多项式逼近** (polynomial approximation of order n).

定理 6.5.1　若 f 在点 x_0 处具有 (直至) n 阶的导数, 则 f 在点 x_0 处具有 n 阶逼近

$$f(x) = f(x_0) + f'(x_0)(x-x_0) + \cdots + \frac{f^{(n)}(x_0)}{n!}(x-x_0)^n + o((x-x_0)^n),$$

其中 $\lim\limits_{x\to x_0} \dfrac{o((x-x_0)^n)}{(x-x_0)^n} = 0$.

证明　我们只证明 $n=2$ 时的情形, 其他类同. 假设 f 二次可微. 令

$$\varepsilon(x) = f(x) - \left[f(x_0) + f'(x_0)(x-x_0) + \frac{f''(x_0)}{2!}(x-x_0)^2\right].$$

由于 $f''(x_0)$ 存在, f' 在点 x_0 处附近存在. 应用洛必达法则, 我们得到

$$\begin{aligned}\lim_{x\to x_0}\frac{\varepsilon(x)}{(x-x_0)^2} &= \lim_{x\to x_0}\frac{f(x)-f(x_0)-f'(x_0)(x-x_0)}{(x-x_0)^2} - \frac{1}{2}f''(x_0)\\ &= \lim_{x\to x_0}\frac{f'(x)-f'(x_0)}{2(x-x_0)} - \frac{1}{2}f''(x_0)\\ &= \frac{1}{2}f''(x_0) - \frac{1}{2}f''(x_0) = 0.\end{aligned}$$

所以, $\varepsilon(x) = o((x-x_0)^2)$, 即满足二阶无穷小量条件. □

例 6.5.2　设 $f(x) = x - \sin x$, 求 f 在点 $x_0 = 0$ 处的三阶逼近.

解　观察:

$$\begin{aligned} f(x) &= x - \sin x, & f(0) &= 0;\\ f'(x) &= 1 - \cos x, & f'(0) &= 0;\\ f''(x) &= \sin x, & f''(0) &= 0;\\ f'''(x) &= \cos x, & f'''(0) &= 1.\end{aligned}$$

所以

$$\begin{aligned} f(x) &= f(x_0) + f'(x_0)(x-x_0) + \frac{f''(x_0)}{2!}(x-x_0)^2 + \frac{f'''(x_0)}{3!}(x-x_0)^3 + o((x-x_0)^3)\\ &= \frac{1}{6}x^3 + o(x^3).\end{aligned}$$

□

注意 在上例中, $f(x)=x-\sin x$ 在 $x_0=0$ 的 0,1 及 2 阶逼近都是 0, 即

$$f(x)=0+o(1)=o(1),$$
$$f(x)=0+0\cdot x+o(x)=o(x),$$
$$f(x)=0+0\cdot x+0\cdot x^2+o(x^2)=o(x^2).$$

因此, 若只单纯用连续、可导或 2 次可导的性质, 并不可能很好地描绘出函数 $f(x)=x-\sin x$ 的特性, 如图 6.13.

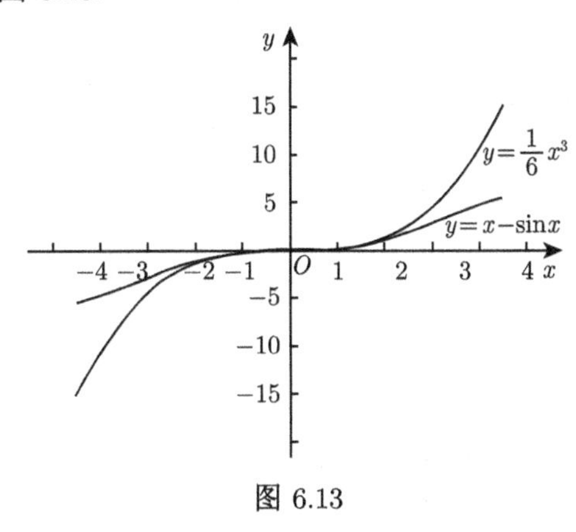

图 6.13

例 6.5.3 求曲线 $y=\cos x$ 在 $x=\pi$ 处的抛物线近似.

解 计算:

$$\cos\pi=-1;$$
$$\cos' x=-\sin x,\quad \cos'\pi=0;$$
$$\cos'' x=-\cos x,\quad \cos''\pi=1.$$

所以, $\cos x$ 在 $x=\pi$ 处有二阶逼近.

$$\begin{aligned}\cos x&=\cos\pi+\cos'\pi\,(x-\pi)+\frac{\cos''\pi}{2!}(x-\pi)^2+o((x-\pi)^2)\\&=-1+\frac{(x-\pi)^2}{2}+o((x-\pi)^2).\end{aligned}$$

因此, $y=\cos x$ 在 $x=\pi$ 处的近似抛物线是

$$y=-1+\frac{(x-\pi)^2}{2}.$$

□

定义 6.5.1 若函数 f 在 $x_0\in(a,b)$ 处具有任意阶的导数, 则称 f 在点 x_0 光滑 (smooth). 若 f 在开区间 (a,b) 上每一点都光滑, 则我们称 f 为在 (a,b) 上光滑的函数 (smooth function).

由定理 6.5.1, 在 (a,b) 上光滑的函数 f, 在 (a,b) 中的每一点 x_0 处, 都具有任意阶的 (多项式) 逼近:

$$f(x)=p_n(x-x_0)+o((x-x_0)^n),$$

其中 p_n 为不高于 n 次 (可能小于 n 次, 如例 6.5.2) 的多项式:

$$p_n(x-x_0)=f(x_0)+f'(x_0)(x-x_0)+\frac{f''(x_0)}{2!}(x-x_0)^2+\cdots+\frac{f^{(n)}(x_0)}{n!}a_n(x-x_0)^n$$

及 $\lim\limits_{x\to x_0}\dfrac{o((x-x_0)^n)}{(x-x_0)^n}=0$. 所有初等函数在其定义域上都是光滑的. 然而也有不光滑的例子.

例 6.5.4　设

$$f(x)=\begin{cases}x^{2n+1}\sin\dfrac{1}{x}, & x\neq 0,\\ 0, & x=0,\end{cases}$$

则 f 在 $x=0$ 处具有直至 n 阶的连续导数, 但 $f^{(n+1)}(0)$ 不存在, $n=1,2,\cdots$. (当我们说 "f 在点 x_0 处具有 0 阶导数" 时, 这相当于说 "f 在点 x_0 处是连续的".)

证明留作习题 (见习题 6.5 第 1 题). □

对于许多应用的问题, 我们总希望能明确地写出误差 $o((x-x_0)^n)$. 以下的泰勒 (Taylor) 展开定理告诉我们一个方法.

定理 6.5.5 (*泰勒展开定理* (Taylor expansion theorem))　若 f 在点 x_0 的附近具有直到 $n+1$ 阶的导数, 那么可以写

$$\begin{aligned}f(x)=&f(x_0)+f'(x_0)(x-x_0)+\frac{f''(x_0)}{2!}(x-x_0)^2+\cdots\\&+\frac{f^{(n)}(x_0)}{n!}(x-x_0)^n+R_{n+1}(x),\end{aligned}$$

其中 $R_{n+1}(x)$ 称为**拉格朗日余项**, 且具有形式

$$R_{n+1}(x)=\frac{f^{(n+1)}(\xi)}{(n+1)!}(x-x_0)^{n+1}.$$

这里 ξ 是介于 x 与 x_0 之间的一个点, 它依赖于 x 和 n, 但是没有确定.①

证明　我们需要确定 $R_{n+1}(x)$ 的形式. 令

$$g(t)=f(x)-f(t)-f'(t)(x-t)-\frac{f''(t)}{2!}(x-t)^2-\cdots-\frac{f^{(n)}(t)}{n!}(x-t)^n.$$

① 这里的 ξ 是希腊字母, 读作 "xi".

则 g 在 $[x_0,x]$ 或 $[x,x_0]$ 上连续, 且在其内部可微. 计算:

$$\begin{aligned}\frac{\mathrm{d}g(t)}{\mathrm{d}t}=&-f'(t)-[f''(t)(x-t)-f'(t)]\\&-\left[\frac{f'''(t)}{2!}(x-t)^2-f''(t)(x-t)\right]-\cdots\\&-\left[\frac{f^{(n+1)}(t)}{n!}(x-t)^n-\frac{f^{(n)}(t)}{(n-1)!}(x-t)^{n-1}\right]\\=&-\frac{f^{(n+1)}(t)}{n!}(x-t)^n.\end{aligned}$$

应用柯西中值定理于 $g(t)$ 及 $h(t)=(x-t)^{n+1}$, 可知存在 x 与 x_0 中的一点 ξ, 使得

$$\frac{g'(\xi)}{h'(\xi)}=\frac{g(x_0)-g(x)}{h(x_0)-h(x)}=\frac{R_{n+1}(x)-0}{(x-x_0)^{n+1}-0}=\frac{R_{n+1}(x)}{(x-x_0)^{n+1}}.$$

另一方面,

$$\frac{g'(\xi)}{h'(\xi)}=\frac{-\dfrac{f^{(n+1)}(\xi)}{n!}(x-\xi)^n}{-(n+1)(x-\xi)^n}=\frac{f^{(n+1)}(\xi)}{(n+1)!}.$$

因此

$$R_{n+1}(x)=\frac{f^{(n+1)}(\xi)}{(n+1)!}(x-x_0)^{n+1}$$

得证. □

作为以上定理的一个特例, 当 $x_0=0$ 时,

$$f(x)=f(0)+f'(0)x+\frac{f''(0)}{2!}x^2+\cdots+\frac{f^{(n)}(0)}{n!}x^n+R_{n+1}(x),$$

其中余项

$$R_{n+1}(x)=\frac{f^{(n+1)}(\xi)}{(n+1)!}x^{n+1},\qquad \xi\text{ 介于 }0\text{ 与 }x\text{ 之间}.$$

这个式子称为 f 的**麦克劳林** (Maclaurin) **展开式**. 很多时候, 我们写

$$R_{n+1}(x)=\frac{f^{(n+1)}(\theta x)}{(n+1)!}x^{n+1},\qquad 0<\theta<1.$$

例 6.5.6 求 e^x 的麦克劳林展开式, 即 e^x 在点 0 处的泰勒展开式.

解 令 $f(x)=\mathrm{e}^x$. 我们有

$$\begin{aligned}&f(x)=\mathrm{e}^x,\quad f'(x)=\mathrm{e}^x,\quad f''(x)=\mathrm{e}^x,\quad\cdots;\\&f(0)=1,\quad f'(0)=1,\quad f''(0)=1,\quad\cdots.\end{aligned}$$

所以

$$\mathrm{e}^x=1+x+\frac{x^2}{2!}+\cdots+\frac{x^n}{n!}+\frac{x^{n+1}}{(n+1)!}\mathrm{e}^{\theta x}\quad(0<\theta<1).$$ □

例 6.5.7　求 $\sin x$ 的麦克劳林展开式.

解　令 $f(x) = \sin x$, 有

$$f'(x) = \cos x = \sin\left(x + \frac{\pi}{2}\right),$$
$$f''(x) = \cos\left(x + \frac{\pi}{2}\right) = \sin(x + \pi),$$
$$\vdots$$
$$f^{(k)}(x) = \sin\left(x + \frac{k\pi}{2}\right).$$

所以

$$f(0) = 0, \quad f'(0) = 1, \quad f''(0) = 0, \quad f'''(0) = -1, \quad \cdots.$$

一般地,

$$f^{(2k)}(0) = 0, \quad f^{(2k+1)}(0) = (-1)^k, \quad k = 0, 1, 2, \cdots.$$

于是

$$\sin x = x - \frac{x^3}{3!} + \frac{x^5}{5!} - \cdots + (-1)^n \frac{x^{2n+1}}{(2n+1)!} + R_{2n+3}(x),$$

其中

$$R_{2n+3}(x) = \frac{\sin\left(\theta x + \left(n + \frac{3}{2}\right)\pi\right)}{(2n+3)!} x^{2n+3} \quad (0 < \theta < 1).$$ □

例 6.5.8　计算 $\sin 1^\circ$, 准确至小数点后 7 位.

解　我们利用例 6.5.7 的结果:

$$\sin x = x - \frac{x^3}{3!} + \frac{x^5}{5!} - \cdots + (-1)^n \frac{x^{2n+1}}{(2n+1)!} + R_{2n+3}(x),$$

其中 $R_{2n+3}(x)$ 代表 $\sin x$ 在点 0 处的 $(2n+2)$ 阶逼近的误差. (注意: $\sin^{(2n+2)}(0) = 0$.) 我们希望当 $x = 1^\circ = \pi/180$ 时,

$$|R_{2n+3}(x)| < 0.5 \times 10^{-7}.$$

解不等式 (n 为未知数):

$$\left|\frac{\sin\left(\theta x + \left(n + \frac{3}{2}\right)\pi\right)}{(2n+3)!}\left(\frac{\pi}{180}\right)^{2n+3}\right| < 0.5 \times 10^{-7} \quad (0 < \theta < 1).$$

因为 $\left|\sin\left(\theta x+\left(n+\frac{3}{2}\right)\pi\right)\right|\leqslant 1$, 所以若 n 适合

$$\frac{\pi^{2n+3}}{180^{2n+3}(2n+3)!}<0.5\times 10^{-7},$$

则 n 也是原不等式的解. 依次代 $n=0,1,2,\cdots$ 得知 $n=1$ 为一个解. 此时,

$$\sin 1^\circ\approx x-\left.\frac{x^3}{3!}\right|_{x=\frac{\pi}{180}}\approx 0.0174524,$$

其中的误差

$$\left|R_s\left(\frac{\pi}{180}\right)\right|\leqslant\frac{\pi^5}{180^5\cdot 5!}\approx 1.3\times 10^{-11}<0.5\times 10^{-7}.$$ □

由于多项式具有比较好处理的特性, 我们总希望将光滑的函数, 尽量以多项式作高阶逼近. 例如

$$\mathrm{e}^x=1+x+\frac{x^2}{2!}+\frac{x^3}{3!}+\cdots+\frac{x^n}{n!}+\cdots.$$

在这里, 我们将等式右边写成一个无穷的**幂级数** (power series). 显然, 我们必须要求

$$\lim_{n\to\infty}R_n(x)=0.$$

事实上, 这个极限对所有的 x 都收敛到零. 我们称能够表示成幂级数的函数为**解析函数** (analytic function). 例如, e^x 就是一个解析函数 (见例 10.3.3). 解析函数必然是光滑的, 但光滑的函数却不一定解析. 最后的一个例子告诉我们余项 $R_n(x)$ 的重要性 (特别当 f 不是解析时).

例 6.5.9 设

$$f(x)=\begin{cases}\mathrm{e}^{-\frac{1}{x^2}}, & x\neq 0,\\ 0, & x=0,\end{cases}$$

则 f 在 $x=0$ 处光滑, 但不解析.

证明 计算

$$f'(x)=\mathrm{e}^{-\frac{1}{x^2}}\cdot\frac{2}{x^3},\quad x\neq 0$$

及

$$f'(0)=\lim_{h\to 0}\frac{\mathrm{e}^{-\frac{1}{h^2}}-0}{h}=0\qquad(\text{洛必达法则}).$$

应用洛必达法则, 可得 $\lim\limits_{x\to 0}f'(x)=0=f'(0)$. 所以, f' 为连续函数. 反复应用洛必达法则, 得

$$f(0)=f'(0)=f''(0)=f'''(0)=\cdots=f^{(k)}(0)=\cdots=0.$$

(参考定理 6.4.13.) 所以, f 是光滑函数. 由于 f 在点 0 处的各阶导数都是 0, 光滑函数 f 不可能在点 0 处解析. 事实上, f 的麦克劳林 n 阶展开式为

$$f(x) = 0 + 0 \cdot x + \cdots + 0 \cdot x^n + R_{n+1}(x).$$

因此, f 的麦克劳林余项

$$R_{n+1}(x) = f(x) = \mathrm{e}^{-\frac{1}{x^2}}.$$

如图 6.14 所示.

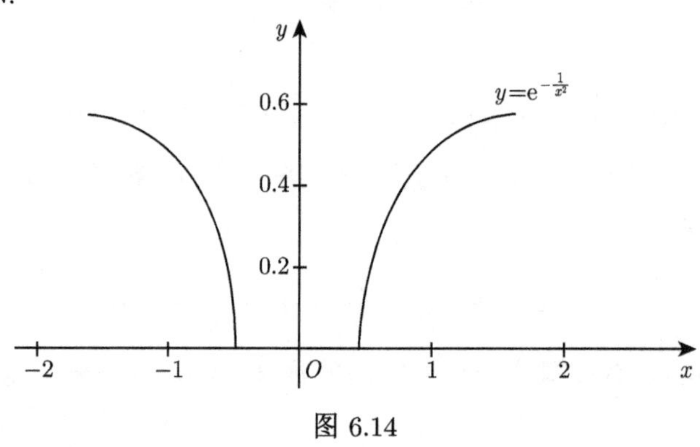

图 6.14

□

习题 6.5

1. 设

$$f(x) = \begin{cases} x^{2n-1} \sin \dfrac{1}{x}, & x \neq 0, \\ 0, & x = 0. \end{cases}$$

试证 $f(x)$ 在 $x = 0$ 处具有直到 n 阶的连续导数, 但是 $f^{(n+1)}(0)$ 不存在. 此时, f 的 $n-1$ 阶逼近为何?

2. 求下列函数在各指定点处的多项式近似:

(1) $f(x) = \tan x$ 在 $x = \dfrac{\pi}{4}$ 的抛物线近似;

(2) $g(x) = \sqrt[3]{x}$ 在 $x = -1$ 的五阶近似;

(3) $h(x) = \ln(\cos x + \sin x)$ 在 $x = 0$ 的四阶近似.

3. 将下列函数在 $x = 0$ 处, 展成带余项的泰勒展开式:

(1) $\cos^2 x$; (2) $\ln(1+x)$;

(3) $\dfrac{1}{\sqrt{1-x^2}}$; (4) $\ln \dfrac{1+x}{1-x}$;

(5) $\arctan x$; (6) $\mathrm{e}^{\sin x}$;

(7) $\log(\cos x)$.

4. 用泰勒展开式, 求下列函数值的近似值到指定有效位数, 然后查表或使用计算机找出正确值, 比较误差.

(1) 计算 $\mathrm{e}^{0.4}$ 到小数第 5 位;

(2) 计算 $\cos 1^\circ$ 到小数第 3 位.

第 7 章　微分学的应用

7.1　函数的单调性及反函数定理

设函数 $f:[a,b]\longrightarrow\mathbb{R}$ 在 (a,b) 中的点 x_0 处连续可微. 考虑 f 在点 x_0 附近的一阶逼近

$$f(x)=f(x_0)+f'(x_0)(x-x_0)+o(x-x_0).$$

于是,

$$f(x)-f(x_0)=\left[f'(x_0)+\frac{o(x-x_0)}{x-x_0}\right](x-x_0).$$

由于 $\lim\limits_{x\to x_0}\dfrac{o(x-x_0)}{x-x_0}=0$, 有

$$f'(x_0)>0 \implies f \text{ 在点 } x_0 \text{ 附近严格单调上升},$$
$$f'(x_0)<0 \implies f \text{ 在点 } x_0 \text{ 附近严格单调下降}.$$

图 7.1 描述了这两种情况.

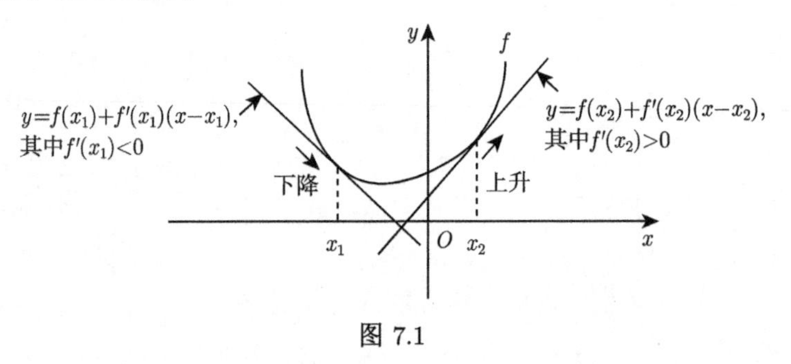

图 7.1

然而, 可微函数 $f(x)=\pm x^3$ 虽然在整条实数线 $\mathbb{R}$ 上严格单调 (上升或下降), 但是, $f'(0)=0$. 所以, 以上命题的逆都不一定成立. 以下, 我们将深入讨论这个问题.

定理 7.1.1　若 f 在 $[a,b]$ 上连续, 在 (a,b) 上可微, 则

(1) $f'(x)>0,\ \forall x\in(a,b) \implies f$ 在 $[a,b]$ 上严格上升.

(2) $f'(x)<0,\ \forall x\in(a,b) \implies f$ 在 $[a,b]$ 上严格下降.

证明 (1) 设 $a \leqslant x_1 < x_2 \leqslant b$. 由中值定理, 存在 c, 使得 $x_1 < c < x_2$ 及

$$\frac{f(x_2)-f(x_1)}{x_2-x_1}=f'(c).$$

于是,

$$f(x_2)-f(x_1)=f'(c)(x_2-x_1)>0.$$

所以

$$x_1<x_2 \implies f(x_1)<f(x_2).$$

换句话说, f 在 $[a,b]$ 上严格上升.

(2) 令 $g=-f$, 则 $g'(x)>0$, $\forall x \in (a,b)$. 所以, g 在 $[a,b]$ 上严格上升. 因而, f 在 $[a,b]$ 上严格下降. □

定理 7.1.2 若 f 在 $[a,b]$ 上连续, 在 (a,b) 上可微, 则

(1) f 在 $[a,b]$ 上单调上升 $\iff f'(x) \geqslant 0, \forall x \in (a,b)$.

(2) f 在 $[a,b]$ 上单调下降 $\iff f'(x) \leqslant 0, \forall x \in (a,b)$.

证明 (1)($\Longleftarrow$) 的证明与定理 7.1.1 的相似. 对于 ($\Longrightarrow$), 假设 f 在 $[a,b]$ 上单调上升及 $x \in (a,b)$. 计算

$$f'(x)=f'_+(x)=\lim_{h\to 0^+}\frac{f(x+h)-f(x)}{h}.$$

由于 $x+h>x$, 所以, $f(x+h) \geqslant f(x)$. 因此, $f'(x) \geqslant 0$.

(2) 考虑 $g=-f$ 即可. □

例 7.1.3 讨论函数 $y=3x-x^3$ 的单调性.

解 分解

$$y'=3-3x^2=3(1+x)(1-x).$$

因为 $y'=3-3x^2$ 在 $\mathbb{R}$ 上连续及 $x=\pm 1$ 为方程 $y'(x)=0$ 的所有的根, 中间值定理保证了 $y'(x)$ 的值在 $(-\infty,-1),(-1,1)$ 及 $(1,\infty)$ 这三个区间中的正负性不会改变. (为什么?) 由此我们可以构造下表.

x	$(-\infty,-1)$	$(-1,1)$	$(1,+\infty)$
试点 t	-2	0	3
$y'(t)$ 的符号	$-$	$+$	$-$
y 的单调性	$\searrow$	$\nearrow$	$\searrow$

所以, y 在 $(-\infty,-1)$ 上严格下降, 在 $(-1,1)$ 上严格上升及在 $(1,+\infty)$ 上严格下降. □

定理 6.2.7 表明: 若 f 在 $[a,b]$ 上严格单调, 则 f^{-1} 存在且严格单调. 于是, 定理 7.1.1 给出一个判别 f^{-1} 存在的方法.

定理 7.1.4 (*反函数定理* (inverse function theorem)) 若 f' 在点 x_0 处连续及 $f'(x_0) \neq 0$, 则存在 x_0 的 δ-邻域 $I = (x_0 - \delta, x_0 + \delta)$, 使得 f 在其上为一对一的函数. 此时, 若 $f(I) = J$, 则 J 也是开区间, 而且存在 $g: J \to I$, 使得

$$g \circ f|_I : I \longrightarrow I \quad 为恒等函数,$$

$$f|_I \circ g : J \longrightarrow J \quad 为恒等函数,$$

以及

$$g'(f(x)) = \frac{1}{f'(x)}, \quad \forall x \in I.$$

证明 不妨假设 $f'(x_0) > 0$. 则由 f' 在点 x_0 处的连续性, 存在 $\delta > 0$, 使得

$$f'(x) > 0, \quad \forall x \in I = (x_0 - \delta, x_0 + \delta).$$

由定理 7.1.1, f 在 I 上严格上升. 由于严格单调的连续函数会将开区间映成开区间 (定理 5.4.2), 所以 $J = f(I)$ 也是开区间. 最后由定理 6.2.7, g 存在且适合所述条件 (见习题 7.1 第 8 题). □

注意 我们称在定理 7.1.4 中的 g 为 f 在点 x_0 处的*局部反函数* (local inverse). 我们也称 f 在点 x_0 处*局部一对一* (locally one-to-one).

例 7.1.5 函数 $f(x) = x^2$ 在所有非零点存在着局部反函数. 但在零点, f 没有任何局部反函数.

解 由于

$$f'(x) = 2x$$

在 $\mathbb{R}$ 上处处连续, 且若 $x \neq 0$ 则 $f'(x) \neq 0$, 所以在所有非零点, f 具有局部反函数. 事实上, 若 $x_0 > 0$, 则在 $(0, +\infty)$ 上, f 有局部反函数

$$g(y) = \sqrt{y}.$$

若 $x_0 < 0$, 则在 $(-\infty, 0)$ 上, f 有局部反函数

$$g(y) = -\sqrt{y}.$$

然而, 在点 0 处的任何 δ-邻域 $(-\delta, \delta)$, f 都不是一对一. 所以, f 在点 0 处并不具有局部反函数. □

以下的例子表明: 即使 f 在 $[a, b]$ 上严格上升也不能保证 $f' > 0$. (比对定理 7.1.2.)

例 7.1.6 设 $f(x) = x^3$, 则 f 在 $\mathbb{R}$ 上严格上升, 且 $f(0) = 0$. 观察

$$f'(0) = 3x^2 \mid_{x=0} = 0.$$

另一方面, $f^{-1}(y)=y^{1/3}$ 在点 0 处不可微. 事实上,

$$f^{-1}(x)=\sqrt[3]{x}, \quad \forall x\in\mathbb{R}.$$

但是,

$$(f^{-1})'(y)=\frac{1}{3\sqrt[3]{y^2}}$$

在 $y=0$ 处没有定义. □

习题 7.1

1. 讨论下列函数的单调性:

(1) $y=x^3-3x-1$;

(2) $y=xe^{\frac{1}{x}}$, $x\neq 0$;

(3) $y=\dfrac{\ln x}{x}$, $x>0$;

(4) $y=\sqrt{4x^2+2x+3}$;

(5) $y=\dfrac{x^2}{2(x-1)}$, $x\neq 1$. (注意在讨论 $x\to 1^-$ 和 $x\to 1^+$ 时的相异处.)

2. 单调函数的导数是否一定是单调函数? 如果 "是", 请证明; 如果 "不是", 请举例说明.

3. 找出下列函数具有 "局部反函数" 的区间, 并写出在这些区间上, 它的反函数.

(1) $y=x^2-1$; (2) $y=\sin 2x$; (3) $y=\sqrt{x^2+1}$.

4. 讨论第 3 题中各反函数的可微性.

5. 证明: 若 $f:(a,b)\to\mathbb{R}$ 为严格单调的连续函数, 则 f 的值域是开区间.

6. 设 $f(x)=\begin{cases} x^2\sin\dfrac{1}{x}, & x\neq 0,\\ 0, & x=0.\end{cases}$ 试讨论 f 在点 0 处附近的单调性.

7. 假设函数 $f:[a,b]\to\mathbb{R}$ 在 $[a,b]$ 中各点, 都具有局部反函数. 试问 f 是否一对一?

8. 假设 g 在 $x=0$ 处连续, 且 $g'(0)>0$. 证明: 存在 $\delta>0$, 使得函数 g 在 $(-\delta,\delta)$ 上严格单调上升.

7.2 凸性与凹性

设 $f:[a,b]\longrightarrow\mathbb{R}$ 为连续函数, 且 f 在 (a,b) 上二次可导. 考虑 f 的二次逼近

$$f(x)=f(x_0)+f'(x_0)(x-x_0)+\frac{f''(x_0)}{2!}(x-x_0)^2+o((x-x_0)^2).$$

抛物线

$$y=f(x_0)+f'(x_0)(x-x_0)+\frac{f''(x_0)}{2!}(x-x_0)^2$$

在点 x_0 处的附近将很好地近似曲线 $y=f(x)$. 为了借助 f 的二次逼近来研究 f, 我们先讨论一些抛物线的性质. 这主要是凸性与凹性.

观察抛物线

$$y=ax^2+bx+c$$

的图形. 如图 7.2 和图 7.3 所示.

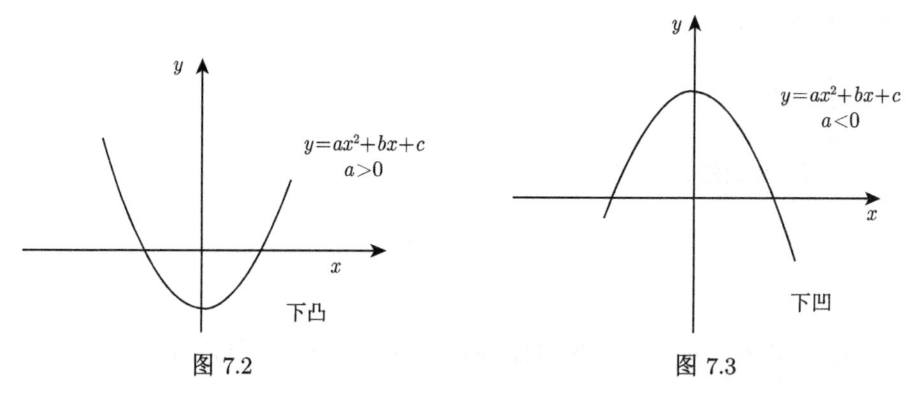

图 7.2 图 7.3

当 $a>0$ 时, 抛物线的开口指向 y 轴的正向. 当 $a<0$ 时, 抛物线的开口指向 y 轴的负向. 作为典型, 我们称 $y=ax^2+bx+c\ (a>0)$ 的图形为凸的 (convex); 又称 $y=ax^2+bx+c\ (a<0)$ 的图形为凹的 (concave).

为了对一般函数的凸凹性作出定义, 我们需要进一步观察凹凸的代数性质.

对应于图 7.4 的凸抛物线 $y=f(x)=ax^2+bx+c\ (a>0)$, 设 x_0 介于 x_1 与 x_2 之间. 则抛物线 $y=f(x)$ 上的点 $(x_0,f(x_0))$, 将位于连接点 $(x_1,f(x_1))$ 及点 $(x_2,f(x_2))$ 的弦线 L 之下. 我们将 x_0 写成 x_1 及 x_2 的线性组合表示, 即

$$x_0=\lambda x_1+(1-\lambda)x_2,$$

其中$\lambda=\dfrac{x_2-x_0}{x_2-x_1}$, 并且 $0\leqslant\lambda\leqslant 1$. 那么, 在抛物线 $y=f(x)$ 上, 对应的点 $(x_0,f(x_0))$ 的高是

$$f(x_0)=f(\lambda x_1+(1-\lambda)x_2).$$

而在弦线 L 上对应的点的高是

$$\lambda f(x_1)+(1-\lambda)f(x_2).$$

由于弦线 L 处于抛物线的上方, 所以,

$$f(\lambda x_1+(1-\lambda)x_2)\leqslant\lambda f(x_1)+(1-\lambda)f(x_2),\quad \forall\lambda\in[0,1].$$

对应于图 7.5 的凹抛物线 $y = f(x) = ax^2 + bx + c$ $(a < 0)$, 弦线 L 位于抛物线 $y = f(x)$ 的下方. 这个现象可以表达成为条件

$$f(\lambda x_1 + (1-\lambda)x_2) \geqslant \lambda f(x_1) + (1-\lambda)f(x_2), \quad \forall \lambda \in [0,1].$$

依此, 我们对于一般函数的凹凸性, 作如下定义.

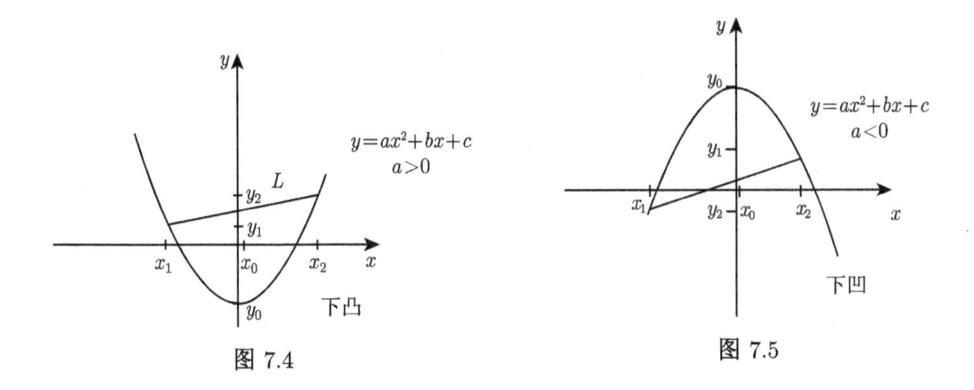

图 7.4 图 7.5

定义 7.2.1 设 I 为区间及 $f: I \longrightarrow \mathbb{R}$. 若 f 满足条件

$$f(\lambda x_1 + (1-\lambda)x_2) \leqslant \lambda f(x_1) + (1-\lambda)f(x_2), \quad \forall x_1, x_2 \in I,\ \forall \lambda \in (0,1), \tag{V}$$

则我们称 f 为**凸函数** (convex function); 若 f 满足条件

$$f(\lambda x_1 + (1-\lambda)x_2) \geqslant \lambda f(x_1) + (1-\lambda)f(x_2), \quad \forall x_1, x_2 \in I,\ \forall \lambda \in (0,1), \tag{A}$$

则我们称 f 为**凹函数** (concave function).

注意 (1) f 是凸的 $\Longleftrightarrow -f$ 是凹的.

(2) 若 f 是既凸且凹的, 则称 f 为**仿射** (affine) 函数. 此时,

$$f(\lambda x + (1-\lambda)y) = \lambda f(x) + (1-\lambda)f(y), \quad \forall x_1, x_2 \in I,\ \forall \lambda \in (0,1).$$

(3) 若在条件 (V) 或 (A) 中, 将不等号 "$\leqslant$" 或 "$\geqslant$", 改成为严格不等号 "$<$" 或 "$>$", 则我们分别称, 满足新的条件的函数 f, 为**严格凸的** (strictly convex) 或**严格凹的** (strictly concave).

例 7.2.1 二次函数

$$f(x) = ax^2 + bx + c,$$

当 $a > 0$ 时是严格凸的, 当 $a < 0$ 时是严格凹的.

证明　对于任意的 x_1, x_2 及 λ, 使得 $0 \leqslant \lambda \leqslant 1$, 我们有

$$f(\lambda x_1 + (1-\lambda)x_2) = a(\lambda x_1 + (1-\lambda)x_2)^2 + b(\lambda x_1 + (1-\lambda)x_2) + c,$$

$$\lambda f(x_1) + (1-\lambda)f(x_2) = \lambda a x_1^2 + \lambda b x_1 + \lambda c + (1-\lambda)a x_2^2 + (1-\lambda)b x_2 + (1-\lambda)c.$$

于是

$$\begin{aligned}
&\lambda f(x_1) + (1-\lambda)f(x_2) - f(\lambda x_1 + (1-\lambda)x_2) \\
= &a\left(\lambda x_1^2 + (1-\lambda)x_2^2 - (\lambda x_1 + (1-\lambda)x_2)^2\right) \\
= &a\left(\lambda x_1^2 + (1-\lambda)x_2^2 - \lambda^2 x_1^2 - 2\lambda(1-\lambda)x_1x_2 - (1-\lambda)^2 x_2^2\right) \\
= &a\left(\lambda(1-\lambda)x_1^2 - 2\lambda(1-\lambda)x_1x_2 + \lambda(1-\lambda)x_2^2\right) \\
= &a\lambda(1-\lambda)(x_1^2 - 2x_1x_2 + x_2^2) \\
= &a\lambda(1-\lambda)(x_1 - x_2)^2.
\end{aligned}$$

因此, f 的凸凹性就取决于 a 的正负性. □

定理 7.2.2　设函数 f 在 $[a,b]$ 上连续, 在 (a,b) 上可微.

(1) f 是凸的 $\Longleftrightarrow f'$ 在 (a,b) 上单调上升.

(2) f 是凹的 $\Longleftrightarrow f'$ 在 (a,b) 上单调下降.

如图 7.6 和图 7.7 所示.

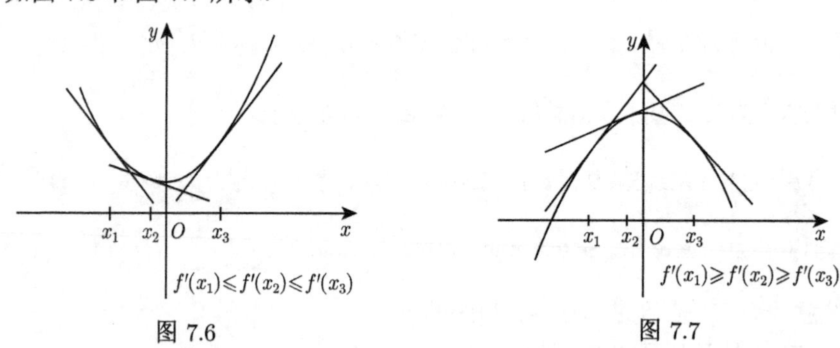

图 7.6　　图 7.7

证明　(1) ($\Longrightarrow$) 假设 f 为凸的. 令 $a < x_1 < x_2 < b$. 我们将证明 $f'(x_1) \leqslant f'(x_2)$. 对于 (x_1, x_2) 中的点 x, 令

$$\lambda = \frac{x_2 - x}{x_2 - x_1},$$

于是 $1 - \lambda = \dfrac{x - x_1}{x_2 - x_1}$. 易见: $0 < \lambda < 1$ 及

$$x = \lambda x_1 + (1-\lambda)x_2.$$

由于 f 的凸性,

$$f(x) = f(\lambda x_1 + (1-\lambda)x_2) \leqslant \lambda f(x_1) + (1-\lambda)f(x_2)$$

或

$$f(x) \leqslant \frac{x_2 - x}{x_2 - x_1} f(x_1) + \frac{x - x_1}{x_2 - x_1} f(x_2).$$

由此, 得不等式

$$\begin{aligned}
(x_2 - x_1) f(x) &\leqslant (x_2 - x) f(x_1) + (x - x_1) f(x_2), \\
(x_2 - x) f(x) + (x - x_1) f(x) &\leqslant (x_2 - x) f(x_1) + (x - x_1) f(x_2), \\
(x_2 - x)[f(x) - f(x_1)] &\leqslant (x - x_1)[f(x_2) - f(x)], \\
\frac{f(x) - f(x_1)}{x - x_1} &\leqslant \frac{f(x_2) - f(x)}{x_2 - x}.
\end{aligned}$$

因此

$$\begin{aligned}
f'(x_1) = f'_+(x_1) &= \lim_{x \to x_1^+} \frac{f(x) - f(x_1)}{x - x_1} \\
&\leqslant \lim_{x \to x_1^+} \frac{f(x_2) - f(x)}{x_2 - x} = \frac{f(x_2) - f(x_1)}{x_2 - x_1}.
\end{aligned}$$

相应地,

$$\begin{aligned}
f'(x_2) = f'_-(x_2) &= \lim_{x \to x_2^-} \frac{f(x) - f(x_2)}{x - x_2} \\
&\geqslant \lim_{x \to x_2^-} \frac{f(x) - f(x_1)}{x - x_1} = \frac{f(x_2) - f(x_1)}{x_2 - x_1}.
\end{aligned}$$

所以, $f'(x_1) \leqslant f'(x_2)$.

($\Longleftarrow$) 假设 f' 在 (a, b) 上单调上升. 任取 $x_1, x_2 \in (a, b)$ 及 $0 < \lambda < 1$. 我们要证明:

$$f(\lambda x_1 + (1 - \lambda) x_2) \leqslant \lambda f(x_1) + (1 - \lambda) f(x_2).$$

令 $x = \lambda x_1 + (1 - \lambda) x_2$. 于是 $x_1 < x < x_2$. 由中值定理, 存在着点 ξ, η, 使得①

$$\frac{f(x) - f(x_1)}{x - x_1} = f'(\xi), \quad x_1 < \xi < x$$

及

$$\frac{f(x_2) - f(x)}{x_2 - x} = f'(\eta), \quad x < \eta < x_2.$$

由于 $\xi < \eta$ 及 f' 的单调上升性, $f'(\xi) \leqslant f'(\eta)$. 因此,

$$\frac{f(x) - f(x_1)}{x - x_1} \leqslant \frac{f(x_2) - f(x)}{x_2 - x},$$

① 这里的希腊字母 η 读作 "eta".

$$(x_2 - x)[f(x) - f(x_1)] \leqslant (x - x_1)[f(x_2) - f(x)],$$

$$(x_2 - x_1)f(x) \leqslant (x_2 - x)f(x_1) + (x - x_1)f(x_2)$$

或

$$f(x) \leqslant \frac{x_2 - x}{x_2 - x_1}f(x_1) + \frac{x - x_1}{x_2 - x_1}f(x_2) = \lambda f(x_1) + (1 - \lambda)f(x_2).$$

(2) 应用 (1) 于 $-f$. □

注意　在定理 7.2.2 的证明中, 可见

(1) f 在 $[\alpha, \beta]$ 上是凸的 $\Longleftrightarrow \dfrac{f(x) - f(a)}{x - a} \leqslant \dfrac{f(b) - f(x)}{b - x}, \quad \forall x \in (a, b) \subset [\alpha, \beta]$.

(2) f 在 $[\alpha, \beta]$ 上是凹的 $\Longleftrightarrow \dfrac{f(x) - f(a)}{x - a} \geqslant \dfrac{f(b) - f(x)}{b - x}, \quad \forall x \in (a, b) \subset [\alpha, \beta]$.

这两个条件具有很强的图形意义. 如图 7.8 和图 7.9 所示.

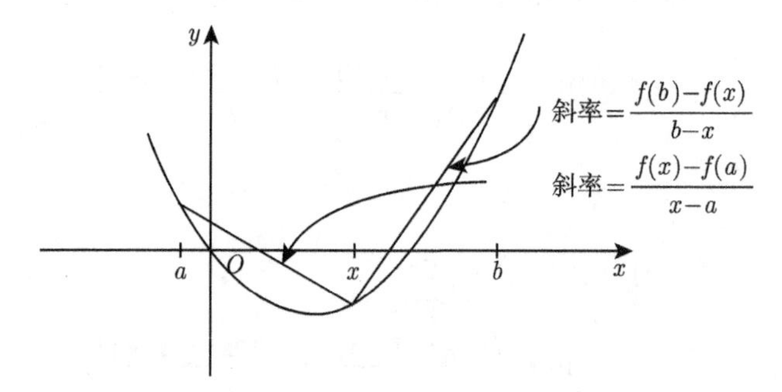

图 7.8

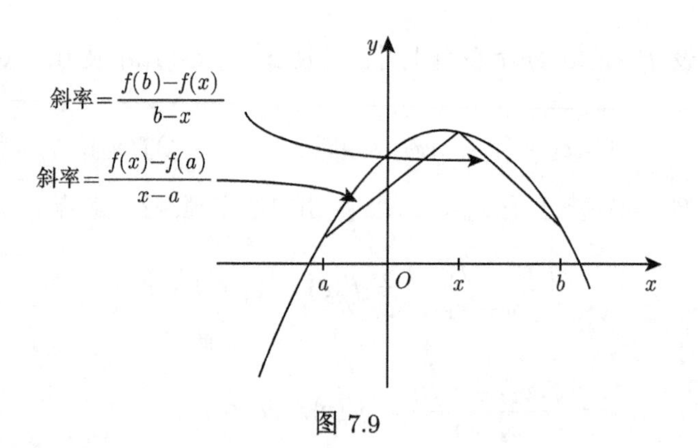

图 7.9

以下的定理告诉我们: 若 f 在一区间中处处有凸的 (或凹的) 抛物线逼近, 则 f 在此区间上也是凸的 (或凹的).

推论 7.2.3　若 f 在 (a, b) 上二阶可导:

(1) $f''(x) > 0,\ \forall x \in (a, b) \Longrightarrow f$ 在 (a, b) 上严格凸.

(2) $f''(x) < 0,\ \forall x \in (a,b) \implies f$ 在 (a,b) 上严格凹.

证明 (1) 由定理 7.1.1, 条件 $f''(x) > 0,\ \forall x \in (a,b)$, 推出结论 f' 在 (a,b) 上严格上升. 于是由定理 7.2.2 (的证明), f 在 (a,b) 上严格凸.

(2) 的情形也一样. □

定义 7.2.2 如果曲线 $y = f(x)$ 在其上一点 $P(x_0, y_0)$ 的一侧凸, 而在另一侧凹, 则称 P 为 f 的一个**拐点**, 或**反曲点** (point of inflection).

推论 7.2.4 若 $f''(x_0)$ 存在且 $P(x_0, f(x_0))$ 为 f 的拐点, 则 $f''(x_0) = 0$.

证明 因为 $P(x_0, f(x_0))$ 是 f 的拐点, 根据定义, 在 P 的一侧 f 为凸的, 于是 f' 在此侧单调上升, 而在 P 的另一侧 f 为凹的, 于是 f' 在此侧单调下降. 因此, $f'(x_0)$ 为 f' 的一个极值. 由定理 6.4.1, $f''(x_0) = 0$. □

例 7.2.5 设 $f(x) = x^4$. 此时 $f''(x) = 12x^2$. 因此

$$f''(x) \geqslant 0, \quad \forall x \in \mathbb{R}.$$

所以, f 总是凸的. 于是 f 没有拐点. 特别地, $(0,0)$ 不是 f 的拐点, 虽然 $f''(0)=0$.

□

例 7.2.6 讨论曲线

$$y = \frac{1}{1+x^2}$$

的凹凸性.

解 令 $f(x) = \dfrac{1}{1+x^2}$. 则

$$f'(x) = \frac{-2x}{(1+x^2)^2},$$

所以 $f'(x) = 0 \iff x = 0$.

$$f''(x) = \frac{2(3x^2-1)}{(1+x^2)^3},$$

所以 $f''(x) = 0 \iff x = \pm\dfrac{\sqrt{3}}{3}$.

构造以下表格.

x	$\left(-\infty, -\frac{\sqrt{3}}{3}\right)$	$-\frac{\sqrt{3}}{3}$	$\left(-\frac{\sqrt{3}}{3}, 0\right)$	0	$\left(0, \frac{\sqrt{3}}{3}\right)$	$\frac{\sqrt{3}}{3}$	$\left(\frac{\sqrt{3}}{3}, +\infty\right)$
$f'(x)$	$+$	$+$	$+$	0	$-$	$-$	$-$
$f''(x)$	$+$	0	$-$	$-$	$-$	0	$+$
$f(x)$	$\nearrow$		$\nearrow$	极大	$\searrow$		$\searrow$
凹凸性	凸	拐点	凹		凹	拐点	凸

由此得知: f 在区间 $\left(-\infty,-\frac{\sqrt{3}}{3}\right)$ 上为凸的, 点 $\left(-\frac{\sqrt{3}}{3},\frac{3}{4}\right)$ 为拐点; 在区间 $\left(-\frac{\sqrt{3}}{3},\frac{\sqrt{3}}{3}\right)$ 上为凹的, 点 $\left(\frac{\sqrt{3}}{3},\frac{3}{4}\right)$ 为拐点; 在区间 $\left(\frac{\sqrt{3}}{3},+\infty\right)$ 上再次变为凸的. □

注意　一般地, 若点 $P(x_0,f(x_0))$ 为 f 的拐点且 $f'(x_0)$ 存在, 则 f 通过点 P 的切线会将曲线 $y=f(x)$ (局部地) 分成两侧. 一侧在其上, 一侧在其下, 如图 7.10 所示.

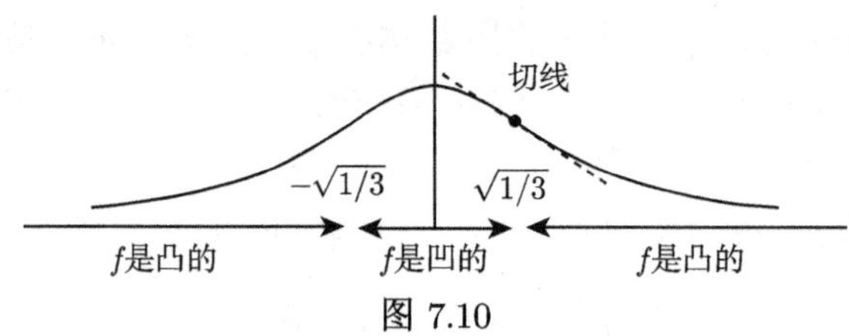

图 7.10

定理 7.2.7　设 $f:(a,b)\longrightarrow\mathbb{R}$ 为凸函数, 则 f 在 (a,b) 上连续.

证明留作习题 (见习题 7.2 第 7 题).

提示: 利用定理 7.2.2 的注. □

注意　若 f 在 $[a,b]$ 上凸, 这并不能保证 f 在端点 a,b 上一定会连续. 例如

$$f(x)=\begin{cases}x^2, & -1<x<1.\\ 2, & x=\pm1.\end{cases}$$

如图 7.11 所示.

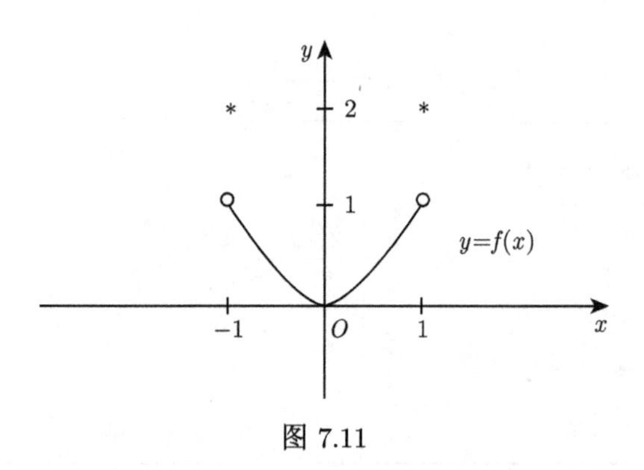

图 7.11

习题 7.2

1. 参考例 7.2.6.

(1) 计算下列函数的一阶及二阶导函数.

(2) 讨论函数的凹凸性.

(3) 找出极点及拐点. 再由凹凸性, 判断它们是否为极大点或为极小点.

(4) 绘出函数的图形, 以及比照所列的表. (你所绘的图, 必须充分表现出函数的特性.)

(i) $y=\dfrac{4}{1+(x-2)^2}$;　　(ii) $y=3x^2-x^3$;

(iii) $y=(x+3)\sqrt[3]{x^2}$;　　(iv) $y=x-\sin x$.

2. 设 $a>0,b>0$. 试证明: $f(x)=\sqrt{ax^2+b}$ 为凸函数.

3. 设 $f(x)$, $g(x)$ 为 (a,b) 上的凹函数. 求证:

$$h(x)=\min\{f(x),g(x)\}$$

也是 (a,b) 上的凹函数.

4. 设 $f(x)$ 为在 (a,b) 上恒取正值的凹函数, 而且二次可微. 求证 $\dfrac{1}{f(x)}$ 是凸函数.

5. 设 $f(x)$ 为凹函数, 且二次可导. 求证:

$$F(x)=\mathrm{e}^{-f(x)}$$

是凸函数.

6. 证明: 当 $0\leqslant x\leqslant\dfrac{\pi}{2}$ 时, $\sin x\geqslant\dfrac{2}{\pi}x$.

提示: (1) 设 $f(x)=\sin x$. 考虑它的凹凸性.

(2) 再利用凹凸性的定义, 写出不等式; 最重要的是: 你得选择适当的参数 (定义中提到的 “λ”).

7. 证明定理 7.2.7: 若 $f:(a,b)\longrightarrow\mathbb{R}$ 为凸函数, 则 f 在 (a,b) 上连续.

提示: 利用定理 7.2.2 的注及图 7.12. 若 f 在 (a,b) 上是凸的, 则图 7.12 中各小线段的斜率, 将有大小关系

$$m_1\leqslant m_2\leqslant m_3\leqslant m_4.$$

将 m_i 写成 $\dfrac{f(c)-f(d)}{c-d}$ 的形式后, 你将可以发现一个证明的方法.

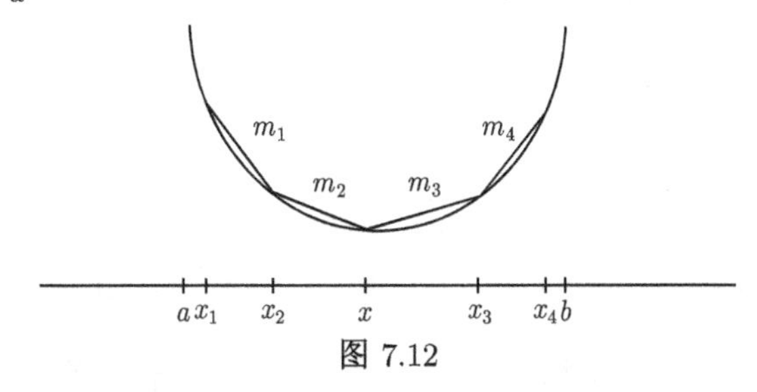

图 7.12

8. 承上题, 定理 7.2.7 的逆定理并不成立. 即连续函数不一定是凸函数 (或凹函数).

(1) 试证: $f(x)=x^3$ 在 $(-1,1)$ 上为连续函数, 且可微;

(2) 验证 $f(x)=x^3$ 在 $(-1,1)$ 上, 既不是凸函数, 也不是凹函数.

9. 举一个不可微的凸函数的例子.

10. 试问: 对于二次可微的严格凸函数 $f:[a,b]\longrightarrow\mathbb{R}$, 其二次导函数 f'' 在 (a,b) 上是否恒大于 0.

提示: 参考例 7.2.5.

11. 设 $f:[a,b]\longrightarrow\mathbb{R}$ 为凸函数. 对于任何在 $[a,b]$ 中的点 $x_1,x_2,\cdots,x_n$ 和在 $[0,1]$ 中的实数 $\lambda_1,\lambda_2,\cdots,\lambda_n$ 使得 $\lambda_1+\lambda_2+\cdots+\lambda_n=1$, 证明以下不等式成立:

$$f(\lambda_1x_1+\lambda_2x_2+\cdots+\lambda_nx_n)\leqslant\lambda_1f(x_1)+\lambda_2f(x_2)+\cdots+\lambda_nf(x_n).$$

7.3 函数的极值及渐近线

为了描述定义在实数线 $\mathbb{R}=(-\infty,+\infty)$ 上的函数 f, 我们可以指出 f 上升和下降的区域、f 凹和凸的区域、f 的极点和 f 在 $\pm\infty$ "附近" 的变化情况. 如此一来, f 的图形就比较清楚了.

例 7.3.1 观察图 7.13, 并指出函数 $f(x)=\dfrac{1}{1+x^2}$ 的各种性质.

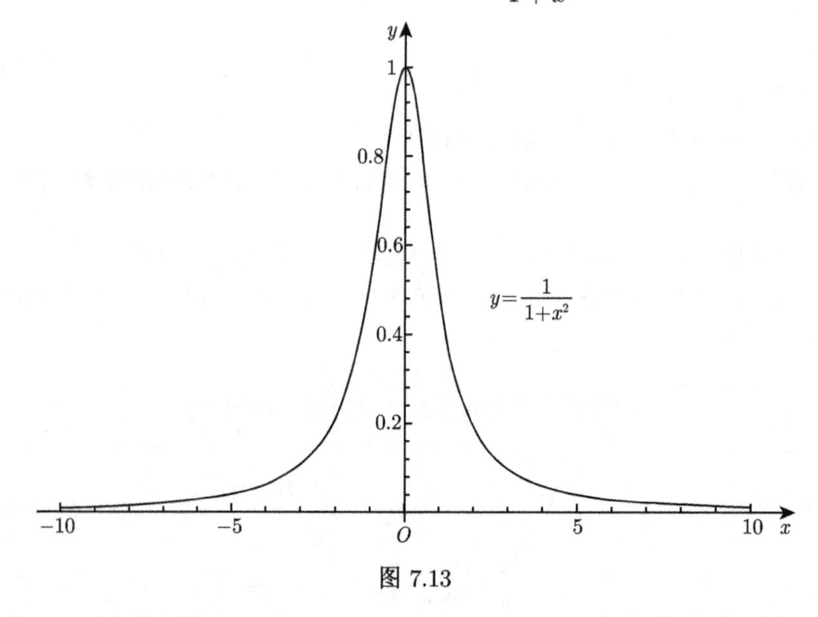

图 7.13

解 从图 7.13 粗略可见: f 在 $(-\infty,0)$ 上严格上升, 在 $(0,+\infty)$ 上严格下降, 在 $x=0$ 取极大值 1, 另外, 根据例 7.2.6, f 在 $\left(-\infty,-\dfrac{\sqrt{3}}{3}\right)$ 及 $\left(\dfrac{\sqrt{3}}{3},+\infty\right)$ 上是凸的, 在 $\left(-\dfrac{\sqrt{3}}{3},\dfrac{\sqrt{3}}{3}\right)$ 上是凹的. 当 x 正很大或负很大时, 即当 $x\to+\infty$ 或 $x\to-\infty$ 时, $f(x)\longrightarrow0$. 因此, 我们可以说 $y=0$ 是当 x 趋向于 $\pm\infty$ 时 f 的渐近线. □

我们已经讨论过函数的上升、下降及凹凸区域的判别法. 现在我们研究极点及渐近线的求法.

定理 7.3.2 (极值的一阶判别法) 设 f 在点 x_0 处连续, 在 $(x_0-\delta,x_0+\delta)\backslash\{x_0\}$ 可微 (其中 $\delta>0$). 则

(1) $\begin{cases} f' \text{ 在 } (x_0-\delta,x_0) \text{ 上} >0 \\ f' \text{ 在 } (x_0,x_0+\delta) \text{ 上} <0 \end{cases} \Longrightarrow x_0$ 为 f 的极大值点.

(2) $\begin{cases} f' \text{ 在 } (x_0-\delta,x_0) \text{ 上} <0 \\ f' \text{ 在 } (x_0,x_0+\delta) \text{ 上} >0 \end{cases} \Longrightarrow x_0$ 为 f 的极小值点.

(3) f' 在 $(x_0-\delta,x_0+\delta)\backslash\{x_0\}$ 上恒正或恒负 $\Longrightarrow$ x_0 不是 f 的极点.

证明 (1) 由定理 7.1.1, 我们得知

(i)
$$\begin{aligned} & \text{在 } (x_0-\delta,x_0) \text{ 上}, f'>0 \\ \Longrightarrow & \text{ 在 } (x_0-\delta,x_0] \text{ 上}, f \text{ 严格上升} \\ \Longrightarrow & f(x)<f(x_0), \quad \forall x\in(x_0-\delta\,,x_0). \end{aligned}$$

(ii)
$$\begin{aligned} & \text{在 } (x_0,x_0+\delta) \text{ 上}, f'<0 \\ \Longrightarrow & \text{ 在 } [x_0,x_0+\delta) \text{ 上}, f \text{ 严格下降} \\ \Longrightarrow & f(x)<f(x_0), \quad \forall x\in(x_0\,,x_0+\delta). \end{aligned}$$

由 (i) 及 (ii),

$$f(x)<f(x_0), \quad \forall x\in(x_0-\delta,x_0+\delta)\backslash\{x_0\},$$

即 $(x_0,f(x_0))$ 是 f 的 (局部) 极大点.

(2) 类似于 (1).

(3) 此时, f 在 $(x_0-\delta,x_0+\delta)$ 上严格单调, 所以 f 不可能在点 x_0 处取极值. □

定理 7.3.3 (极值的二阶判别法) 设 $f'(x_0)=0$, $f''(x_0)$ 存在. 则

(1) $f''(x_0)<0 \Longrightarrow f(x_0)$ 是 (局部) 极大值.

(2) $f''(x_0)>0 \Longrightarrow f(x_0)$ 是 (局部) 极小值.

证明 由定理 6.5.1, f 在点 x_0 处附近有二阶逼近

$$f(x)=f(x_0)+f'(x_0)(x-x_0)+\frac{f''(x_0)}{2}(x-x_0)^2+o((x-x_0)^2),$$

其中, 误差满足条件 $\lim\limits_{x\to x_0}\dfrac{o((x-x_0)^2)}{(x-x_0)^2}=0$. 由于 $f'(x_0)=0$, 我们有

$$f(x)-f(x_0)=(x-x_0)^2\left[\frac{f''(x_0)}{2}+\frac{o((x-x_0)^2)}{(x-x_0)^2}\right].$$

所以, 当 x 很接近 x_0 时, $f(x)-f(x_0)$ 与 $f''(x_0)$ 同号. 特别地, 若 $f''(x_0)<0$, 则在点 x_0 处的附近, $f(x)<f(x_0)$, 即 $f(x_0)$ 是 f 的极大值. 若 $f''(x_0)>0$, 则 $f(x_0)$ 是 f 的极小值. □

例 7.3.4　点 0 并不是函数 $f(x)=x^3$ 的极点. 但是, $f'(0)=0$ 及 $f''(0)=0$. 所以, 当 $f'(x_0)=f''(x_0)=0$ 时, 我们并不能下任何结论. (再考虑函数 $f(x)=\pm x^4$.) □

定理 7.3.5 (极值的高阶判别法)　设 $f'(x_0)=f''(x_0)=\cdots=f^{(n)}(x_0)=0$ 及 $f^{(n+1)}(x_0)\neq 0$. 在这里, $n>1$.

(1) $n=2k \Longrightarrow (x_0,f(x_0))$ 为 f 的拐点.

(2) $n=2k-1 \Longrightarrow \begin{cases} f^{(2k)}(x_0)<0 \Longrightarrow f(x_0) \text{ 为 } f \text{ 的局部极大值}, \\ f^{(2k)}(x_0)>0 \Longrightarrow f(x_0) \text{ 为 } f \text{ 的局部极小值}. \end{cases}$

证明留作习题 (见习题 7.3 第 2 题). □

例 7.3.6　设 $f(x)=(x-1)\sqrt[3]{x^2}$. 求 f 的极值.

解　计算:

$$f'(x)=x^{\frac{2}{3}}+\frac{2}{3}(x-1)x^{-\frac{1}{3}}=\frac{5x-2}{3\sqrt[3]{x}}.$$

因此,

$$f'(x)=0 \Longleftrightarrow x=\frac{2}{5}, \quad \text{以及} \quad f'(x) \text{ 不存在 } \Longleftrightarrow x=0.$$

即$x=\dfrac{2}{5}$ 及 $x=0$ 是 f 的临界点, 也就是 f 在其上有可能取极值的点. 为了判断这些临界点是否为极值点, 我们构造下表.

x	$(-\infty,0)$	0	$\left(0,\frac{2}{5}\right)$	$\frac{2}{5}$	$\left(\frac{2}{5},\infty\right)$
$y'=\dfrac{5x-2}{3\sqrt[3]{x}}$	$+$	不存在	$-$	0	$+$
$y=(x-1)x^{2/3}$	↗	极大值	↘	极小值	↗

因此, 由一阶判别法, $f(0)=0$ 是 f 的极大值, $f\left(\dfrac{2}{5}\right)=-\dfrac{3}{5}\sqrt[3]{\dfrac{4}{25}}$ 是 f 的极小值.

另一方面, 若用二阶判别法, 则由于

$$f''(x)=\frac{10x+2}{9x^{4/3}}, \quad f''\left(\frac{2}{5}\right)>0,$$

我们得到相同的结论: f 在 $x=\dfrac{2}{5}$ 取极小值 $f\left(\dfrac{2}{5}\right)=-\dfrac{3}{5}\sqrt[3]{\dfrac{4}{25}}$. 但是, $f''(0)$ 却不存在. 如图 7.14 所示. 换句话说, 二阶判别法此时失效. □

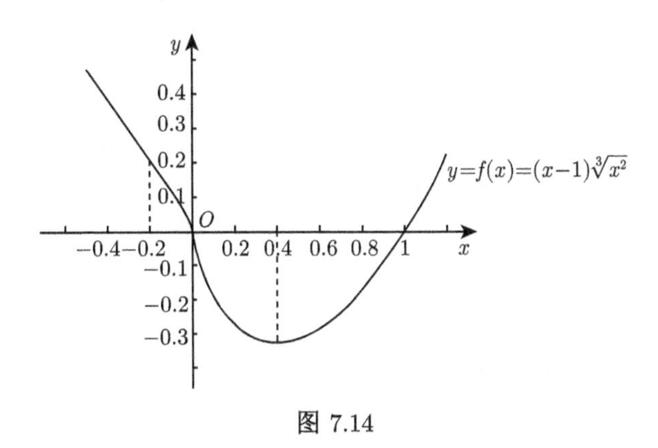

图 7.14

例 7.3.7 在具有固定体积的各类型直立圆柱体中, 求具有最小表面积 (包括顶面和底面的面积) 的一种.

解 设圆柱的高为 h, 底半径为 r. 于是圆柱体的表面积 S 和体积 V 分别为

$$S = 2\pi r^2 + 2\pi rh \quad 及 \quad V = \pi r^2 h.$$

现在, V 是固定的. 我们问: 当 h 及 r 要取怎么样的值时, 才会给出最小的表面积 S.

改写

$$S = 2\pi r^2 + \frac{2V}{r}.$$

于是 S 是单一变量 r 的函数. 计算

$$\frac{\mathrm{d}S}{\mathrm{d}r} = 4\pi r - \frac{2V}{r^2}.$$

所以, $S = S(r)$ 在 $(0, +\infty)$ 上可微. 注意: 半径 $r > 0$. 解方程

$$0 = \frac{\mathrm{d}S}{\mathrm{d}r} = 4\pi r - \frac{2V}{r^2} = \frac{4\pi r^3 - 2V}{r^2},$$

得根

$$r = \sqrt[3]{\frac{V}{2\pi}}.$$

由于

$$\frac{\mathrm{d}^2 S}{\mathrm{d}r^2} = 4\pi + \frac{4V}{r^3}$$

在 $r = \sqrt[3]{\dfrac{V}{2\pi}}$ 时取正值, 所以 $S\left(\sqrt[3]{\dfrac{V}{2\pi}}\right)$ 为 S 的极小值.

警告: 极小值 $\neq$ 最小值!

在这个例子中, 单单使用二阶判别法是不够完善的! 另一方面, 若利用一阶判别法来构造下表.

r	$\left(0, \sqrt[3]{\frac{V}{2\pi}}\right)$	$\sqrt[3]{\frac{V}{2\pi}}$	$\left(\sqrt[3]{\frac{V}{2\pi}}, +\infty\right)$
$S'(r)$	$-$	0	$+$
$S(r)$	↘	极小点也是最小点	↗

则可以看出

$$S\left(\sqrt[3]{\frac{V}{2\pi}}\right) = 2\pi\left(\frac{V}{2\pi}\right)^{2/3} + 2V\left(\frac{V}{2\pi}\right)^{-\frac{1}{3}}$$

为 $S(r)$ 在 $(0, +\infty)$ 上的最小值. 所以, 当

$$r = \sqrt[3]{\frac{V}{2\pi}}, \quad h = \frac{V}{\pi r^2} = 2\sqrt[3]{\frac{V}{2\pi}} = 2r,$$

即 $r : h = 1 : 2$ 时, 直立圆柱体的表面积为最小. 若令 $h = 2r$, 则

$$S = 2\pi r^2 + 2\pi rh = 6\pi r^2 = 6\pi\left(\frac{V}{2\pi}\right)^{\frac{2}{3}}$$

是这个最小表面积的值. □

最后, 我们讨论渐近线.

定义 7.3.1 (1) 若 $\lim\limits_{x\to+\infty} f(x) = b$ 或 $\lim\limits_{x\to-\infty} f(x) = b$, 则称直线 $y = b$ 为函数 f 的**水平渐近线** (horizontal asymptote).

(2) 若 $\lim\limits_{x\to a^+} f(x) = \infty$ 或 $\lim\limits_{x\to a^-} f(x) = \infty$, 则称直线 $x = a$ 为函数 f 的**垂直渐近线** (vertical asymptote).

(3) 若 $\lim\limits_{x\to-\infty} |f(x) - (ax + b)| = 0$ 或 $\lim\limits_{x\to+\infty} |f(x) - (ax + b)| = 0$, 则称直线 $y = ax + b$ 为函数 f 的**倾斜渐近线** (slant asymptote, oblique asymptote), 如图 7.15.

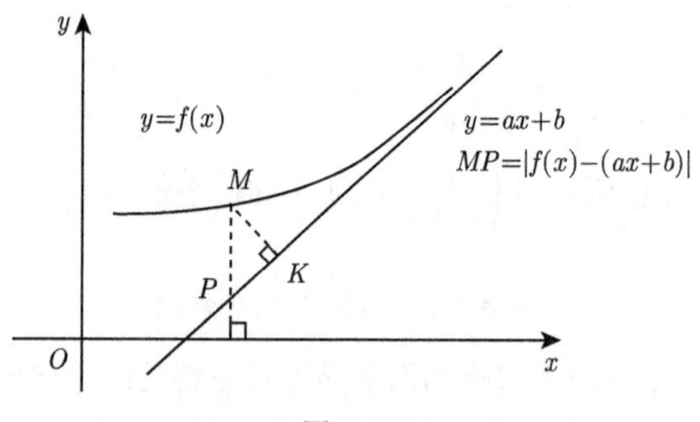

图 7.15

定理 7.3.8(倾斜渐近线的确定) 设 $y=ax+b$ 是 $y=f(x)$ 的倾斜渐近线, 则

$$a=\lim_{x\to\infty}\frac{f(x)}{x},\quad b=\lim_{x\to\infty}(f(x)-ax).$$

证明留作习题 (见习题 7.3 第 9 题). □

例 7.3.9 试求 $f(x)=\dfrac{2x-x^2}{|x-1|}$ 的渐近线.

解 令

$$f(x)=\frac{x(2-x)}{|x-1|}.$$

(1) 当 $x\to 1$ 时 (不管 $x\to 1^+$ 或 $x\to 1^-$), $f(x)>0$. 所以

$$\lim_{x\to 1}f(x)=+\infty.$$

因此, $x=1$ 是 f 的垂直渐近线.

(2) 当 $x\to\pm\infty$ 时, $f(x)\to-\infty$, 所以 f 没有水平渐近线.

(3) 由于

$$\lim_{x\to+\infty}\frac{f(x)}{x}=\lim_{x\to+\infty}\frac{2-x}{|x-1|}=\lim_{x\to+\infty}\frac{2-x}{x-1}=-1$$

及

$$\begin{aligned}\lim_{x\to+\infty}(f(x)-(-x))&=\lim_{x\to+\infty}\frac{2x-x^2}{|x-1|}+x\\&=\lim_{x\to+\infty}\frac{2x-x^2+x|x-1|}{|x-1|}\\&=\lim_{x\to+\infty}\frac{2x-x^2+x(x-1)}{x-1}\\&=\lim_{x\to+\infty}\frac{x}{x-1}=1,\end{aligned}$$

所以, 当 $x\to+\infty$ 时, f 有倾斜渐近线

$$y=-x+1.$$

另一方面,

$$\lim_{x\to-\infty}\frac{f(x)}{x}=\lim_{x\to-\infty}\frac{2-x}{|x-1|}=\lim_{x\to-\infty}\frac{2-x}{-(x-1)}=1$$

及

$$\begin{aligned}\lim_{x\to-\infty}(f(x)-x)&=\lim_{x\to-\infty}\left(\frac{2x-x^2}{|x-1|}-x\right)\\&=\lim_{x\to-\infty}\frac{2x-x^2-x|x-1|}{|x-1|}\end{aligned}$$

$$= \lim_{x\to-\infty} \frac{2x-x^2+x(x-1)}{-(x-1)}$$
$$= \lim_{x\to-\infty} \frac{x}{1-x} = -1.$$

所以, 当 $x \to -\infty$ 时, f 有倾斜渐近线

$$y = x - 1.$$

如图 7.16 所示.

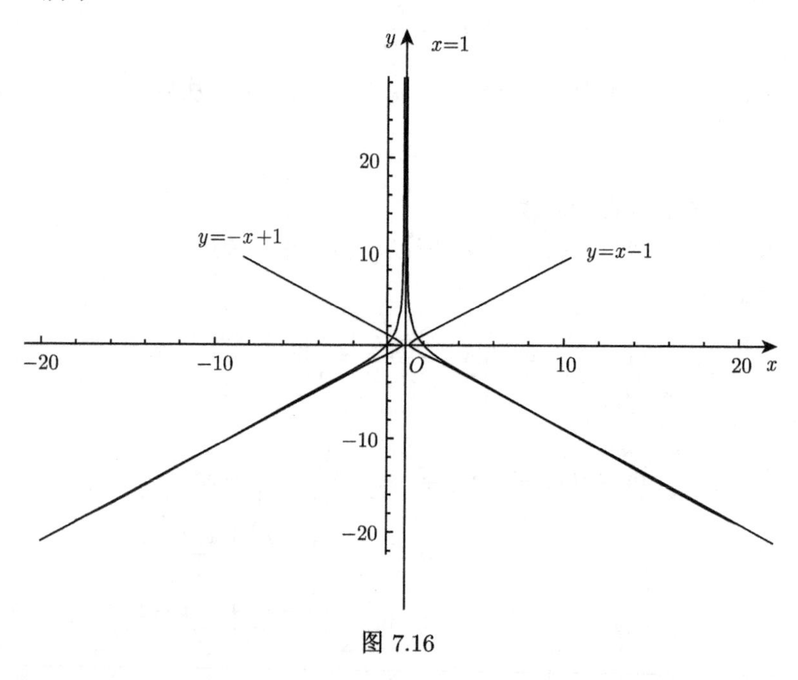

图 7.16

□

习题 7.3

1. 找出下列各函数图形的水平渐近线、垂直渐近线, 以及/或倾斜渐近线. 并描出曲线 $y = f(x)$ 的图形:

(1) $f(x) = x + \dfrac{1}{x}$;

(2) $f(x) = \dfrac{2x^3}{(x-1)^2}$;

(3) $f(x) = \dfrac{(x-2)^2}{2(x+1)}$;

(4) $f(x) = \sqrt{4x^2-2x+3}$;

(5) $f(x) = \dfrac{4}{1+x^2}$;

(6) $f(x) = \dfrac{2+x-x^2}{|x+4|}$.

2. 证明定理 7.3.5 (极限的高阶判别法).

3. 求下列函数的极值:

(1) $f(x)=\sqrt{x}\ln x^2$;

(2) $f(x)=\cos x-\sin x$;

(3) $f(x)=\sin^3 x+\cos^3 x$;

(4) $f(x)=(x+b)^2(x-a)$, 其中 $a>0,\ b>0$;

(5) $f(x)=\dfrac{1}{1+\sqrt{x^4+x^2}}$;

(6) $f(x)=|x^2-4x-5|$;

(7) $f(x)=2\mathrm{e}^{|x+3|}$;

(8) $f(x)=x^3-px+q\ (p>0)$.

4. 三角形的底为 a 厘米, 高为 h 厘米, 试求其内接矩形的最大面积.

5. 给定长为 l 的线, 用它来围一个三角形. 试求由它所围成的三角形的最大可能面积.

6. 平面上有曲线 $y=\sqrt{2px}$ 及点 $M(p,p)$, 试求点 M 到曲线的最短距离.

7. 在单位圆上, 求从圆上一点到某条直径的两个端点的距离之和的可能最大、最小值.

8. 在一次实验中, 测量某物的重量 n 次, 得数据 $a_1,a_2,a_3,\cdots,a_n$. 若数值 x 与这 n 个测量值的差的平方和为最小, 则称 x 为 "最可能的" 值; 求此次实验所得之最可能的值.

提示: 这相当于求 $f(x)=(x-a_1)^2+(x-a_2)^2+\cdots+(x-a_n)^2$ 的最小值点.

9. 证明定理 7.3.8 (倾斜渐近线的确定).

提示: 设 $y=ax+b$ 是曲线 $y=f(x)$ 当 $x\to+\infty$ 时的渐近线. 根据定义, 渐近线和曲线在 $+\infty$ 处会重合. 换句话说,

$$0=\lim_{x\to+\infty}|f(x)-(ax+b)|=\lim_{x\to+\infty}\left|\frac{f(x)}{x}-a-\frac{b}{x}\right||x|=\lim_{x\to+\infty}\left|\frac{f(x)}{x}-a\right||x|.$$

由此, 可以解出 $a=\lim\limits_{x\to+\infty}\dfrac{f(x)}{x}$. 再应用一次以上条件, 得到 $b=\lim\limits_{x\to+\infty}(f(x)-ax)$.

10. $a>0$. 试证明: $f(x)=\dfrac{1}{1+|x|}+\dfrac{1}{1+|x-a|}$ 的最大值是 $\dfrac{2+a}{1+a}$.

提示: 先找出 $f(x)$ 连续、可导的区间, 再求 f 在其上的导数.

11. 令 $f_m(x)=x^3-x+m$ 为 $[0,1]$ 上的三次多项式函数, 其中 $m\in\mathbb{N}$.

(1) 试证明: 无论 m 是多少, $f_m(x)$ 在 $[0,1]$ 内绝对不会有实根.

(2) 分析过 (1) 的证明之后, 请画出 f_0 和 f_1 的图形; 然后, 考虑其他 f_m 的图形. 说明 f_m 与 f_0,f_1 的关系, 其中 $0<m<1$.

12. 设 $f(x)=\begin{cases}\dfrac{g(x)}{x}, & x\neq 0,\\ 0, & x=0,\end{cases}$ 其中 $g(0)=g'(0)=0,\ g''(0)=17$. 求 $f'(0)$.

提示: 注意 $f(x)$ 和 $f'(x)$ 在 $x=0$ 处的连续性. 使用洛必达法则.

7.4 微分学的其他应用

7.4.1 不等式的证明

例 7.4.1 证明

$$\ln(1+x)<x,\quad \forall x\in(0,+\infty).$$

证明 设

$$f(x) = x - \ln(1+x).$$

我们将证明: $f(x) > 0$, $\forall x > 0$. 事实上, f 在 $(0, +\infty)$ 上是可微的, 而且

$$f'(x) = 1 - \frac{1}{1+x} = \frac{x}{1+x} > 0.$$

因此, f 在 $(0, +\infty)$ 上严格上升. 特别地, 若 $x > y > z > 0$, 则有

$$f(x) > f(y) > f(z).$$

令 $z \to 0^+$, 于是有

$$f(x) > f(y) \geqslant \lim_{z \to 0^+} f(z) = 0.$$

所以

$$f(x) = x - \ln(1+x) > 0, \quad \forall x \in (0, +\infty).$$ □

例 7.4.2 证明不等式

$$\sin x > x - \frac{x^3}{3!}, \quad \forall x > 0.$$

证明 令

$$f(x) = \sin x - x + \frac{x^3}{3!}, \quad \forall x > 0.$$

则

$$f'(x) = \cos x - 1 + \frac{x^2}{2!}$$

及

$$f''(x) = -\sin x + x.$$

由于 $\sin x < x$, $\forall x > 0$ (你能证明吗?), $f''(x) > 0$, $\forall x > 0$, 因此, f' 在 $(0, +\infty)$ 上严格上升. 特别地

$$f'(x) > \lim_{y \to 0^+} f'(y) = 0, \quad \forall x > 0.$$

由此可得, f 在 $(0, +\infty)$ 上也是严格上升的. 于是

$$f(x) > \lim_{y \to 0^+} f(y) = 0, \quad \forall x > 0,$$

即

$$\sin x > x - \frac{x^3}{3!}, \quad \forall x > 0.$$ □

例 7.4.3 证明方程

$$x^5 - 5x + 1 = 0$$

在开区间 $(0,1)$ 内, 至多只有一个根.

证明 令

$$f(x) = x^5 - 5x + 1, \quad 0 < x < 1,$$

则

$$f'(x) = 5x^4 - 5 = 5(x^4 - 1) = 5(x^2 + 1)(x + 1)(x - 1).$$

因此, $f'(x) < 0, \ \forall x \in (0,1)$. 所以, f 在 $(0,1)$ 上严格下降. 于是 f 在 $(0,1)$ 上一对一. 特别地, f 在 $(0,1)$ 上不可能有两个相异的根. (问: f 在 $(0,1)$ 上究竟有没有根?) □

7.4.2 变化与微分

例 7.4.4 设有一团气体, 其体积为 V, 其压力为 P, 其温度为 T. 气体定律指明

$$\frac{PV}{T} = k,$$

其中 k 为正的常数. 若气体以速度 $0.0025\ \mathrm{m}^3/\mathrm{s}$ 膨胀, 温度以速度 $0.07\ \mathrm{K/s}$ 上升, 问当气体体积为 $0.06\ \mathrm{m}^3$, 温度为 295 K 时, 气体压力正在上升还是在下降?

解 由题意, 若记时间为 t, 则

$$\frac{\mathrm{d}V}{\mathrm{d}t} = 0.0025(\mathrm{m}^3/\mathrm{s}), \quad \frac{\mathrm{d}T}{\mathrm{d}t} = 0.07(\mathrm{K/s}).$$

另一方面,

$$P = \frac{kT}{V}.$$

于是

$$\frac{\mathrm{d}P}{\mathrm{d}t} = \frac{\mathrm{d}}{\mathrm{d}t}\left(\frac{kT}{V}\right) = k\frac{\frac{\mathrm{d}T}{\mathrm{d}t}\cdot V - \frac{\mathrm{d}V}{\mathrm{d}t}\cdot T}{V^2}.$$

当 $V = 0.06\ \mathrm{m}^3$, $T = 295$ K 时,

$$\left.\frac{\mathrm{d}P}{\mathrm{d}t}\right|_{\substack{V=0.06,\\ T=295}} = k\frac{(0.07)\cdot(0.06) - (0.0025)\cdot 295}{(0.06)^2} < 0.$$

所以, 当 $V = 0.06\ \mathrm{m}^3$, $T = 295$ K 时, 气压 P 正在下降. □

设 f 为可微函数. 由定义

$$f'(x_0) = \lim_{x\to x_0}\frac{f(x) - f(x_0)}{x - x_0} = \lim_{\Delta x\to 0}\frac{\Delta y}{\Delta x},$$

其中 $\Delta y = f(x) - f(x_0)$, $\Delta x = x - x_0$. 当 $|\Delta x|$ 很小时, 我们有

$$\Delta y \approx f'(x_0)\Delta x.$$

事实上, 由 f 在点 x_0 处附近的一阶逼近公式:

$$f(x) = f(x_0) + f'(x_0)(x - x_0) + o(x - x_0),$$

得

$$\Delta y = f(x) - f(x_0) = f'(x_0)\Delta x + o(\Delta x).$$

故 $\Delta y \approx f'(x_0)\Delta x$ 的误差是一个 1 阶无穷小量 $o(\Delta x)\left(\text{即满足 } \lim\limits_{\Delta x \to 0} \dfrac{o(\Delta x)}{\Delta x} = 0\right)$. 常记

$$\mathrm{d}y = f'(x_0)\Delta x.$$

我们称 $\mathrm{d}y$ 为 f 在点 x_0 的**微分** (differential). 于是

$$\Delta y \approx \mathrm{d}y = f'(x_0)\Delta x$$

是函数增量 $\Delta y = f(x) - f(x_0)$ 的一个带有 1 阶无穷小量误差的约值.

例 7.4.5 设在测量圆盘的半径 r 时, r 的值被量得为 5 cm. 若测量的误差为 0.01 cm, 求圆面积的误差 (的约值), 以及相对误差 (的约值).

解 令圆面积为 A, 则

$$A = \pi r^2.$$

于是

$$\mathrm{d}A = \left(\frac{\mathrm{d}A}{\mathrm{d}r}\right)\Delta r = 2\pi r \Delta r.$$

当 $r = 5$ cm, $\Delta r = \pm 0.01$ cm, 我们有

$$\mathrm{d}A\Big|_{\substack{r=5\\ \Delta r=\pm 0.01}} = \pm 0.1\pi\,(\mathrm{cm}^2).$$

所以, 圆面积的误差约为

$$\Delta A \approx \mathrm{d}A = \pm 0.1\pi\,(\mathrm{cm}^2),$$

相对误差约为

$$\frac{\Delta A}{A} \approx \frac{2\pi r \Delta r}{\pi r^2} = \frac{2\Delta r}{r} = \pm\frac{2 \times 0.01}{5} = \pm 0.4\%.$$ □

定理 7.4.6 (微分的四则运算)

(1) $\mathrm{d}(ku)=k\mathrm{d}u$, 其中 k 为常数;

(2) $\mathrm{d}(u\pm v)=\mathrm{d}u\pm\mathrm{d}v$;

(3) $\mathrm{d}(uv)=u\mathrm{d}v+v\mathrm{d}u$;

(4) $\mathrm{d}\left(\frac{u}{v}\right)=\frac{v\mathrm{d}u-u\mathrm{d}v}{v^2}$.

证明 我们只证 (3), 其他留作习题 (见习题 7.4 第 11 题). 已知:

$$\frac{\mathrm{d}(uv)}{\mathrm{d}x}=u\frac{\mathrm{d}v}{\mathrm{d}x}+v\frac{\mathrm{d}u}{\mathrm{d}x}.$$

于是

$$\begin{aligned}\mathrm{d}(uv)&=\frac{\mathrm{d}(uv)}{\mathrm{d}x}\cdot\Delta x\\&=\left(u\frac{\mathrm{d}v}{\mathrm{d}x}+v\frac{\mathrm{d}u}{\mathrm{d}x}\right)\Delta x\\&=u\left(\frac{\mathrm{d}v}{\mathrm{d}x}\Delta x\right)+v\left(\frac{\mathrm{d}u}{\mathrm{d}x}\Delta x\right)\\&=u\mathrm{d}v+v\mathrm{d}u.\end{aligned}$$

□

定理 7.4.7 (微分的链式法则)

$$\mathrm{d}(f\circ g(x))=\mathrm{d}(f(g(x)))=f'(g(x))\,\mathrm{d}g(x)=f'(g(x))\cdot g'(x)\,\mathrm{d}x.$$

证明留作习题 (见习题 7.4 第 12 题). □

对于许多应用上的问题, 微分的记号比导数的记号来得好用、简洁.

7.4.3 牛顿法求根

牛顿法 (Newton method) 是一种使用迭代的方式, 来求取方程 $f(x)=0$ 的根 c 的逼近方法. 即我们可以简易的方法, 求得一数列 $\{x_n\}_n$, 使得 $\lim_{n\to\infty}x_n=c$.

观察图 7.17.

牛顿逼近法包含以下重复的步骤:

(0) 我们先确定一个起始的值 x_0.

(1) 作曲线 $y=f(x)$ 在点 $(x_0,f(x_0))$ 处的切线.

(2) 找出切线在 x 轴上的截距 x_1.

(3) 以 x_1 代换 x_0; 作曲线 $y=f(x)$ 在点 $(x_1,f(x_1))$ 处的切线.

(4) 找出切线在 x 轴上截距 x_2.

(5) 以 x_2 代换 x_1; 作曲线 $y=f(x)$ 在点 $(x_2, f(x_2))$ 处的切线.

(6) 找出切线在 x 轴上截距 x_3.

……

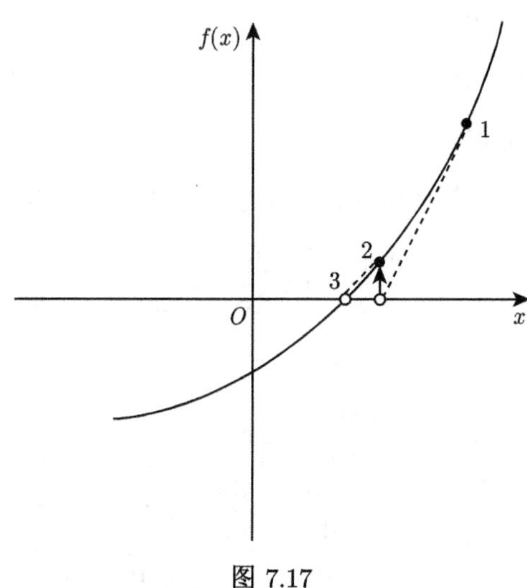

图 7.17

反复进行迭代数次之后, 看起来就可以得到, 越来越接近真正的根 c 的值 x_1, $x_2, \cdots, x_n, \cdots$.

现在, 假设我们已经求得根 c 的近似值 x_n. 曲线 $y=f(x)$ 在点 $(x_n, f(x_n))$ 处的切线方程为

$$y=f(x_n)+f'(x_n)(x-x_n).$$

假设切线与 x 轴交于点 $(x_{n+1}, 0)$. 则

$$0=f(x_n)+f'(x_n)(x_{n+1}-x_n).$$

解之, 得

$$x_{n+1}=x_n-\frac{f(x_n)}{f'(x_n)}, \quad \forall n=1,2,\cdots.$$

在应用牛顿法的时候, 我们会先给定容许误差范围 $\varepsilon>0$ (例如: $\varepsilon=0.5\times10^{-3}$, 这相当于要求: 答案准确至小数点后三位有效数字; 亦即: 对答案数值在小数点后的第四位, 进行四舍五进运算后, 不会再有改进). 任意取 x_0, 以之作为对根 c 的初始估计值. 应用迭代公式, 得 c 的近似值 $x_1, x_2, \cdots, x_n, \cdots$.

如果有 x_n, 使得 $|x_n-x_{n-1}|<\varepsilon$, 则以 x_n 为方程 $f(x)=0$ 的近似解.

例 7.4.8 解方程 $x = \cos x$.

解 令

$$f(x) = \cos x - x.$$

现在求 $f(x) = 0$ 的近似根. 选定容许误差范围 $\varepsilon = 0.5 \times 10^{-3}$, 以及初始估计 $x_0 = \dfrac{\pi}{2}$. 应用公式

$$\begin{aligned} x_{n+1} &= x_n - \frac{f(x_n)}{f'(x_n)} \\ &= x_n - \frac{\cos x_n - x_n}{-\sin x_n - 1} \\ &= \frac{x_n \sin x_n + \cos x_n}{1 + \sin x_n}. \end{aligned}$$

依次代入得, $x_1 = 0.7854, x_2 = 0.7395, x_3 = 0.7391, \cdots$. 因为

$$|x_3 - x_2| = |0.7391 - 0.7395| < \varepsilon,$$

所以, 我们取 0.739 作为 $f(x) = \cos x - x = 0$ 的近似解. 事实上, $f(0.739) = \cos 0.739 - 0.739 \approx 0.000142$. □

例 7.4.9 设

$$f(x) = x^2 - 3,$$

求 f 的根.

解 首先,

$$f'(x) = 2x.$$

代入牛顿法的公式, 我们有

$$x_{n+1} = x_n - \frac{x_n^2 - 3}{2x_n} = \frac{x_n^2 + 3}{2x_n}, \quad n = 0, 1, 2, \cdots.$$

取 x_0 为 2, 则

$$x_1 = 1.75.$$

由此, 依次得

$$x_2 = 1.732142857142857206298,$$

$$x_3 = 1.732050810014727604269.$$

因为

$$|x_3 - x_2| < 0.5 \times 10^{-3},$$

所以, 我们可以取 1.732 为 $f(x) = x^2 - 3$ 的一个近似根. 事实上, f 真正的根为 $c = \sqrt{3} = 1.732050807\cdots$, 它与 x_3 的误差小于 10^{-8}. □

在使用牛顿法时, 我们不一定都能找到 f 的根. 事实上, 当 $f'(x_n)$ 等于零, 或很接近零时, 我们就不大能使用牛顿法. 如图 7.18 所示.

另外有几种情形在做牛顿法时会失败, 如图 7.19 所示. 有些时候可以尝试更改起始点, 以求得到成功的收敛值.

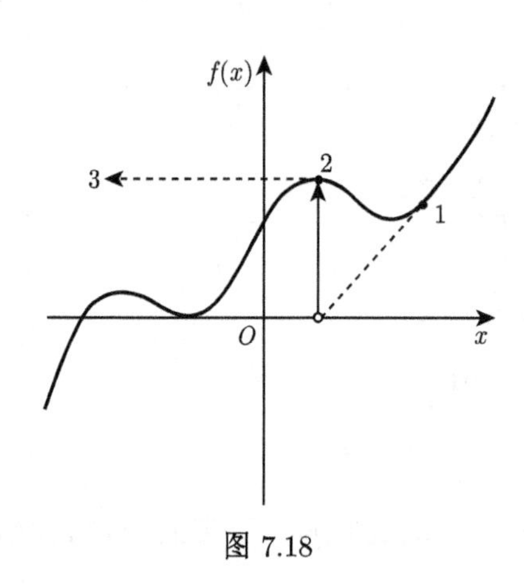

图 7.18

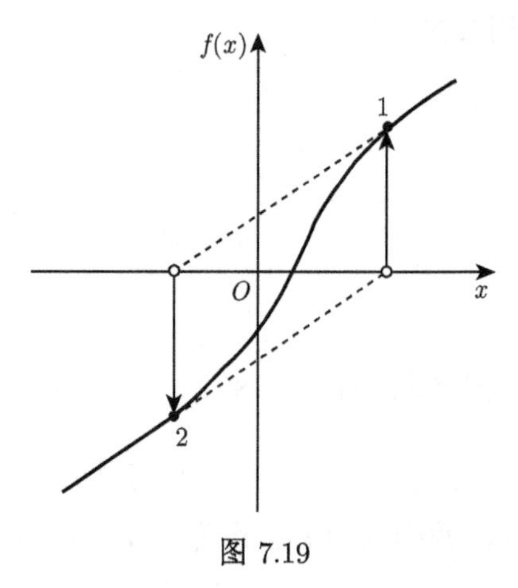

图 7.19

习题 7.4

1. 证明下列不等式:

(1) $te^{-t} > \frac{1}{t}e^{-\frac{1}{t}}$ $(0 < t < 1)$.

(2) $\cos\theta > 1 - \frac{\theta^2}{2}$ $(\theta \neq 0)$.

(3) $e^{-2a} \geqslant \frac{1-a}{1+a}$ $(0 \leqslant a \leqslant 1)$.

(4) $\sqrt{xy} < \frac{y-x}{\ln y - \ln x} < \frac{x+y}{2}$ $(y > x > 0)$.

(5) $1 - a^2 \leqslant 2^a$ $(0 \leqslant a \leqslant 1)$.

(6) 设 $x > 0,\ y > 0$,

(i) $x^p + y^p \geqslant 2^{1-p}(x+y)^p$ $(p > 1)$;

(ii) $x^p + y^p \leqslant 2^{1-p}(x+y)^p$ $(0 < p < 1)$.

(7) 设 $b \geqslant a \geqslant 0$, 则

$$2\tan^{-1}\frac{b-a}{2} \geqslant \tan^{-1}b - \tan^{-1}a.$$

2. 试证明 $x^3 - 3x + 1 = 0$ 在区间 $(0,1)$ 中, 恰好只有一个根.

3. 试求满足下列各式的所有函数 f:

(1) $f'(x) = \cos x$;

(2) $f''(x) = x + x^3$.

4. 假设 $f(x)$ 及 $g(x)$ 是两个可微函数, 且满足

$$fg' - f'g = 0.$$

证明: 若 a 与 b 是 f 的两个相邻的零点 (解), 则存在常数 k 使得在 $[a,b]$ 上, $g(x)=kf(x)$.

5. (1) 试举一函数 f 的例子, 使得 $\lim\limits_{x\to+\infty} f(x)$ 存在, 但是 $\lim\limits_{x\to+\infty} f'(x)$ 不存在.

(2) 试证明: 假如 $\lim\limits_{x\to+\infty} g(x)$ 和 $\lim\limits_{x\to+\infty} g'(x)$ 都存在, 则 $\lim\limits_{x\to+\infty} g'(x)=0$.

(3) 证明: 如果 $\lim\limits_{x\to+\infty} h(x)$ 和 $\lim\limits_{x\to+\infty} h''(x)$ 都存在, 则 $\lim\limits_{x\to+\infty} h''(x)=\lim\limits_{x\to+\infty} h'(x)=0$.

6. 假设对任意两数 x,y, 以下不等式都被满足:

$$|f(x)-f(y)|\leqslant|x-y|^n,\quad 其中\ n>1.$$

则 f 是一个常数函数.

7. 若 f 是二次可微分函数, $f(0)=0, f(1)=1$, 而且 $f'(0)=f'(1)=0$. 试证明: 在 $[0,1]$ 中, 存在着某个点 x, 使得 $|f''(x)|\geqslant 2$. 这个问题的物理意义是: 若一质点在单位时间内移动单位距离, 开始和停止时的速度都是 0, 则在单位时间内的某时刻, 它的加速度大于或等于 2.

8. 设 f 为一函数, 使得 $f'(x)=\dfrac{1}{x}, \forall x>0$, 而且 $f(1)=0$. 证明:

$$f(xy)=f(x)+f(y),\quad \forall x>0,\forall y>0.$$

提示: 定义另一函数 $g(x)=f(xy)$, 然后求 $g'(x)$.

9. 设球的直径是 20 cm. 若测量的误差为 0.01 cm, 求球的表面积和体积的测量值的误差 (的近似值), 以及相对误差 (的近似值).

10. 利用正切电流计确定电流强度 I 时, 我们使用下列公式

$$I=k\tan\phi.$$

(1) 试求: 读角误差 $\mathrm{d}\phi$ 与电流强度误差 $\mathrm{d}I$ 的关系式.

(2) 当 ϕ 接近何值时, 电流强度 I 的相对误差最小?

11. 证明定理 7.4.6 (微分的四则运算) 的 (1), (2) 和 (4).

12. 证明定理 7.4.7 (微分的链式法则).

13. 我们设定容许的误差范围为 $\varepsilon=0.5\times10^{-3}$. 试用牛顿法, 确定以下所给函数 f 的根 c, 具有指出的约值.

(1) $f(x)=x^3-2x^2-5=0,\ c=2.691$;

(2) $-x+\sin x+1=0,\ c=1.935$.

第 8 章　不 定 积 分

8.1　求导与求积

对于每一个定义在区间 (a, b) 上的函数 g, 若找出定义在区间 (a, b) 上的函数 G, 使得

$$G' = \frac{\mathrm{d}G}{\mathrm{d}x} = g,$$

则称 G 为 g 的*原函数* (primitive function). 由 g 求出 G 的过程称为*求积* (integration). 不过, 原函数并不是唯一的.

例 8.1.1　考虑函数

$$g(x) = 2x.$$

由于

$$G_0(x) = x^2, \quad G_1(x) = x^2 + 1, \quad G_2(x) = x^2 + 2, \cdots$$

的导数都是 $g(x)$, 所以 $G_0, G_1, G_2, \cdots$ 都是 g 的原函数. □

上例并不是偶然的现象. 事实上, 我们有如下定理.

定理 8.1.2　假若

$$\frac{\mathrm{d}G}{\mathrm{d}x} = g,$$

则 g 的所有原函数恰巧都有形式

$$G_C(x) = G(x) + C, \quad C \in \mathbb{R}.$$

证明　首先,

$$\frac{\mathrm{d}G_C}{\mathrm{d}x} = \frac{\mathrm{d}G}{\mathrm{d}x} + \frac{\mathrm{d}C}{\mathrm{d}x} = g + 0 = g.$$

所以, 所有 G_C 都是 g 的原函数. 其次, 我们要证明 g 的所有原函数就是这些 G_C. 假设函数 F 也是 g 的原函数, 即

$$\frac{\mathrm{d}F}{\mathrm{d}x} = g.$$

于是

$$F' = G'.$$

由推论 6.4.6,

$$F(x)-G(x)=C \quad (C \text{ 为常数}).$$

也就是说

$$F(x)=G(x)+C,$$

即

$$F=G_C.$$

□

若 $\dfrac{\mathrm{d}G(x)}{\mathrm{d}x}=g(x)$, 我们用微分记号, 则有

$$\mathrm{d}G(x)=g(x)\,\mathrm{d}x.$$

我们用积分记号 "$\int$", 代表微分 "d" 的反运算. 由此, 我们记

$$G(x)=\int \mathrm{d}G(x)=\int g(x)\,\mathrm{d}x+C.$$

这里, C 是某一个 (待定) 常数. 换句话说, 单凭条件$\dfrac{\mathrm{d}G}{\mathrm{d}x}=g$ 是不足以决定 G 的. 由定理 8.1.2, 这个条件可以在误差为一个常数项 C 之下决定 G. 这就是在公式

$$G(x)=\int g(x)\,\mathrm{d}x+C$$

中, 常数项 C 的由来.

以下, C 总代表某一任意常数. 由于 C 是任意的, 不妨将所有这种任意常数, 都写成 C. 于是, 我们有很奇怪的约定:

$$C+C=C, \quad C-C=C, \quad -C=C, \quad C\cdot C=C, \quad C/C=C, \quad \cdots.$$

我们也把 $\int g\,\mathrm{d}x$ 称为 g 的不定积分. 以下是严格的定义.

定义 8.1.1 记由所有 f 的原函数所组成的集合为

$$\int f(x)\,\mathrm{d}x=\{G: G'=f\}.$$

称集合 $\int f(x)\,\mathrm{d}x$ 为 f 的不定积分 (indefinite integral). 我们将会使用简化了的记号 (即不会写出集合的语言), 以等式

$$F(x) = \int f(x)\,\mathrm{d}x + C,$$

或者, 更简洁地,

$$F = \int f\,\mathrm{d}x + C$$

表示 F 为 f 的一族原函数, 即 $F' = f$.

与求导相似, 求积也是线性的.

定理 8.1.3　(1) $\int (f \pm g)\,\mathrm{d}x = \int f\,\mathrm{d}x \pm \int g\,\mathrm{d}x + C$;

(2) $\int kf\,\mathrm{d}x = k\int f\,\mathrm{d}x + C$, 其中 k 为常数.

证明　(1) 设 $\int f\,\mathrm{d}x = F + C$ 和 $\int g\,\mathrm{d}x = G + C$. 于是,

$$\frac{\mathrm{d}F}{\mathrm{d}x} = f, \quad \frac{\mathrm{d}G}{\mathrm{d}x} = g.$$

由此

$$\frac{\mathrm{d}(F+G)}{\mathrm{d}x} = \frac{\mathrm{d}F}{\mathrm{d}x} + \frac{\mathrm{d}G}{\mathrm{d}x} = f + g.$$

换句话说,

$$\int (f+g)\,\mathrm{d}x = F + G + C = \int f\,\mathrm{d}x + \int g\,\mathrm{d}x + C.$$

□

(2) 证明留作习题 (见习题 8.1 第 1 题).

定理 8.1.4

$$\frac{\mathrm{d}}{\mathrm{d}x}\int f\,\mathrm{d}x = f, \quad \int \frac{\mathrm{d}}{\mathrm{d}x} f\,\mathrm{d}x = f + C.$$

证明　设 $\frac{\mathrm{d}F}{\mathrm{d}x} = f$. 根据定义,

$$F = \int f\,\mathrm{d}x + C.$$

由此

$$\frac{\mathrm{d}}{\mathrm{d}x}\int f\,\mathrm{d}x = \frac{\mathrm{d}}{\mathrm{d}x}(F + C) = \frac{\mathrm{d}F}{\mathrm{d}x} = f.$$

至于第二个公式, 我们用更古怪的技巧. 设

$$g = \int \left(\frac{\mathrm{d}}{\mathrm{d}x} f \right) \mathrm{d}x + C.$$

由定义,

$$\frac{\mathrm{d}g}{\mathrm{d}x} = \frac{\mathrm{d}f}{\mathrm{d}x}.$$

于是

$$\frac{\mathrm{d}(g - f)}{\mathrm{d}x} = 0,$$

$$g - f = C \text{ (常数)}$$

或

$$g = f + C.$$

所以

$$\int \frac{\mathrm{d}}{\mathrm{d}x} f \, \mathrm{d}x = g + C = f + C.$$

□

总括来说, 我们有

$$\frac{\mathrm{d}\cdot}{\mathrm{d}x} \longleftrightarrow \int \cdot \, \mathrm{d}x.$$

这里, $\longleftrightarrow$ 表示互为反运算 (但可能差一个待定的常数 C).

习题 8.1

1. 证明定理 8.1.3(2): k 为任意常数,

$$\int kf \, \mathrm{d}x = k \int f \, \mathrm{d}x + C, \quad C \text{ 为常数}.$$

2. 证明: 不存在导函数为 $\dfrac{1}{x}$ 的多项式函数.

3. 对于下列各种情况, 各找出一个函数 f, 使它具有连续的二阶导函数 f'', 而且符合所给定的条件; 或解释这样的函数 f 不存在的理由.

(1) 对所有的 x, $f''(x) > 0$; $f'(0) = 4$; $f'(1) = 0$.

(2) 对所有的 x, $f''(x) > 0$; $f'(0) = 4$; $f'(1) = 8$.

(3) 对所有的 x, $f''(x) > 0$; $f'(0) = 4$; 对 $x > 0$, $f'(x) \leqslant 100$.

(4) 对所有的 x, $f''(x) > 0$; $f'(0) = 4$;, 对 $x > 0$, $f'(x) \geqslant 100$.

4. 一质点沿一直线运动. 在时间为 t $(0 \leqslant t \leqslant 1)$ 时, 它的位置为 $f(t)$; 在起点处的起始速度 $f'(0) = 0$, 而且具有连续的加速度 $f''(t) \geqslant 6$. 设 $0 \leqslant a < b \leqslant 1$, 而且 $b - a = \dfrac{1}{2}$. 试证明: 在区间 $[a, b]$ 内的所有时刻 t, 该质点的速度 $f'(t) \geqslant 3$.

8.2　简单积分表

由于求积是求导的反运算, 我们就先由已知的求导公式入手. 回顾下列公式:

(1) $\dfrac{\mathrm{d}}{\mathrm{d}x}C=0$, C 为常数;

(2) $\dfrac{\mathrm{d}}{\mathrm{d}x}x^n=nx^{n-1}$, n 为任何实数;

(3) $\dfrac{\mathrm{d}}{\mathrm{d}x}\cos x=-\sin x$;

(4) $\dfrac{\mathrm{d}}{\mathrm{d}x}\sin x=\cos x$;

(5) $\dfrac{\mathrm{d}}{\mathrm{d}x}\tan x=\sec^2 x$;

(6) $\dfrac{\mathrm{d}}{\mathrm{d}x}\cot x=-\csc^2 x$;

(7) $\dfrac{\mathrm{d}}{\mathrm{d}x}\mathrm{e}^x=\mathrm{e}^x$;

(8) $\dfrac{\mathrm{d}}{\mathrm{d}x}a^x=a^x\ln a, a>0$;

(9) $\dfrac{\mathrm{d}}{\mathrm{d}x}\ln|x|=\dfrac{1}{x}$;

(10) $\dfrac{\mathrm{d}}{\mathrm{d}x}\arcsin x=\dfrac{1}{\sqrt{1-x^2}}$;

(11) $\dfrac{\mathrm{d}}{\mathrm{d}x}\arctan x=\dfrac{1}{1+x^2}$.

由于

$$\int\frac{\mathrm{d}}{\mathrm{d}x}f\,\mathrm{d}x=f+C,$$

我们从以上的公式, 立即得到一个简单积分表.

$\xrightarrow{\int\cdot\mathrm{d}x}$　　$\xleftarrow{\frac{\mathrm{d}}{\mathrm{d}x}\cdot}$

	f	$F=\int f\,\mathrm{d}x+C$
(1)	0	C
(2)	x^n	$\dfrac{x^{n+1}}{n+1}+C,\ n\neq-1$
(3)	$\sin x$	$-\cos x+C$
(4)	$\cos x$	$\sin x+C$
(5)	$\sec^2 x$	$\tan x+C$
(6)	$\csc^2 x$	$-\cot x+C$
(7)	e^x	e^x+C
(8)	a^x	$\dfrac{a^x}{\ln a}+C$
(9)	$\dfrac{1}{x}$	$\ln|x|+C,\ x\neq0$
(10)	$\dfrac{1}{\sqrt{1-x^2}}$	$\arcsin x+C,\ -1<x<1$
(11)	$\dfrac{1}{1+x^2}$	$\arctan x+C$

在以上公式中, (1) 是最奇怪的.

$$\int 0\,\mathrm{d}x = C \neq 0.$$

所有公式都来源于求导的反运算. 例如 (2)

$$\frac{\mathrm{d}}{\mathrm{d}x}\frac{x^{n+1}}{n+1} = \frac{1}{n+1}\frac{\mathrm{d}}{\mathrm{d}x}x^{n+1} = \frac{1}{n+1}(n+1)x^n = x^n.$$

所以

$$\int x^n\,\mathrm{d}x = \frac{x^{n+1}}{n+1} + C \quad (n \neq -1).$$

例 8.2.1

$$\int \sqrt{x}\,\mathrm{d}x = \int x^{\frac{1}{2}}\,\mathrm{d}x = \frac{x^{\frac{1}{2}+1}}{\frac{1}{2}+1} + C = \frac{2}{3}x^{\frac{3}{2}} + C \quad \left(\text{公式(2)}, n = \frac{1}{2}\right).$$ □

例 8.2.2

$$\begin{aligned}\int \frac{1}{x^2}\,\mathrm{d}x = \int x^{-2}\,\mathrm{d}x &= \frac{1}{-2+1}x^{-2+1} + C \quad (\text{公式(2)}, n = -2)\\ &= -\frac{1}{x} + C.\end{aligned}$$ □

例 8.2.3

$$\begin{aligned}\int \mathrm{e}^x + \frac{1}{x^2} - 4\cos x\,\mathrm{d}x &= \int \mathrm{e}^x\mathrm{d}x + \int \frac{1}{x^2}\,\mathrm{d}x - \int 4\cos x\,\mathrm{d}x\\ &= \int \mathrm{e}^x\,\mathrm{d}x + \int x^{-2}\,\mathrm{d}x - 4\int \cos x\,\mathrm{d}x\\ &= \mathrm{e}^x + \frac{x^{-2+1}}{-2+1} - 4\sin x + C\\ &= \mathrm{e}^x - \frac{1}{x} - 4\sin x + C.\end{aligned}$$ □

习题 8.2

1. 求下列不定积分:

(1) $\int \left(\frac{x^3}{3} + \frac{x^2}{2} + x + 1 - \frac{1}{x} - \frac{2}{x^2} - \frac{3}{x^3}\right)\mathrm{d}x$;

(2) $\int \left(2\sqrt{2} + 3\sqrt{x^3} + \frac{1}{2\sqrt{x}} + \frac{1}{\sqrt[3]{x^2}} - 3\right)\mathrm{d}x$;

(3) $\int (\mathrm{e}^x - x^{\mathrm{e}} + x^4 - 4^x)\,\mathrm{d}x$;

(4) $\int \left(2^x + \frac{1}{2^x} - \frac{1}{2\mathrm{e}^x} - 2\mathrm{e}^x\right)\mathrm{d}x$;

(5) $\displaystyle\int \frac{(\sqrt{x}+x)(\sqrt{x}-x)}{\sqrt[3]{x^2}}\,\mathrm{d}x$;

(6) $\displaystyle\int \left(1-\frac{1}{x^2}\right)\sqrt{x\sqrt{x}}\,\mathrm{d}x$;

(7) $\displaystyle\int \frac{\mathrm{d}x}{\cos^2 x\sin^2 x}$;

(8) $\displaystyle\int \tan^2 x\,\mathrm{d}x$;

(9) $\displaystyle\int \cot^2 x\,\mathrm{d}x$;

(10) $\displaystyle\int \frac{\cos 2x}{\cos^2 x\sin^2 x}\,\mathrm{d}x$;

(11) $\displaystyle\int \frac{\cos 2x}{\cos x-\sin x}\,\mathrm{d}x$;

(12) $\displaystyle\int \left(2-\frac{1}{\cos^2}\right)\mathrm{d}x$;

(13) $\displaystyle\int \frac{1+\cos^2 x}{1+\cos 2x}\,\mathrm{d}x$;

(14) $\displaystyle\int \frac{\cos 2x}{\sin^2 x}\,\mathrm{d}x$;

(15) $\displaystyle\int \frac{x^2}{1+x^2}\,\mathrm{d}x$;

(16) $\displaystyle\int \frac{x^2+2}{5(1+x^2)}\,\mathrm{d}x$;

(17) $\displaystyle\int \frac{x^4}{1+x^2}\,\mathrm{d}x$;

(18) $\displaystyle\int (2-x^2)^3\,\mathrm{d}x$.

2. 证明积分公式:

$$\int \sec x\,\mathrm{d}x=\ln|\sec x+\tan x|+C.$$

提示: 只要对等式右边的函数求导, 就会得到一个 “证明”. 不过, 若你能从左边的积分出发, “推导” 出所示的结果, 可能会有助于加强你对这个公式的印象.

3. 已知某曲线在点 x 的斜率由函数 $m(x)=\dfrac{x}{3}$ 给出.

(1) 求所有具有斜率函数为 m 的曲线的方程 $y=f(x)$.

(2) 若曲线经过点 $\left(2,\dfrac{3}{4}\right)$, 求此曲线的方程.

(3) 若曲线经过平面坐标的原点, 求此曲线的方程.

(4) 试绘出若干此曲线族中的曲线, 并且探讨在此曲线族中, 各个曲线的图形有什么共用性质?

8.3 积分技巧

如果只用 8.2 节中的积分表, 有很多函数的不定积分都不能求出. 例如

$$\int \cos 3x\,\mathrm{d}x$$

就不能求出. 然而, 我们有

$$\frac{\mathrm{d}}{\mathrm{d}x}\sin 3x=3\cos 3x.$$

于是

$$\begin{aligned}\int \cos 3x \,\mathrm{d}x &= \int \frac{1}{3}\left(\frac{\mathrm{d}}{\mathrm{d}x}\sin 3x\right)\mathrm{d}x\\ &= \int \frac{\mathrm{d}}{\mathrm{d}x}\left(\frac{1}{3}\sin 3x\right)\mathrm{d}x\\ &= \frac{1}{3}\sin 3x + C.\end{aligned}$$

我们不可能, 也不愿意, 对不在积分表中的函数, 每次都这样求积. 我们现在用一个简单的原则, 来发展各种积分技巧:

$$\text{微分} \longleftrightarrow \text{积分}$$

简单地说: 有一个微分的法则, 就会有一个相对应的积分的法则.

8.3.1 换元积分法

假设 $y = f(x)$, 而 $x = g(t)$, 即

$$y = f(g(t)).$$

由链式法则,

$$(f(g(t)))' = f'(g(t)) \cdot g'(t).$$

对两边同时求不定积分, 得

$$f(g(t)) = \int f'(g(t))g'(t)\,\mathrm{d}t + C.$$

若我们使用约定

$$\mathrm{d}g(t) = g'(t)\,\mathrm{d}t,$$

则有

$$\int f'(g(t))g'(t)\,\mathrm{d}t = \int f'(g(t))\,\mathrm{d}g(t) = f(g(t)) + C.$$

事实上, 求积是分两步完成的:

$$\int f'(g(x))g'(x)\,\mathrm{d}x \longrightarrow \int f'(g(x))\,\mathrm{d}g(x) \longrightarrow f(g(x)) + C.$$

第一步是一个局部的小型积分

$$\int g'(x)\,\mathrm{d}x = g(x) + C.$$

第二步则是一个已经简化了的积分

$$\int f'(u)\,\mathrm{d}u = f(u) + C.$$

例 8.3.1　求 $\int \sin^5 x \cos x\,\mathrm{d}x$.

解　我们注意到

$$\int \cos x\,\mathrm{d}x = \sin x + C.$$

于是

$$\int \sin^5 x \cos x\,\mathrm{d}x = \int \sin^5 x\,\mathrm{d}\sin x.$$

至此, 积分中的 $\sin x$ 只起着一个普通变量的作用. 由于

$$\int u^5\,\mathrm{d}u = \frac{u^{5+1}}{5+1} + C = \frac{u^6}{6} + C,$$

所以

$$\int \sin^5 x \cos x\,\mathrm{d}x = \int \sin^5 x\,\mathrm{d}\sin x = \frac{\sin^6 x}{6} + C. \qquad \square$$

例 8.3.2　求 $\int \frac{1}{x\ln x}\,\mathrm{d}x$.

解　由于 $\ln x$ 的定义域为 $(0, +\infty)$, 所以可以假定积分中的 x 只取正值. 因此,

$$\int \frac{1}{x}\,\mathrm{d}x = \ln|x| + C = \ln x + C.$$

所以

$$\int \frac{1}{x\ln x}\,\mathrm{d}x = \int \frac{1}{\ln x}\,\mathrm{d}\ln x.$$

另一方面,

$$\int \frac{1}{u}\,\mathrm{d}u = \ln|u| + C.$$

所以我们有

$$\int \frac{1}{x\ln x}\,\mathrm{d}x = \int \frac{1}{\ln x}\,\mathrm{d}\ln x = \ln|\ln x| + C. \qquad \square$$

有些时候, 局部积分的对象并不容易被确定. 一个有用的原则是：去掉你不喜欢的部分.

例 8.3.3 求 $\int \frac{\mathrm{d}x}{1+\sqrt{x}}$.

解 在这里, $\sqrt{x}$ 最讨人厌. 令

$$u = \sqrt{x}.$$

特别地, $u \geqslant 0$. 因为 $u^2 = x$, 于是

$$\mathrm{d}x = 2u\mathrm{d}u.$$

而且

$$\begin{aligned}
\int \frac{\mathrm{d}x}{1+\sqrt{x}} &= \int \frac{2u\,\mathrm{d}u}{1+u} = 2\int \frac{u}{1+u}\,\mathrm{d}u \\
&= 2\int \frac{1+u-1}{1+u}\,\mathrm{d}u = 2\int \left(\frac{1+u}{1+u} - \frac{1}{1+u}\right)\mathrm{d}u \\
&= 2\int \left(1 - \frac{1}{1+u}\right)\mathrm{d}u = 2\int \mathrm{d}u - 2\int \frac{1}{1+u}\,\mathrm{d}u \\
&= 2u - 2\int \frac{\mathrm{d}(1+u)}{1+u} + C \\
&= 2u - 2\ln(1+u) + C \quad (\text{因为 } 1+u \geqslant 1 > 0.) \\
&= 2\sqrt{x} - 2\ln(1+\sqrt{x}) + C.
\end{aligned}$$

□

以下几个例题很典型. 它们都利用了三角函数来求积.

例 8.3.4 求 $\int \sqrt{a^2 - x^2}\,\mathrm{d}x$, 其中 $a > 0$.

解 首先, 我们注意到积分中的 x 只能在 $[-a, a]$ 中取值. (为什么?) 因此, 我们可以作代换

$$x = a\sin t, \quad -\frac{\pi}{2} \leqslant t \leqslant \frac{\pi}{2}.$$

于是

$$a^2 - x^2 = a^2 - a^2\sin^2 t = a^2(1-\sin^2 t) = a^2\cos^2 t,$$

$$\sqrt{a^2 - x^2} = a\cos t \quad (\text{因为 } \cos t \geqslant 0).$$

再者

$$\mathrm{d}x = \mathrm{d}(a\sin t) = a\cos t\,\mathrm{d}t.$$

所以

$$\begin{aligned}\int\sqrt{a^2-x^2}\,\mathrm{d}x&=\int a\cos t\cdot a\cos t\,\mathrm{d}t=a^2\int\cos^2 t\,\mathrm{d}t\\&=a^2\int\frac{1+\cos 2t}{2}\,\mathrm{d}t=\frac{a^2}{2}\int\mathrm{d}t+\frac{a^2}{2}\int\cos 2t\,\mathrm{d}t\\&=\frac{a^2}{2}t+\frac{a^2}{2}\cdot\frac{1}{2}\int\cos 2t\,\mathrm{d}\,2t=\frac{a^2}{2}t+\frac{a^2}{4}\sin 2t+C.\end{aligned}$$

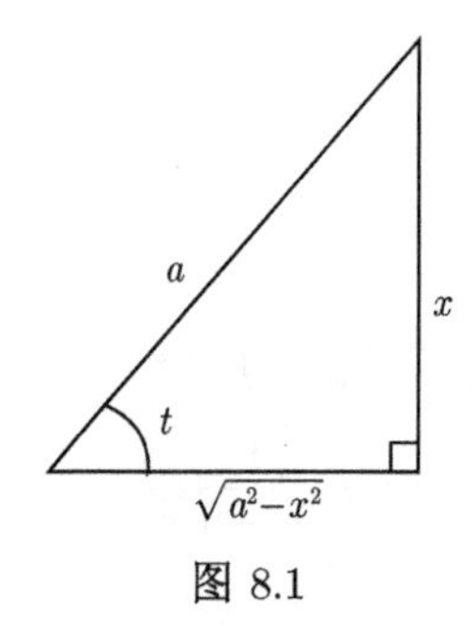

图 8.1

最后, 观察图 8.1:

$$\begin{aligned}t&=\arcsin\frac{x}{a},\\\sin t&=\frac{x}{a},\\\sin 2t&=2\sin t\cos t\\&=2\cdot\frac{x}{a}\cdot\frac{\sqrt{a^2-x^2}}{a}\\&=\frac{2x\sqrt{a^2-x^2}}{a^2}.\end{aligned}$$

所以

$$\begin{aligned}\int\sqrt{a^2-x^2}\,\mathrm{d}x&=\frac{a^2}{2}\arcsin\frac{x}{a}+\frac{a^2}{4}\cdot\frac{2x\sqrt{a^2-x^2}}{a^2}+C\\&=\frac{a^2}{2}\arcsin\frac{x}{a}+\frac{x\sqrt{a^2-x^2}}{2}+C.\end{aligned}$$

□

例 8.3.5　求 $\int\frac{\mathrm{d}x}{\sqrt{x^2+a^2}}$, 其中 $a>0$.

解　令

$$x=a\tan t,\quad -\frac{\pi}{2}<t<\frac{\pi}{2}.$$

由此

$$\begin{aligned}\sqrt{x^2+a^2}&=\sqrt{a^2\tan^2 t+a^2}=\sqrt{a^2(\tan^2 t+1)}\\&=\sqrt{a^2\sec^2 t}=a\sec t\quad(\text{因为 }\sec t\geqslant 0),\end{aligned}$$

再者

$$\mathrm{d}x=\mathrm{d}(a\tan t)=a\sec^2 t\,\mathrm{d}t.$$

由习题 8.2 第 2 题,

$$\int \frac{\mathrm{d}x}{\sqrt{x^2+a^2}} = \int \frac{a\sec^2 t\mathrm{d}t}{a\sec t} = \int \sec t\,\mathrm{d}t$$
$$= \ln|\sec t + \tan t| + C.$$

观察图 8.2:

$$\tan t = \frac{x}{a}$$

及

$$\sec t = \frac{1}{\cos t} = \frac{1}{\dfrac{a}{\sqrt{a^2+x^2}}} = \frac{\sqrt{a^2+x^2}}{a},$$

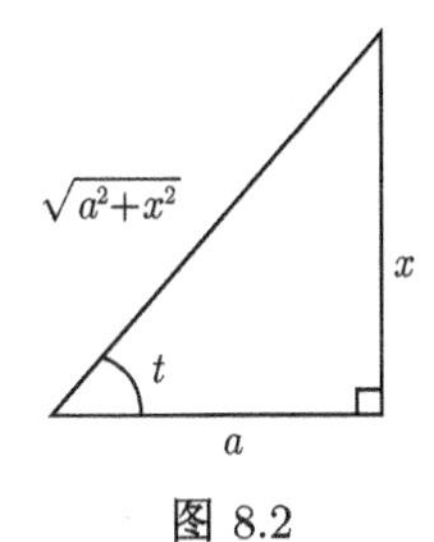

图 8.2

所以

$$\int \frac{\mathrm{d}x}{\sqrt{x^2+a^2}} = \ln\left|\frac{x}{a} + \frac{\sqrt{a^2+x^2}}{a}\right| + C$$
$$= \ln(x+\sqrt{a^2+x^2}) + C.$$

(这是因为 $-\ln a + C = C$ 及 $x+\sqrt{a^2+x^2}>0$ 之故.) □

注意 对于包含 $\sqrt{x^2-a^2}$ $(a>0)$ 的积分, 我们可以尝试用三角代换

$$x = a\sec t, \quad t \in [0, \pi/2) \cup (\pi/2, \pi].$$

此时

$$\sqrt{x^2-a^2} = \sqrt{a^2\sec^2 t - a^2} = \sqrt{a^2\tan^2 t} = a|\tan t|,$$
$$\mathrm{d}x = a\sec t\tan t\mathrm{d}t.$$

在这里, $\tan t$ 的正负号取决于变量 x 的取值范围, 究竟是满足条件 $x \geqslant a$, 还是 $x \leqslant -a$.

例 8.3.6 求 $\displaystyle\int \frac{2x-1}{x^2-x+1}\mathrm{d}x$.

解 令

$$u = x^2 - x + 1.$$

于是

$$\mathrm{d}u = (2x-1)\,\mathrm{d}x.$$

所以

$$\int \frac{2x-1}{x^2-x+1}\,\mathrm{d}x = \int \frac{\mathrm{d}u}{u} = \ln|u| + C$$
$$= \ln|x^2-x+1| + C = \ln(x^2-x+1) + C.$$

(这是因为 $x^2 - x + 1 = (x-1/2)^2 + 3/4 > 0$ 之故.) □

例 8.3.7　求 $\displaystyle\int \frac{x-2}{x^2-x+1}\,\mathrm{d}x$.

解　若参照例 8.3.6, 令

$$u = x^2 - x + 1,$$

则

$$\mathrm{d}u = (2x-1)\,\mathrm{d}x \neq (x-2)\,\mathrm{d}x.$$

一个小技巧可以帮上忙:

$$\frac{x-2}{x^2-x+1} = \frac{1}{2}\frac{2x-4}{x^2-x+1}$$
$$= \frac{1}{2}\left(\frac{2x-1}{x^2-x+1} - \frac{3}{x^2-x+1}\right)$$
$$= \frac{1}{2}\frac{2x-1}{x^2-x+1} - \frac{3}{2}\frac{1}{x^2-x+1}.$$

于是

$$\int \frac{x-2}{x^2-x+1}\,\mathrm{d}x = \frac{1}{2}\int \frac{2x-1}{x^2-x+1}\,\mathrm{d}x - \frac{3}{2}\int \frac{1}{x^2-x+1}\,\mathrm{d}x$$
$$= \frac{1}{2}\ln(x^2-x+1) - \frac{3}{2}\int \frac{1}{x^2-x+1}\,\mathrm{d}x.$$

对于第二个积分, 另一个小技巧给出:

$$\int \frac{1}{x^2-x+1}\,\mathrm{d}x = \int \frac{1}{\left(x-\frac{1}{2}\right)^2 + \left(\frac{\sqrt{3}}{2}\right)^2}\,\mathrm{d}x.$$

设 $u = x - \dfrac{1}{2}$, 则 $\mathrm{d}u = \mathrm{d}x$. 并记 $a = \dfrac{\sqrt{3}}{2}$. 于是

$$\int \frac{1}{x^2-x+1}\,\mathrm{d}x = \int \frac{1}{u^2+a^2}\,\mathrm{d}u = \frac{1}{a^2}\int \frac{1}{1+\left(\dfrac{u}{a}\right)^2}\,\mathrm{d}u$$
$$= \frac{1}{a}\int \frac{1}{1+\left(\dfrac{u}{a}\right)^2}\,\mathrm{d}\left(\frac{u}{a}\right) = \frac{1}{a}\arctan\frac{u}{a} + C$$
$$= \frac{2}{\sqrt{3}}\arctan\frac{2\left(x-\dfrac{1}{2}\right)}{\sqrt{3}} + C$$
$$= \frac{2}{\sqrt{3}}\arctan\frac{2x-1}{\sqrt{3}} + C.$$

所以

$$\int \frac{x-2}{x^2-x+1}\,\mathrm{d}x = \frac{1}{2}\ln(x^2-x+1) - \frac{3}{2}\int \frac{1}{x^2-x-1}\,\mathrm{d}x$$
$$= \frac{1}{2}\ln(x^2-x+1) - \sqrt{3}\arctan\frac{2x-1}{\sqrt{3}} + C. \qquad \square$$

8.3.2 部分分式法

例 8.3.8 求 $\displaystyle\int \frac{1}{x^2-1}\,\mathrm{d}x$.

解 观察:

$$\frac{1}{x^2-1} = \frac{1}{(x+1)(x-1)} = \frac{1}{2}\left(\frac{1}{x-1} - \frac{1}{x+1}\right).$$

所以

$$\int \frac{1}{x^2-1}\,\mathrm{d}x = \int \frac{1}{2}\left(\frac{1}{x-1} - \frac{1}{x+1}\right)\mathrm{d}x$$
$$= \frac{1}{2}\int \frac{1}{x-1}\,\mathrm{d}x - \frac{1}{2}\int \frac{1}{x+1}\,\mathrm{d}x$$
$$= \frac{1}{2}\int \frac{1}{x-1}\,\mathrm{d}(x-1) - \frac{1}{2}\int \frac{1}{x+1}\,\mathrm{d}(x+1)$$
$$= \frac{1}{2}\ln|x-1| - \frac{1}{2}\ln|x+1| + C$$
$$= \frac{1}{2}\ln\left|\frac{x-1}{x+1}\right| + C. \qquad \square$$

在例 8.3.8 中, 主要的步骤是分解

$$\frac{1}{x^2-1} = \frac{1}{2}\left(\frac{1}{x-1} - \frac{1}{x+1}\right).$$

这称为**部分分式法** (partial fraction).

例 8.3.9　求 $\int \frac{\mathrm{d}x}{x^3+1}$.

解　注意

$$x^3+1=(x+1)(x^2-x+1).$$

假设

$$\frac{1}{x^3+1}=\frac{a}{x+1}+\frac{bx+c}{x^2-x+1}.$$

全式乘以 (x^3+1), 得

$$1=a(x^2-x+1)+(bx+c)(x+1),\quad \forall x\neq -1.$$

由连续性, 以上等式对 $x=-1$ 也成立. 由此

$$1=(a+b)x^2+(b+c-a)x+(a+c).$$

比较系数得

$$\begin{cases} a+b=0, \\ b+c-a=0, \\ a+c=1. \end{cases}$$

解此联立方程, 得

$$\begin{cases} a=\dfrac{1}{3}, \\ b=-\dfrac{1}{3}, \\ c=\dfrac{2}{3}. \end{cases}$$

于是

$$\frac{1}{x^3+1}=\frac{\frac{1}{3}}{x+1}+\frac{\frac{-1}{3}x+\frac{2}{3}}{x^2-x+1}=\frac{1}{3}\left(\frac{1}{x+1}-\frac{x-2}{x^2-x+1}\right).$$

所以

$$\int \frac{\mathrm{d}x}{x^3+1}=\frac{1}{3}\int \frac{\mathrm{d}x}{x+1}-\frac{1}{3}\int \frac{x-2}{x^2-x+1}\mathrm{d}x,$$

其中

$$\int \frac{\mathrm{d}x}{x+1}=\int \frac{\mathrm{d}(x+1)}{x+1}=\ln|x+1|+C.$$

至于第二个积分, 在例 8.3.7 中已经计算出来.

$$\int \frac{x-2}{x^2-x+1}\,\mathrm{d}x = \frac{1}{2}\ln(x^2-x+1) - \sqrt{3}\arctan\frac{2x-1}{\sqrt{3}} + C.$$

最后

$$\begin{aligned}\int \frac{1}{x^3+1}\,\mathrm{d}x &= \frac{1}{3}\int\frac{\mathrm{d}x}{x+1} - \frac{1}{3}\int\frac{x-2}{x^2-x+1}\mathrm{d}x\\ &= \frac{1}{3}\ln|x+1| - \frac{1}{3}\left(\frac{1}{2}\ln(x^2-x+1) - \sqrt{3}\arctan\frac{2x-1}{\sqrt{3}}\right) + C\\ &= \frac{1}{3}\ln|x+1| - \frac{1}{6}\ln(x^2-x+1) + \frac{\sqrt{3}}{3}\arctan\frac{2x-1}{\sqrt{3}} + C.\end{aligned}$$

□

例 8.3.10 求 $I = \int \frac{1}{x(x-1)^3}\,\mathrm{d}x$.

解 设常数 $\alpha, \beta, \gamma, \delta$ 满足

$$\frac{1}{x(x-1)^3} = \frac{\alpha}{x} + \frac{\beta x^2+\gamma x+\delta}{(x-1)^3}.$$

排列组合之后, 上式可以改写成

$$\frac{1}{x(x-1)^3} = \frac{a}{x} + \frac{b}{x-1} + \frac{c}{(x-1)^2} + \frac{d}{(x-1)^3},$$

或者

$$1 = a(x-1)^3 + bx(x-1)^2 + cx(x-1) + \mathrm{d}x, \quad \forall x \in \mathbb{R},$$

其中 a, b, c, d 为待定常数. (利用等式两边函数的连续性, 我们可以得到对于 $x=0$ 或 $x=1$ 的例外情形.) 依次比较等式两边 x^3, x^2, x^1 的系数和常数项, 我们得联立方程式组:

$$\begin{cases} a+b=0,\\ -3a-2b+c=0,\\ 3a+b-c+d=0,\\ -a=1.\end{cases}$$

由此解出

$$a=-1, \quad b=1, \quad c=-1 \quad \text{及} \quad d=1.$$

于是

$$\begin{aligned}I &= -\int\frac{1}{x}\,\mathrm{d}x + \int\frac{1}{x-1}\,\mathrm{d}x - \int\frac{1}{(x-1)^2}\,\mathrm{d}x + \int\frac{1}{(x-1)^3}\,\mathrm{d}x\\ &= -\ln|x| + \ln|x-1| + \frac{1}{x-1} - \frac{1}{2(x-1)^2} + C.\end{aligned}$$

□

8.3.3 分部积分法

考虑求导公式

$$(fg)' = f'g + g'f.$$

两边同时求积:

$$\int (fg)' \mathrm{d}x = \int f'g \,\mathrm{d}x + \int g'f \,\mathrm{d}x.$$

于是

$$fg = \int g \,\mathrm{d}f + \int f \,\mathrm{d}g + C$$

或

$$\int f \,\mathrm{d}g = fg - \int g \,\mathrm{d}f.$$

以上公式的用处在于: 有很多时候, 积分

$$\int f \,\mathrm{d}g = \int fg' \,\mathrm{d}x$$

并不好求, 但是积分

$$\int g \,\mathrm{d}f = \int gf' \,\mathrm{d}x$$

却比较容易求得. 由此, 可以将较难的问题转化成较简单的问题. 此称为**分部积分法** (integration by part).

例 8.3.11 求 $\int x\mathrm{e}^x \,\mathrm{d}x$.

解 设 $f(x) = x$ 及 $g(x) = \mathrm{e}^x$. 由于 $g'(x) = \mathrm{e}^x$, 应用分部积分法.

$$\begin{aligned}\int x\mathrm{e}^x \,\mathrm{d}x &= \int \underset{\substack{\uparrow\\ f}}{x} \,\mathrm{d}\underset{\substack{\uparrow\\ g}}{\mathrm{e}^x} = x\mathrm{e}^x - \int \underset{\substack{\uparrow\\ g}}{\mathrm{e}^x} \,\mathrm{d}\underset{\substack{\uparrow\\ f}}{x}\\ &= x\mathrm{e}^x - \mathrm{e}^x + C.\end{aligned}$$

□

例 8.3.12 求 $\int \ln x \,\mathrm{d}x$.

解

$$\begin{aligned}\int \ln x \mathrm{d}x \quad &= x\ln x - \int x \mathrm{d}\ln x \\ \uparrow\ \ \uparrow \qquad & \qquad\qquad\ \ \uparrow\ \ \uparrow \\ f\ \ \ g \qquad & \qquad\qquad\ \ g\ \ \ f \\ &= x\ln x - \int x\cdot\frac{1}{x}\mathrm{d}x \quad \left(\text{因为 } d\ln x = \frac{1}{x}\mathrm{d}x\right) \\ &= x\ln x - \int \mathrm{d}x \\ &= x\ln x - x + C.\end{aligned}$$

□

例 8.3.13 求 $\int x\sin x\,\mathrm{d}x$.

解

$$\begin{aligned}\int x\sin x\,\mathrm{d}x &= -\int x\mathrm{d}\cos x \\ &= -\left(x\cos x - \int \cos x\,\mathrm{d}x\right) \\ &= -x\cos x + \sin x + C.\end{aligned}$$

□

例 8.3.14 求 $I = \int \mathrm{e}^x\cos x\,\mathrm{d}x$.

解

$$\begin{aligned}I &= \int \mathrm{e}^x\cos x\,\mathrm{d}x = \int \cos x\mathrm{d}\mathrm{e}^x \\ &= \cos x\cdot\mathrm{e}^x - \int \mathrm{e}^x\mathrm{d}\cos x = \mathrm{e}^x\cos x + \int \mathrm{e}^x\sin x\,\mathrm{d}x \\ &= \mathrm{e}^x\cos x + \int \sin x\mathrm{d}\mathrm{e}^x = \mathrm{e}^x\cos x + \sin x\cdot\mathrm{e}^x - \int \mathrm{e}^x\mathrm{d}\sin x \\ &= \mathrm{e}^x\cos x + \mathrm{e}^x\sin x - \int \mathrm{e}^x\cos x\,\mathrm{d}x \\ &= \mathrm{e}^x\cos x + \mathrm{e}^x\sin x - I.\end{aligned}$$

所以

$$2I = \mathrm{e}^x(\cos x + \sin x) + C,$$

即

$$I = \frac{1}{2}\mathrm{e}^x(\cos x + \sin x) + C.$$

□

8.3.4 形如 $\int R(\sin\theta, \cos\theta)\,\mathrm{d}\theta$ 的积分

设 $R(x,y)$ 表示 x 及 y 的有理函数 $\dfrac{P(x,y)}{Q(x,y)}$, 其中 P, Q 为 x 及 y 的多项式. 应用代换

$$t = \tan\frac{\theta}{2} \quad (-\pi < \theta < \pi).$$

此时, 如图 8.3 所示

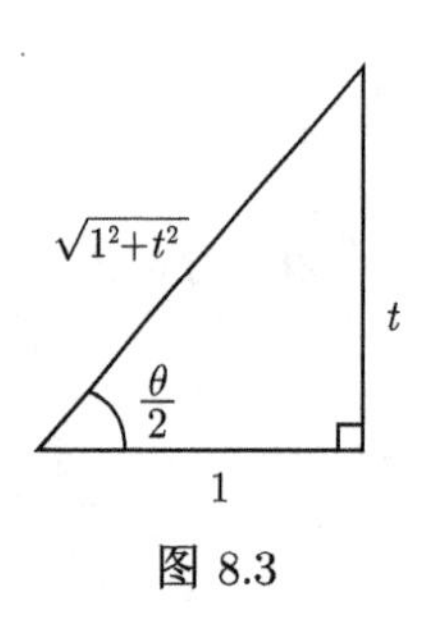

图 8.3

$$\theta = 2\arctan t,$$

$$\mathrm{d}\theta = \frac{2}{1+t^2}\,\mathrm{d}t.$$

$$\sin\theta = 2\sin\frac{\theta}{2}\cos\frac{\theta}{2} = 2\frac{t}{\sqrt{1+t^2}}\cdot\frac{1}{\sqrt{1+t^2}} = \frac{2t}{1+t^2},$$

$$\cos\theta = \cos^2\frac{\theta}{2} - \sin^2\frac{\theta}{2} = \frac{1}{1+t^2} - \frac{t^2}{1+t^2} = \frac{1-t^2}{1+t^2}.$$

于是

$$\int R(\sin\theta,\cos\theta)\,\mathrm{d}\theta = \int R\left(\frac{2t}{1+t^2},\frac{1-t^2}{1+t^2}\right)\cdot\frac{2}{1+t^2}\,\mathrm{d}t$$

是一个一元有理函数的积分. 因此可以应用前述的方法来计算.

例 8.3.15 求 $I = \int \frac{\cos x}{1+\sin x}\,\mathrm{d}x$.

解 令

$$t = \tan\frac{x}{2},\quad x = 2\arctan t.$$

则

$$\mathrm{d}x = \frac{2}{1+t^2}\,\mathrm{d}t,\quad \cos x = \frac{1-t^2}{1+t^2},\quad \sin x = \frac{2t}{1+t^2}.$$

于是

$$\begin{aligned}
I &= \int \frac{\frac{1-t^2}{1+t^2}}{1+\frac{2t}{1+t^2}}\cdot\frac{2}{1+t^2}\,\mathrm{d}t \\
&= \int \frac{2(1-t^2)}{(1+t^2+2t)(1+t^2)}\,\mathrm{d}t = \int\frac{2(1-t)}{(1+t)(1+t^2)}\,\mathrm{d}t \\
&= \int\frac{2}{1+t}\,\mathrm{d}t - \int\frac{2t}{1+t^2}\,\mathrm{d}t \\
&= 2\ln|1+t| - \ln|1+t^2| + C \\
&= 2\ln\left|1+\tan\frac{x}{2}\right| - \ln\left(1+\tan^2\frac{x}{2}\right) + C.
\end{aligned}$$

□

例 8.3.16 证明 $I = \int \sec x\,\mathrm{d}x = \ln|\sec x + \tan x| + C$.

证明 令

$$t=\tan\frac{x}{2},\quad x=2\arctan t.$$

则

$$\mathrm{d}x=\frac{2}{1+t^2}\,\mathrm{d}t,$$

$$\cos x=\frac{1-t^2}{1+t^2},\quad \sin x=\frac{2t}{1+t^2}.$$

于是

$$\begin{aligned}
I&=\int\sec x\,\mathrm{d}x=\int\frac{1+t^2}{1-t^2}\frac{2\,\mathrm{d}t}{1+t^2}\\
&=2\int\frac{\mathrm{d}t}{1-t^2}=\int\frac{\mathrm{d}t}{1-t}+\int\frac{\mathrm{d}t}{1+t}\\
&=\ln\left|\frac{1+t}{1-t}\right|+C=\ln\left|\frac{1+\tan\frac{x}{2}}{1-\tan\frac{x}{2}}\right|+C\\
&=\ln\left|\frac{\cos\frac{x}{2}+\sin\frac{x}{2}}{\cos\frac{x}{2}-\sin\frac{x}{2}}\right|+C=\ln\left|\frac{\left(\cos\frac{x}{2}+\sin\frac{x}{2}\right)^2}{\cos^2\frac{x}{2}-\sin^2\frac{x}{2}}\right|+C\\
&=\ln\left|\frac{1+\sin x}{\cos x}\right|=\ln|\sec x+\tan x|+C.
\end{aligned}$$

□

习题 8.3

1. 应用换元积分法, 计算下列积分:

(1) $\int\sqrt{2x+1}\,\mathrm{d}x$;

(2) $\int x\sqrt{1+3x}\,\mathrm{d}x$;

(3) $\int x^2\sqrt{x+1}\,\mathrm{d}x$;

(4) $\int\frac{x\,\mathrm{d}x}{\sqrt{2-3x}}$;

(5) $\int\frac{(x+1)\,\mathrm{d}x}{x^2+2x+2}$;

(6) $\int\sin^3 x\,\mathrm{d}x$;

(7) $\int x(x-1)^{1/3}\,\mathrm{d}x$;

(8) $\int\frac{\cos y\,\mathrm{d}y}{\sin^5 y}$;

(9) $\int\cos 2x\sqrt{4-\sin 2x}\,\mathrm{d}x$;

(10) $\int\frac{\sin x\,\mathrm{d}x}{(3+\cos x)^2}$;

(11) $\int\frac{\sin\sqrt{x+1}}{\sqrt{x+1}}\,\mathrm{d}x$;

(12) $\int x^{k-1}\cos x^k\,\mathrm{d}x, k\neq 0$;

(13) $\int \frac{x^3 \, \mathrm{d}x}{\sqrt{1-x^4}}$;　　(14) $\int (z^2+1)^{-5/2} \, \mathrm{d}z$;

(15) $\int x^2(27x^3+8)^{2/3} \, \mathrm{d}x$;　　(16) $\int \frac{\sin x + \cos x}{(\sin x - \cos x)^{1/3}} \, \mathrm{d}x$;

(17) $\int \frac{y \, \mathrm{d}y}{\sqrt{1+y^2+\sqrt{(1+y^2)^3}}}$;　　(18) $\int \frac{(x^2+1-2x)^{1/5} \, \mathrm{d}x}{1-x}$;

(19) $\int \frac{1}{5x-9} \, \mathrm{d}x$;　　(20) $\int \sin(wt-\xi) \, \mathrm{d}t$;

(21) $\int \frac{\mathrm{d}x}{\sqrt{1-\left(\frac{x}{3}-2\right)^2}}$;　　(22) $\int \frac{\mathrm{d}x}{\sqrt{1-3x^2}}$;

(23) $\int \tan^{10} x \sec^2 x \, \mathrm{d}x$;　　(24) $\int \mathrm{e}^{kx} 2^x \, \mathrm{d}x$;

(25) $\int (\alpha x^2+\beta)^u \, \mathrm{d}x, u \neq -1$;　　(26) $\int \tan x \, \mathrm{d}x$.

2. 应用部分分式法, 求下列不定积分 (有理函数的积分法).

(1) 对于一般的有理函数 $\frac{P(x)}{Q(x)}$, 先化为 $T(x)+\frac{F(x)}{Q(x)}$ 的多项式和真分式的和, 然后将真分式 $\frac{F(x)}{Q(x)}$ 再分解为 “最简单之真分式” 的和, 即可逐项积分. 而此 “最简单之真分式” 不外下面四种类型; 试分别求其不定积分.

(i) $\int \frac{A}{x-a} \, \mathrm{d}x$;　　(ii) $\int \frac{B}{(x-a)^n} \, \mathrm{d}x$;

(iii) $\int \frac{Cx+D}{x^2+px+q} \, \mathrm{d}x$;　　(iv) $\int \frac{Ex+F}{(x^2+px+q)^n} \, \mathrm{d}x$;

(2) $\int \frac{x^3}{3+x} \, \mathrm{d}x$;　　(3) $\int \frac{x^2+2}{x^3-5x^2+6x} \, \mathrm{d}x$;

(4) $\int \frac{x^5+x^4-8}{x^3-x} \, \mathrm{d}x$;　　(5) $\int \frac{x^2-3x+2}{x(x^2+2x+1)} \, \mathrm{d}x$;

(6) $\int \frac{\mathrm{d}x}{x^4-x^2}$;　　(7) $\int \frac{x \, \mathrm{d}x}{x^3-1}$;

(8) $\int \frac{\mathrm{d}x}{(x^2+1)(x^2+x)}$;　　(9) $\int \frac{\mathrm{d}x}{(x+1)(x^2+1)}$;

(10) $\int \frac{\mathrm{d}x}{x^4+x^2+1}$.

3. 应用分部积分法, 计算下列不定积分:

(1) $\int x \cos x \, \mathrm{d}x$.　　(2) $\int x^2 \cos x \, \mathrm{d}x$.

(3) $\int x^3 \sin x \, \mathrm{d}x$.　　(4) $\int x^3 \cos x \, \mathrm{d}x$.

(5) $\int \sin x \cos x \, \mathrm{d}x$.　　(6) $\int x \sin x \cos x \, \mathrm{d}x$.

(7) 先导出右列等式: $\int \sin^2 x \, \mathrm{d}x = -\sin x \cos x + \int \cos^2 x \, \mathrm{d}x$; 再以 $\cos^2 = 1 - \sin^2 x$ 代入最后的积分中, 由此导出公式:

$$\int \sin^2 x \, \mathrm{d}x = \frac{1}{2}x - \frac{1}{4}\sin 2x + C.$$

(8) 如 (7) 的步骤, 导出下列递回公式:

$$\int \sin^n x \, \mathrm{d}x = -\frac{\sin^{n-1} x \cos x}{n} + \frac{n-1}{n}\int \sin^{n-2} x \, \mathrm{d}x, \quad \forall n \geqslant 2.$$

$$\int \cos^n x \, \mathrm{d}x = \frac{\cos^{n-1} x \sin x}{n} + \frac{n-1}{n}\int \cos^{n-2} x \, \mathrm{d}x, \quad \forall n \geqslant 2.$$

应用 (7) 和 (8) 的结果, 验证下列公式:

(i) $\int \sin^3 x \, \mathrm{d}x = -\frac{3}{4}\cos x + \frac{1}{12}\cos 3x + C$;

(ii) $\int \sin^4 x \, \mathrm{d}x = \frac{3}{8}x - \frac{1}{4}\sin 2x + \frac{1}{32}\sin 4x + C$;

(iii) $\int \sin^5 x \, \mathrm{d}x = -\frac{5}{8}\cos x + \frac{5}{48}\cos 3x - \frac{1}{80}\cos 5x + C$;

(iv) $\int x \sin^2 x \, \mathrm{d}x = \frac{1}{4}x^2 - \frac{1}{4}x \sin 2x - \frac{1}{8}\cos 2x + C$;

(v) $\int x \sin^3 x \, \mathrm{d}x = \frac{3}{4}\sin x - \frac{1}{36}\sin 3x - \frac{3}{4}x \cos x + \frac{1}{12}x \cos 3x + C$;

(vi) $\int x^2 \sin^2 x \, \mathrm{d}x = \frac{1}{6}x^3 + \left(\frac{1}{8} - \frac{1}{4}x^2\right)\sin 2x - \frac{1}{4}x \cos 2x + C$;

(vii) $\int \cos^2 x \, \mathrm{d}x = \frac{1}{2}x + \frac{1}{4}\sin 2x + C$;

(viii) $\int \cos^3 x \, \mathrm{d}x = \frac{3}{4}\sin x + \frac{1}{12}\sin 3x + C$;

(ix) $\int \cos^4 x \, \mathrm{d}x = \frac{3}{8}x + \frac{1}{4}\sin 2x + \frac{1}{32}\sin 4x + C$.

(9) 先导出等式 $\int \sqrt{1-x^2} \, \mathrm{d}x = x\sqrt{1-x^2} + \int \frac{x^2}{\sqrt{1-x^2}} \, \mathrm{d}x$; 再以 $x^2 = -(1-x^2) + 1$ 代入右边的积分中, 导出公式:

$$\int \sqrt{1-x^2} \, \mathrm{d}x = \frac{1}{2}x\sqrt{1-x^2} + \frac{1}{2}\int \frac{\mathrm{d}x}{\sqrt{1-x^2}}.$$

(10) $\int x^n \ln x \, \mathrm{d}x$($n$ 为正整数).　　(11) $\int \frac{\arcsin x}{\sqrt{1-x}} \, \mathrm{d}x$.

(12) $\int \csc x \, \mathrm{d}x$.　　(13) $\int \cos(\ln x) \, \mathrm{d}x$.

(14) $\int x\cos^2 x\,\mathrm{d}x$.

(15) $\int x\ln(x-1)\,\mathrm{d}x$.

(16) $\int \mathrm{e}^x \sin^2 x\,\mathrm{d}x$.

(17) $\int \mathrm{e}^x \cos^2 x\,\mathrm{d}x$.

(18) $\int \frac{x}{\sin^2 x}\,\mathrm{d}x$.

(19) $\int (\arcsin x)^2\,\mathrm{d}x$.

(20) $\int \ln(x+\sqrt{1+x^2})\,\mathrm{d}x$.

(21) 导出下列公式:

$$\int (a^2-x^2)^n\,\mathrm{d}x = \frac{x(a^2-x^2)^n}{2n+1} + \frac{2a^2 n}{2n+1}\int (a^2-x^2)^{n-1}\,\mathrm{d}x + C, \quad \forall n \geqslant 1.$$

(22) 导出下列公式:

$$\int \frac{\sin^{n+1} x}{\cos^{m+1} x}\,\mathrm{d}x = \frac{1}{m}\frac{\sin^n x}{\cos^m x} - \frac{n}{m}\int \frac{\sin^{n-1} x}{\cos^{m-1} x}\,\mathrm{d}x, \quad \forall n, m \geqslant 0.$$

$$\int \frac{\cos^{m+1} x}{\sin^{n+1} x}\,\mathrm{d}x = \frac{-1}{n}\frac{\cos^m x}{\sin^n x} - \frac{m}{n}\int \frac{\cos^{m-1} x}{\sin^{n-1} x}\,\mathrm{d}x, \quad \forall n, m \geqslant 0.$$

再应用公式计算:

(i) $\int \tan^2 x\,\mathrm{d}x$;

(ii) $\int \tan^4 x\,\mathrm{d}x$;

(iii) $\int \cot^2 x\,\mathrm{d}x$;

(iv) $\int \cot^4 x\,\mathrm{d}x$.

4. 对于形如 $\int R(\sin\theta,\cos\theta)\,\mathrm{d}\theta$ 的积分, 我们应用代换 $t=\tan\frac{\theta}{2}$, 得

$$\sin\theta = \frac{2t}{1+t^2}, \quad \cos\theta = \frac{1-t^2}{1+t^2} \quad 及 \quad \mathrm{d}\theta = \frac{2\mathrm{d}t}{1+t^2}.$$

试用以计算下列不定积分:

(1) $\int \frac{\mathrm{d}\theta}{1+\sin\theta}$;

(2) $\int \frac{\mathrm{d}\theta}{1-\sin\theta}$;

(3) $\int \sin^2\theta\,\mathrm{d}\theta$;

(4) $\int \frac{\mathrm{d}\theta}{3+5\sin\theta}$.

5. 选用简单而适当的方法, 计算下列不定积分:

(1) $\int (2+3x)\sin 5x\,\mathrm{d}x$;

(2) $\int x^2(1-x)^{20}\,\mathrm{d}x$;

(3) $\int x\sqrt{1+x^2}\,\mathrm{d}x$;

(4) $\int x^{-2}\sin\frac{1}{x}\,\mathrm{d}x$;

(5) $\int x(x^2-1)^4\,\mathrm{d}x$;

(6) $\int \sin\sqrt[4]{x-1}\,\mathrm{d}x$;

(7) $\int \frac{x+3}{6x+1}\,\mathrm{d}x$;

(8) $\int x\sin x^2\cos x^2\,\mathrm{d}x$;

(9) $\int x^4(1+x^5)^5\,\mathrm{d}x$;

(10) $\int \sqrt{1+3\cos^2 x}\sin 2x\,\mathrm{d}x$;

(11) $\int \frac{\mathrm{d}x}{2-3x^2}$;

(12) $\int \frac{\mathrm{d}x}{\sqrt{x+1}+\sqrt{x-1}}$;

(13) $\int \frac{\mathrm{d}x}{\cos^2 7x}$;

(14) $\int \frac{\mathrm{d}x}{x\sqrt{x^2-1}}$;

(15) $\int \frac{\sin x}{a\sin x+b\cos x}\mathrm{d}x$;

(16) $\int \frac{1+x^2}{(1-x^2)^2}\,\mathrm{d}x$;

(17) $\int \sin\frac{x}{4}\cos\frac{3x}{4}\,\mathrm{d}x$;

(18) $\int \frac{\mathrm{d}x}{1+\mathrm{e}^x}$;

(19) $\int \frac{\mathrm{d}x}{4+\tan^2 x}$;

(20) $\int (\sin x+\cos x)\mathrm{e}^x\,\mathrm{d}x$;

(21) $\int \frac{1+\sin x}{1+\cos x}\mathrm{e}^x\,\mathrm{d}x$.

6. 找出一多项式 $P(x)$, 使得下列方程成立:

$$P'(x)-3P(x)=4-5x+3x^2.$$

第9章　定　积　分

9.1　定积分的定义及可积函数

不论从历史发展的观点, 还是从数学概念发展的过程来看, 定积分就是 “面积”.

例 9.1.1　讨论由曲线 $y=x^2$, x 轴及直线 $x=1$ 所围成区域 R 的面积 A, 如图 9.1 所示.

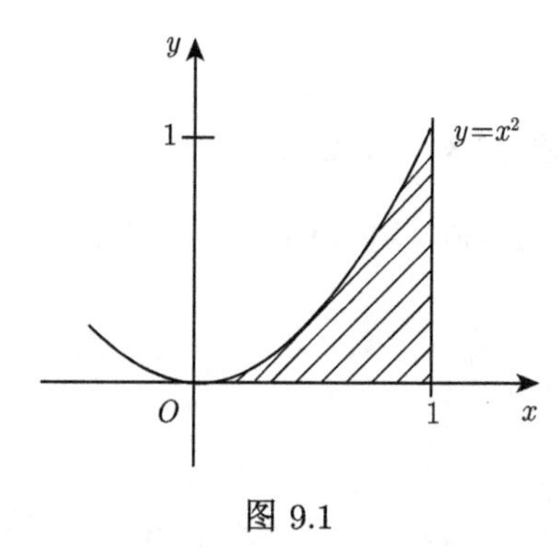

图 9.1

解　由于这不是一个 “规则” 的图形, 我们没有简便的公式来计算它的 “面积”. 一个自然的想法是, 用几个简单的长方形来近似区域 R, 并且以这些长方形的面积的总和, 来近似 R 的面积 A.

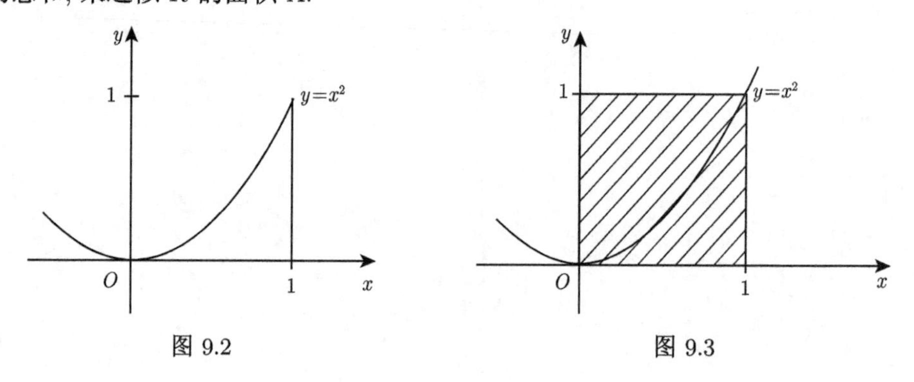

图 9.2　　　　图 9.3

譬如: 取

$$m=\min_{0\leqslant x\leqslant 1}x^2=0,\quad M=\max_{0\leqslant x\leqslant 1}x^2=1,$$

以连接 x 轴上的两点 $(0,0)$ 及 $(1,0)$ 的线段为底, 分别以 m, M 为高作二长方形来近似 R, 如图 9.2 和图 9.3. 于是,

$$0 = m \cdot 1 \leqslant A \leqslant M \cdot 1 = 1.$$

这是一个很粗糙的估计. 为了得到 A 的更精确的估计, 我们将 x 轴上的区间 $[0,1]$, 分为 1 等份, 2 等份, 3 等份, 4 等份, $\cdots$, n 等份:

$$\begin{aligned}
&[0,1] = [0,1];\\
&[0,1] = \left[0, \frac{1}{2}\right] \cup \left[\frac{1}{2}, 1\right];\\
&[0,1] = \left[0, \frac{1}{3}\right] \cup \left[\frac{1}{3}, \frac{2}{3}\right] \cup \left[\frac{2}{3}, 1\right];\\
&\qquad\cdots\cdots\\
&[0,1] = \left[0, \frac{1}{n}\right] \cup \left[\frac{1}{n}, \frac{2}{n}\right] \cup \left[\frac{2}{n}, \frac{3}{n}\right] \cup \cdots \cup \left[\frac{n-1}{n}, 1\right].
\end{aligned}$$

当 $n = 2$ 时, 我们令

$$\begin{aligned}
m_{2,1} &= \min_{0 \leqslant x \leqslant \frac{1}{2}} x^2 = 0, \quad M_{2,1} = \max_{0 \leqslant x \leqslant \frac{1}{2}} x^2 = \frac{1}{4},\\
m_{2,2} &= \min_{\frac{1}{2} \leqslant x \leqslant 1} x^2 = \frac{1}{4}, \quad M_{2,2} = \max_{\frac{1}{2} \leqslant x \leqslant 1} x^2 = 1.
\end{aligned}$$

分别以高为 $m_{2,1}, m_{2,2}, M_{2,1}, M_{2,2}$ 及底为 $\frac{1}{2}$ 的长方形来近似 R, 如图 9.4 和图 9.5 所示. 由此, 我们得到 A 的一个比较好的近似:

$$m_{2,1} \cdot \frac{1}{2} + m_{2,2} \cdot \frac{1}{2} \leqslant A \leqslant M_{2,1} \cdot \frac{1}{2} + M_{2,2} \cdot \frac{1}{2},$$

即

$$\frac{1}{8} \leqslant A \leqslant \frac{5}{8}.$$

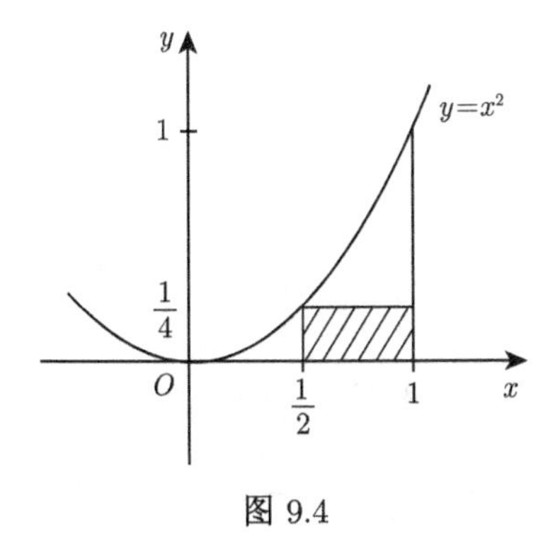

图 9.4

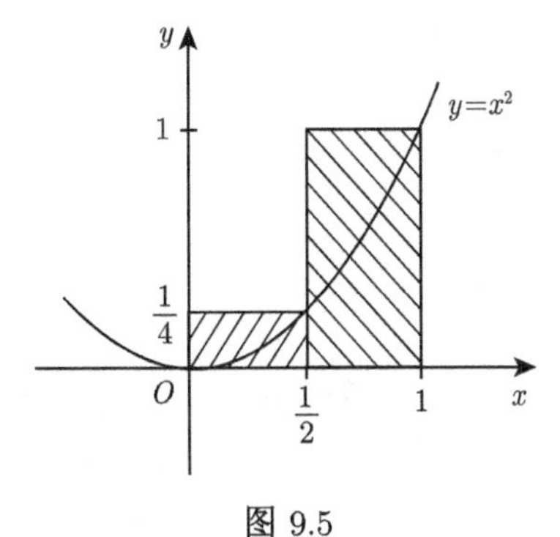

图 9.5

在这里, 除了确定 A 的范围外, 也确定了近似的误差范围不大于

$$\frac{5}{8}-\frac{1}{8}=\frac{1}{2}.$$

这比第一次近似的最大误差范围

$$1-0=1$$

小了一半.

一般地, 第 n 次近似是用 n 个底为 $\frac{1}{n}$, 高为 $m_{n,1}$, $m_{n,2}$, $\cdots$, $m_{n,n}$ (或 $M_{n,1}$, $M_{n,2}$, $\cdots$, $M_{n,n}$) 的长方形来代替 R, 如图 9.6 和图 9.7 所示, 其中

$$m_{n,1}=\min_{0\leqslant x\leqslant \frac{1}{n}} x^2=0, \qquad M_{n,1}=\max_{0\leqslant x\leqslant \frac{1}{n}} x^2=\frac{1}{n^2},$$

$$m_{n,2}=\min_{\frac{1}{n}\leqslant x\leqslant \frac{2}{n}} x^2=\frac{1}{n^2}, \qquad M_{n,2}=\max_{\frac{1}{n}\leqslant x\leqslant \frac{2}{n}} x^2=\frac{2^2}{n^2},$$

$$\cdots\cdots$$

$$m_{n,n}=\min_{\frac{n-1}{n}\leqslant x\leqslant 1} x^2=\frac{(n-1)^2}{n^2}, \quad M_{n,n}=\max_{\frac{n-1}{n}\leqslant x\leqslant 1} x^2=\frac{n^2}{n^2}=1.$$

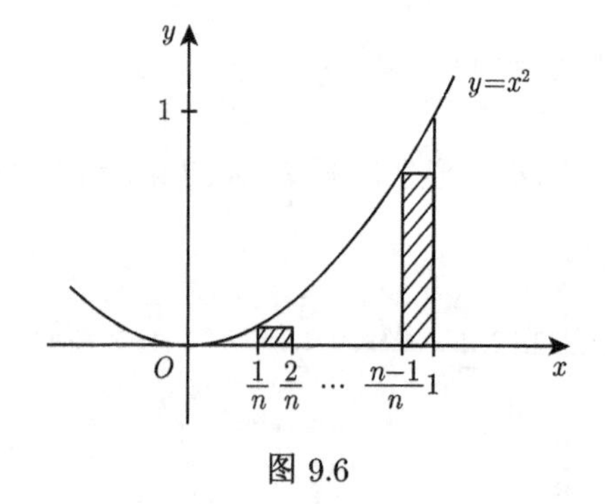

图 9.6

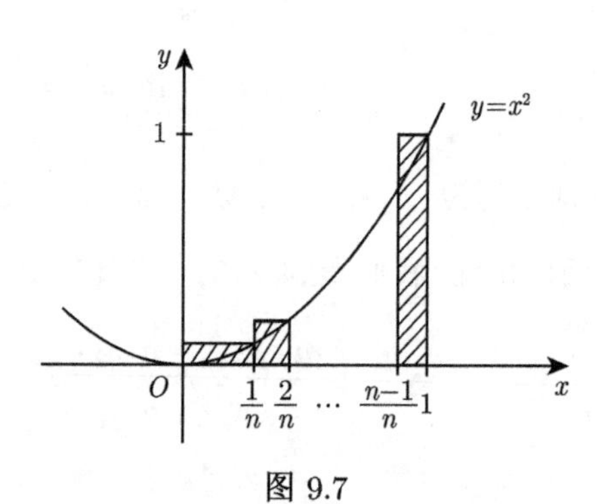

图 9.7

由此得 A 的近似:

$$m_{n,1}\cdot\frac{1}{n}+m_{n,2}\cdot\frac{1}{n}+\cdots+m_{n,n}\cdot\frac{1}{n}\leqslant A \leqslant M_{n,1}\cdot\frac{1}{n}+M_{n,2}\cdot\frac{1}{n}+\cdots+M_{n,n}\cdot\frac{1}{n},$$

即

$$0\cdot\frac{1}{n}+\frac{1^2}{n^2}\cdot\frac{1}{n}+\cdots+\frac{(n-1)^2}{n^2}\cdot\frac{1}{n}\leqslant A \leqslant \frac{1^2}{n^2}\cdot\frac{1}{n}+\frac{2^2}{n^2}\cdot\frac{1}{n}+\cdots+\frac{n^2}{n^2}\cdot\frac{1}{n},$$

$$\frac{1}{n^3}(1^2+2^2+\cdots+(n-1)^2)\leqslant A \leqslant \frac{1}{n^3}(1^2+2^2+\cdots+n^2),$$

$$\frac{(n-1)n(2n-1)}{6n^3}\leqslant A \leqslant \frac{n(n+1)(2n+1)}{6n^3}.$$

当 n 增大时, 我们对 A 所做的估计应该越来越准确. 事实上,

$$\lim_{n\to\infty}\frac{(n-1)n(2n-1)}{6n^3}=\lim_{n\to\infty}\frac{\left(1-\frac{1}{n}\right)\left(2-\frac{1}{n}\right)}{6}=\frac{1}{3},$$

$$\lim_{n\to\infty}\frac{n(n+1)(2n+1)}{6n^3}=\lim_{n\to\infty}\frac{\left(1+\frac{1}{n}\right)\left(2+\frac{1}{n}\right)}{6}=\frac{1}{3}.$$

因此

$$A=\frac{1}{3}.$$

□

为了对一般图形的面积下一个 “好的” (= 可以计算) 的定义, 我们对例 9.1.1 作一番简单的检讨. 令

s_n 代表在第 n 次近似中的小长方形组的总面积,

S_n 代表在第 n 次近似中的大长方形组的总面积,

即

$$s_n=\sum_{k=1}^{n}m_{n,k}\cdot\frac{1}{n},\quad S_n=\sum_{k=1}^{n}M_{n,k}\cdot\frac{1}{n},$$

其中

$$m_{n,k}=\min_{\frac{k-1}{n}\leqslant x\leqslant\frac{k}{n}}x^2,\quad M_{n,k}=\max_{\frac{k-1}{n}\leqslant x\leqslant\frac{k}{n}}x^2.$$

这里, 记号 $\sum\limits_{k=1}^{n}a_k$ 表示 “从 $k=1$ 到 $k=n$, 对 a_k 求和”, 即

$$\sum_{k=1}^{n}a_k=a_1+a_2+\cdots+a_n.$$

我们将有

$$s_1\leqslant s_2\leqslant\cdots\leqslant s_n\leqslant S_n\leqslant\cdots\leqslant S_2\leqslant S_1.$$

第 n 次估算的误差不大于

$$S_n-s_n=\sum_{k=1}^{n}(M_{n,k}-m_{n,k})\frac{1}{n}\to 0.$$

当 $n \to \infty$, 我们得到

$$A = \lim_{n\to\infty} S_n = \lim_{n\to\infty} s_n.$$

同时地计算上和 S_n 与下和 s_n 很重要. 除了能够指出误差的范围外, 它们也验证着图形面积的存在性. 在下一个例子中,

$$\lim_{n\to\infty} s_n < \lim_{n\to\infty} S_n.$$

因而我们不能定义此图形的面积!

例 9.1.2　讨论由 x 轴、y 轴、直线 $x = 1$ 及曲线

$$y = f(x) = \begin{cases} 1, & x \text{ 是有理数}, \\ 0, & x \text{ 是无理数} \end{cases}$$

所围成图形的面积.

解　等分闭区间 $[0,1]$ 为 n 个小区间. 它们的端点依次是

$$0 < \frac{1}{n} < \frac{2}{n} < \cdots < \frac{n-1}{n} < 1.$$

因为在每一小区间 $\left[\frac{k-1}{n}, \frac{k}{n}\right]$ 中, 皆包含有理数及无理数 (见习题 1.3 第 14 题), 所以, 我们总会有

$$m_{n,k} = \min_{\frac{k-1}{n} \leqslant x \leqslant \frac{k}{n}} f(x) = 0,$$

$$M_{n,k} = \max_{\frac{k-1}{n} \leqslant x \leqslant \frac{k}{n}} f(x) = 1.$$

于是

$$s_n = \sum_{k=1}^{n} m_{n,k} \cdot \frac{1}{n} = \sum_{k=1}^{n} 0 = n \cdot 0 = 0,$$

$$S_n = \sum_{k=1}^{n} M_{n,k} \cdot \frac{1}{n} = \sum_{k=1}^{n} \frac{1}{n} = n \cdot \frac{1}{n} = 1.$$

所以

$$\lim_{n\to\infty} s_n = 0 < 1 = \lim_{n\to\infty} S_n.$$

因而, 此图形的面积没有定义. □

我们以下讨论: 定义在有界闭区间上的有界函数的定积分.

定义 9.1.1 有界闭区间 $[a,b]$ 的**分割** (partition) P, 是指一个由 $[a,b]$ 内有限个点所组成的集合, 而且 P 包含了端点 a 和 b. 换句话说, $P=\{a=t_0,t_1,\cdots,t_{n-1},t_n=b\}$. 一般的记法是

$$P: a=t_0<t_1<\cdots<t_{n-1}<t_n=b.$$

定义分割 P 的**模**(norm of partition) 为

$$\|P\|=\|\Delta t_i\|=\max_{1\leqslant i\leqslant n}(t_i-t_{i-1}).$$

定义 9.1.2 假设函数 f 在有界闭区间 $[a,b]$ 上有界, $P: a=t_0<t_1<\cdots<t_{n-1}<t_n=b$ 是 $[a,b]$ 的一个分割. 设

$$M_i=\sup\{f(x): t_{i-1}\leqslant x\leqslant t_i\},$$
$$m_i=\inf\{f(x): t_{i-1}\leqslant x\leqslant t_i\}.$$

我们定义 f 对于 P 的**上和** (upper sum) 为

$$S(f,P)=\sum_{i=1}^{n}M_i(t_i-t_{i-1}),$$

以及 f 对于 P 的**下和** (lower sum) 为

$$s(f,P)=\sum_{i=1}^{n}m_i(t_i-t_{i-1}).$$

若 f 在 $[a,b]$ 上有上界 M 及有下界 m, 则对于 $[a,b]$ 的任何分割 P, 总有

$$m\leqslant m_i\leqslant M_i\leqslant M,\quad i=1,\cdots,n.$$

由于

$$\sum_{i=1}^{n}(t_i-t_{i-1})=(t_1-a)+(t_2-t_1)+(t_3-t_2)+\cdots+(b-t_{n-1})=b-a,$$

因此

$$\begin{aligned}m(b-a)&=\sum_{i=1}^{n}m(t_i-t_{i-1})\leqslant\sum_{i=1}^{n}m_i(t_i-t_{i-1})\\&\leqslant\sum_{i=1}^{n}M_i(t_i-t_{i-1})\leqslant\sum_{i=1}^{n}M(t_i-t_{i-1})=M(b-a),\end{aligned}$$

即

$$m(b-a) \leqslant s(f,P) \leqslant S(f,P) \leqslant M(b-a).$$

设 $\mathcal{P}$ 为由 $[a,b]$ 的所有分割组成的集合. 由于

$$s(f,P) \leqslant M(b-a), \quad \forall P \in \mathcal{P},$$

由戴德金确界存在定理 (定理 1.3.2), $\sup\{s(f,P) : P \in \mathcal{P}\}$ 存在, 而且小于 $M(b-a)$. 同理

$$S(f,P) \geqslant m(b-a), \quad \forall P \in \mathcal{P}.$$

这保证了 $\inf\{S(f,P) : P \in \mathcal{P}\}$ 存在, 而且大于 $m(b-a)$.

定义 9.1.3　设 $\mathcal{P}$ 为由 $[a,b]$ 的所有分割组成的集合. 设 f 为 $[a,b]$ 上的有界函数. 令

$$\overline{\int_a^b} f(x)\mathrm{d}x = \inf\{S(f,P) : P \in \mathcal{P}\},$$

$$\underline{\int_a^b} f(x)\mathrm{d}x = \sup\{s(f,P) : P \in \mathcal{P}\}.$$

我们称 $\overline{\int_a^b} f(x)\mathrm{d}x$ 为 f 在 $[a,b]$ 上的**上积分** (upper integral), 称 $\underline{\int_a^b} f(x)\mathrm{d}x$ 为 f 在 $[a,b]$ 上的**下积分** (lower integral).

引理 9.1.3　设 f 在 $[a,b]$ 上有界, P_1, P_2 是 $[a,b]$ 的分割, 而且 $P_1 \subseteq P_2$, 即分割 P_2 包含了分割 P_1 中的所有分点, 则

$$s(f,P_1) \leqslant s(f,P_2) \leqslant S(f,P_2) \leqslant S(f,P_1).$$

证明　由归纳法原理, 我们只需要讨论 P_2 只比 P_1 多出一个分点的情况. 假设

$$P_1 : a = t_0 < t_1 < \cdots < t_{k-1} < t_k < \cdots < t_{n-1} < t_n = b$$

及

$$P_2 : a = t_0 < t_1 < \cdots < t_{k-1} < u < t_k < \cdots < t_{n-1} < t_n = b.$$

讨论上和及下和:

$$S(f,P_1) = \sum_{k=1}^{n} M_i(t_i - t_{i-1}),$$

$$s(f,P_1) = \sum_{k=1}^{n} m_i(t_i - t_{i-1}),$$

其中

$$M_i = \sup\{f(x) : t_{i-1} \leqslant x \leqslant t_i\},$$
$$m_i = \inf\{f(x) : t_{i-1} \leqslant x \leqslant t_i\}.$$

若计算 $S(f, P_2)$ 及 $s(f, P_2)$, 则易见在其和式中, 大部分的项都跟在 $S(f, P_1)$ 及 $s(f, P_1)$ 中的一样. 唯一的例外, 是子区间 $[t_{k-1}, t_k]$ 在分割 P_2 下, 被再细分为 $[t_{k-1}, u]$ 及 $[u, t_k]$ 两个部分. 所以

$$S(f, P_2) = S(f, P_1) - M_k(t_k - t_{k-1}) + M_k'(u - t_{k-1}) + M_k''(t_k - u),$$
$$s(f, P_2) = s(f, P_1) - m_k(t_k - t_{k-1}) + m_k'(u - t_{k-1}) + m_k''(t_k - u),$$

这里

$$M_k' = \sup\{f(x) : t_{k-1} \leqslant x \leqslant u\}, \quad M_k'' = \sup\{f(x) : u \leqslant x \leqslant t_k\},$$
$$m_k' = \inf\{f(x) : t_{k-1} \leqslant x \leqslant u\}, \quad m_k'' = \inf\{f(x) : u \leqslant x \leqslant t_k\}.$$

由于取值的范围变小了, 于是

$$M_k \geqslant M_k', \quad M_k \geqslant M_k'',$$
$$m_k \leqslant m_k', \quad m_k \leqslant m_k''.$$

所以

$$\begin{aligned} S(f, P_2) &= S(f, P_1) - M_k(t_k - u) - M_k(u - t_{k-1}) + M_k'(u - t_{k-1}) + M_k''(t_k - u) \\ &\leqslant S(f, P_1), \\ s(f, P_2) &= s(f, P_1) - m_k(t_k - u) - m_k(u - t_{k-1}) + m_k'(u - t_{k-1}) + m_k''(t_k - u) \\ &\geqslant s(f, P_1). \end{aligned}$$

最后, 我们指出, 不等式 $s(f, P_2) \leqslant S(f, P_2)$ 是显然的. □

引理 9.1.3 描述了数集 $\{s(f, P) : P \in \mathcal{P}\}$ 及 $\{S(f, P) : P \in \mathcal{P}\}$ 的"有向性" (direct property).

引理 9.1.4 设 f 在 $[a, b]$ 上有界, 则

$$\underline{\int_a^b} f(x)\mathrm{d}x \leqslant \overline{\int_a^b} f(x)\mathrm{d}x.$$

证明 我们首先证明: 若 P_1, P_2 同是 $[a, b]$ 的分割, 则

$$s(f, P_1) \leqslant S(f, P_2).$$

事实上, 若

$$
\begin{aligned}
P_1 &: a = t_{10} < t_{11} < \cdots < t_{1n} = b, \\
P_2 &: a = t_{20} < t_{21} < \cdots < t_{2m} = b,
\end{aligned}
$$

则 $P_3 = P_1 \cup P_2$ 也是 $[a,b]$ 的一个分割, 它的分点包括了分割 P_1 及 P_2 的所有分点, 即

$$P_3 = \{t_{1i}, t_{2j} : i = 1, 2, \cdots, n,\ j = 1, 2, \cdots, m\}.$$

由引理 9.1.3,

$$s(f, P_1) \leqslant s(f, P_3) \leqslant S(f, P_3) \leqslant S(f, P_2).$$

固定 P_2

$$\underline{\int_a^b} f(x)\mathrm{d}x = \sup\{s(f, P_1) : P_1 \in \mathcal{P}\} \leqslant S(f, P_2).$$

现在, 由于 P_2 也可以是 $[a,b]$ 的任意分割, 我们有

$$\underline{\int_a^b} f(x)\mathrm{d}x \leqslant \inf\{S(f, P_2) : P_2 \in \mathcal{P}\} = \overline{\int_a^b} f(x)\mathrm{d}x. \qquad \square$$

定义 9.1.4　若 f 为 $[a,b]$ 上的有界函数, 且 $\underline{\int_a^b} f(x)\mathrm{d}x = \overline{\int_a^b} f(x)\mathrm{d}x$, 则称 f 在 $[a,b]$ 上**可积** (integrable). 此时, 称

$$\int_a^b f(x)\mathrm{d}x = \underline{\int_a^b} f(x)\mathrm{d}x = \overline{\int_a^b} f(x)\mathrm{d}x$$

为 f 在 $[a,b]$ 上的**定积分** (definite integral).

例 9.1.2 中的函数说明了: 对于有界函数 f, 上下积分

$$\underline{\int_a^b} f(x)\mathrm{d}x < \overline{\int_a^b} f(x)\mathrm{d}x$$

有可能成立. 因而, 存在着不可积的有界函数!

定义 9.1.5 假设函数 $f:[a,b]\to\mathbb{R}$ 在 $[a,b]$ 上有界且 $f\geqslant 0$. 我们定义由 x 轴, 直线 $x=a$, $x=b$ 及曲线 $y=f(x)$ 所围成的区域的面积为

$$A=\int_a^b f(x)\mathrm{d}x.$$

若积分 $\int_a^b f(x)\mathrm{d}x$ 不存在, 则称图形的面积没有定义.

定理 9.1.5 设 f 在 $[a,b]$ 上有界.

$$f \text{ 在 } [a,b] \text{ 上可积} \iff \forall\varepsilon>0,\exists P\in\mathcal{P} \text{ 使得 } S(f,P)-s(f,P)<\varepsilon.$$

证明 ($\Longrightarrow$) 假设 f 在 $[a,b]$ 上可积. 令

$$I=\sup\{s(f,P):P\in\mathcal{P}\}=\inf\{S(f,P):P\in\mathcal{P}\}.$$

对于任意给定的 $\varepsilon>0$, 存在 $[a,b]$ 的分割 $P_1,P_2\in\mathcal{P}$, 使得

$$s(f,P_1)\leqslant I<s(f,P_1)+\frac{\varepsilon}{2}$$

及

$$S(f,P_2)\geqslant I>S(f,P_2)-\frac{\varepsilon}{2}.$$

令 $P=P_1\cup P_2\in\mathcal{P}$. 由引理 9.1.3,

$$s(f,P_1)\leqslant s(f,P)\leqslant I\leqslant S(f,P)\leqslant S(f,P_2).$$

于是

$$\begin{aligned}S(f,P)-s(f,P)&\leqslant S(f,P_2)-s(f,P_1)\\&=(S(f,P_2)-I)+(I-s(f,P_1))\\&<\frac{\varepsilon}{2}+\frac{\varepsilon}{2}=\varepsilon.\end{aligned}$$

($\Longleftarrow$) 反之, 假设 $\forall\varepsilon>0$, $\exists P\in\mathcal{P}$, 使得

$$S(f,P)-s(f,P)<\varepsilon.$$

于是

$$\begin{aligned}\inf\{S(f,P'):P'\in\mathcal{P}\}&\leqslant S(f,P)<s(f,P)+\varepsilon\\&\leqslant\sup\{s(f,P'):P'\in\mathcal{P}\}+\varepsilon.\end{aligned}$$

由于 ε 是任意的正数,

$$\inf\{S(f,P'):P'\in\mathcal{P}\}\leqslant\sup\{s(f,P'):P'\in\mathcal{P}\},$$

即

$$\overline{\int_a^b} f(x)\mathrm{d}x\leqslant\underline{\int_a^b} f(x)\mathrm{d}x.$$

由引理 9.1.4, 我们有相反的不等式. 所以 f 在 $[a,b]$ 上可积. □

定理 9.1.6 设 f 在 $[a,b]$ 上有界. 令

$$P_n=\{a,a+\Delta_n,a+2\Delta_n,\cdots,a+(n-1)\Delta_n,b\},$$

其中 $\Delta_n=\dfrac{b-a}{n}$. 则

$$f\text{在 }[a,b]\text{上可积}\iff\lim_{n\to\infty}s(f,P_n)=\lim_{n\to\infty}S(f,P_n).$$

此时

$$\int_a^b f(x)\mathrm{d}x=\lim_{n\to\infty}s(f,P_n)=\lim_{n\to\infty}S(f,P_n).$$

证明 ($\Longleftarrow$) 若

$$\lim_{n\to\infty}s(f,P_n)=\lim_{n\to\infty}S(f,P_n),$$

则对所有的 $\varepsilon>0$, 皆存在着正整数 n, 使得

$$S(f,P_n)-s(f,P_n)<\varepsilon.$$

由定理 9.1.5, f 在 $[a,b]$ 上可积.

($\Longrightarrow$) 假设 f 在 $[a,b]$ 上可积. 令

$$I=\int_a^b f(x)\mathrm{d}x.$$

由积分的定义,

$$s(f,P)\leqslant I\leqslant S(f,P),\quad\forall P\in\mathcal{P}.$$

设 M 是 f 在 $[a,b]$ 的上界, m 是 f 在 $[a,b]$ 的下界. 于是有

$$m\leqslant f(x)\leqslant M,\quad\forall x\in[a,b].$$

由定理 9.1.5, 对于所有 $\varepsilon>0$, 皆存在着对应的分割 $P\in\mathcal{P}$, 使得

$$0\leqslant S(f,P)-s(f,P)<\varepsilon.$$

设 $P=\{a=t_0,t_1,\cdots,t_h=b\}$. 当 n 足够大时, 可以使得

$$\Delta_n=\frac{b-a}{n}<t_i-t_{i-1},\quad i=1,2,\cdots,h.$$

特别地, 每一个 t_i 只落在唯一的一个子区间 $[a+(k-1)\Delta_n,a+k\Delta_n]$ 中. 令

$$P'=P\cup P_n,$$

则

$$S(f,P')-s(f,P')\leqslant S(f,P)-s(f,P)<\varepsilon. \tag{9.1.1}$$

另一方面, 我们计算 $S(f,P')$ 和 $S(f,P_n)$ 相差多少. 事实上, 在分割 P_n 中, 除了那 $h-1$ 个包含点 $t_1,t_2,\cdots,t_{h-1}$ 的子区间外, 其他分割出来的子区间与 P' 的一样. 对于那些包含 t_i 的子区间 $[a+(k_i-1)\Delta_n,a+k_i\Delta_n]$, 在 P' 中可能再被分为两个更小的区间

$$[a+(k_i-1)\Delta_n,t_i]\quad 和\quad [t_i,a+k_i\Delta_n].$$

对于这些小区间, 上和

$S(f,P_n)$ 含有一项 $M_{k_i}\Delta_n$,

$S(f,P')$ 含有两项 $M'_{k_i}(t_i-(a+(k_i-1)\Delta_n))$ 和 $M''_{k_i}((a+k_i\Delta_n)-t_i)$,

其中

$$m\leqslant M_{k_i},M'_{k_i},M''_{k_i}\leqslant M.$$

因此, 对应相关于 $[a+(k_i-1)\Delta_n,a+k_i\Delta_n]$ 的项, $S(f,P_n)$ 和 $S(f,P')$ 相差不会超过

$$M\Delta_n-m(t_i-a-(k_i-1)\Delta_n)-m(a+k_i\Delta_n-t_i)=(M-m)\Delta_n.$$

由于这种小区间最多只能有 $h-1$ 个, 所以

$$0\leqslant S(f,P_n)-S(f,P')\leqslant(h-1)(M-m)\Delta_n.$$

我们注意到 M,m,h 都是固定的. 若再假设 $n\in\mathbb{N}$ 大得足够使得

$$\Delta_n=\frac{b-a}{n}<\frac{1}{(h-1)(M-m)}\varepsilon,$$

则

$$0\leqslant S(f,P_n)-S(f,P')<\varepsilon.$$

同理, 我们也可以假设

$$0 \leqslant s(f,P') - s(f,P_n) < \varepsilon.$$

连同不等式 (9.1.1), 我们得到

$$\begin{aligned}0 &\leqslant S(f,P_n) - I \\ &\leqslant S(f,P') - I + \varepsilon \\ &\leqslant S(f,P') - s(f,P') + \varepsilon \\ &< \varepsilon + \varepsilon = 2\varepsilon.\end{aligned}$$

同理

$$0 \leqslant I - s(f,P_n) < 2\varepsilon.$$

由于 $\varepsilon > 0$ 是任意的,

$$\lim_{n\to\infty} S(f,P_n) = \lim_{n\to\infty} s(f,P_n) = I.$$ □

定理 9.1.7 设 f 在 $[a,b]$ 上可积. 对每一个 $[a,b]$ 的等份分割

$$P_n = \{a,\ a+\Delta_n,\ a+2\Delta_n, \cdots,\ a+(n-1)\Delta_n,\ b\},$$

其中 $\Delta_n = \dfrac{b-a}{n}$, 我们可以从每一个子区间中, 任选一点 $x_{nk} \in [a+(k-1)\Delta_n, a+k\Delta_n]$, 使得

$$\int_a^b f(x)\,\mathrm{d}x = \lim_{n\to\infty} \sum_{k=1}^{n} f(x_{nk})\Delta_n.$$

证明 对于 $k = 1, 2, \cdots, n$, 令

$$\begin{aligned}M_{nk} &= \sup\{f(x) : a+(k-1)\Delta_n \leqslant x \leqslant a+k\Delta_n\}, \\ m_{nk} &= \inf\{f(x) : a+(k-1)\Delta_n \leqslant x \leqslant a+k\Delta_n\}.\end{aligned}$$

由定义

$$m_{nk} \leqslant f(x_{nk}) \leqslant M_{nk}, \quad n = 1, 2, \cdots,\ k = 1, 2, \cdots, n.$$

因此

$$s(f,P_n) = \sum_{k=1}^{n} m_{nk}\Delta_n \leqslant \sum_{k=1}^{n} f(x_{nk})\Delta_n \leqslant \sum_{k=1}^{n} M_{nk}\Delta_n = S(f,P), \quad n = 1, 2, \cdots.$$

由三明治定理及定理 9.1.6, 我们得到

$$\int_a^b f(x)\,\mathrm{d}x = \lim_{n\to\infty} \sum_{k=1}^{n} f(x_{nk})\Delta_n.$$ □

应用类似的推理, 我们可以证明

推论 9.1.8 设 f 在 $[a,b]$ 上可积. 对每一个 $[a,b]$ 的分割

$$P : a = t_0 < t_1 < \cdots < t_{n-1} < t_n = b,$$

我们选 $x_k = t_k$, 或者其他在 $[t_{k-1}, t_k]$ 中任意的点, $k = 1, 2, \cdots, n$. 由此得

$$\int_a^b f(x)\,\mathrm{d}x = \lim_{\|P\|\to 0} \sum_k f(x_k)\Delta_k,$$

这里, $\Delta_k = t_k - t_{k-1}$, $k = 1, 2, \cdots, n$ 及 $\|P\| = \max_k \Delta_k$.

最后, 我们研究怎样的函数才可以积分.

定理 9.1.9 有界闭区间上的连续函数都是可积的.

证明 设 f 在 $[a,b]$ 上连续. 因此, f 在 $[a,b]$ 上一致连续 (定理 5.3.3). 于是, 对于所有 $\varepsilon > 0$, 总存在着 $\delta > 0$, 使得

$$|x - y| < \delta \implies |f(x) - f(y)| < \frac{\varepsilon}{b-a}.$$

设 P 是 $[a,b]$ 的分割, 而且 $\|P\| < \delta$. 若 $P = \{t_0 = a, t_1, t_2, \cdots, t_{n-1}, t_n = b\}$, 则

$$S(f,P) = \sum_{i=1}^n M_i(t_i - t_{i-1}),$$

$$s(f,P) = \sum_{i=1}^n m_i(t_i - t_{i-1}),$$

其中

$$M_i = \max\{f(x) : t_{i-1} \leqslant x \leqslant t_i\},$$

$$m_i = \min\{f(x) : t_{i-1} \leqslant x \leqslant t_i\}.$$

(定理 5.3.5 保证了 $\sup = \max$ 和 $\inf = \min$.) 由于 $|t_i - t_{i-1}| \leqslant \|P\| < \delta$, 所以

$$0 \leqslant M_i - m_i \leqslant \frac{\varepsilon}{b-a}, \quad i = 1, 2, \cdots, n.$$

因此

$$\begin{aligned}
S(f,P) - s(f,P) &= \sum_{k=1}^n (M_i - m_i)(t_i - t_{i-1}) \\
&\leqslant \frac{\varepsilon}{b-a} \sum_{k=1}^n (t_i - t_{i-1}) \\
&= \frac{\varepsilon}{b-a}((t_1 - a) + (t_2 - t_1) + \cdots + (b - t_{n-1})) \\
&= \frac{\varepsilon}{b-a} \cdot (b-a) = \varepsilon.
\end{aligned}$$

由定理 9.1.5, f 在 $[a,b]$ 上可积. □

定理 9.1.10 若有界函数 f 在 $[a,b]$ 上可积, 则函数

$$g(x)=\begin{cases} f(x), & x<c,\\ k, & x=c,\\ f(x)+h, & x>c \end{cases}$$

也在 $[a,b]$ 上可积, 其中 $a<c<b$, 另外, k,h 为任意的常数.

证明 应用定理 9.1.5, 设 $\varepsilon>0$, 由 f 的可积性, 存在 $[a,b]$ 的分割 P, 使得

$$S(f,P)-s(f,P)<\varepsilon.$$

设

$$M=\sup\{g(x):a\leqslant x\leqslant b\},$$
$$m=\inf\{g(x):a\leqslant x\leqslant b\}$$

及选

$$\delta<\min\left\{\frac{\varepsilon}{M-N},\ c-a,\ b-c\right\}.$$

令 $P'=P\cup\{c-\delta,c+\delta\}$. 由引理 9.1.3,

$$S(f,P')-s(f,P')<\varepsilon.$$

另一方面,

$$\begin{aligned}S(g,P')&=S(g,P'\cap[a,c-\delta])+S(g,P'\cap[c-\delta,c+\delta])+S(g,P'\cap[c+\delta,b])\\&=S(f,P'\cap[a,c-\delta])+S(g,P'\cap[c-\delta,c+\delta])+S(f,P'\cap[c+\delta,b])\\&\quad+h(b-(c+\delta)).\end{aligned}$$

同理

$$\begin{aligned}s(g,P')=&\,s(f,P'\cap[a,c-\delta])+s(g,P'\cap[c-\delta,c+\delta])+s(f,P'\cap[c+\delta,b])\\&+h(b-(c+\delta)).\end{aligned}$$

因此

$$\begin{aligned}S(g,P')-s(g,P')<&S(f,P')-s(f,P')\\&+(S(g,P'\cap[c-\delta,c+\delta])-s(g,P'\cap[c-\delta,c+\delta]))\\<&\varepsilon+(M-m)\cdot 2\delta<3\varepsilon.\end{aligned}$$

由定理 9.1.5, g 在 $[a,b]$ 上可积. □

定理 9.1.11 所有在 $[a,b]$ 上分段连续的函数皆可积.

证明 回顾函数 f 在 $[a,b]$ 上分段连续的定义是: f 在 $[a,b]$ 上的不连续点只有有限多个 $u_1,u_2,\cdots,u_k$, 而且

$$\lim_{x\to u_i^-} f(x),\quad \lim_{x\to u_i^+} f(x),\quad i=1,2,\cdots,k$$

都存在而且有限. 令

$$\begin{aligned}l_i &= \lim_{x\to u_i^-} f(x),\\ r_i &= l_i - \lim_{x\to u_i^+} f(x),\quad i=1,2,\cdots,k.\end{aligned}$$

首先假设 $k=1$. 若 $u_1=a$ 或 $u_1=b$, 则易见 f 为 $[a,b]$ 上的可积函数. 若 $a<u_1<b$, 定义

$$f_1(x)=\begin{cases} f(x), & a\leqslant x<u_1,\\ l_1, & x=u_1,\\ f(x)+r_1, & u_1<x\leqslant b.\end{cases}$$

易见 f_1 在 $[a,b]$ 上连续, 因而可积. 于是

$$f(x)=\begin{cases} f_1(x), & a\leqslant x<u_1,\\ f(u_1), & x=u_1,\\ f_1(x)-r_1, & u_1<x\leqslant b\end{cases}$$

也在 $[a,b]$ 上可积 (定理 9.1.10). 因此我们证明了: 只具有一个 (非本质的) 不连续点的分段连续函数在 $[a,b]$ 上可积. 应用归纳法可以完成一般情况的证明. 留作习题 (见习题 9.1 第 4 题). □

定理 9.1.12 若 f 在 $[a,b]$ 上单调, 则 f 在 $[a,b]$ 上可积.

证明 我们在这里只给出单调上升函数 f 是可积的证明. 应用定理 9.1.5, 对于任意的 $\varepsilon>0$, 取 $[a,b]$ 的分割 P, 使得 $\|P\|<\dfrac{\varepsilon}{f(b)-f(a)}$. 考虑

$$S(f,P)-s(f,P)=\sum_{i=1}^{n}(M_i-m_i)\Delta x_i,$$

其中

$$\begin{aligned}P:\ & a=x_0<x_1<\cdots<x_{n-1}<x_n=b,\\ M_i &= \sup\{f(x): x_{i-1}\leqslant x\leqslant x_i\}=f(x_i),\\ m_i &= \inf\{f(x): x_{i-1}\leqslant x\leqslant x_i\}=f(x_{i-1}),\\ \Delta x_i &= x_i-x_{i-1}\leqslant \|P\|.\end{aligned}$$

因此

$$
\begin{aligned}
S(f,P)-s(f,P) &= \sum_{i=1}^{n}(f(x_i)-f(x_{i-1}))\Delta x_i \\
&\leqslant \|P\|\sum_{i=1}^{n}(f(x_i)-f(x_{i-1})) \\
&= \|P\|\,(f(x_1)-f(x_0)+f(x_2)-f(x_1)+\cdots+f(x_n)-f(x_{n-1})) \\
&= \|P\|\,(f(x_n)-f(x_0)) \\
&= \|P\|\,(f(b)-f(a))<\varepsilon.
\end{aligned}
$$

因此 f 在 $[a,b]$ 上可积. □

例 9.1.13 $f(x)=[x]$ 在 $[a,b]$ 上可积.

证明 一方面, f 在 $[a,b]$ 上分段连续, 另一方面, f 在 $[a,b]$ 上单调上升. 所以由定理 9.1.11 或定理 9.1.12, 都可以推出 f 在 $[a,b]$ 上可积. □

例 9.1.14 函数

$$
f(x)=\begin{cases} \dfrac{1}{\sqrt{x}}, & x>0, \\ 0, & x=0, \end{cases}
$$

对于 $[0,1]$ 的任何等份分割, P_n 的上和 $S(f,P_n)$ 都是 $+\infty$. 事实上, 在子区间 $\left[0,\dfrac{1}{n}\right]$ 中

$$
\sup\left\{f(x):0\leqslant x\leqslant\frac{1}{n}\right\}=+\infty.
$$

因此, $S(f,P_n)=+\infty$. 另外, 下和 $s(f,P_n)<\infty\left(\text{因为 } \inf\left\{f(x):0\leqslant x\leqslant\dfrac{1}{n}\right\}=0\right)$. 因此, 不管 n 有多大,

$$
S(f,P_n)-s(f,P_n)=+\infty.
$$

因而, f 在 $[0,1]$ 上不可积. □

以上的例子表明, 对于无界函数 f, 积分 $\int_a^b f(x)\mathrm{d}x$ 是不能定义为上和及下和的极限, 或类似的上、下确界. 对于这种函数, 我们要另辟章节予以讨论. 它们的 "积分" 被称为*广义积分* (improper integral). 我们在以后, 还要讨论这个题目.

习题 9.1

1. 试指出下列的级数是哪个函数在 $[0,1]$ 上的积分? (假设它们都收敛.) 并写出级数极限所对应的定积分形式.

(1) $\lim\limits_{n\to\infty}\frac{1}{n}\sum\limits_{k=1}^{n}f\left(\frac{k}{n}\right)$;

(2) $\lim\limits_{n\to\infty}\left\{\frac{1}{n+1}+\frac{1}{n+2}+\cdots+\frac{1}{n+n}\right\}$;

(3) $\lim\limits_{n\to\infty}\frac{1^2+2^2+\cdots+n^2}{n^3}$;

(4) $\lim\limits_{n\to\infty}\sum\limits_{i=1}^{n}\frac{i}{n^2}$;

(5) $\lim\limits_{n\to\infty}\sum\limits_{i=1}^{n}\frac{i}{n^3}\sqrt{n^2-i^2}$;

(6) $\lim\limits_{n\to\infty}\frac{1}{n}\left\{\sin\frac{t}{n}+\sin\frac{2t}{n}+\cdots+\sin\frac{(n-1)t}{n}\right\}$;

(7) $\lim\limits_{n\to\infty}\sum\limits_{i=1}^{n}\frac{1}{n}\sqrt{1+\xi_i},\xi_i\in\left[\frac{i-1}{n},\frac{i}{n}\right]$;

(8) $\lim\limits_{n\to\infty}\sum\limits_{i=1}^{n}\frac{\xi_i}{n}\mathrm{e}^{\xi_i},\ \xi_i\in\left[\frac{i-1}{n},\frac{i}{n}\right]$.

2. 设 $f(t)$ 在 $[a,b]$ 上是单调递增函数, P 是 $[a,b]$ 的一个分割,

$$P: a=t_0<t_1<\cdots<t_i<\cdots<t_n=b.$$

(1) 写出 f 对于 P 的上和及下和.

(2) 证明:

$$f(a)(b-a)\leqslant\sum_{i=1}^{n}f(\xi_i)\Delta t_i\leqslant f(b)(b-a),$$

其中 $\xi_i\in[t_{i-1},t_i]$, $\Delta t=t_i-t_{i-1}$, $i=1,2,\cdots,n$.

提示: 将 $b-a$ 写成对应于分割 P 的级数和, 然后将三个级数逐项比较, 并且应用 f 的单调性.

3. 选取指定区间的分割, 写出函数对于该分割的上和及下和, 并且判断函数在该区间是否可积. 假如它是可积的, 就计算它的定积分的值. (当然, 分成 n 等份是最方便的. 但并不是每个定积分的计算都得这样分.)

(1) $f(x)=x^3$, $x\in[0,a]$;

(2) $g(x)=x^4$, $x\in[0,b]$;

(3) $h(x)=\begin{cases}x, & 0\leqslant x<1,\\ x-2, & 1\leqslant x\leqslant 2;\end{cases}$

(4) $J(x)=\begin{cases}1, & x=0,1,2,\cdots,10,\\ 0, & x\in[0,10],\quad 但是\ x\neq 0,1,2,\cdots,10;\end{cases}$

(5) $l(x)=x+[x]$, $x\in[0,2]$;

(6) $m(x)=\begin{cases} n, & x=\dfrac{1}{n}, \quad n=1,2,3,\cdots, \\ 0, & x\in[0,1], \quad \text{但是 } x\neq\dfrac{1}{n}, n=1,2,3,\cdots; \end{cases}$

(7) $k(x)=\begin{cases} 1, & x\in[0,1]\cap\mathbb{Q}, \\ -1, & x\in[0,1]\backslash\mathbb{Q}; \end{cases}$

(8) $R(x)=\begin{cases} 0, & x\in[0,1]\backslash\mathbb{Q}, \\ \dfrac{1}{p}, & x=\dfrac{q}{p} \text{ 为最简分数且 } 0\leqslant q\leqslant p \text{ 为整数}. \end{cases}$

4. 试完成定理 9.1.11 的证明: 所有在 $[a,b]$ 上的分段连续函数 f 皆可积.

提示: 在正文中已证明了, 只具有一个不连续点的分段连续函数是可积的.

5. 就下述性质, 分别举一函数为例, 并解释它是否可积:

(1) 函数具有任意下和等于上和的性质;

(2) 函数具有某个上和等于另外某个下和的性质;

(3) 连续函数具有所有下和都相等的性质.

6. 若 $a\leqslant b<c\leqslant d$, 且 f 在 $[a,d]$ 上可积, 则 f 在 $[b,c]$ 上也可积.

7. 若 $f(x)$ 在 $[a,b]$ 上可积, 则 $f(x-c)$ 在 $[a+c,b+c]$ 上可积, 而且积分值相等, 即

$$\int_a^b f(x)\,\mathrm{d}x=\int_{a+c}^{b+c} f(x-c)\,\mathrm{d}x.$$

提示: 每一个 $[a,b]$ 的分割 $P: a=x_0<x_1<\cdots<x_n=b$, 都对应于一个 $[a+c,b+c]$ 的分割 $P': a+c=x_0+c<x_1+c<\cdots<x_n+c=b+c$.

9.2 可积函数的性质

定义 9.2.1 设有界函数 f 在 $[a,b]$ 上可积. 我们约定

$$\int_b^a f(x)\,\mathrm{d}x=-\int_a^b f(x)\,\mathrm{d}x$$

及

$$\int_a^a f(x)\,\mathrm{d}x=0.$$

命题 9.2.1 积分运算 $\int_b^a \cdot\,\mathrm{d}x$ 是线性的, 即对于 $[a,b]$ 上的可积函数 f,g 及常数 k, 我们有 $f+g$ 和 kf 皆可积, 而且

(1) $\displaystyle\int_a^b f(x)+g(x)\,\mathrm{d}x=\int_a^b f(x)\,\mathrm{d}x+\int_a^b g(x)\,\mathrm{d}x$;

(2) $\int_a^b kf(x)\,\mathrm{d}x = k\int_a^b f(x)\,\mathrm{d}x$.

证明 (1) 考虑 $[a,b]$ 的任意分割 P:

$$a_0 = t_0 < t_1 < t_2 < \cdots < t_n = b.$$

计算上和:

$$\begin{aligned}S(f+g,P) &= \sum_{i=1}^{n} \sup\,\{f(x)+g(x) : t_{i-1} \leqslant x \leqslant t_i\}\Delta t_i \\ &\leqslant \sum_{i=1}^{n} \sup\,\{f(x) : t_{i-1} \leqslant x \leqslant t_i\}\Delta t_i \\ &\quad + \sum_{i=1}^{n} \sup\,\{g(x) : t_{i-1} \leqslant x \leqslant t_i\}\Delta t_i \\ &= S(f,P) + S(g,P)\end{aligned}$$

及下和:

$$\begin{aligned}s(f+g,P) &= \sum_{i=1}^{n} \inf\,\{f(x)+g(x) : t_{i-1} \leqslant x \leqslant t_i\}\Delta t_i \\ &\geqslant \sum_{i=1}^{n} \inf\,\{f(x) : t_{i-1} \leqslant x \leqslant t_i\}\Delta t_i \\ &\quad + \sum_{i=1}^{n} \inf\,\{g(x) : t_{i-1} \leqslant x \leqslant t_i\}\Delta t_i \\ &= s(f,P) + s(g,P).\end{aligned}$$

因此

$$s(f,P)+s(g,P) \leqslant s(f+g,P) \leqslant S(f+g,P) \leqslant S(f,P)+S(g,P).$$

因为 f 和 g 在 $[a,b]$ 上可积, 若 $\varepsilon > 0$ 给定, 我们可以选取 $[a,b]$ 的分割 P, 使得

$$0 \leqslant S(f,P) - s(f,P) < \varepsilon/2,$$
$$0 \leqslant S(g,P) - s(g,P) < \varepsilon/2.$$

因此

$$\begin{aligned}0 &\leqslant S(f+g,P) - s(f+g,P) \\ &\leqslant (S(f,P)+S(g,P)) - (s(f,P)+s(g,P)) < \varepsilon.\end{aligned}$$

应用定理 9.1.5 可以证明 $f+g$ 在 $[a,b]$ 上可积.

再者

$$s(f,P)\leqslant\int_a^b f(x)\,\mathrm{d}x\leqslant S(f,P)$$

及

$$s(g,P)\leqslant\int_a^b g(x)\,\mathrm{d}x\leqslant S(g,P).$$

这推出了

$$s(f,P)+s(g,P)\leqslant\int_a^b f(x)\,\mathrm{d}x+\int_a^b g(x)\,\mathrm{d}x\leqslant S(f,P)+S(g,P).$$

另一方面,

$$\begin{aligned}s(f,P)+s(g,P)\leqslant s(f+g,P)\leqslant\int_a^b f(x)+g(x)\,\mathrm{d}x\\ \leqslant S(f+g,P)\leqslant S(f,P)+S(g,P).\end{aligned}$$

于是

$$\left|\int_a^b f(x)+g(x)\,\mathrm{d}x-\left(\int_a^b f(x)\,\mathrm{d}x+\int_a^b g(x)\mathrm{d}x\right)\right|$$
$$\leqslant S(f,P)+S(g,P)-s(f,P)-s(g,P)<\varepsilon.$$

由于 $\varepsilon>0$ 是任意的, 有

$$\int_a^b f(x)+g(x)\,\mathrm{d}x=\int_a^b f(x)\,\mathrm{d}x+\int_a^b g(x)\,\mathrm{d}x.$$

(2) 对于 $[a,b]$ 的任意分割 $P:a=t_0<t_1<\cdots<t_n=b$,

$$\begin{aligned}S(kf,P)&=\sum_{i=1}^{n}\sup\{kf(x):t_{i-1}\leqslant x\leqslant t_i\}\\&=k\sum_{i=1}^{n}\sup\{f(x):t_{i-1}\leqslant x\leqslant t_i\}\\&=kS(f,P).\end{aligned}$$

同理

$$s(kf,P)=ks(f,P).$$

因此, kf 在 $[a,b]$ 上可积, 而且

$$\int_a^b kf(x)\,\mathrm{d}x=k\int_a^b f(x)\,\mathrm{d}x.$$ □

命题 9.2.2　若 f,g 在 $[a,b]$ 上可积, 则它们的乘积函数 fg 在 $[a,b]$ 上也是可积的.

证明　我们首先假设有界函数 $f,g \geqslant 0$. 为了应用定理 9.1.5, 对于任意固定的 $\varepsilon > 0$, 我们希望找出 $[a,b]$ 的一个分割 P, 使得

$$S(fg,P) - s(fg,P) < \varepsilon.$$

由于 f,g 在 $[a,b]$ 上可积, 存在 $[a,b]$ 的分割 P, 使得

$$S(f,P) - s(f,P) < \varepsilon,$$

$$S(g,P) - s(g,P) < \varepsilon.$$

令

$$M^h = \sup\{h(x) : a \leqslant x \leqslant b\},$$
$$M_i^h = \sup\{h(x) : t_{i-1} \leqslant x \leqslant t_i\}$$

及

$$m_i^h = \inf\{h(x) : t_{i-1} \leqslant x \leqslant t_i\}, \quad i = 1,2,\cdots,n,$$

其中 h 可以是 f,g 或 fg. 计算:

$$\begin{aligned}
S(fg,P) - s(fg,P) &= \sum_{i=1}^{n}(M_i^{fg} - m_i^{fg})\Delta t_i \\
&\leqslant \sum_{i=1}^{n}(M_i^f M_i^g - m_i^f m_i^g)\Delta t_i \\
&= \sum_{i=1}^{n}(M_i^f - m_i^f)M_i^g \Delta t_i + \sum_{i=1}^{n}(M_i^g - m_i^g)m_i^f \Delta t_i \\
&\leqslant M^g \sum_{i=1}^{n}(M_i^f - m_i^f)\Delta t_i + M^f \sum_{i=1}^{n}(M_i^g - m_i^g)\Delta t_i \\
&= M^g\,(S(f,P) - s(f,P)) + M^f\,(S(g,P) - s(g,P)) \\
&= (M^g + M^f)\varepsilon.
\end{aligned}$$

由于 $M^g + M^f$ 为常数, 而 $\varepsilon > 0$ 却是任意的, 所以, fg 在 $[a,b]$ 上可积.

对于一般的情形, 我们令 m^f, m^g 分别为 f,g 的下界. 对于非负可积函数 $f - m^f$ 和 $g - m^g$, 以上的讨论保证了其乘积可积. 于是, 由命题 9.2.1,

$$fg = (f - m^f)(g - m^g) + m^f g + m^g f - m^f m^g$$

也是 $[a,b]$ 上的可积函数. □

命题 9.2.3　若 f 在 $[a,b]$ 上可积, 则 $|f|$ 在 $[a,b]$ 上可积.

证明留作习题 (见习题 9.2 第 1 题). □

命题 9.2.4　设 f 在 $[a,b]$ 上可积及 $a<c<b$, 则

$$\int_a^b f(x)\,\mathrm{d}x=\int_a^c f(x)\,\mathrm{d}x+\int_c^b f(x)\,\mathrm{d}x.$$

证明　由定理 9.1.11 及命题 9.2.2, 函数

$$f_1(x)=\begin{cases} f(x), & a\leqslant x\leqslant c,\\ 0, & c<x\leqslant b\end{cases}$$

及

$$f_2(x)=\begin{cases} 0, & a\leqslant x<c,\\ f(x), & c\leqslant x\leqslant b\end{cases}$$

在 $[a,b]$ 上也是可积的 (为什么). 由于

$$f(x)=f_1(x)+f_2(x),\quad a\leqslant x\leqslant b,$$

所以

$$\int_a^b f(x)\,\mathrm{d}x=\int_a^b f_1(x)\,\mathrm{d}x+\int_a^b f_2(x)\,\mathrm{d}x.$$

另一方面, 易见

$$\int_a^b f_1(x)\,\mathrm{d}x=\int_a^c f_1(x)\,\mathrm{d}x=\int_a^c f(x)\,\mathrm{d}x$$

及

$$\int_a^b f_2(x)\,\mathrm{d}x=\int_c^b f_2(x)\,\mathrm{d}x=\int_c^b f(x)\,\mathrm{d}x.$$

于是所论得证. □

命题 9.2.5　设 f 在 $[a,b]$ 上可积. 若在 $[a,b]$ 上, $f\geqslant 0$, 则

$$\int_a^b f(x)\,\mathrm{d}x\geqslant 0.$$

证明留作习题 (见习题 9.2 第 2 题). □

推论 9.2.6　设 f,g 在 $[a,b]$ 上可积.

$$f\geqslant g\implies \int_a^b f(x)\,\mathrm{d}x\geqslant \int_a^b g(x)\,\mathrm{d}x.$$

证明　这是因为在 $[a,b]$ 上 $f-g\geqslant 0$, 命题 9.2.1 及命题 9.2.5 保证了结论. □

推论 9.2.7 设 f 在 $[a,b]$ 上可积, 则

$$\left|\int_a^b f(x)\,\mathrm{d}x\right| \leqslant \int_a^b |f(x)|\,\mathrm{d}x.$$

证明留作习题 (见习题 9.2 第 3 题). □

命题 9.2.8 设非负函数 f 在 $[a,b]$ 上连续, 且 $\int_a^b f(x)\,\mathrm{d}x = 0$, 则 $f = 0$.

证明留作习题 (见习题 9.2 第 4 题). □

定理 9.2.9 (**积分的中值定理** (mean value theorem for definite integral))

设 f 在 $[a,b]$ 上连续, 存在 ξ, 使得 $a < \xi < b$ 及

$$f(\xi) = \frac{1}{b-a}\int_a^b f(x)\,\mathrm{d}x.$$

证明 由于 f 在 $[a,b]$ 上连续, 定理 5.3.5 保证存在 $[a,b]$ 中的 c, d, 使得

$$f(c) = \min\{f(x) : a \leqslant x \leqslant b\}$$

及

$$f(d) = \max\{f(x) : a \leqslant x \leqslant b\}.$$

于是

$$f(c) \leqslant f(x) \leqslant f(d), \quad \forall x \in [a,b].$$

由推论 9.2.6

$$\int_a^b f(c)\,\mathrm{d}x \leqslant \int_a^b f(x)\,\mathrm{d}x \leqslant \int_a^b f(d)\,\mathrm{d}x,$$

$$f(c)(b-a) \leqslant \int_a^b f(x)\,\mathrm{d}x \leqslant f(d)(b-a),$$

$$f(c) \leqslant \frac{1}{b-a}\int_a^b f(x)\,\mathrm{d}x \leqslant f(d).$$

所以, 定积分

$$\frac{1}{b-a}\int_a^b f(x)\,\mathrm{d}x$$

的值是介于函数值 $f(c)$ 及 $f(d)$ 之间的数. 由连续函数的中间值定理 (定理 5.3.7), 存在着介于 c 及 d 中的数 ξ, 使得

$$f(\xi) = \frac{1}{b-a}\int_a^b f(x)\,\mathrm{d}x.$$

由于 $c, d \in [a,b]$, 故有 $a < \xi < b$. 如图 9.8 所示.

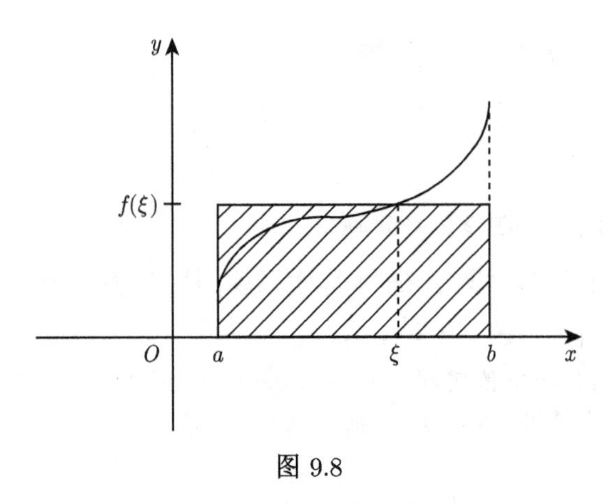

图 9.8

□

注意　在定理 9.2.9 中, 定积分

$$\frac{1}{b-a}\int_a^b f(x)\,\mathrm{d}x$$

可以看成函数 f 在区间 $[a,b]$ 上的均值. 以此均值乘以区间 $[a,b]$ 的宽 $b-a$, 即得 f 在 $[a,b]$ 上所围成的面积. 定理 9.2.9 表明: 连续函数 f 在 $[a,b]$ 上的平均高度, 必出现在 a, b 之间的某点 ξ.

定理 9.2.10 (积分的广义中值定理 (the generalized mean value theorem for definite integral))　假设 f 在 $[a,b]$ 上连续, g 在 $[a,b]$ 上可积, 且 $g\geqslant 0$ 或 $g\leqslant 0$, 存在 ξ, 使得 $a<\xi<b$ 及

$$\int_a^b f(x)g(x)\,\mathrm{d}x = f(\xi)\int_a^b g(x)\,\mathrm{d}x.$$

证明　假设 $g\geqslant 0$. 令 $c, d\in[a,b]$, 使得

$$f(c)=\min\{f(x): a\leqslant x\leqslant b\}$$

及

$$f(d)=\max\{f(x): a\leqslant x\leqslant b\}.$$

由推论 9.2.6 及以下的性质

$$f(c)g(x)\leqslant f(x)g(x)\leqslant f(d)g(x),\quad \forall x\in[a,b],$$

我们得到

$$f(c)\int_a^b g(x)\,\mathrm{d}x\leqslant\int_a^b f(x)g(x)\,\mathrm{d}x\leqslant f(d)\int_a^b g(x)\,\mathrm{d}x.$$

若 $\int_a^b g(x)\,\mathrm{d}x = 0$, 则 $\int_a^b f(x)g(x)\,\mathrm{d}x = 0$. 此时任取使得 $a < \xi < b$ 的点 ξ, 皆有

$$f(\xi)\int_a^b g(x)\,\mathrm{d}x = \int_a^b f(x)g(x)\,\mathrm{d}x = 0.$$

若 $\int_a^b g(x)\,\mathrm{d}x \neq 0$, 则有

$$f(c) \leqslant \frac{\int_a^b f(x)g(x)\,\mathrm{d}x}{\int_a^b g(x)\,\mathrm{d}x} \leqslant f(d).$$

由连续函数的中间值定理 (定理 5.3.7), 存在介于 c, d 中的点 ξ, 使得

$$f(\xi) = \frac{\int_a^b f(x)g(x)\,\mathrm{d}x}{\int_a^b g(x)\,\mathrm{d}x}.$$

由于 $c, d \in [a, b]$, 我们有 $a < \xi < b$. 当 $g \leqslant 0$ 时, 证明类似. □

例 9.2.11 证明

$$\log 2 < \int_1^2 \log(x^2 + x)\,\mathrm{d}x < \log 6.$$

证明 由于 $f(x) = \log(x^2 + x)$ 在 $[1, 2]$ 上连续, 由积分中值定理, 存在开区间 $(1, 2)$ 中的点 ξ, 使得

$$f(\xi) = \frac{1}{2-1}\int_1^2 f(x)\,\mathrm{d}x = \int_1^2 f(x)\,\mathrm{d}x,$$

即

$$\log(\xi^2 + \xi) = \int_1^2 \log(x^2 + x)\,\mathrm{d}x.$$

另一方面,

$$f'(x) = \frac{2x+1}{x^2+x} > 0, \quad 1 \leqslant x \leqslant 2.$$

所以, f 在 $[1, 2]$ 上严格上升. 特别地,

$$f(1) < f(x) < f(2), \quad 1 < x < 2.$$

因为

$$f(1) = \log(1^2 + 1) = \log 2$$

及

$$f(2)=\log(2^2+2)=\log 6,$$

我们有

$$\log 2<\log(\xi^2+\xi)<\log 6. \qquad \square$$

例 9.2.12 证明

$$\lim_{n\to\infty}\int_0^{\frac{\pi}{4}}\sin^n x\,\mathrm{d}x=0.$$

证明 当 $n\geqslant 1$ 时, 由积分的广义中值定理,

$$\begin{aligned}0\leqslant\int_0^{\frac{\pi}{4}}\sin^n x\,\mathrm{d}x&=\int_0^{\frac{\pi}{4}}\sin x\cdot\sin^{n-1}x\,\mathrm{d}x\\&=\sin\xi_n\int_0^{\frac{\pi}{4}}\sin^{n-1}x\,\mathrm{d}x\leqslant\frac{1}{\sqrt{2}}\int_0^{\frac{\pi}{4}}\sin^{n-1}x\,\mathrm{d}x,\end{aligned}$$

其中 $0<\xi_n<\dfrac{\pi}{4}$, 于是 $0<\sin\xi_n<\sin\dfrac{\pi}{4}=\dfrac{1}{\sqrt{2}}$. 由归纳法可证: 当 $n\geqslant 1$ 时,

$$0\leqslant\int_0^{\frac{\pi}{4}}\sin^n x\,\mathrm{d}x\leqslant\left(\frac{1}{\sqrt{2}}\right)^n\int_0^{\frac{\pi}{4}}1\,\mathrm{d}x\leqslant\left(\frac{1}{\sqrt{2}}\right)^n\frac{\pi}{4}.$$

因此

$$\lim_{n\to\infty}\int_0^{\frac{\pi}{4}}\sin^n x\,\mathrm{d}x=0. \qquad \square$$

例 9.2.13 (积分中值定理只对连续函数有效) 设

$$f(x)=\begin{cases}0, & 0\leqslant x\leqslant\dfrac{1}{2},\\[2mm] 1, & \dfrac{1}{2}<x\leqslant 1.\end{cases}$$

此时, f 在 $[0,1]$ 上的均值为

$$\frac{1}{1-0}\int_0^1 f(x)\,\mathrm{d}x=\frac{1}{2}.$$

然而, f 在 $[0,1]$ 上只取值 0 或 1. 所以, 积分中值定理对 f 无效. $\square$

定理 9.2.14 (詹森 (Jensen) 不等式) 假设 f 在 $[0,1]$ 上可积, g 在一个包含 $f([0,1])$ 的闭区间 $[a,b]$ 上为凸函数, 且 $g\circ f$ 在 $[0,1]$ 上可积, 则

$$g\left(\int_0^1 f(x)\,\mathrm{d}x\right)\leqslant\int_0^1 g(f(x))\,\mathrm{d}x.$$

证明 因为

$$a \leqslant \inf_{0\leqslant x\leqslant 1} f(x) \leqslant \int_0^1 f(x)\,\mathrm{d}x \leqslant \sup_{0\leqslant x\leqslant 1} f(x) \leqslant b,$$

所以, 我们所讨论的不等式的左边有意义. 设

$$P: 0 = t_0 < t_1 < \cdots < t_n = 1$$

为 $[0,1]$ 的一个分割及 $t_{i-1} \leqslant \xi_i \leqslant t_i$, $i = 1, 2, \cdots, n$. 因为 g 是凸函数, 且 $\sum\limits_{i=1}^{n} \Delta t_i = 1$, 由习题 7.2 的第 11 题, 有

$$g\left(\sum_{i=1}^{n} f(\xi_i)\Delta t_i\right) \leqslant \sum_{i=1}^{n} g(f(\xi_i))\Delta t_i.$$

由于 f 及 $g\circ f$ 在 $[0,1]$ 上可积, 对于任意的 $\varepsilon, \eta > 0$, 存在 $\delta > 0$, 使得只要 $\|P\| < \delta$, 我们就会有

$$\left|\int_0^1 f(x)\,\mathrm{d}x - \sum_{i=1}^{n} f(\xi_i)\Delta t_i\right| < \eta$$

及

$$\left|\int_0^1 g(f(x))\,\mathrm{d}x - \sum_{i=1}^{n} g(f(\xi_i))\Delta t_i\right| < \frac{\varepsilon}{2}.$$

另外, g 是连续函数 (定理 7.2.7). 于是 g 在 $[a,b]$ 上一致连续 (定理 5.3.3). 所以, 也可以假设

$$\left|g\left(\int_0^1 f(x)\,\mathrm{d}x\right) - g\left(\sum_{i=1}^{n} f(\xi_i)\Delta t_i\right)\right| < \frac{\varepsilon}{2}.$$

于是

$$\begin{aligned} g\left(\int_0^1 f(x)\,\mathrm{d}x\right) &\leqslant g\left(\sum_{i=1}^{n} f(\xi_i)\Delta t_i\right) + \frac{\varepsilon}{2} \\ &\leqslant \sum_{i=1}^{n} g(f(\xi_i))\Delta t_i + \frac{\varepsilon}{2} \leqslant \int_0^1 g(f(x))\,\mathrm{d}x + \varepsilon. \end{aligned}$$

最后, 我们令 $\varepsilon \to 0^+$, 由此得到了所要求证明的不等式. □

习题 9.2

1. 试证命题 9.2.3: 若 f 在 $[a,b]$ 上可积, 则 $|f|$ 也在 $[a,b]$ 上可积.

提示: $|\,|a| - |b|\,| \leqslant |a-b|$.

2. 试证命题 9.2.5: 若 f 在 $[a,b]$ 上可积, 且在 $[a,b]$ 上 f 的函数值非负 (即 $f \geqslant 0$), 则

$$\int_a^b f(x)\,\mathrm{d}x \geqslant 0.$$

3. 试证推论 9.2.7: 若 f 在 $[a,b]$ 上可积, 则

$$\left|\int_a^b f(x)\,\mathrm{d}x\right| \leqslant \int_a^b |f(x)|\,\mathrm{d}x.$$

提示: 这相当于证明

$$-\int_a^b |f(x)|\,\mathrm{d}x \leqslant \int_a^b f(x)\,\mathrm{d}x \leqslant \int_a^b |f(x)|\,\mathrm{d}x.$$

4. 试证命题 9.2.8: 设函数 f 在 $[a,b]$ 上连续, 且 $f \geqslant 0$, 又 $\displaystyle\int_a^b f(x)\,\mathrm{d}x = 0$. 试证: $f = 0$.

提示: 用反证法. 假设 $f \neq 0$, 即 $\exists x_0 \in [a,b]$, 使得 $f(x_0) \neq 0$. 于是, $f(x_0) > 0$. 再利用 f 的连续性: 由 $f(x_0) > 0$, 推出存在 $\delta > 0$, 使得

$$f(x) > \frac{f(x_0)}{2} > 0, \quad \forall x \in (x_0 - \delta, x_0 + \delta) \subset [a,b].$$

5. 设函数 f 在 $[a,b]$ 上可积, 而且 $f(x) \geqslant k > 0$, $\forall x \in [a,b]$. 试证明:

(1) $\dfrac{1}{f(x)}$ 在 $[a,b]$ 上可积;　　　　(2) $\ln f(x)$ 在 $[a,b]$ 上可积.

6. 验证下列各式:

(1) $\displaystyle\lim_{n\to\infty}\int_0^1 \frac{x^n}{\sqrt{1+x}}\,\mathrm{d}x = 0.$

提示: 当 $0 \leqslant x \leqslant 1$ 时, $1 \leqslant \sqrt{1+x} \leqslant \sqrt{2}$.

(2) $\displaystyle\int_0^{\frac{\pi}{2}} \sin(\sin x)\,\mathrm{d}x \leqslant \int_0^{\frac{\pi}{2}} \cos(\cos x)\,\mathrm{d}x.$

提示: $f(x) = \cos(\cos x) - \sin(\sin x)$ 在 $\left[0, \dfrac{\pi}{2}\right]$ 上连续且没有零点.

(3) 若 f 在 $[0,1]$ 上可积, 且 $f(x) \geqslant r > 0$, 则

$$\int_0^1 \frac{1}{f(x)}\,\mathrm{d}x \geqslant \frac{1}{\displaystyle\int_0^1 f(x)\,\mathrm{d}x}.$$

提示: 应用詹森不等式.

7. 若 f 在 $[0,1]$ 上分段连续, 我们有

(1) $\mathrm{e}^{\int_0^1 f(x)\,\mathrm{d}x} \leqslant \displaystyle\int_0^1 \mathrm{e}^{f(x)}\,\mathrm{d}x.$

(2) $f \geqslant 0 \Longrightarrow \log\left(\displaystyle\int_0^1 f(x)\,\mathrm{d}x\right) \geqslant \int_0^1 \log f(x)\,\mathrm{d}x.$

(3) 应用 (2) 证明算术平均数 $\geqslant$ 几何平均数: 若 $x_i \geqslant 0$, $i=1,2,\cdots,n$, 则

$$\frac{x_1+\cdots+x_n}{n} \geqslant \sqrt[n]{x_1\cdots x_n}.$$

8. 用 $\int_a^b f(x)\,\mathrm{d}x$ 和 $\int_c^d g(y)\,\mathrm{d}y$ 来表示

$$\int_a^b \left(\int_c^d f(x)g(y)\,\mathrm{d}y\right)\mathrm{d}x$$

的积分结果.

提示: 积分时, 若能分辨 "常数" 与 "变量", 问题就清楚了.

9. 设函数 $f(x)$ 在 $[a,b]$ 上可积. 命题 9.2.4 已证明: 若 $a<c<b$, 则 $\int_a^b f(x)\,\mathrm{d}x = \int_a^c f(x)\,\mathrm{d}x + \int_c^b f(x)\,\mathrm{d}x$. 但是, 并不一定能找到一个 (a,b) 中的点 d, 使得

$$\int_a^d f(x)\,\mathrm{d}x = \int_d^b f(x)\,\mathrm{d}x.$$

请举一个例子说明.

提示: 这种反例只有在 $\int_a^b f(x)\,\mathrm{d}x = 0$ 时才能发生! 事实上, 定理 9.3.8 将会保证: 当 $\int_a^b f(x)\,\mathrm{d}x \neq 0$ 时, 满足上式的 d 值, 必然存在.

10. 设 f,g 为 $[a,b]$ 上的可积函数. 柯西–施瓦茨(Cauchy-Schwarz) 不等式的积分形式为

$$\left(\int_a^b f(x)g(x)\,\mathrm{d}x\right)^2 \leqslant \left(\int_a^b f(x)^2\,\mathrm{d}x\right)\left(\int_a^b g(x)^2\,\mathrm{d}x\right).$$

(1) 试应用此不等式, 证明:

$$\left(\int_0^1 f(x)\,\mathrm{d}x\right)^2 \leqslant \left(\int_0^1 f(x)^2\,\mathrm{d}x\right).$$

(2) 在第 (1) 题中, 若将 $0,1$ 换成 a,b, 则不等式仍然成立吗?

(3) 证明以上柯西–施瓦茨不等式.

11. 不用计算积分, 而应用积分的性质, 判别下列积分的大小次序. (当然, 计算出答案后, 其大小立即可辨. 但是, 这并非本题的目的.)

(1) $\int_a^b x\,\mathrm{d}x$, $\int_a^b x^2\,\mathrm{d}x (0<a<b)$.

提示: 在什么时候 x 与 x^2 的大小顺序有异?

(2) $\int_0^{\frac{\pi}{2}} x\,\mathrm{d}x, \int_0^{\frac{\pi}{2}} \sin x\,\mathrm{d}x$.

提示: 回忆如何在 $\left[0,\frac{\pi}{2}\right]$ 中比较 x 及 $\sin x$.

(3) $\int_{-2}^{-1}\left(\frac{1}{3}\right)^x \mathrm{d}x, \int_0^1 3^x \mathrm{d}x$.

12. 利用积分中值定理, 估计积分 $\int_0^1 \frac{x^5}{\sqrt{1+x}} \mathrm{d}x$ 的值.

13. 应用积分中值定理, 求下列极限:

(1) $\lim\limits_{n\to\infty}\int_0^1 \frac{x^{n/2}}{1+x+x^2} \mathrm{d}x$;　　(2) $\lim\limits_{n\to\infty}\int_n^{n+p} \frac{\sin x}{x} \mathrm{d}x (p>0)$.

9.3 微积分基本定理

在本节中, 我们将讨论计算定积分

$$\int_a^b f(t)\,\mathrm{d}t$$

的一般方法. 首先, 我们观察一些例子.

例 9.3.1

$$\int_a^b 1\,\mathrm{d}t = b-a.$$

证明 定义. □

例 9.3.2

$$\int_a^b t\,\mathrm{d}t = \frac{b^2}{2}-\frac{a^2}{2}.$$

证明留作习题 (见习题 9.3 第 1 题 (1)). (建议先将 $y=x$ 的图形画出来.) □

例 9.3.3

$$\int_a^b t^2\,\mathrm{d}t = \frac{b^3}{3}-\frac{a^3}{3}.$$

证明留作习题 (见习题 9.3 第 1 题 (2)). $\left(\text{参考例 9.1.1: } \int_0^1 t^2\,\mathrm{d}t = \frac{1}{3}.\right)$ □

从这些例子中, 我们可以发现: 定积分

$$\int_a^b f(t)\,\mathrm{d}t = F(b)-F(a),$$

其中

$$\text{若} f(t)=1, \quad \text{则} F(t)=t;$$

$$\text{若} f(t)=t, \quad \text{则} F(t)=\frac{t^2}{2};$$

$$\text{若} f(t)=t^2, \quad \text{则} F(t)=\frac{t^3}{3}.$$

我们可以总结: 对于 $f(t)=1, t$ 或 t^2, 与之对应的 F 是 f 的原函数, 即

$$F'(t)=f(t).$$

因此, 针对以上的函数, 求定积分 $\int_a^b f(t)\,\mathrm{d}t$ 的问题, 就会转化为求不定积分的问题. 换句话说, 定积分就是将不定积分定下来:

$$\int_a^b f(t)\,\mathrm{d}t = \int f(t)\,\mathrm{d}t\Big|_a^b = F(t)\Big|_a^b.$$

在这里, 我们使用简便记号: $F(t)|_a^b = F(b) - F(a)$.

以下, 我们考虑一般可积函数 f 的情形.

定理 9.3.4 (微积分基本定理, I (fundamental theorem of calculus, I)) 设 f 在 $[a,b]$ 上可积, 且 f 有原函数 F (即 $F' = f$), 则

$$\int_a^b f(t)\,\mathrm{d}t = \int_a^b F'(t)\,\mathrm{d}t = F(b) - F(a). \tag{9.3.1}$$

证明 设 $P: a = t_0 < t_1 < \cdots < t_n = b$ 是 $[a,b]$ 上的任意分割. 在每一个子区间 $[t_{i-1}, t_i]$ 上, 应用中值定理, 得

$$F(t_i) - F(t_{i-1}) = F'(\xi_i)(t_i - t_{i-1}) = f(\xi_i)(t_i - t_{i-1}),$$

其中 $t_{i-1} < \xi_i < t_i$. 令

$$M_i = \sup\{f(x) : t_{i-1} \leqslant x \leqslant t_i\}$$

及

$$m_i = \inf\{f(x) : t_{i-1} \leqslant x \leqslant t_i\}.$$

于是

$$m_i(t_i - t_{i-1}) \leqslant f(\xi_i)(t_i - t_{i-1}) \leqslant M_i(t_i - t_{i-1})$$

或

$$m_i(t_i - t_{i-1}) \leqslant F(t_i) - F(t_{i-1}) \leqslant M_i(t_i - t_{i-1}).$$

我们注意到

$$\begin{aligned}
&\sum_{i=1}^n \big(F(t_i) - F(t_{i-1})\big) \\
=&\big(F(t_1) - F(t_0)\big) + \big(F(t_2) - F(t_1)\big) + \cdots + \big(F(t_n) - F(t_{n-1})\big) \\
=&F(t_n) - F(t_0) = F(b) - F(a).
\end{aligned}$$

因此

$$\sum_{i=1}^n m_i(t_i - t_{i-1}) \leqslant F(b) - F(a) \leqslant \sum_{i=1}^n M_i(t_i - t_{i-1}),$$

即

$$s(f,P) \leqslant F(b) - F(a) \leqslant S(f,P).$$

由于 f 可积及 P 的任意性,

$$\int_a^b f(t)\,\mathrm{d}t = F(b) - F(a).$$

□

我们常常将微积分基本定理写成

$$\int_a^b f(x)\,\mathrm{d}x = \int f(x)\,\mathrm{d}x\bigg|_a^b.$$

换句话说, 定积分 $\int_a^b f(x)\,\mathrm{d}x$ 的值就是将不定积分 $\int f(x)\,\mathrm{d}x$ "固定" 下来的值. 然而, 微积分基本定理并非万能的! 事实上, 存在着没有原函数的可积函数 f, 即 $\int f(x)\,\mathrm{d}x$ 不存在. 此时, 定理 9.3.4 并不能帮助我们计算定积分 $\int_a^b f(x)\,\mathrm{d}x$.

例 9.3.5　定义 $f:[0,1] \longrightarrow \mathbb{R}$,

$$f(x) = \begin{cases} 0, & 0 \leqslant x \leqslant 1,\ \text{但是 } x \neq \dfrac{1}{2}, \\ 1, & x = \dfrac{1}{2}. \end{cases}$$

可积函数 f 没有原函数. 事实上, 若有函数 $F:[0,1] \longrightarrow \mathbb{R}$, 使得 $F' = f$, 则由中值定理 (或定理 6.4.5),

$$F\left(\frac{1}{2}\right) - F(x) = F'(\xi)\left(\frac{1}{2} - x\right) = f(\xi)\left(\frac{1}{2} - x\right) = 0, \quad \forall x \in \left[0, \frac{1}{2}\right],$$

其中, $\xi \in (x, 1/2) \subseteq (0, 1/2)$. 因此

$$F(x) = F\left(\frac{1}{2}\right), \quad \forall x \in \left[0, \frac{1}{2}\right].$$

同理可证

$$F(x) = F\left(\frac{1}{2}\right), \quad \forall x \in \left[\frac{1}{2}, 1\right].$$

所以, F 在 $[0,1]$ 上为常数函数. 于是

$$f(x) = F'(x) = 0, \quad 0 \leqslant x \leqslant 1.$$

然而, $f(1/2) = 1$, 矛盾!

□

在上例中, $\int_0^1 f(x)\,\mathrm{d}x = 0$. 要证明这个事实, 有两个方法: 第一个方法是直接从定义来验算 (见习题 9.3 第 2 题); 第二个方法是应用以下的结果.

定理 9.3.6 设 f 在 $[a,b]$ 上可积, $a \leqslant c \leqslant b$,

$$f_c(x) = \begin{cases} f(x), & a \leqslant x \leqslant b \text{ 且 } x \neq c, \\ k, & x = c, \end{cases}$$

其中 k 为任意的数, 则

$$\int_a^b f_c(x)\,\mathrm{d}x = \int_a^b f(x)\,\mathrm{d}x.$$

证明留作习题 (见习题 9.3 第 3 题). □

为了应用微积分基本定理 (定理 9.3.4), 我们希望知道:

问题 9.3.7 什么样的可积函数 f 会具有原函数 F?

当 f 具有原函数 F 时, 如果在 (9.3.1) 中, 让积分上限 $b = x$ 变动, 我们会得到公式

$$F(x) = \int_a^x f(t)\,\mathrm{d}t + F(a).$$

对于一般的可积函数 f, 我们考虑如下定理.

定理 9.3.8 若 f 在 $[a,b]$ 上可积, 则由定积分所定义的面积函数

$$F(x) = \int_a^x f(t)\,\mathrm{d}t$$

在 $[a,b]$ 上连续.

证明 设 $c \in [a,b]$. 函数 F 在点 c 连续, 相当于

$$\lim_{x \to c} (F(x) - F(c)) = 0.$$

事实上,

$$\lim_{x \to c} (F(x) - F(c)) = \lim_{x \to c} \left(\int_a^x f(t)\,\mathrm{d}t - \int_a^c f(t)\,\mathrm{d}t \right) = \lim_{x \to c} \int_c^x f(t)\,\mathrm{d}t.$$

由于 f 在 $[a,b]$ 上可积, 由定义, f 在 $[a,b]$ 上有界. 令 $M > 0$, 使得

$$|f(x)| \leqslant M, \quad \forall x \in [a,b].$$

我们有

$$\left| \int_c^x f(t)\,\mathrm{d}t \right| \leqslant M|x - c|, \quad \forall x \in [a,b].$$

于是

$$\lim_{x \to c} |(F(x) - F(c))| \leqslant \lim_{x \to c} M|x - c| = 0.$$

因此, F 在 $[a,b]$ 上连续. □

定理 9.3.9 (微积分基本定理, II (fundamental theorem of calculus, II))　若 f 在 $[a,b]$ 上可积, 且在 $[a,b]$ 中的点 c 连续, 则 $F(x)=\int_a^x f(t)\,\mathrm{d}t$ 在 $x=c$ 处可微, 且

$$F'(c)=f(c).$$

证明　计算

$$\lim_{h\to 0}\frac{F(c+h)-F(c)}{h}=\lim_{h\to 0}\frac{1}{h}\int_c^{c+h}f(t)\,\mathrm{d}t.$$

因为 f 在 $x=c$ 处连续, 对于任意 $\varepsilon>0$, 存在 $\delta>0$, 使得

$$|f(x)-f(c)|<\varepsilon,\quad \forall x\in(c-\delta,c+\delta).$$

于是, 当 $0<h<\delta$ 时, 对于所有介于 c 及 $c+h$ 之间的 t, 总有

$$f(c)-\varepsilon<f(t)<f(c)+\varepsilon.$$

因此

$$(f(c)-\varepsilon)h\leqslant\int_c^{c+h}f(t)\,\mathrm{d}t\leqslant(f(c)+\varepsilon)h,\quad \forall h\in(0,\delta).$$

所以

$$\left|\frac{F(c+h)-F(c)}{h}-f(c)\right|<\varepsilon,\quad \forall h\in(0,\delta).$$

根据极限的定义,

$$F'_+(c)=\lim_{h\to 0^+}\frac{F(c+h)-F(c)}{h}=f(c).$$

同理可证 $F'_-(c)=f(c)$.　□

最后, 我们给出问题 9.3.7 的解答.

推论 9.3.10　若 f 在 $[a,b]$ 上连续, 则 $F(x)=\int_a^x f(t)\,\mathrm{d}t$ 是 f 的原函数, 即

$$\frac{\mathrm{d}}{\mathrm{d}x}\int_a^x f(t)\,\mathrm{d}t=f(x).$$

于是, 任何连续函数皆有不定积分 (原函数).

习题 9.3

1. 根据定义 (即求上和、下和的极限), 验算下列定积分的值.

(1) $\int_a^b x\,\mathrm{d}x=\frac{b^2}{2}-\frac{a^2}{2}$;

(2) $\int_a^b x^2\,\mathrm{d}x = \frac{b^3}{3} - \frac{a^3}{3}$.

2. 在例 9.3.5 中, $f:[0,1]\longrightarrow\mathbb{R}$,

$$f(x)=\begin{cases}0, & x\in[0,1],\ 但是\ x\neq\frac{1}{2},\\ 1, & x=\frac{1}{2}.\end{cases}$$

直接用定义证明 $\int_0^1 f(x)\,\mathrm{d}x=0$.

3. 证明定理 9.3.6.

4. 设 $f(x)=\int_0^{x^3}\frac{\mathrm{d}t}{1+\cos^2 t}$, $0\leqslant x\leqslant 1$.

(1) 令 $F(x)=\int_0^x\frac{\mathrm{d}t}{1+\cos^2 t}$ 及 $c(x)=x^3$. 用 F 和 c 来表示 f.

(2) 求 $f'(x)$. (注意: 先判断 f' 的存在性.)

(3) 设 $g(x)=\left(\int_0^x\frac{\mathrm{d}t}{1+\cos^2 t}\right)^3$. 求 $g'(x)$, 并与 (2) 中的 $f'(x)$ 比较, 说明其间的关系.

5. 求下列函数 $F(x)$ 的导函数 $F'(x)$.

提示: 小心分辨函数中的变量和常数, 然后应用适当的定理或性质.

(1) $F(x)=\int_0^{x^2}\sin^2 t\,\mathrm{d}t$; (2) $F(x)=\int_2^{\int_1^x\cos^2 t\,\mathrm{d}t}\frac{\mathrm{d}t}{1+t^2+\sin^4 t}$;

(3) $F(x)=\int_{18}^x\left(\int_{14}^y\frac{1}{1+t+\sin t}\,\mathrm{d}t\right)\mathrm{d}y$; (4) $F(x)=\int_x^8\frac{\mathrm{d}t}{1+t^2+\cos^2 t}$;

(5) $F(x)=\int_1^y\frac{x^2}{1+t^2}\,\mathrm{d}t$, $1<y<\infty$; (6) $F(x)=\cos\left(\int_0^x\cos\left(\int_0^y\cos^3 t\mathrm{d}t\right)\mathrm{d}y\right)$.

6. 就下列函数 $f(x)$,

(1) $f(x)=\begin{cases}0, & x\leqslant 1,\\ 1, & x>1;\end{cases}$ (2) $f(x)=\begin{cases}0, & x<1,\\ 1, & x\geqslant 1;\end{cases}$ (3) $f(x)=\begin{cases}0, & x\neq 1,\\ 1, & x=1,\end{cases}$

设 $F(x)=\int_0^x f(x)\,\mathrm{d}x$. 分别讨论:

(i) 绘出函数 f 的图形.

(ii) 写出函数 $F(x)$ 的表达式.

(iii) 求出在哪些点上有 $F'(x)=f(x)$? (注意: 即使 f 在点 x 不连续, 也可能有 $F'(x)=f(x)$.)

7. 设 $F(x)=\int_0^x xf(t)\,\mathrm{d}t$, 其中 f 是连续函数, 试求 $F'(x)$.

提示: 答案不是 $xf(x)$.

8. 构造一函数 f, 使得

$$f''(x)=1/\sqrt{1+\cos^2 x}.$$

提示: 连续两次应用微积分基本定理. 也许 $f(x)$ 的样子看来不是 "常见的" 函数样子, 但它的确是 x 的函数.

9. 设 h 是连续函数, 而且 g 和 f 可以微分. 试求 $F'(x)$, 其中

$$F(x)=\int_{f(x)}^{g(x)} h(t)\,\mathrm{d}t.$$

9.4 定积分的计算

设可积函数 $f:[a,b]\longrightarrow\mathbb{R}$ 具有原函数 F, 即 $F'=f$. 微积分基本定理说明了

$$\int_a^b f(x)\,\mathrm{d}x=\int_a^b F'(x)\,\mathrm{d}x=F(b)-F(a).$$

形式上, 我们将 "不定" 积分的上、下限固定为 b,a, 则得到定积分. 因此, 定积分的计算, 往往是从计算不定积分开始, 最后将上、下限固定下来而完成.

例 9.4.1 再算一次

$$\int_0^1 x^2\,\mathrm{d}x.$$

解 由于

$$\int x^2\,\mathrm{d}x=\frac{x^3}{3}+C,$$

所以

$$\int_0^1 x^2\,\mathrm{d}x=\left.\frac{x^3}{3}\right|_0^1=\frac{1^3}{3}-\frac{0^3}{3}=\frac{1}{3}.$$ □

例 9.4.2 计算 $\displaystyle\int_1^4\sqrt{x}\,\mathrm{d}x$.

解 $$\int_1^4\sqrt{x}\,\mathrm{d}x=\left.\frac{x^{\frac{1}{2}+1}}{\frac{1}{2}+1}\right|_1^4=\frac{2}{3}\sqrt{64}-\frac{2}{3}\sqrt{1}=\frac{2}{3}\times 8-\frac{2}{3}=\frac{14}{3}.$$ □

例 9.4.3 计算由直线 $x=0,x=\pi$ 及曲线 $y=\cos x,y=\sin x$ 所围成的区域的面积.

解 如图 9.9 所示, 所求面积为

$$\begin{aligned}
&\int_0^{\frac{\pi}{4}}(\cos x-\sin x)\,\mathrm{d}x+\int_{\frac{\pi}{4}}^{\pi}(\sin x-\cos x)\,\mathrm{d}x\\
&=(\sin x+\cos x)\Big|_0^{\frac{\pi}{4}}+(-\cos x-\sin x)\Big|_{\frac{\pi}{4}}^{\pi}\\
&=\sin\frac{\pi}{4}+\cos\frac{\pi}{4}-\sin 0-\cos 0-\cos\pi-\sin\pi+\cos\frac{\pi}{4}+\sin\frac{\pi}{4}\\
&=\frac{\sqrt{2}}{2}+\frac{\sqrt{2}}{2}-0-1-(-1)-0+\frac{\sqrt{2}}{2}+\frac{\sqrt{2}}{2}=2\sqrt{2}.
\end{aligned}$$

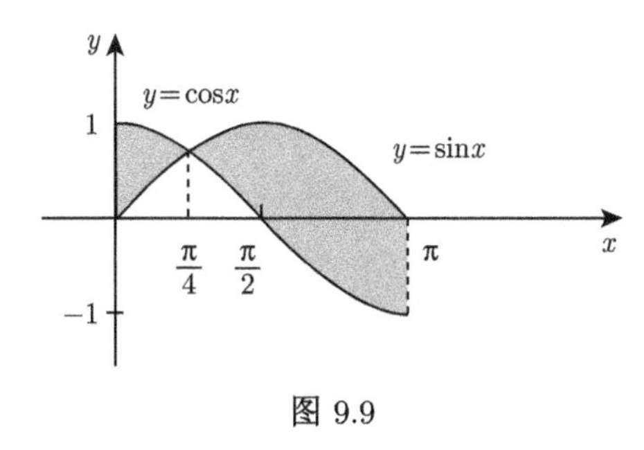

图 9.9

□

注意 由于面积必须是正值, 我们不能只算 $\int_0^{\pi}(\cos x-\sin x)\,\mathrm{d}x$ 或 $\int_0^{\pi}(\sin x-\cos x)\,\mathrm{d}x$. 它们都会给出错误的答案. 事实上,

$$\text{面积}=\int_0^{\pi}|\cos x-\sin x|\,\mathrm{d}x.$$

以下, 我们介绍一些常用的积分方法. 其中大部分在讲不定积分时已经讨论过.

9.4.1 定积分的换元积分法

定理 9.4.4 设 g 在 $[a,b]$ 上连续可微. 设 f 在 $g([a,b])$ 上连续. 则

$$\int_{g(a)}^{g(b)} f(y)\,\mathrm{d}y=\int_a^b f(g(x))\,\mathrm{d}g(x).$$

注意 我们约定 $\mathrm{d}g(x)$ 代表 $g'(x)\,\mathrm{d}x$.

证明 首先, 不妨假设 $g(a)\leqslant g(b)$. 应用推论 5.3.8, 我们知道闭区间 $[g(a),g(b)]$ 包含在 $g([a,b])$ 中. (若 $g(b)<g(a)$, 则我们考虑 $[g(b),g(a)]$.) 所以, 等式左方的积分是有意义的. 由于 f 连续, f 有原函数 F, 即 $F'=f$. 由微积分基本定理,

$$\int_{g(a)}^{g(b)} f(y)\mathrm{d}y=F(g(b))-F(g(a))=F\circ g(b)-F\circ g(a).$$

另一方面, $(f\circ g)\cdot g'$ 连续, 因而可积. 同时, 我们还有

$$(F\circ g)'=(F'\circ g)\cdot g'=(f\circ g)\cdot g'.$$

再一次应用微积分基本定理, 得

$$\begin{aligned}\int_a^b f(g(x))\mathrm{d}g(x)&=\int_a^b f(g(x))g'(x)\,\mathrm{d}x\\&=F\circ g(b)-F\circ g(a)=\int_{g(a)}^{g(b)} f(y)\,\mathrm{d}y.\end{aligned}$$

□

例 9.4.5　计算

$$I=\int_0^{\frac{\pi}{2}}\sin^3 x\cos x\,\mathrm{d}x.$$

解　由题意知

$$I=\int_0^{\frac{\pi}{2}}\sin^3 x\mathrm{d}(\sin x).$$

令 $f(y)=y^3$ 和 $g(x)=\sin x$, 则 f 及 g' 皆连续, 并且

$$\begin{aligned}I&=\int_0^{\frac{\pi}{2}}f(g(x))\mathrm{d}g(x)\\&=\int_{g(0)}^{g(\frac{\pi}{2})}f(y)\,\mathrm{d}y\quad(\text{定理 } 9.4.4).\end{aligned}$$

所以

$$I=\int_{\sin 0}^{\sin\frac{\pi}{2}}y^3\,\mathrm{d}y=\left.\frac{y^4}{4}\right|_0^1=\frac{1}{4}.$$

□

我们在计算积分

$$I=\int_a^b f(g(x))\,\mathrm{d}g(x)$$

时, 作代换及对应

$$\begin{aligned}u&=g(x),\\\mathrm{d}u&=\mathrm{d}g(x)=g'(x)\,\mathrm{d}x\end{aligned}$$

x	u
b	$g(b)$
a	$g(a)$

例 9.4.6　计算

$$I=\int_1^2\frac{\sqrt{x^2-1}}{x^4}\,\mathrm{d}x.$$

解　作代换及对应

$$\begin{aligned}x&=\sec t,\\\mathrm{d}x&=\sec t\tan t\,\mathrm{d}t,\end{aligned}$$

x	t
2	$\pi/3$
1	0

于是

$$\begin{aligned} I &= \int_0^{\frac{\pi}{3}} \frac{\tan t}{\sec^4 t} \cdot \sec t \tan t \, \mathrm{d}t = \int_0^{\frac{\pi}{3}} \tan^2 t \cdot \cos^3 t \, \mathrm{d}t \\ &= \int_0^{\frac{\pi}{3}} \sin^2 t \cdot \cos t \, \mathrm{d}t = \int_0^{\frac{\pi}{3}} \sin^2 t \, \mathrm{d} \sin t \\ &= \left. \frac{\sin^3 t}{3} \right|_0^{\frac{\pi}{3}} = \frac{1}{3} \left(\frac{\sqrt{3}}{2} \right)^3 = \frac{\sqrt{3}}{8}. \end{aligned}$$

□

例 9.4.7　计算

$$I = \int_0^{\pi} \frac{x \sin x}{1 + \cos^2 x} \mathrm{d}x.$$

解　作代换及对应

$$u = \pi - x,$$
$$\mathrm{d}u = -\mathrm{d}x,$$

x	u
π	0
0	π

得

$$\begin{aligned} I &= -\int_{\pi}^{0} \frac{(\pi - u) \sin(\pi - u)}{1 + \cos^2(\pi - u)} \mathrm{d}u \\ &= \int_0^{\pi} \frac{(\pi - u) \sin u}{1 + \cos^2 u} \mathrm{d}u \\ &= \pi \int_0^{\pi} \frac{\sin u}{1 + \cos^2 u} \mathrm{d}u - \int_0^{\pi} \frac{u \sin u}{1 + \cos^2 u} \mathrm{d}u \\ &= \pi \int_0^{\pi} \frac{\sin x}{1 + \cos^2 x} \mathrm{d}x - I. \end{aligned}$$

因此

$$\begin{aligned} I &= \frac{\pi}{2} \int_0^{\pi} \frac{\sin x}{1 + \cos^2 x} \mathrm{d}x = -\frac{\pi}{2} \int_0^{\pi} \frac{1}{1 + \cos^2 x} \mathrm{d} \cos x \\ &= -\frac{\pi}{2} \int_{\cos 0}^{\cos \pi} \frac{\mathrm{d}y}{1 + y^2} = -\frac{\pi}{2} \int_1^{-1} \frac{\mathrm{d}y}{1 + y^2} \\ &= -\frac{\pi}{2} \arctan y \Big|_1^{-1} = -\frac{\pi}{2} (\arctan(-1) - \arctan\ 1) \\ &= -\frac{\pi}{2} \left(-\frac{\pi}{4} - \frac{\pi}{4} \right) = \frac{\pi^2}{4}. \end{aligned}$$

□

9.4.2 定积分的分部积分法

定理 9.4.8 若 u, v 在 $[a,b]$ 上有可积的导数, 则

$$\int_a^b u(x)\,\mathrm{d}v(x) = u(x)v(x)\big|_a^b - \int_a^b v(x)\,\mathrm{d}u(x).$$

证明 因为

$$(uv)' = uv' + u'v,$$

所以, 由微积分基本定理 9.3.4 及命题 9.2.2,

$$\int_a^b u(x)v'(x) + u'(x)v(x)\,\mathrm{d}x = \int_a^b (uv)'(x)\,\mathrm{d}x = (uv)(x)\big|_a^b .$$

于是

$$\int_a^b u(x)v'(x)\,\mathrm{d}x = u(x)v(x)\big|_a^b - \int_a^b u'(x)v(x)\,\mathrm{d}x.$$

□

例 9.4.9 计算

$$\int_0^1 \arcsin x\,\mathrm{d}x.$$

解

$$\begin{aligned}\int_0^1 \arcsin x\,\mathrm{d}x &= x\arcsin x\big|_0^1 - \int_0^1 x\mathrm{d}\arcsin x\\ &= \frac{\pi}{2} - \int_0^1 \frac{x}{\sqrt{1-x^2}}\,\mathrm{d}x\\ &= \frac{\pi}{2} + \sqrt{1-x^2}\,\bigg|_0^1 = \frac{\pi}{2} - 1.\end{aligned}$$

□

例 9.4.10 计算

$$I_n = \int_0^{\frac{\pi}{2}} \sin^n x\,\mathrm{d}x, \quad n = 0, 1, 2, \cdots .$$

解

$$I_0 = \int_0^{\frac{\pi}{2}} \mathrm{d}x = \frac{\pi}{2},$$

$$I_1 = \int_0^{\frac{\pi}{2}} \sin x\,\mathrm{d}x = -\cos x\big|_0^{\frac{\pi}{2}} = 1.$$

当 $n \geqslant 2$ 时,

$$
\begin{aligned}
I_n &= \int_0^{\frac{\pi}{2}} \sin^n x \, \mathrm{d}x = -\int_0^{\frac{\pi}{2}} \sin^{n-1} x \mathrm{d} \cos x \\
&= -\sin^{n-1} x \cos x \Big|_0^{\frac{\pi}{2}} + \int_0^{\frac{\pi}{2}} \cos x \mathrm{d} \sin^{n-1} x \\
&= (n-1) \int_0^{\frac{\pi}{2}} \cos^2 x \sin^{n-2} x \, \mathrm{d}x \\
&= (n-1) \int_0^{\frac{\pi}{2}} (1 - \sin^2 x) \sin^{n-2} x \, \mathrm{d}x \\
&= (n-1) \int_0^{\frac{\pi}{2}} \sin^{n-2} x \, \mathrm{d}x - (n-1) \int_0^{\frac{\pi}{2}} \sin^n x \, \mathrm{d}x \\
&= (n-1) I_{n-2} - (n-1) I_n.
\end{aligned}
$$

于是,

$$
nI_n = (n-1) I_{n-2}
$$

或

$$
I_n = \frac{n-1}{n} I_{n-2}, \quad n \geqslant 2.
$$

分两种情况来讨论:

(1) 当 n 是偶数时, 即 $n = 2k$, 其中 k 为正整数:

$$
\begin{aligned}
I_{2k} &= \frac{2k-1}{2k} I_{2k-2} \\
&= \frac{2k-1}{2k} \frac{2k-3}{2k-2} I_{2k-4} \\
&\ \ \vdots \\
&= \frac{2k-1}{2k} \frac{2k-3}{2k-2} \cdots \frac{3}{4} \frac{1}{2} I_0 \\
&= \frac{(2k-1)!!}{(2k)!!} \frac{\pi}{2}.
\end{aligned}
$$

此处,

$$
\begin{aligned}
(2k-1)!! &= (2k-1)(2k-3)(2k-5) \cdots 3 \cdot 1, \\
(2k)!! &= (2k)(2k-2)(2k-4) \cdots 4 \cdot 2.
\end{aligned}
$$

(2) 当 n 是奇数时, 即 $n = 2k+1$, 其中 k 为正整数:

$$
\begin{aligned}
I_{2k+1} &= \frac{2k}{2k+1} I_{2k-1} \\
&= \frac{2k}{2k+1} \frac{2k-2}{2k-1} I_{2k-3} \\
&\cdots\cdots \\
&= \frac{2k}{2k+1} \frac{2k-2}{2k-1} \cdots \frac{4}{5} \frac{2}{3} I_1 \\
&= \frac{(2k)!!}{(2k+1)!!}.
\end{aligned}
$$

□

9.4.3 奇、偶函数和周期函数的积分

定理 9.4.11 (1) 若 f 是奇函数, 则

$$\int_{-a}^{a} f(x)\,\mathrm{d}x = 0.$$

(2) 若 f 是偶函数, 则

$$\int_{-a}^{a} f(x)\,\mathrm{d}x = 2\int_{0}^{a} f(x)\,\mathrm{d}x.$$

(3) 若 f 是周期函数且 T 为 f 的周期 (即 $f(T+x) = f(x)$), 则

$$\int_{a}^{a+T} f(x)\,\mathrm{d}x = \int_{0}^{T} f(x)\,\mathrm{d}x.$$

证明 (1) 假设 $f(-t) = -f(t)$, $-a \leqslant t \leqslant a$, 则

$$
\begin{aligned}
\int_{-a}^{a} f(x)\,\mathrm{d}x &= \int_{-a}^{0} f(x)\,\mathrm{d}x + \int_{0}^{a} f(x)\,\mathrm{d}x \\
&= \int_{a}^{0} f(-x)\mathrm{d}(-x) + \int_{0}^{a} f(x)\,\mathrm{d}x \\
&= \int_{a}^{0} f(x)\,\mathrm{d}x + \int_{0}^{a} f(x)\,\mathrm{d}x = 0.
\end{aligned}
$$

(2) 假设 $f(-t) = f(t)$, $-a \leqslant t \leqslant a$, 则

$$
\begin{aligned}
\int_{-a}^{a} f(x)\,\mathrm{d}x &= \int_{-a}^{0} f(x)\,\mathrm{d}x + \int_{0}^{a} f(x)\,\mathrm{d}x \\
&= \int_{a}^{0} f(-x)\mathrm{d}(-x) + \int_{0}^{a} f(x)\,\mathrm{d}x \\
&= -\int_{a}^{0} f(x)\,\mathrm{d}x + \int_{0}^{a} f(x)\,\mathrm{d}x \\
&= 2\int_{0}^{a} f(x)\,\mathrm{d}x.
\end{aligned}
$$

(3) 假设 $f(T+x)=f(x)$, 则

$$\int_a^{a+T} f(x)\,\mathrm{d}x=\int_a^0 f(x)\,\mathrm{d}x+\int_0^T f(x)\,\mathrm{d}x+\int_T^{a+T} f(x)\mathrm{d}x.$$

但是,

$$\int_T^{a+T} f(x)\,\mathrm{d}x=\int_0^a f(T+x)\mathrm{d}(T+x)=\int_0^a f(x)\,\mathrm{d}x.$$

所以,

$$\int_a^{a+T} f(x)\,\mathrm{d}x=\int_0^T f(x)\,\mathrm{d}x.$$ □

例 9.4.12 计算

$$I=\int_{-\pi}^{\pi}\frac{\sin x}{1+x^2}\,\mathrm{d}x.$$

解 因为 $f(x)=\dfrac{\sin x}{1+x^2}$ 为奇函数, 所以

$$I=0.$$ □

习题 9.4

1. 计算下列定积分:

(1) $\displaystyle\int_1^2 \frac{(x-1)(x^2+3)}{3x^2}\,\mathrm{d}x$;

(2) $\displaystyle\int_0^{\frac{\pi}{2}} (a\cos y+b\sin y)\,\mathrm{d}y$;

(3) $\displaystyle\int_0^1 \left(\frac{x-1}{x+1}\right)^2\mathrm{d}x$;

(4) $\displaystyle\int_0^1 \frac{x^2+1}{x^4+1}\,\mathrm{d}x$;

(5) $\displaystyle\int_0^{1/\sqrt{5}} x^3(1-5x^2)^{10}\,\mathrm{d}x$;

(6) $\displaystyle\int_0^1 x^2(2-3x^2)^2\,\mathrm{d}x$;

(7) $\displaystyle\int_{-\frac{1}{5}}^{\frac{1}{5}} x\sqrt{2-5x}\,\mathrm{d}x$;

(8) $\displaystyle\int_0^{\pi/2} \sin nx\cos mx\,\mathrm{d}x$;

(9) $\displaystyle\int_{-\frac{1}{2}}^{\frac{1}{2}} \frac{8x-4}{\sqrt{4x^2+4x+5}}\,\mathrm{d}x$;

(10) $\displaystyle\int_0^{\sqrt{\ln 2}} x\mathrm{e}^{-x^2}\,\mathrm{d}x$;

(11) $\displaystyle\int_0^1 x\arctan x\,\mathrm{d}x$;

(12) $\displaystyle\int_0^{2\pi} x\cos^2 x\,\mathrm{d}x$;

(13) $\displaystyle\int_0^1 \frac{x^2}{(1+x^2)^2}\,\mathrm{d}x$;

(14) $\displaystyle\int_0^a x^2\sqrt{a^2-x^2}\,\mathrm{d}x$;

(15) $\displaystyle\int_0^{\frac{\pi}{2}} \mathrm{e}^{2x}\sin^2 x\,\mathrm{d}x$;

(16) $\displaystyle\int_0^a \frac{\mathrm{d}x}{\cos x+\cos a}$;

(17) $\int_0^1 \frac{\mathrm{d}x}{(1+\mathrm{e}^x)^2}$;　　(18) $\int_0^{1/2} x\ln\frac{1+x}{1-x}\,\mathrm{d}x$.

2. 设函数 $g(x)$ 在 $[0,1]$ 上连续. 试证明:

(1) $\int_0^{\frac{\pi}{2}} g(\sin x)\,\mathrm{d}x = \int_0^{\frac{\pi}{2}} g(\cos x)\,\mathrm{d}x$ $\left(\text{提示: 设 } x = \frac{\pi}{2} - y\right)$;

(2) $\int_0^{\pi} xg(\sin x)\,\mathrm{d}x = \frac{\pi}{2}\int_0^{\pi} g(\sin x)\,\mathrm{d}x$.

3. 计算 $\int_0^{\pi/2} \frac{\sin x}{\sin x+\cos x}\,\mathrm{d}x$.

4. 证明

$$\int_1^x \frac{1}{t}\,\mathrm{d}t + \int_1^y \frac{1}{t}\,\mathrm{d}t = \int_1^{xy} \frac{1}{t}\,\mathrm{d}t.$$

5. 找出一函数 $f(x)$, 使它不是周期函数, 但 $f'(x)$ 却是周期函数.

6. 应用变量替换的法则, 验证:

$$\int_0^t x^5 f(x^3)\,\mathrm{d}x = \frac{1}{3}\int_0^{t^3} xf(x)\,\mathrm{d}x.$$

7. 应用分部积分法证明:

$$\int_0^y f(x)(y-x)\,\mathrm{d}x = \int_0^y \left(\int_0^x f(y)\mathrm{d}y\right)\mathrm{d}x.$$

8. 验证下述不等式: (不用直接算出定积分的值; 只需要稍为化简积分式, 即可得上、下界.)

(1) $\frac{2}{5} < \int_1^2 \frac{x\mathrm{d}x}{x^2+1} < \frac{1}{2}$;　　(2) $1 < \int_0^1 \mathrm{e}^{x^2}\,\mathrm{d}x < \mathrm{e}$;

(3) $1 < \int_0^{\pi/2} \frac{\sin x}{x}\,\mathrm{d}x < \frac{\pi}{2}$.

9. 计算直角坐标平面上, 由曲线 $y = 4x^2 - 1$ 和直线 $y - x = 1$ 所围成的区域的面积.

9.5　定积分的应用

9.5.1　无穷多个数的求和

例 9.5.1　计算极限

$$\lim_{n\to\infty}\left(\frac{1}{n+1}+\frac{1}{n+2}+\cdots+\frac{1}{2n}\right).$$

解　将式子

$$\frac{1}{n+1}+\frac{1}{n+2}+\cdots+\frac{1}{2n}$$

与式子

$$\sum_{i=1}^{n} f(x_i)\Delta x = f(x_1)\Delta x + f(x_2)\Delta x + \cdots + f(x_n)\Delta x$$

比较. 我们希望有

$$f(x_1)\Delta x = \frac{1}{n+1}, \quad f(x_2)\Delta x = \frac{1}{n+2}, \quad \cdots, \quad f(x_n)\Delta x = \frac{1}{2n}.$$

如此, 则能以定积分来算出所求之极限. 假设 f 在 $[0,1]$ 上定义, $\Delta x = \frac{1}{n}$ 及分点

$$x_1 = \frac{1}{n}, \quad x_2 = \frac{2}{n}, \quad \cdots, \quad x_n = \frac{n}{n} = 1.$$

我们需要

$$f\left(\frac{1}{n}\right)\cdot\frac{1}{n} = \frac{1}{n+1}, \quad f\left(\frac{2}{n}\right)\cdot\frac{1}{n} = \frac{1}{n+2}, \quad \cdots, \quad f\left(\frac{n}{n}\right)\cdot\frac{1}{n} = \frac{1}{n+n}$$

或

$$f\left(\frac{i}{n}\right) = \frac{n}{n+i} = \frac{1}{1+\left(\frac{i}{n}\right)}, \quad i = 1, 2, \cdots, n.$$

所以, 我们可以定义

$$f(x) = \frac{1}{1+x}, \quad x \in [0,1].$$

由此

$$\begin{aligned}\int_0^1 \frac{1}{1+x}\,\mathrm{d}x &= \int_0^1 f(x)\,\mathrm{d}x = \lim_{\Delta x\to 0}\sum_{i=1}^{n} f(x_i)\,\Delta x = \lim_{n\to\infty}\sum_{i=1}^{n} f\left(\frac{i}{n}\right)\cdot\frac{1}{n}\\ &= \lim_{n\to\infty}\sum_{i=1}^{n}\frac{1}{n+i} = \lim_{n\to\infty}\left(\frac{1}{n+1}+\frac{1}{n+2}+\cdots+\frac{1}{2n}\right).\end{aligned}$$

最后, 这个极限的值是

$$\int_0^1 \frac{1}{1+x}\,\mathrm{d}x = \ln(1+x)\big|_0^1 = \ln 2 - \ln 1 = \ln 2.$$

□

9.5.2 极坐标平面上图形的面积

在平面上, 除了直角坐标系 (即 xy-坐标系) 外, 我们还常常使用**极坐标系** (polar coordinate system) (即 $r\theta$-坐标系). 这两个坐标系的关系由图 9.10 表示.

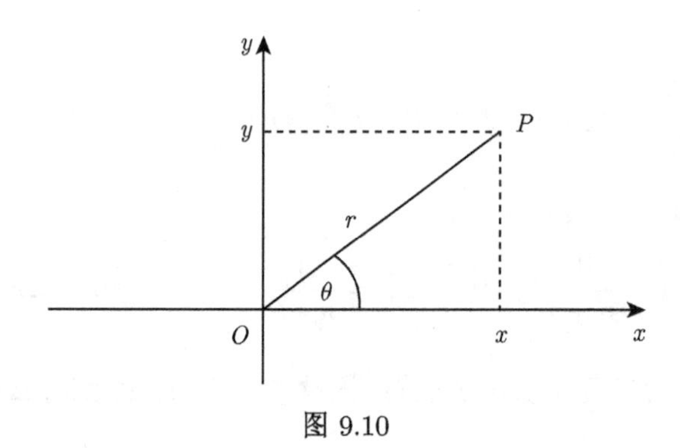

图 9.10

这里, 有向角 θ 以逆时针方向为正向.

设点 P 在 xy-系的坐标为 (x,y), 在 $r\theta$-系的坐标为 (r,θ). 则

$$\begin{cases} x^2+y^2=r^2, \\ x=r\cos\theta, \\ y=r\sin\theta. \end{cases}$$

有别于 xy-系, $r\theta$-系中点的坐标表示, 并不是唯一的. 事实上,

(1) $(r,\theta)=(r,\theta+2n\pi)$, $n=0,\pm1,\pm2,\cdots$;

(2) $(-r,\theta)=(r,\theta+\pi)$.

因此, 点 P 的极坐标 (r,θ) 不是唯一的, 而且 r 与 θ 也不是互相独立的.

例 9.5.2 在 $r\theta$-系中, 如图 9.11 所示, 以原点为圆心, r_0 为半径的圆的方程是

$$r=r_0.$$

如图 9.12 所示, 通过原点 (常被称为**极点** (pole))且与**极轴** (polar axis) (重叠于正 x 轴 $\{(x,0):x\geqslant0\}$) 交成有向角 θ_0 的**有向射线** (ray) 的方程是

$$\theta=\theta_0.$$

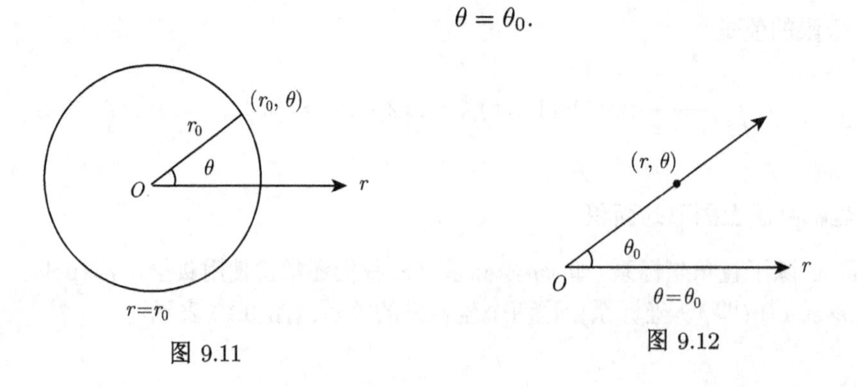

图 9.11　　图 9.12

如图 9.13 所示, 通过极点且与 x 轴交成角 θ_0 的直线的方程则是

$$(\theta-\theta_0)(\theta-\theta_0-\pi)=0.$$

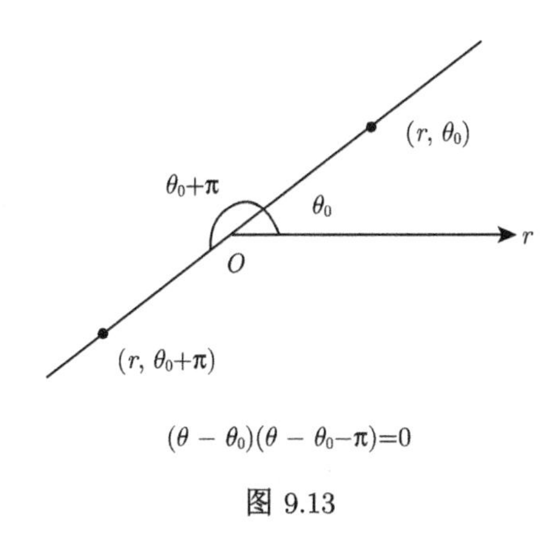

$(\theta-\theta_0)(\theta-\theta_0-\pi)=0$

图 9.13

□

例 9.5.3 试绘出由极坐标方程

$$r=2\sin\theta$$

所描述的图形.

解 利用公式

$$\begin{cases} x^2+y^2=r^2, \\ x=r\cos\theta, \\ y=r\sin\theta, \end{cases}$$

得原方程在 xy-系中的表示:

$$\begin{aligned} &r^2=2r\sin\theta, \\ &x^2+y^2=2y, \\ &x^2+(y-1)^2=1. \end{aligned}$$

因此, 这个方程代表一个以具有 xy-坐标 $(0,1)$ 的点为心, 1 为半径的圆. 如图 9.14 所示. □

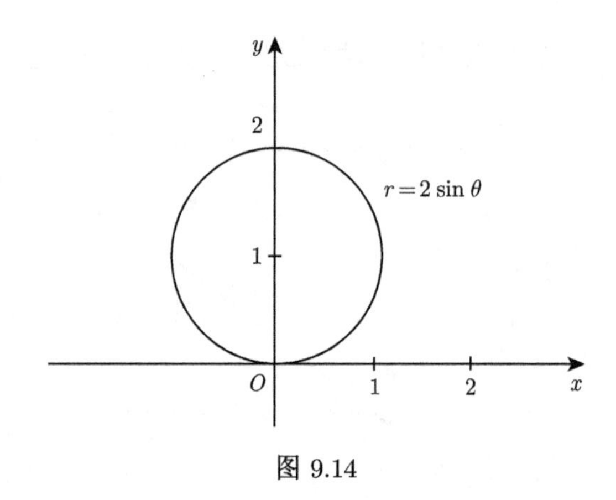

图 9.14

例 9.5.4　绘出 “4-叶玫瑰” (4-leaf rose)

$$r = \cos 2\theta$$

的图形.

解　构造下表.

	(1)	(2)	(3)	(4)	(5)	(6)	(7)	(8)	(9)
θ	0	$\frac{\pi}{8}$	$\frac{2\pi}{8}$	$\frac{3\pi}{8}$	$\frac{4\pi}{8}$	$\frac{5\pi}{8}$	$\frac{6\pi}{8}$	$\frac{7\pi}{8}$	π
2θ	0	$\frac{\pi}{4}$	$\frac{\pi}{2}$	$\frac{3\pi}{4}$	π	$\frac{5\pi}{4}$	$\frac{3\pi}{2}$	$\frac{7\pi}{4}$	2π
$r=\cos 2\theta$	1	$\frac{\sqrt{2}}{2}$	0	$-\frac{\sqrt{2}}{2}$	-1	$-\frac{\sqrt{2}}{2}$	0	$\frac{\sqrt{2}}{2}$	1

	(10)	(11)	(12)	(13)	(14)	(15)	(16)	(17)
θ	$\frac{9\pi}{8}$	$\frac{10\pi}{8}$	$\frac{11\pi}{8}$	$\frac{12\pi}{8}$	$\frac{13\pi}{8}$	$\frac{14\pi}{8}$	$\frac{15\pi}{8}$	2π
2θ	$\frac{9\pi}{4}$	$\frac{5\pi}{2}$	$\frac{11\pi}{4}$	3π	$\frac{13\pi}{4}$	$\frac{7\pi}{2}$	$\frac{15\pi}{4}$	4π
$r=\cos 2\theta$	$\frac{\sqrt{2}}{2}$	0	$-\frac{\sqrt{2}}{2}$	-1	$-\frac{\sqrt{2}}{2}$	0	$\frac{\sqrt{2}}{2}$	1

依次描出 (1)—(17) 各点, 得图 9.15 如下.　□

在 xy-系中, 最基本的平面图形是长方形. 在 $r\theta$-系中, 最基本的平面图形是扇形.

例 9.5.5　半径为 r, 张角为 θ 的扇形面积为 $\frac{1}{2}r^2\theta$.

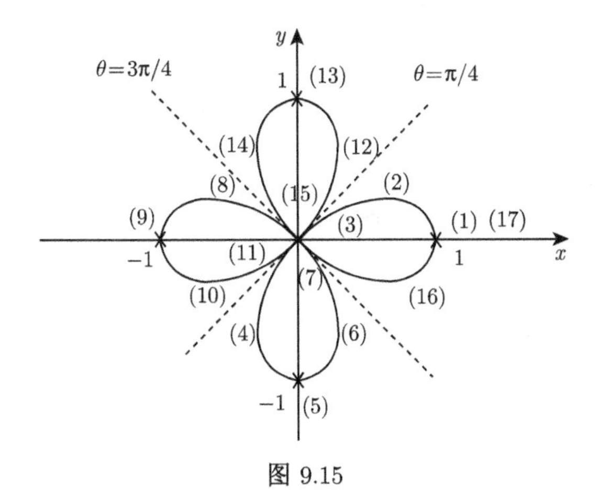

图 9.15

解 作一圆使此扇形为其中的一部分, 如图 9.16 所示. 此圆的面积为 πr^2. 扇形占全圆的 $\dfrac{\theta}{2\pi}$. 所以, 扇形的面积为 $(\pi r^2)\dfrac{\theta}{2\pi} = \dfrac{1}{2}r^2\theta$.

以扇形作为基本单位, 我们可以研究由极坐标方程

$$r = r(\theta)$$

所决定的曲线, 与射线 $\theta = \alpha$ 及 $\theta = \beta$ 所围成的平面图形的面积 A. 如图 9.17 所示.

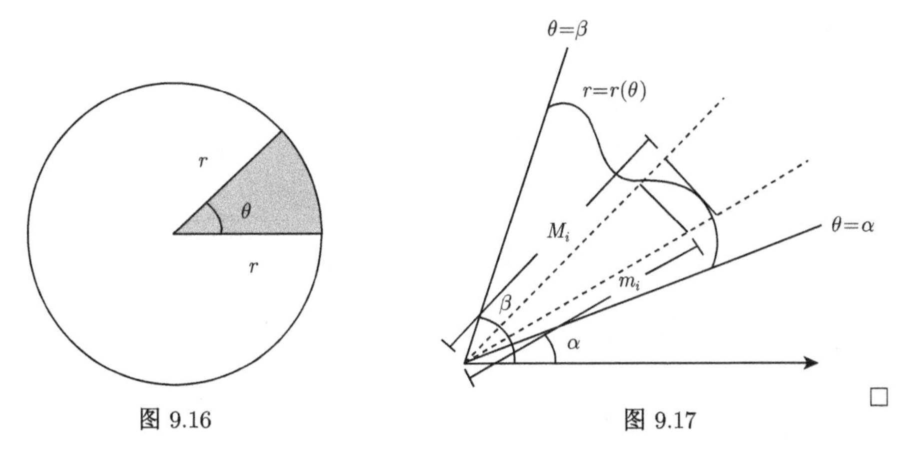

图 9.16 图 9.17

□

对于 $[\alpha, \beta]$ 的任何一个分割 P:

$$\alpha = \theta_0 < \theta_1 < \cdots < \theta_n = \beta,$$

我们把所考虑的图形分成 n 个小曲边扇形. 它们的面积是

$$A_1, A_2, \cdots, A_n.$$

令

$$M_i = \sup\{r(\theta) : \theta_{i-1} \leqslant \theta \leqslant \theta_i\},$$
$$m_i = \inf\{r(\theta) : \theta_{i-1} \leqslant \theta \leqslant \theta_i\}.$$

由图形的包含关系, 得到相对面积的大小关系:

$$\frac{1}{2}m_i^2\Delta\theta_i \leqslant A_i \leqslant \frac{1}{2}M_i^2\Delta\theta_i.$$

作上和及下和 (其中 $\Delta\theta_i = \theta_i - \theta_{i-1}$):

$$S\left(\frac{1}{2}r^2, P\right) = \frac{1}{2}\sum_{i=1}^{n} M_i^2\Delta\theta_i,$$
$$s\left(\frac{1}{2}r^2, P\right) = \frac{1}{2}\sum_{i=1}^{n} m_i^2\Delta\theta_i.$$

因此, 若图形的面积为 $A = \sum\limits_{i=1}^{n} A_i = A_1 + \cdots + A_n$, 则

$$s\left(\frac{1}{2}r^2, P\right) \leqslant A \leqslant S\left(\frac{1}{2}r^2, P\right).$$

若 $\frac{1}{2}r^2$ 是 $[\alpha, \beta]$ 上的可积函数, 则

$$\lim_{\|P\|\to 0} s\left(\frac{1}{2}r^2, P\right) = \lim_{\|P\|\to 0} S\left(\frac{1}{2}r^2, P\right) = \frac{1}{2}\int_\alpha^\beta r^2(\theta)\,\mathrm{d}\theta.$$

于是, 我们可以定义

$$A = \frac{1}{2}\int_\alpha^\beta r^2(\theta)\,\mathrm{d}\theta.$$

例 9.5.6 求四叶玫瑰

$$r = \cos 2\theta$$

所围成的封闭图形的面积 A.

解 由例 9.5.4 中的图 9.15 可见, 面积

$$A = 8\left(\frac{1}{2}\int_0^{\frac{\pi}{4}} r^2(\theta)\,\mathrm{d}\theta\right) = 4\int_0^{\frac{\pi}{4}} \cos^2 2\theta\,\mathrm{d}\theta$$
$$= 4\int_0^{\frac{\pi}{4}} \frac{1+\cos 4\theta}{2}\,\mathrm{d}\theta = \left(2\theta + \frac{\sin 4\theta}{2}\right)\Big|_0^{\frac{\pi}{4}} = \frac{\pi}{2}.$$

□

例 9.5.7 求曲线

$$r^2 = 2a^2 \cos 2\theta \quad (a > 0)$$

所围成的封闭图形的面积.

解 首先绘出 $r^2 = 2a^2 \cos 2\theta$ 的图形 (图 9.18).

θ	0	$\frac{\pi}{4}$	$\frac{\pi}{2}$	$\frac{3\pi}{4}$	π	$\frac{5\pi}{4}$	$\frac{3\pi}{2}$	$\frac{7\pi}{4}$	2π
$r = \pm\sqrt{2a^2 \cos 2\theta}$	$\pm\sqrt{2}a$	0	不存在	0	$\pm\sqrt{2}a$	0	不存在	0	$\pm\sqrt{2}a$

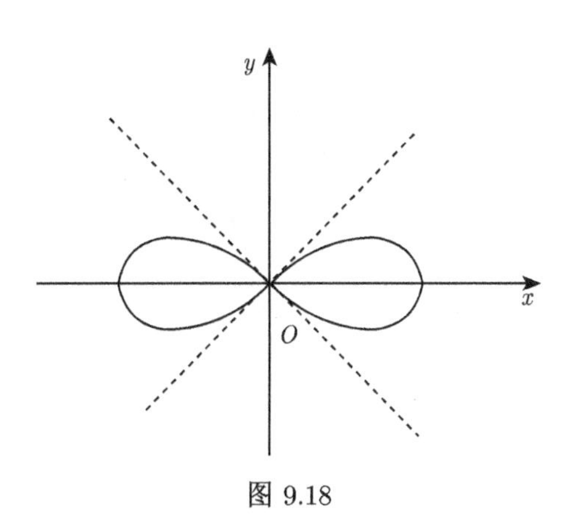

图 9.18

由对称性, 图形的面积

$$A = 4\left(\frac{1}{2}\int_0^{\frac{\pi}{4}} r^2(\theta)\,\mathrm{d}\theta\right) = 4a^2\int_0^{\frac{\pi}{4}} \cos 2\theta\,\mathrm{d}\theta = 2a^2 \sin 2\theta\,\Big|_0^{\frac{\pi}{4}} = 2a^2.$$ □

9.5.3 由参数曲线所围成的图形的面积

例 9.5.8 求椭圆

$$\begin{cases} x = a\cos t, \\ y = b\sin t \end{cases} \quad (a > 0, b > 0)$$

所围成的图形的面积 A. 如图 9.19 所示.

解 我们考虑在第一象限中的部分的面积. 若 $y = y(x)$ 表此段椭圆弧的方程, 则此部分之面积为

$$\frac{1}{4}A = \int_0^a y(x)\,\mathrm{d}x.$$

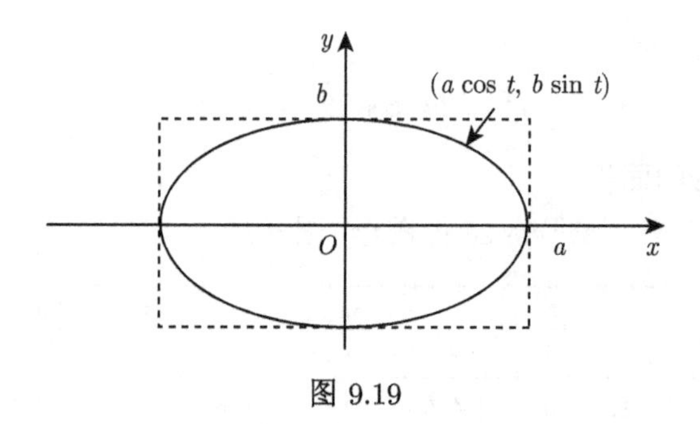

图 9.19

作代换及对应:

$$x = a\cos t,$$
$$y = b\sin t,$$
$$\mathrm{d}x = -a\sin t\,\mathrm{d}t,$$

x	t
a	0
0	$\frac{\pi}{2}$

因此

$$A = 4\int_{\frac{\pi}{2}}^{0} b\sin t(-a\sin t)\,\mathrm{d}t = 4ab\int_{0}^{\frac{\pi}{2}} \sin^2 t\,\mathrm{d}t$$
$$= 4ab\int_{0}^{\frac{\pi}{2}} \frac{1-\cos 2t}{2}\,\mathrm{d}t = 4ab\left(\frac{t}{2}-\frac{\sin 2t}{4}\right)\Big|_{0}^{\frac{\pi}{2}} = \pi ab.$$

特别地, 当 $a = b = r$, 即椭圆为圆时, 圆的面积为 πr^2. □

9.5.4 平面曲线的弧长

设 $\widehat{MN}$ 为平面上的一段曲线. 在 $\widehat{MN}$ 上任取一些点, 依照逆时针方向的次序为

$$M = A_0,\ A_1,\ A_2,\ \cdots,\ A_{n-1},\ A_n = N.$$

以此作为 $\widehat{MN}$ 的一个分割 P, 如图 9.20 所示. 令 $\overline{A_{i-1}A_i}$ 代表连接点 A_{i-1} 至 A_i 的直线段的长. 令

$$l(P) = \sum_{i=1}^{n} \overline{A_{i-1}A_i},$$

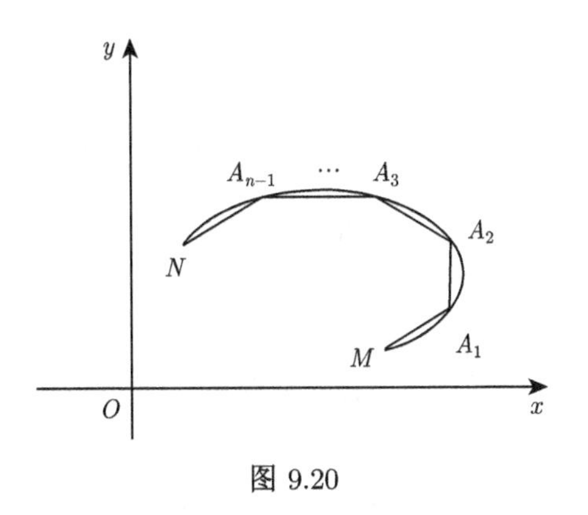

图 9.20

即曲线 $\widehat{MN}$ 在分割 P 下的内接折线的总长度. 若分割 P, P' 有包含关系

$$P \subseteq P',$$

即 P' 含有 P 的所有分点, 则由三角形不等式 (任意两边长度之和大于第三边的长度), 我们将得到

$$l(P) \leqslant l(P').$$

考虑

$$\sup \{l(P) : P \text{ 为 } \widehat{MN} \text{ 的分割}\}.$$

此数有可能是 $+\infty$, 例如

$$y(x) = \begin{cases} \sin \dfrac{1}{x}, & 0 < x \leqslant 1, \\ 0, & x = 0, \end{cases}$$

描述一条具有无限 "长度" 的曲线, 如图 9.21 所示. (为什么?)

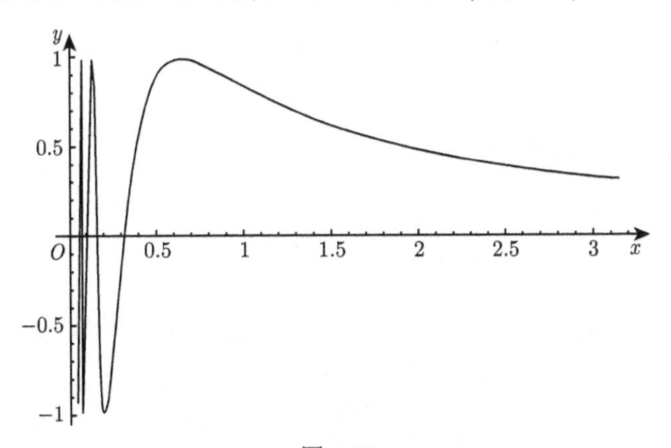

图 9.21

但是, 若此数为有限的话, 则可以定义曲线 $\widehat{MN}$ 的**弧长** (arc length) 为

$$s = \sup \{l(P) : P \text{为 } \widehat{MN} \text{ 的分割}\}.$$

在某些比较简单的情形, 曲线的弧长可以用积分来计算. 例如, 设曲线 $\widehat{MN}$ 由以下的参数方程所决定:

$$\begin{cases} x = x(t), \\ y = y(t), \end{cases} \quad \alpha \leqslant t \leqslant \beta,$$

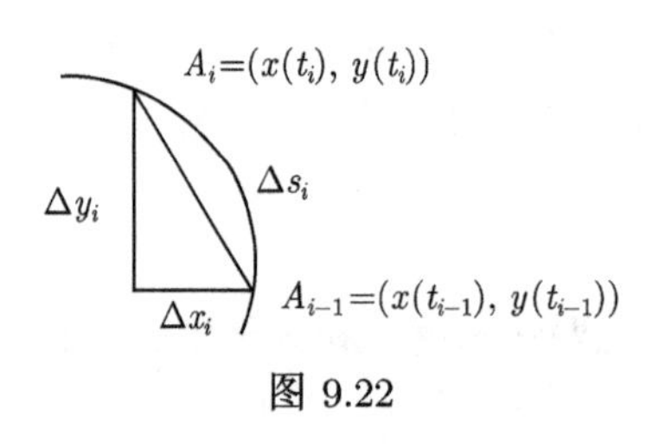

图 9.22

而且 $M = (x(\alpha), y(\alpha))$ 和 $N = (x(\beta), y(\beta))$. 我们考虑一段很小的弧 $\widehat{A_{i-1}A_i}$, 如图 9.22 所示. 直观上, $\widehat{A_{i-1}A_i}$ 的弧长 Δs_i 可以用 $\overline{A_{i-1}A_i}$ 的长度 $\sqrt{(\Delta x_i)^2 + (\Delta y_i)^2}$ 来近似, 即

$$(\Delta s_i)^2 \approx (\Delta x_i)^2 + (\Delta y_i)^2.$$

容易 "猜测", 在微分的形式下,

$$(\mathrm{d}s)^2 = (\mathrm{d}x)^2 + (\mathrm{d}y)^2.$$

于是, $\widehat{MN}$ 的全弧长 s 可表为

$$\begin{aligned} s &= \int_0^s \sqrt{(\mathrm{d}s)^2} = \int_0^s \sqrt{(\mathrm{d}x)^2 + (\mathrm{d}y)^2} \\ &= \int_\alpha^\beta \sqrt{(x'(t)\mathrm{d}t)^2 + (y'(t)\mathrm{d}t)^2} \\ &= \int_\alpha^\beta \sqrt{(x'(t))^2 + (y'(t))^2}\, \mathrm{d}t. \end{aligned}$$

定义 9.5.1 若曲线 $\widehat{MN}$:

$$\begin{cases} x = x(t), \\ y = y(t), \end{cases} \quad \alpha \leqslant t \leqslant \beta$$

为**光滑的曲线** (smooth curve), 即 $x'(t)$ 和 $y'(t)$ 在 $[\alpha, \beta]$ 上连续, 则我们定义曲线 $\widehat{MN}$ 的**弧长**为

$$s = \int_\alpha^\beta \sqrt{(x'(t))^2 + (y'(t))^2}\, \mathrm{d}t.$$

在这里, 条件 "$x'(t), y'(t)$ 在 $[\alpha,\beta]$ 上存在且连续" 是必要的. 例如, 考虑如下例子.

例 9.5.9 定义 $f:[0,1]\to\mathbb{R}$ 为

$$f(x)=\begin{cases} x\sin\dfrac{1}{x}, & 0<x\leqslant 1,\\ 0, & x=0.\end{cases}$$

易见参数曲线$(x,f(x))(0\leqslant x\leqslant 1)$ 的坐标函数, 在 $(0,1]$ 上具有连续的导数. 然而, $y'(0)$ 不存在. 由于曲线在零点附近振动无穷多次, 每次振动的幅度不小于 $\dfrac{1}{n\pi}$ $(n=2,3,\cdots)$, 所以弧长不小于 $(1/2+1/3+\cdots+1/n+\cdots)/\pi=+\infty$. □

我们现在来说明: 由差分公式

$$(\Delta s_i)^2\approx(\Delta x_i)^2+(\Delta y_i)^2$$

变成微分公式

$$(\mathrm{d}s)^2=(\mathrm{d}x)^2+(\mathrm{d}y)^2=[(x'(t))^2+(y'(t))^2](\mathrm{d}t)^2$$

的依据. 应用中值定理

$$\begin{aligned}\Delta x_i&=x(t_i)-x(t_{i-1})=x'(\eta_i)(t_i-t_{i-1})=x'(\eta_i)\Delta t_i,\\ \Delta y_i&=y(t_i)-y(t_{i-1})=y'(\xi_i)(t_i-t_{i-1})=x'(\xi_i)\Delta t_i.\end{aligned}$$

注意 这里的 η_i 和 ξ_i 是落在开区间 (t_{i-1},t_i) 中的两个点, 可以不相同. 不过, 因为 x',y' 在闭区间 $[\alpha,\beta]$ 上连续, 所以一致(均匀)连续 (定理 5.3.3). 因此, 对所有给定的 $\varepsilon>0$, 存在 $\delta>0$, 使得

$$|u-v|<\delta \implies |x'(u)-x'(v)|<\varepsilon \quad 及 \quad |y'(u)-y'(v)|<\varepsilon,\quad u,v\in[\alpha,\beta].$$

我们考虑 $[\alpha,\beta]$ 的那些分割 P, 使得 $\|P\|=\max\Delta t_i<\delta$. 由于 $\eta_i,\xi_i\in[t_{i-1},t_i]$, 有

$$|x'(\eta_i)-x'(t_i)|<\varepsilon \quad 及 \quad |y'(\xi_i)-y'(t_i)|<\varepsilon.$$

如果 $x'(t_i)$ 和 $y'(t_i)$ 不同时为零, 有

$$
\begin{aligned}
&\left|\sqrt{(\Delta x_i)^2+(\Delta y_i)^2}-\sqrt{(x'(t_i))^2+(y'(t_i))^2}\Delta t_i\right| \\
=&\left|\sqrt{(x'(\eta_i))^2+(y'(\xi_i))^2}-\sqrt{(x'(t_i))^2+(y'(t_i))^2}\right|\Delta t_i \\
=&\frac{\left|(x'(\eta_i))^2+(y'(\xi_i))^2-(x'(t_i))^2+(y'(t_i))^2\right|}{\sqrt{(x'(\eta_i))^2+(y'(\xi_i))^2}+\sqrt{(x'(t_i))^2+(y'(t_i))^2}}\Delta t_i \\
<&\left[\frac{|x'(\eta_i)+x'(t_i)||x'(\eta_i)-x'(t_i)|}{\sqrt{(x'(\eta_i))^2+(y'(\xi_i))^2}+\sqrt{(x'(t_i))^2+(y'(t_i))^2}}\right. \\
&\left.+\frac{|y'(\xi_i)+y'(t_i)||y'(\xi_i)-y'(t_i)|}{\sqrt{(x'(\eta_i))^2+(y'(\xi_i))^2}+\sqrt{(x'(t_i))^2+(y'(t_i))^2}}\right]\Delta t_i \\
\leqslant&\left[\frac{|x'(\eta_i)+x'(t_i)|}{\sqrt{(x'(\eta_i))^2}+\sqrt{(x'(t_i))^2+(y'(t_i))^2}}+\frac{|y'(\xi_i)+y'(t_i)|}{\sqrt{(y'(\xi_i))^2}+\sqrt{(x'(t_i))^2+(y'(t_i))^2}}\right]\varepsilon\Delta t_i \\
\leqslant&2\varepsilon\Delta t_i,\quad i=1,2,\cdots,n.
\end{aligned}
$$

如果 $x'(t_i)=y'(t_i)=0$, 则 $|x'(\eta_i)|<\varepsilon$, $|y'(\xi_i)|<\varepsilon$. 由此, 我们还是有

$$
\begin{aligned}
&\left|\sqrt{(\Delta x_i)^2+(\Delta y_i)^2}-\sqrt{(x'(t_i))^2+(y'(t_i))^2}\Delta t_i\right| \\
=&\left|\sqrt{(x'(\eta_i))^2+(y'(\xi_i))^2}\right|\Delta t_i\leqslant\sqrt{2}\varepsilon\Delta t_i<2\varepsilon\Delta t_i.
\end{aligned}
$$

于是

$$
\begin{aligned}
\sum_{i=1}^{n}\overline{A_{i-1}A_i}&=\sum_{i=1}^{n}\sqrt{(\Delta x_i)^2+(\Delta y_i)^2} \\
&=\sum_{i=1}^{n}\sqrt{(x'(t_i))^2+(y'(t_i))^2}\Delta t_i+\text{误差},
\end{aligned}
$$

其中, $|\,\text{误差}\,|<\sum\limits_{i=1}^{n}2\varepsilon\Delta t_i=2(\beta-\alpha)\varepsilon$. 当分割 P 的模 $\|P\|\to 0$ 时, $\delta\to 0^+$, 因此, 以上的估计对所有 $\varepsilon>0$, 到后来都会被满足. 所以, 我们可以建立弧长公式

$$
s=\lim_{\|P\|\to 0}\sum_{i=1}^{n}\overline{A_{i-1}A_i}=\lim_{\|P\|\to 0}\sum_{i=1}^{n}\sqrt{(x'(t_i))^2+(y'(t_i))^2}\Delta t_i=\int_{\alpha}^{\beta}\sqrt{x'(t)+y'(t)}\,\mathrm{d}t.
$$

例 9.5.10　求半径为 r 的圆的周长.

解　圆的参数方程是

$$
\begin{cases} x=r\cos t, \\ y=r\sin t, \end{cases}\quad 0\leqslant t\leqslant 2\pi.
$$

于是, 圆周长

$$s = \int_0^{2\pi} \sqrt{(x'(t))^2 + (y'(t))^2}\,\mathrm{d}t$$

$$= \int_0^{2\pi} \sqrt{(-r\sin t)^2 + (r\cos t)^2}\,\mathrm{d}t$$

$$= \int_0^{2\pi} r\,\mathrm{d}t = 2\pi r.$$

□

例 9.5.11 求 "心脏线"

$$r = a(1+\cos\theta)$$

的全长.

解 作图, 如图 9.23 所示.

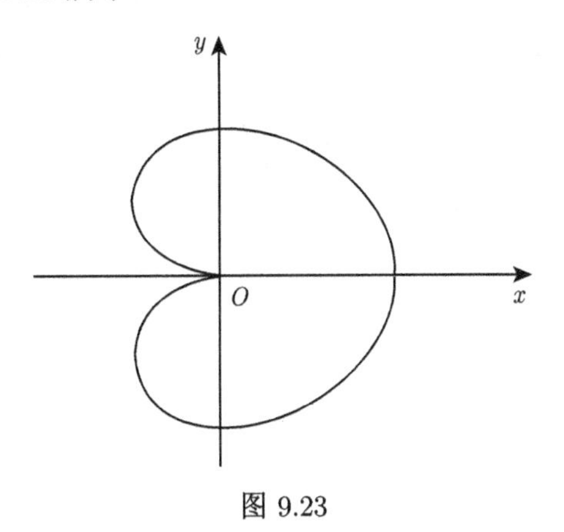

图 9.23

由于

$$\begin{cases} x = r\cos\theta, \\ y = r\sin\theta, \end{cases}$$

我们有

$$\frac{\mathrm{d}x}{\mathrm{d}\theta} = x' = r'\cos\theta - r\sin\theta,$$
$$\frac{\mathrm{d}y}{\mathrm{d}\theta} = y' = r'\sin\theta + r\cos\theta.$$

于是

$$x'^2 + y'^2 = r'^2 + r^2 \quad (\text{自变量皆为}\theta).$$

因此

$$
\begin{aligned}
s &= 2\int_0^{\pi} \sqrt{x'^2 + y'^2}\,\mathrm{d}\theta = 2\int_0^{\pi} \sqrt{r'^2 + r^2}\,\mathrm{d}\theta \\
&= 2\int_0^{\pi} \sqrt{(-a\sin\theta)^2 + (a(1+\cos\theta))^2}\,\mathrm{d}\theta \\
&= 2a\int_0^{\pi} \sqrt{\sin^2\theta + 1 + 2\cos\theta + \cos^2\theta}\,\mathrm{d}\theta \\
&= 2a\int_0^{\pi} \sqrt{2(1+\cos\theta)}\,\mathrm{d}\theta \\
&= 4a\int_0^{\pi} \cos\frac{\theta}{2}\,\mathrm{d}\theta = 8a\sin\frac{\theta}{2}\Big|_0^{\pi} = 8a.
\end{aligned}
$$

□

例 9.5.12　求在抛物线 $y = x^2$ 上由点 $(0,0)$ 至点 $(1,1)$ 的一段的弧长.

解　弧长

$$
\begin{aligned}
s &= \int_{x=0}^{x=1} \sqrt{\mathrm{d}x^2 + \mathrm{d}y^2} = \int_0^1 \sqrt{1 + \left(\frac{\mathrm{d}y}{\mathrm{d}x}\right)^2}\,\mathrm{d}x \\
&= \int_0^1 \sqrt{1 + (2x)^2}\,\mathrm{d}x = \int_0^1 \sqrt{1 + 4x^2}\,\mathrm{d}x \\
&= \frac{1}{2}\int_0^1 \sqrt{1 + (2x)^2}\,\mathrm{d}(2x) = \frac{1}{2}\int_0^2 \sqrt{1 + u^2}\,\mathrm{d}u \\
&= \frac{1}{2}\left(\frac{u}{2}\sqrt{1+u^2} + \frac{1}{2}\ln\left|u + \sqrt{1+u^2}\right|\right)\Big|_0^2 \\
&= \frac{1}{2}\sqrt{5} + \frac{1}{4}\ln|2+\sqrt{5}|.
\end{aligned}
$$

□

9.5.5　已知截面积的立体体积

设在空间中有一物体 W, 其上的点的 x 坐标从 a 增大到 b. 对应于 $[a,b]$ 上的每一点 t, 三维立体 W 与空间中的平面 $x = t$, 相交而成为一个截面, 它的面积为 $A(t)$. 在 $x = t$ 和 $x = t + \Delta t$ 两个平面之间, W 的部分体积 ΔV, 直观上可以估计为

$$
m_t\Delta t \leqslant \Delta V \leqslant M_t\Delta t,
$$

其中

$$
\begin{aligned}
M_t &= \sup\,\{A(u) : t \leqslant u \leqslant t + \Delta t\}, \\
m_t &= \inf\,\{A(u) : t \leqslant u \leqslant t + \Delta t\}.
\end{aligned}
$$

仿照从前的论证方法, 若截面的面积函数 $A(t)$ 在 $[a,b]$ 上可积, 则可以定义物体 W 的体积为

$$V=\int_a^b A(t)\,\mathrm{d}t.$$

为了计算上的方便, 常用以下的算法: 在 $x=t$ 和 $x=t+\Delta t$ 两个平面之间, W 的部分体积

$$\Delta V\approx A(t)\Delta t$$

写成微分形式, 得

$$\mathrm{d}V=A(t)\,\mathrm{d}t.$$

由此

$$V=\int_0^V \mathrm{d}V=\int_a^b A(t)\,\mathrm{d}t.$$

例 9.5.13 求底面积为 A, 高为 h 的圆锥体的体积.

解 以锥体的顶点作为原点, 并以锥体的轴为 x 轴, 如图 9.24 所示. 易见: 锥体与三维空间中的平面 $x=t$, 交成的截面的面积是

$$A(t)=\frac{t^2}{h^2}A,\quad 0\leqslant t\leqslant h.$$

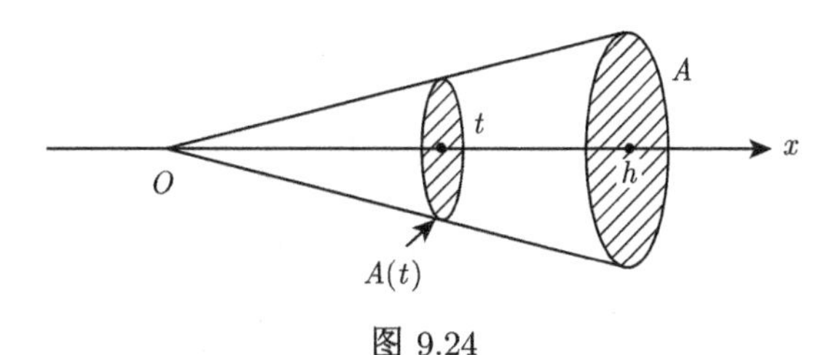

图 9.24

于是

$$\mathrm{d}V=A(t)\,\mathrm{d}t=\frac{t^2}{h^2}A\,\mathrm{d}t,$$

$$V=\int_0^h \frac{t^2}{h^2}A\,\mathrm{d}t=\frac{A}{h^2}\int_0^h t^2\,\mathrm{d}t=\frac{1}{3}\frac{A}{h^2}t^3\bigg|_0^h=\frac{1}{3}Ah.$$ □

例 9.5.14 求由 $y=\ln x$, $y=0$, $x=1$ 及 $x=\mathrm{e}$ 所围成的曲边梯形, 分别 (1) 绕 x 轴, 及 (2) 绕 y 轴一周, 所得到的旋转体的体积.

解 (1) 先讨论绕 x 轴旋转所得的旋转体的体积 V_x, 如图 9.25 和图 9.26 所示.

$$
\begin{aligned}
\mathrm{d}V_x &= A(t)\,\mathrm{d}t = \pi(\ln t)^2\,\mathrm{d}t,\\
V_x &= \int_1^{\mathrm{e}} \pi(\ln t)^2\,\mathrm{d}t = \pi(\ln t)^2 t\big|_1^{\mathrm{e}} - \pi\int_1^{\mathrm{e}} t\mathrm{d}(\ln t)^2\\
&= \pi\mathrm{e} - \pi\int_1^{\mathrm{e}} t(2\ln t)\cdot\frac{1}{t}\,\mathrm{d}t = \pi\mathrm{e} - 2\pi\int_1^{\mathrm{e}}\ln t\,\mathrm{d}t\\
&= \pi\mathrm{e} - 2\pi t\ln t\big|_1^{\mathrm{e}} + 2\pi\int_1^{\mathrm{e}} t\mathrm{d}(\ln t) = -\pi\mathrm{e} + 2\pi\int_1^{\mathrm{e}} t\cdot\frac{1}{t}\,\mathrm{d}t\\
&= -\pi\mathrm{e} + 2\pi t\big|_1^{\mathrm{e}} = \pi\mathrm{e} - 2\pi.
\end{aligned}
$$

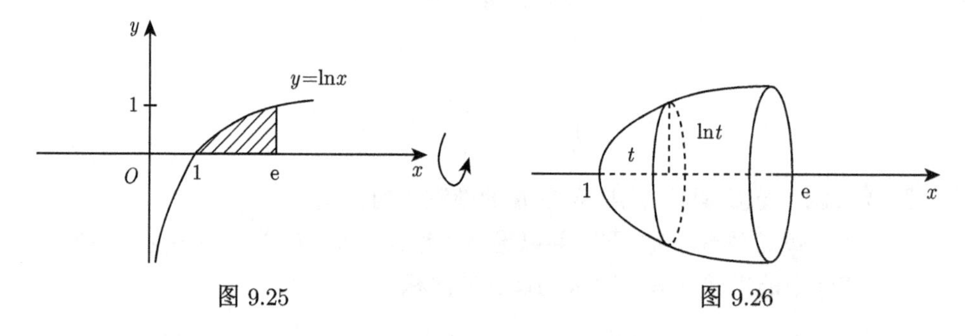

图 9.25 图 9.26

(2) 设此曲边形绕 y 轴旋转所得的旋转体的体积为 V_y, 如图 9.27 和图 9.28 所示.

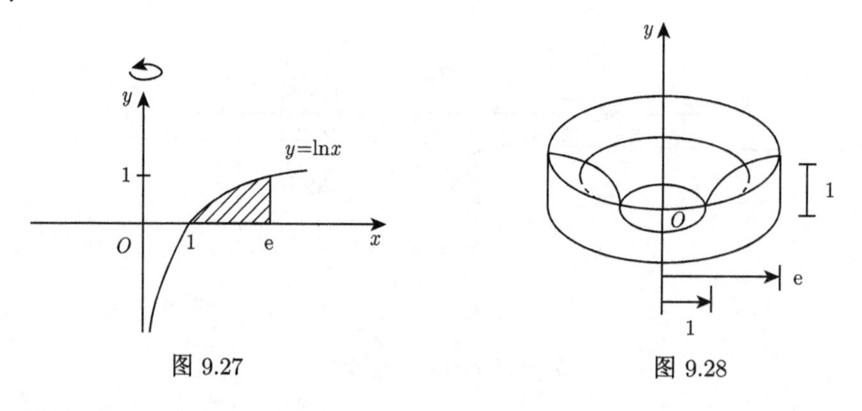

图 9.27 图 9.28

仔细地分析此旋转体与平面 $y=t$ 及 $y=t+\Delta t$ 所截得的 “环”(图 9.29). 此 “环” 的体积为

$$\Delta V \approx \pi\mathrm{e}^2\Delta t - \pi(\mathrm{e}^t)^2\Delta t.$$

若写成微分形式, 得

$$\mathrm{d}V = \pi(\mathrm{e}^2 - \mathrm{e}^{2t})\,\mathrm{d}t.$$

于是,

$$V_y = \int_0^1 \pi(\mathrm{e}^2 - \mathrm{e}^{2t})\,\mathrm{d}t = \pi\mathrm{e}^2 - \pi\int_0^1 \mathrm{e}^{2t}\,\mathrm{d}t$$

$$= \pi\mathrm{e}^2 - \frac{\pi}{2}\mathrm{e}^{2t}\Big|_0^1 = \pi\mathrm{e}^2 - \frac{\pi}{2}\mathrm{e}^2 + \frac{\pi}{2} = \frac{\pi}{2}(1+\mathrm{e}^2).$$

以下, 我们给出另一种求旋转体体积的方法. 观察图 9.30.

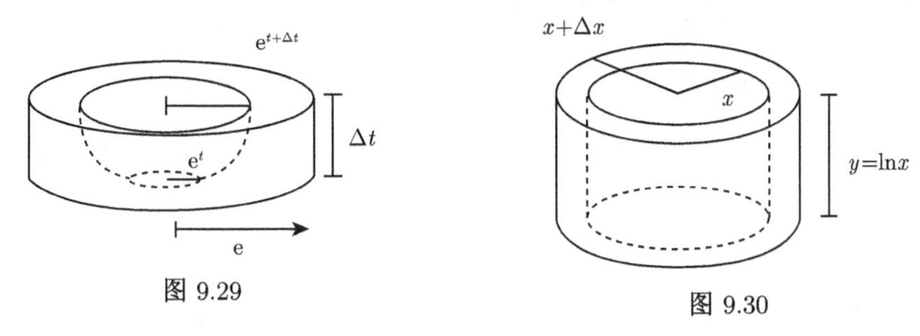

图 9.29

图 9.30

考虑分别以 x 和 $x+\Delta x$ 为内外半径, 高为 $y=f(x)$ 的圆柱薄谷 (washer). 它是对旋转体相应部分的近似. 由此, 我们利用此 "薄谷" 作体积的估计. 当我们从垂直方向将圆柱薄谷剪开, 可近似地将它摊平, 成为一个以 $2\pi x$ 为长, 以 $y=f(x)$ 为高及以 Δx 为深的长方体. 于是

$$\Delta V \approx 2\pi x f(x)\Delta x.$$

当 $\Delta x \to 0^+$ 时, 有

$$\mathrm{d}V = 2\pi x f(x)\mathrm{d}x.$$

因此

$$V_y = \int_1^{\mathrm{e}} 2\pi x f(x)\,\mathrm{d}x = 2\pi\int_1^{\mathrm{e}} x\ln x\,\mathrm{d}x$$

$$= \pi x^2\ln x\big|_1^{\mathrm{e}} - \pi\int_1^{\mathrm{e}} x^2\,\mathrm{d}\ln x$$

$$= \pi\mathrm{e}^2 - 0 - \pi\int_1^{\mathrm{e}} x^2\cdot\frac{1}{x}\,\mathrm{d}x$$

$$= \pi\mathrm{e}^2 - \frac{\pi x^2}{2}\Big|_1^{\mathrm{e}} = \frac{\pi}{2}(1+\mathrm{e}^2).$$

□

9.5.6 旋转体的侧面积

例 9.5.15 求半径为 r 的球面积.

解 考虑曲线 $y=\sqrt{r^2-x^2}$, $0\leqslant x\leqslant r$, 绕 x 轴旋转而得的半球面, 如图 9.31 和图 9.32 所示. 仔细研究由 $x=t$ 及 $x=t+\Delta t$ 两个平面所截成的部分球面的面积.

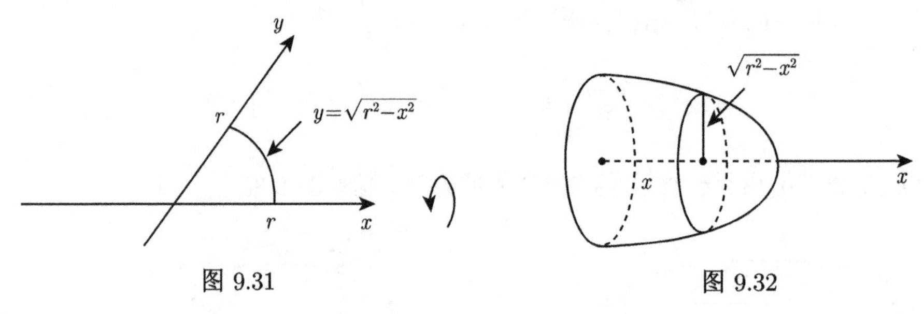

图 9.31 图 9.32

这是一个小 “圆台”(图 9.33). 将此 “圆台” 沿侧面剪开得一 “圆带” 如图 9.34 所示.

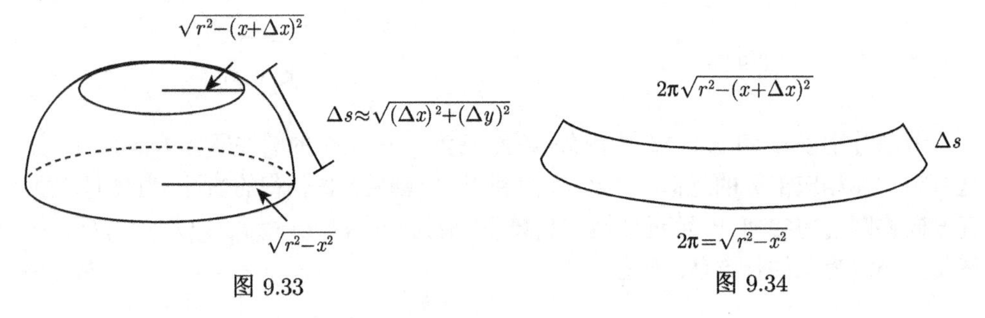

图 9.33 图 9.34

该 “圆带” 的面积

$$\Delta A\approx 2\pi\sqrt{r^2-x^2}\Delta s.$$

若写成微分的形式, 得

$$\begin{aligned}\mathrm{d}A&=2\pi\sqrt{r^2-x^2}\,\mathrm{d}s=2\pi\sqrt{r^2-x^2}\sqrt{(\mathrm{d}x)^2+(\mathrm{d}y)^2}\\&=2\pi\sqrt{r^2-x^2}\sqrt{1+\left(\frac{\mathrm{d}y}{\mathrm{d}x}\right)^2}\,\mathrm{d}x,\end{aligned}$$

其中

$$y=\sqrt{r^2-x^2},\quad \frac{\mathrm{d}y}{\mathrm{d}x}=\frac{-x}{\sqrt{r^2-x^2}}.$$

于是

$$\mathrm{d}A=2\pi\sqrt{r^2-x^2}\sqrt{1+\frac{x^2}{r^2-x^2}}\,\mathrm{d}x=2\pi r\,\mathrm{d}x.$$

因此

$$A=\int_0^r 2\pi r\,\mathrm{d}x=2\pi r^2.$$

因而

$$\text{圆球的表面积} = 2A = 4\pi r^2. \qquad \square$$

习题 9.5

1. 应用定积分来求下列级数和的极限:

(1) $\lim\limits_{n\to\infty}\left(\dfrac{1}{n^2}+\dfrac{2}{n^2}+\cdots+\dfrac{n-1}{n^2}\right)$;　　(2) $\lim\limits_{n\to\infty}\dfrac{1}{n}\left(\sin\dfrac{\pi}{n}+\cdots+\sin\dfrac{n-1}{n}\pi\right)$.

2. 先绘出下列曲线的图形, 再求其长度:

(1) $y=x^2(0\leqslant x\leqslant 4)$;　　(2) $x=\dfrac{1}{4}y^2-\dfrac{1}{2}\ln y(1\leqslant y\leqslant \mathrm{e})$;

(3) $\begin{cases} x=a\sin^3\theta, \\ y=a\cos^3\theta \end{cases} (0\leqslant\theta\leqslant 2\pi)$;　　(4) $\begin{cases} x=a(\cos t+t\sin t), \\ y=a(\sin t-t\cos t) \end{cases} (0\leqslant t\leqslant 2\pi)$;

(5) $r=a(1+\sin\theta)(0\leqslant\theta\leqslant 2\pi)$;　　(6) $r=\dfrac{p}{1+\cos\theta}\left(|\theta|\leqslant\dfrac{\pi}{2}\right)$;

(7) 摆线 $\begin{cases} x=a(t-\sin t), \\ y=a(1-\cos t) \end{cases} (0\leqslant t\leqslant 2\pi)$;　　(8) $r=b\theta(0\leqslant\theta\leqslant 2\pi)$;

(9) $r\theta=1\left(\dfrac{3}{4}\leqslant\theta\leqslant\dfrac{4}{3}\right)$.

3. 先绘出图形, 再求曲线所围成的图形的面积:

(1) $2x=y^2$, $x=4+y$;　　(2) $y^2=2(x+1)$, $y^2=2(1-x)$;

(3) $y=\sin x$, $y=0$, $x=0$, $x=\pi$;　　(4) $y=x$, $y=x+\sin^2 x$, $x=0$, $x=\pi$;

(5) $y=x^3$, $y=x$, $y=2x$;　　(6) $r=b(1+\cos\theta)$, $b>0$;

(7) 曲线 $r=3\cos\theta$ 所围成的区域和曲线 $r=1+\cos\theta$ 所围成的区域的共同部分;

(8) $r=a(\sin 2\theta)(a>0)$.

4. 计算由下列曲线所围成的图形绕 x 轴旋转所得的旋转体的体积及其侧面积:

(1) $y=x^2$, $x=2$, $y=0$;　　(2) $y=\sin x$, $y=0$, $x=0$, $x=\pi$;

(3) $y=x^2$, $y=\sqrt{x}$;　　(4) $y=1+\sqrt{x}$, $y=3$, $x=0$;

(5) $y=\sqrt{x}$, $0\leqslant x\leqslant 6$;　　(6) $y=1+x^3$, $x=1$, $y=0$, $x=-1$.

5. 定积分在物理上的应用:

(1) 某一弹簧原长 10 cm, 每伸长 1 cm 需用力 5 N, 若拉长到 15 cm, 做功多少?

(2) 某一圆球形水槽的半径为 R, 其中盛满了水. 若把池内的水完全吸干, 问做功多少?

(3) 某一水闸门为矩形, 长 20 cm, 宽 16 m, 直立于水中. 若门上缘与水平面相齐, 求闸门所受的水压力.

(4) 求圆弧 $x=a\sin\theta, y=a\cos\theta$, 其中 $0\leqslant\theta\leqslant\pi/2$, 所围成的区域的重心坐标.

(5) 某一轴长 10 m, 密度分布为 $\rho(x) = (6 + 0.3x)$ kg/m, 其中 x 为点与轴的某一个固定的端点的距离. 求轴之质量.

9.6　定积分的近似计算

我们已经知道: 有些可积函数 f, 并不具有原函数 F (即 $F' = f$). 因此单纯应用微积分基本原理和不定积分来计算

$$\int_a^b f(x)\,\mathrm{d}x = \left(\int f(x)\,\mathrm{d}x\right)\Big|_a^b$$

并非总是可行的. 事实上, 就算不定积分存在, 我们也不一定能够容易地找出它们. 因此, 定积分的数值计算方法很重要. 由于现代计算机的发达, 数值方法就更有价值了.

9.6.1　梯形法近似公式

考虑定积分

$$\int_a^b f(x)\,\mathrm{d}x.$$

将区间 $[a,b]$ 进行 n 等分, 得分点

$$a = x_0 < x_1 < x_2 < \cdots < x_n = b.$$

在小区间 $[x_{i-1}, x_i]$ 上, 以梯形代替由 $y = f(x)$ 所围成的曲顶梯形. 其中梯形的底是

$$\Delta x_i = x_i - x_{i-1} = \frac{b-a}{n},$$

两边的高分别为 $f(x_{i-1})$ 及 $f(x_i)$, 如图 9.35 所示.

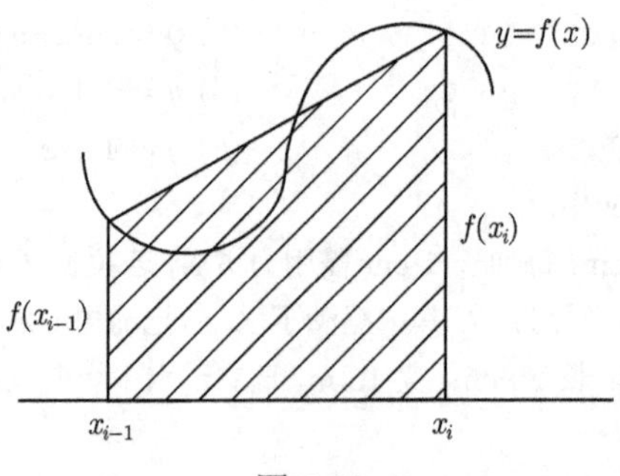

图 9.35

若记 $A_i = \int_{x_{i-1}}^{x_i} f(x)\,\mathrm{d}x$, 则有近似

$$A_i \approx \frac{f(x_{i-1}) + f(x_i)}{2} \cdot \frac{b-a}{n}.$$

于是

$$\begin{aligned}
\int_a^b f(x)\,\mathrm{d}x &= \sum_{i=1}^n A_i \\
&\approx \sum_{i=1}^n [f(x_{i-1}) + f(x_i)]\,\frac{b-a}{2n} \\
&= \frac{b-a}{2n}[f(a) + 2f(x_1) + 2f(x_2) + \cdots + 2f(x_{n-1}) + f(b)] \\
&= \frac{\Delta x}{2}[f(a) + 2f(x_1) + 2f(x_2) + \cdots + 2f(x_{n-1}) + f(b)].
\end{aligned}$$

这就是定积分的**梯形法近似公式**(trapezoidal rule).

9.6.2 抛物线法

用梯形来近似曲边梯形, “以直代曲”, 总还是有些距离. 比直线稍微复杂一点的曲线, 就是抛物线

$$y = ax^2 + bx + c.$$

若用抛物线来近似曲线

$$y = f(x),$$

则对定积分 $\int_a^b f(x)\,\mathrm{d}x$ 的值, 将会有较好的估计, 如图 9.36 所示. 具体的方法如下: 首先考虑定积分

$$\int_0^{2h} f(x)\,\mathrm{d}x \quad (h \geqslant 0).$$

设抛物线

$$y = ax^2 + bx + c$$

通过点 $(0, f(0)), (h, f(h))$ 及 $(2h, f(2h))$. 系数 a, b, c 可以通过解联立方程

$$\begin{cases}
f(0) = c, \\
f(h) = ah^2 + bh + c, \\
f(2h) = 4ah^2 + 2bh + c
\end{cases}$$

而得.

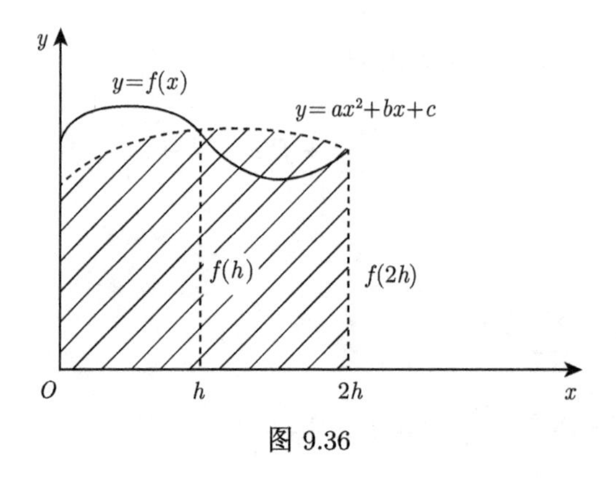

图 9.36

计算积分

$$\begin{aligned}\int_0^{2h}(ax^2+bx+c)\,\mathrm{d}x &= \left(\frac{ax^3}{3}+\frac{bx^2}{2}+cx\right)\Big|_0^{2h}\\ &= \frac{8}{3}ah^3+2bh^2+2ch\\ &= \frac{h}{3}(8ah^2+6bh+6c).\end{aligned}$$

括号中的数值刚巧是

$$8ah^2+6bh+6c=f(0)+4f(h)+f(2h).$$

因此

$$\int_0^{2h} f(x)\,\mathrm{d}x \approx \frac{h}{3}\left(f(0)+4f(h)+f(2h)\right).$$

一般地, 将 $[a,b]$ 分成 $2n$ 等份:

$$a=x_0<x_1<x_2<\cdots<x_{2n}=b,$$

其中分点为

$$x_k=a+k\Delta x,\quad k=0,1,2,\cdots,2n.$$

在这里, 每个小子区间的长度皆为

$$\Delta x=x_i-x_{i-1}=\frac{b-a}{2n}.$$

对于每两个相邻的小子区间的并 $[x_0,x_2]$, $[x_2,x_4]$, $\cdots$, $[x_{2n-2},x_{2n}]$, 分别进行以上的

近似, 得

$$\begin{aligned}\int_a^b f(x)\,\mathrm{d}x &= \int_{x_0}^{x_2} f(x)\,\mathrm{d}x + \int_{x_2}^{x_4} f(x)\,\mathrm{d}x + \cdots + \int_{x_{2n-2}}^{x_{2n}} f(x)\,\mathrm{d}x \\ &\approx \frac{\Delta x}{3}\left(f(x_0)+4f(x_1)+f(x_2)\right) \\ &\quad + \frac{\Delta x}{3}\left(f(x_2)+4f(x_3)+f(x_4)\right) \\ &\quad + \cdots \\ &\quad + \frac{\Delta x}{3}\left(f(x_{2n-2})+4f(x_{2n-1})+f(x_{2n})\right) \\ &= \frac{\Delta x}{3}\big(f(x_0)+4f(x_1)+2f(x_2)+4f(x_3) \\ &\quad + 2f(x_4)+\cdots+2f(x_{2n-2})+4f(x_{2n-1})+f(x_{2n})\big).\end{aligned}$$

以上称为定积分的**抛物线法近似公式** 或**辛普森 (Simpson) 近似公式**.

例 9.6.1 已知

$$\int_0^1 \frac{\mathrm{d}x}{1+x^2} = \arctan x\,\Big|_0^1 = \frac{\pi}{4}.$$

利用梯形公式, 将 $[0,1]$ 分成 10 个小子区间, 即取 $n=10$, $\Delta x = \dfrac{b-a}{n} = \dfrac{1-0}{10} = \dfrac{1}{10}$. 作下表 $\left(\text{其中 } f(x_k) = \dfrac{1}{1+x_k^2}\right)$.

k	0	1	2	3	4	5	6	7	8	9	10
x_k	0	0.1	0.2	0.3	0.4	0.5	0.6	0.7	0.8	0.9	1
$f(x_k)$	1	0.9901	0.9615	0.9174	0.8621	0.8000	0.7353	0.6711	0.6098	0.5525	0.5000

由此

$$\begin{aligned}\int_0^1 \frac{\mathrm{d}x}{1+x^2} &\approx \frac{\Delta x}{2}[f(x_0)+2f(x_1)+2f(x_2)+\cdots+2f(x_{n-1})+f(x_n)] \\ &\approx \frac{1}{20}[1+2(0.9901+0.9615+0.9174+0.8621 \\ &\quad +0.8000+0.7353+0.6711+0.6098+0.5525)+0.5000] \\ &= 0.7849.\end{aligned}$$

若以抛物线法来算, 将 $[0,1]$ 分成 4 个小子区间, 即取 $2n=4$ 和 $\Delta x = \dfrac{b-a}{2n} = \dfrac{1-0}{4} = \dfrac{1}{4}$. 作下表.

k	0	1	2	3	4
x_k	0	0.25	0.50	0.75	1
$f(x_k)=\dfrac{1}{1+x_k^2}$	1	0.9412	0.8000	0.6400	0.5000

由此

$$\begin{aligned}\int_0^1 \frac{\mathrm{d}x}{1+x^2} &\approx \frac{\Delta x}{3}[f(x_0)+4f(x_1)+2f(x_2)+4f(x_3)+f(x_4)]\\ &\approx \frac{1}{12}(1+3.7648+1.6000+2.5600+0.5000)\\ &=0.7854.\end{aligned}$$

事实上,

$$\int_0^1 \frac{\mathrm{d}x}{1+x^2}=\arctan x\,|_0^1=\frac{\pi}{4}.$$

因此, 由梯形法

$$\pi \approx 4(0.7849)=3.1396,$$

而由抛物线法

$$\pi \approx 4(0.7854)=3.1416.$$

由此可见, 抛物线法比梯形法精确. □

习题 9.6

1. 应用梯形法近似公式计算:

$$\int_0^{2\pi} x\sin x\,\mathrm{d}x \quad (\text{取 } n=12).$$

然后, 将你获得的结果和直接计算定积分所得的结果作比较.

2. 应用梯形法近似公式计算:

(1) $\displaystyle\int_0^1 \frac{\mathrm{d}x}{1+x}(n=10)$;　　(2) $\displaystyle\int_0^1 \frac{\mathrm{d}x}{1+x^3}(n=12)$.

3. 用抛物线法计算:

(1) $\displaystyle\int_0^1 \sqrt{x}\,\mathrm{d}x(n=4)$;　　(2) $\displaystyle\int_0^{\frac{\pi}{2}} \frac{\sin x}{x}\,\mathrm{d}x(n=10)$;

(3) $\displaystyle\int_0^1 \frac{x\mathrm{d}x}{\ln(1+x)}(n=6)$;　　(4) $\displaystyle\int_0^1 \frac{\arctan x}{x}\,\mathrm{d}x(n=10)$.

9.7 广义积分

定积分的定义, 只对定义在封闭有界区间 $[a,b]$ 上的有界函数 f 有意义. 若 f 在 $[a,b]$ 上无界, 定积分 $\int_a^b f(x)\,\mathrm{d}x$ 并不存在 (参考例 9.1.14). 另一方面, 存在着大量的无界函数 f, 例如: $\frac{1}{x}$, $\tan x$, $\log x$, $\cdots$. 这些函数 f 在某些封闭区间上并不连续, 或分段连续. 换句话说, f 有本质的不连续点. 例如, 在例 9.1.14 中的

$$f(x)=\begin{cases}\dfrac{1}{\sqrt{x}}, & 0<x\leqslant 1,\\ 0, & x=0.\end{cases}$$

函数 f 在 $(0,1]$ 上连续, 但是在 $x=0$ 处有本质的不连续点, 如图 9.37 所示. 我们已经从定积分的定义出发, 证明了 f 不可积 (见例 9.1.14). 然而, 若将积分

$$\int_0^1 \frac{1}{\sqrt{x}}\,\mathrm{d}x$$

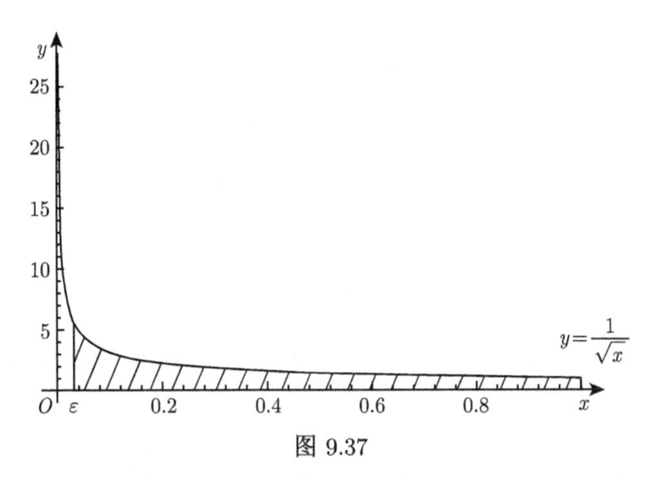

图 9.37

看成由曲线 $y=\frac{1}{\sqrt{x}}$, $x=0$, $x=1$ 及 x 轴所围成的图形的面积, 则应有

$$\int_0^1 \frac{1}{\sqrt{x}}\,\mathrm{d}x=\lim_{\varepsilon\to 0^+}\int_\varepsilon^1 \frac{1}{\sqrt{x}}\,\mathrm{d}x.$$

事实上, 对于很小的 $\varepsilon>0$, 积分 $\int_\varepsilon^1 \frac{1}{\sqrt{x}}\,\mathrm{d}x$ 为此面积的一个近似. 由于

$$G(y)=\int_y^1 \frac{1}{\sqrt{x}}\,\mathrm{d}x,\quad y>0$$

为连续函数, 这个近似是合理的.

由于

$$\lim_{\varepsilon\to 0^+}\int_\varepsilon^1 \frac{1}{\sqrt{x}}\,\mathrm{d}x = \lim_{\varepsilon\to 0^+}\left.\frac{x^{-\frac{1}{2}+1}}{-\frac{1}{2}+1}\right|_\varepsilon^1 = \lim_{\varepsilon\to 0^+}(2-2\sqrt{\varepsilon}) = 2,$$

可以 "定义"

$$\int_0^1 \frac{1}{\sqrt{x}}\,\mathrm{d}x = 2.$$

我们称由这种方法定义的积分为瑕积分.

定义 9.7.1 如果函数 f 在点 c 的任意邻域内无界, 则称点 c 为 f 的**奇点** (singular point).

注意 点 c 不一定在, 也不一定不在 f 的定义域内. 事实上, 点 c 是 f 的奇点, 相当于存在 $\mathrm{Dom}(f)$ 中的点 x_n, $n = 1, 2, \cdots$, 使得

(1) $\lim\limits_{n\to\infty} x_n = c$;

(2) $\lim\limits_{n\to\infty} |f(x_n)| = +\infty$.

例 9.7.1 (1) $f(x) = \tan x$ 具有奇点 $x = \left(n+\frac{1}{2}\right)\pi$, $n = 0, \pm 1, \pm 2, \cdots$.

(2) $f(x) = \log x$ 具有奇点 $x = 0$.

(3) $f(x) = \dfrac{1}{x^2-1}$ 具有奇点 $x = \pm 1$. □

定义 9.7.2 设 f 在 $[a, b]$ 上只有一个奇点 c. 定义 f 在 $[a, b]$ 上的**瑕积分** (improper integral) 为

$$\int_a^b f(x)\,\mathrm{d}x = \lim_{\delta\to 0^+}\int_a^{c-\delta} f(x)\,\mathrm{d}x + \lim_{\eta\to 0^+}\int_{c+\eta}^b f(x)\,\mathrm{d}x.$$

若在右边中的两个极限都存在且有限, 则称 $\int_a^b f(x)\,\mathrm{d}x$ **收敛**. 若右边中的某一个极限不存在 (或是 $\pm\infty$), 则称 $\int_a^b f(x)\,\mathrm{d}x$ **发散**. 当 $c = b$ 或 a 时, 我们理解

$$\int_a^b f(x)\,\mathrm{d}x = \lim_{\delta\to 0^+}\int_a^{b-\delta} f(x)\,\mathrm{d}x$$

或

$$\int_a^b f(x)\,\mathrm{d}x = \lim_{\eta\to 0^+}\int_{a+\eta}^b f(x)\,\mathrm{d}x.$$

若 f 在 $[a,b]$ 上有有限多个奇点 $c_1, c_2, \cdots, c_n$, 则定义瑕积分

$$\int_a^b f(x)\,\mathrm{d}x = \int_a^{c_1} f(x)\,\mathrm{d}x + \int_{c_1}^{c_2} f(x)\,\mathrm{d}x + \cdots + \int_{c_n}^b f(x)\,\mathrm{d}x.$$

例 9.7.2 计算

$$I_r = \int_0^1 \frac{1}{x^r}\,\mathrm{d}x, \quad r > 0.$$

解 由于 $x = 0$ 是 $f(x) = \dfrac{1}{x^r}$ 的唯一的奇点, 因此,

$$I_r = \lim_{\delta\to 0^+}\int_\delta^1 \frac{1}{x^r}\,\mathrm{d}x.$$

若 $0 < r < 1$,

$$I_r = \lim_{\delta\to 0^+}\left.\frac{x^{-r+1}}{-r+1}\right|_\delta^1 = \lim_{\delta\to 0^+}\left(\frac{1}{-r+1} - \frac{\delta^{-r+1}}{-r+1}\right) = \frac{1}{1-r}.$$

若 $r > 1$,

$$I_r = \lim_{\delta\to 0^+}\left[\frac{1}{-r+1} - \frac{1}{(1-r)\delta^{r-1}}\right] = +\infty.$$

若 $r = 1$,

$$I_r = \lim_{\delta\to 0^+}(\ln x)\,|_\delta^1 = \lim_{\delta\to 0^+}(-\ln\delta) = +\infty.$$ □

例 9.7.3 讨论瑕积分

$$I = \int_{-1}^1 \frac{1}{x}\,\mathrm{d}x$$

的敛散性.

解 由瑕积分的定义,

$$I = \lim_{\delta\to 0^+}\int_{-1}^{-\delta}\frac{1}{x}\,\mathrm{d}x + \lim_{\eta\to 0^+}\int_\eta^1 \frac{1}{x}\,\mathrm{d}x.$$

另一方面

$$\lim_{\delta\to 0^+}\int_{-1}^{-\delta}\frac{1}{x}\,\mathrm{d}x=\lim_{\delta\to 0^+}(\ln|x|)\big|_{-1}^{-\delta}=\lim_{\delta\to 0^+}\ln\delta=-\infty,$$

$$\lim_{\eta\to 0^+}\int_{\eta}^{1}\frac{1}{x}\,\mathrm{d}x=\lim_{\eta\to 0^+}(\ln|x|)\big|_{\eta}^{1}=\lim_{\eta\to 0^+}(-\ln\eta)=+\infty.$$

由于两个极限都发散, 因此瑕积分 $\int_{-1}^{1}\frac{1}{x}\,\mathrm{d}x$ 发散. □

在以上的例子中, 我们并没有考虑到 $f(x)=\frac{1}{x}$ 的对称性. 若考虑 $f(x)=\frac{1}{x}$ 为奇函数, 则以下的 "推理" 似乎也有一定的意义.

$$\int_{-1}^{1}\frac{1}{x}\,\mathrm{d}x=\int_{-1}^{0}\frac{1}{x}\,\mathrm{d}x+\int_{0}^{1}\frac{1}{x}\,\mathrm{d}x=\int_{1}^{0}\frac{1}{x}\,\mathrm{d}x+\int_{0}^{1}\frac{1}{x}\,\mathrm{d}x=0.$$

这提供了瑕积分的*柯西主值* (principal value) 的概念.

定义 9.7.3　设 c 是 f 在 $[a,b]$ 上的奇点. 我们定义 f 在 $[a,b]$ 上的瑕积分的*柯西主值*为

$$\text{P.V.}\int_{a}^{b}f(x)\,\mathrm{d}x=\lim_{\delta\to 0^+}\left[\int_{a}^{c-\delta}f(x)\,\mathrm{d}x+\int_{c+\delta}^{b}f(x)\,\mathrm{d}x\right].$$

例 9.7.4　计算

$$\text{P.V.}\int_{-1}^{1}\frac{1}{x}\,\mathrm{d}x.$$

解　如图 9.38 所示,

$$\begin{aligned}\text{P.V.}\int_{-1}^{1}\frac{1}{x}\,\mathrm{d}x&=\lim_{\delta\to 0^+}\left(\int_{-1}^{-\delta}\frac{1}{x}\,\mathrm{d}x+\int_{\delta}^{1}\frac{1}{x}\,\mathrm{d}x\right)\\&=\lim_{\delta\to 0^+}\left((\ln|x|)\big|_{-1}^{-\delta}+(\ln|x|)\big|_{\delta}^{1}\right)\\&=\lim_{\delta\to 0^+}(\ln\delta-0+0-\ln\delta)=0.\end{aligned}$$

□

我们现在考虑定积分的另一种推广——*无穷积分* (infinite integral). 设函数 f 在无穷区间 $[a,+\infty),(-\infty,b]$ 或 $(-\infty,+\infty)$ 上有定义, 我们试图定义无穷积分:

$$\int_{a}^{+\infty}f(x)\,\mathrm{d}x,\quad \int_{-\infty}^{b}f(x)\,\mathrm{d}x\quad 及\quad \int_{-\infty}^{+\infty}f(x)\,\mathrm{d}x.$$

利用分割的方法来定义无穷积分是不可能的. 例如, 若 P 是 $[a,+\infty)$ 的一个分割, 则 P 有分点

$$a=x_0<x_1<x_2<\cdots<x_m<+\infty.$$

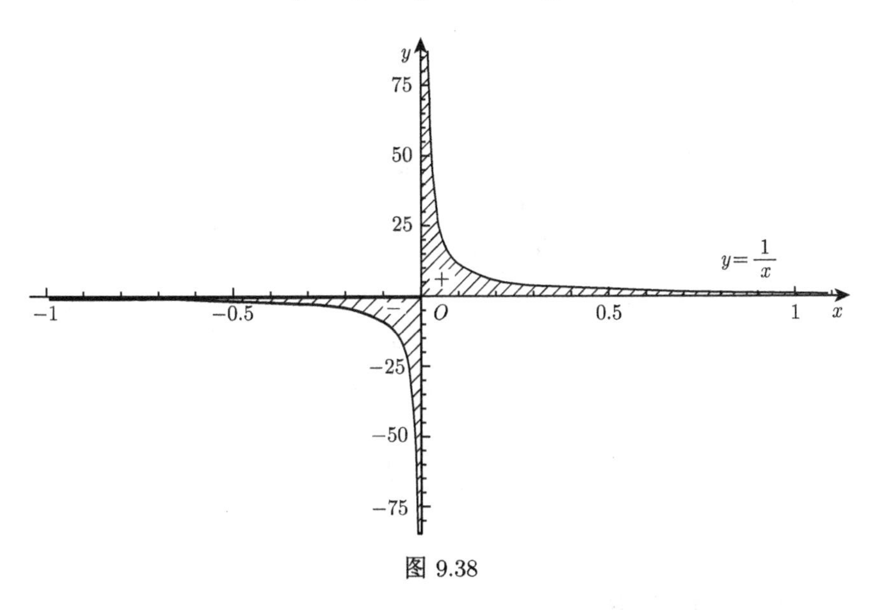

图 9.38

因为 P 只有有限个分点, 若最后一个点是 x_m, 则子区间 $[x_m,+\infty)$ 有无穷长度. 因而只要 f 在 $[x_m,+\infty)$ 上不恒为零, 上和 $S(f,P)$ 或下和 $s(f,P)$ 总有一个会是 $\pm\infty$.

定义 9.7.4 设 f 在 $[a,+\infty)$ 上有定义, 并且对任意实数 $B>a$, 函数 f 在 $[a,B]$ 上可积. 我们定义 f 在 $[a,+\infty)$ 上的**无穷积分** (infinite integral) 为

$$\int_a^{+\infty} f(x)\,\mathrm{d}x=\lim_{B\to+\infty}\int_a^B f(x)\,\mathrm{d}x.$$

若右边的极限存在, 则称无穷积分 $\displaystyle\int_a^{+\infty} f(x)\,\mathrm{d}x$ **收敛**; 否则称为**发散**. 同理, 我们定义

$$\int_{-\infty}^b f(x)\,\mathrm{d}x=\lim_{A\to-\infty}\int_A^b f(x)\,\mathrm{d}x.$$

对于 f 在 $(-\infty,+\infty)$ 上的无穷积分, 可以任取一点 c, $-\infty<c<+\infty$, 定义

$$\int_{-\infty}^{+\infty} f(x)\,\mathrm{d}x=\int_{-\infty}^{c} f(x)\,\mathrm{d}x+\int_{c}^{+\infty} f(x)\,\mathrm{d}x.$$

若以上右边两个无穷积分都收敛, 则称 $\displaystyle\int_{-\infty}^{+\infty} f(x)\,\mathrm{d}x$ **收敛**; 否则称其**发散**.

例 9.7.5 讨论无穷积分

$$\int_0^{+\infty}\frac{\mathrm{d}x}{1+x^2},\quad \int_{-\infty}^{0}\frac{\mathrm{d}x}{1+x^2}\quad 及\quad \int_{-\infty}^{+\infty}\frac{\mathrm{d}x}{1+x^2}$$

的敛散性.

解 计算

$$\begin{aligned}\int_0^{+\infty}\frac{\mathrm{d}x}{1+x^2}&=\lim_{B\to+\infty}\int_0^{B}\frac{\mathrm{d}x}{1+x^2}=\lim_{B\to+\infty}\arctan x\,\Big|_0^B\\&=\lim_{B\to+\infty}(\arctan B-\arctan 0)=\frac{\pi}{2}.\\\int_{-\infty}^{0}\frac{\mathrm{d}x}{1+x^2}&=\lim_{A\to-\infty}\int_A^{0}\frac{\mathrm{d}x}{1+x^2}=\lim_{A\to-\infty}\arctan x\,\Big|_A^0\\&=\lim_{A\to-\infty}(\arctan 0-\arctan A)=\frac{\pi}{2}.\\\int_{-\infty}^{+\infty}\frac{\mathrm{d}x}{1+x^2}&=\int_{-\infty}^{0}\frac{\mathrm{d}x}{1+x^2}+\int_0^{+\infty}\frac{\mathrm{d}x}{1+x^2}\\&=\frac{\pi}{2}+\frac{\pi}{2}=\pi.\end{aligned}$$

因此, 三个无穷积分皆收敛. □

例 9.7.6 讨论积分

$$I_r=\int_1^{+\infty}\frac{\mathrm{d}x}{x^r},\quad r\in\mathbb{R}$$

的敛散性.

解 计算当 $r\neq 1$ 时,

$$\begin{aligned}I_r=\int_1^{+\infty}\frac{\mathrm{d}x}{x^r}&=\lim_{B\to+\infty}\int_1^{B}\frac{\mathrm{d}x}{x^r}=\lim_{B\to+\infty}\frac{x^{-r+1}}{-r+1}\Big|_1^B\\&=\lim_{B\to+\infty}\left(\frac{B^{1-r}}{1-r}-\frac{1}{1-r}\right).\end{aligned}$$

当 $r>1$ 及 $B\to+\infty$ 时, $B^{1-r}=\dfrac{1}{B^{r-1}}\to 0$. 因此

$$I_r=-\frac{1}{1-r},\quad r>1.$$

当 $r<1$ 及 $B\to+\infty$ 时, $B^{1-r}\to+\infty$. 因此

$$I_r=+\infty,\quad r<1.$$

当 $r=1$ 时,

$$I_1=\int_1^{+\infty}\frac{1}{x}=\lim_{B\to+\infty}\int_1^B\frac{1}{x}\,\mathrm{d}x$$
$$=\lim_{B\to+\infty}\ln x\,\Big|_1^B=\lim_{B\to+\infty}(\ln B-\ln 1)=+\infty.$$

所以, 当 $r>1$ 时, $\int_1^{+\infty}\frac{1}{x^r}\,\mathrm{d}x$ 收敛; 当 $r\leqslant 1$ 时, $\int_1^{+\infty}\frac{1}{x^r}\,\mathrm{d}x$ 发散. □

例 9.7.7 讨论无穷积分

$$\int_{-\infty}^{+\infty}\frac{1}{x}\,\mathrm{d}x$$

的敛散性.

解 由例 9.7.6

$$\int_1^{+\infty}\frac{1}{x}\,\mathrm{d}x=+\infty.$$

因此

$$\int_{-\infty}^{+\infty}\frac{1}{x}\,\mathrm{d}x=\int_{-\infty}^{1}\frac{1}{x}\,\mathrm{d}x+\int_1^{+\infty}\frac{1}{x}\,\mathrm{d}x$$

发散. □

与瑕积分一样, 我们可以定义函数 f 在 $(-\infty,+\infty)$ 上的无穷积分的**柯西主值**:

$$\mathrm{P.V.}\int_{-\infty}^{+\infty}f(x)\,\mathrm{d}x=\lim_{A\to+\infty}\int_{-A}^{A}f(x)\,\mathrm{d}x.$$

例 9.7.8 计算无穷积分

$$\int_{-\infty}^{+\infty}x\,\mathrm{d}x$$

的柯西主值.

解

$$\mathrm{P.V.}\int_{-\infty}^{+\infty}x\,\mathrm{d}x=\lim_{A\to+\infty}\int_{-A}^{A}x\,\mathrm{d}x=\lim_{A\to+\infty}\frac{x^2}{2}\Big|_{-A}^{A}$$
$$=\lim_{A\to+\infty}\left(\frac{A^2}{2}-\frac{(-A)^2}{2}\right)=0.$$ □

以下我们讨论一些无穷积分的收敛判别法.

定理 9.7.9 (M-判别法) 设 f 在 $[a,+\infty)$ 上非负, 且对于任意的 $B>a$, 函数 f 在 $[a,B]$ 上可积, 则

$$\int_a^{+\infty}f(x)\,\mathrm{d}x\ \text{收敛}\iff\text{存在}\ M>0\ \text{使得}\ \int_a^B f(x)\,\mathrm{d}x<M,\forall B>a.$$

注意 右边的条件往往被写成 $\int_a^{+\infty}f(x)\,\mathrm{d}x<+\infty$.

证明 ($\Longrightarrow$) 由于 f 在 $[a,+\infty)$ 非负, 函数

$$F(x)=\int_a^x f(x)\,\mathrm{d}x$$

在 $[a,+\infty)$ 上单调上升. 因此

$$F(B)\leqslant \lim_{x\to+\infty}F(x),\quad \forall B>a.$$

此时, 只要令 $M=\int_a^{+\infty} f(x)\,\mathrm{d}x=\lim\limits_{x\to+\infty}F(x)$ 即得结论.

($\Longleftarrow$) 若存在 $M>0$, 使得

$$F(B)=\int_a^B f(x)\,\mathrm{d}x\leqslant M,\quad \forall B\geqslant a.$$

则由定理 1.3.1, $\sup\{F(B):B\geqslant a\}$ 存在. 因为 $F(x)$ 在 $[a,+\infty)$ 单调上升,

$$\lim_{x\to+\infty}F(x)=\sup\{F(B):B\geqslant a\}$$

存在 (而且有限). 此极限即为 $\int_a^{+\infty} f(x)\,\mathrm{d}x$ 之值. □

定义 9.7.5 假设 $a=-\infty$ 或/及 $b=+\infty$. 若 $\int_a^b |f(x)|\,\mathrm{d}x$ 收敛, 我们称无穷积分 $\int_a^b f(x)\,\mathrm{d}x$ **绝对收敛** (absolutely convergent), 也称 f **绝对可积** (absolutely integrable).

由定理 9.7.9

$$\int_a^b f(x)\,\mathrm{d}x\ \text{绝对收敛}\Longleftrightarrow\int_a^b |f(x)|\,\mathrm{d}x<+\infty.$$

定理 9.7.10 若 f 在 $[a,+\infty)$ 上绝对可积, 则 f 在 $[a,+\infty)$ 上可积. 换句话说

$$\int_a^{+\infty}|f(x)|\,\mathrm{d}x<+\infty\Longrightarrow\int_a^{+\infty}f(x)\,\mathrm{d}x\ \text{收敛}.$$

证明 考虑任意数列 $\{x_n\}_{n\geqslant1}$, 其中所有的 $x_n\geqslant a$, 而且 $\lim\limits_{n\to\infty}x_n=+\infty$. 我们要证明

$$I_n=\int_a^{x_n} f(x)\,\mathrm{d}x,\quad n=1,2,\cdots$$

构成一个柯西列. 于是, 由定理 3.6.1, I_n 收敛.

事实上, 对于所有 $\varepsilon > 0$, 因为

$$\int_a^{+\infty} |f(x)|\,\mathrm{d}x$$

收敛, 存在着 $B' > a$, 使得

$$\left|\int_a^{+\infty} |f(x)|\,\mathrm{d}x - \int_a^B |f(x)|\,\mathrm{d}x\right| < \varepsilon, \quad \forall B > B',$$

即

$$\int_B^{+\infty} |f(x)|\,\mathrm{d}x < \varepsilon, \quad \forall B > B'.$$

若 $x_n > x_m > B'$, 则

$$\begin{aligned} |I_n - I_m| &= \left|\int_a^{x_n} f(x)\,\mathrm{d}x - \int_a^{x_m} f(x)\,\mathrm{d}x\right| \\ &= \left|\int_{x_m}^{x_n} f(x)\,\mathrm{d}x\right| \leqslant \int_{x_m}^{x_n} |f(x)|\,\mathrm{d}x \\ &\leqslant \int_{x_m}^{+\infty} |f(x)|\,\mathrm{d}x < \varepsilon. \end{aligned}$$

因此, $\lim\limits_{n\to\infty} I_n = I$ 收敛.

最后, 我们观察: 若 $B > x_n > B'$, 则

$$\left|\int_a^B f(x)\,\mathrm{d}x - I_n\right| \leqslant \int_{x_n}^B |f(x)|\,\mathrm{d}x \leqslant \int_{x_n}^{+\infty} |f(x)|\,\mathrm{d}x < \varepsilon.$$

当我们选的 n 足够大时, 将会同时成立着条件

$$|I - I_n| < \varepsilon.$$

因而

$$\left|\int_a^B f(x)\,\mathrm{d}x - I\right| \leqslant 2\varepsilon, \quad \forall B > x_n.$$

由于 $\varepsilon > 0$ 的任意性,

$$\int_a^{+\infty} f(x)\,\mathrm{d}x = \lim_{B\to+\infty} \int_a^B f(x)\,\mathrm{d}x = I$$

收敛. □

定理 9.7.11 (比较判别法 (comparison test))　设 f,g 在 $[a,+\infty)$ 上有定义, 且当 $B>a$ 时, 在 $[a,B]$ 上皆可积.

(1) 若

$$|f(x)|\leqslant g(x),\quad \forall x\geqslant a,$$

则

$$\int_a^{+\infty} g(x)\,\mathrm{d}x\ \text{收敛}\implies\int_a^{+\infty} f(x)\,\mathrm{d}x\ \text{绝对收敛}.$$

(2) 若

$$f(x)\geqslant g(x)\geqslant 0,\quad \forall x\geqslant a,$$

则

$$\int_a^{+\infty} g(x)\,\mathrm{d}x\ \text{发散}\implies\int_a^{+\infty} f(x)\,\mathrm{d}x\ \text{发散}.$$

证明留作习题 (见习题 9.7 第 4 题). □

例 9.7.12　判断 $\int_1^{+\infty}\frac{\sin x}{1+x^2}\mathrm{d}x$ 的敛散性.

解　观察

$$\left|\frac{\sin x}{1+x^2}\right|\leqslant\frac{1}{1+x^2}\leqslant\frac{1}{x^2},\quad \forall x>1.$$

因此

$$\int_1^{+\infty}\left|\frac{\sin x}{1+x^2}\right|\mathrm{d}x\leqslant\int_1^{+\infty}\frac{1}{x^2}\,\mathrm{d}x=\left.\frac{-1}{x}\right|_1^{+\infty}=1.$$

所以, $\int_1^{+\infty}\frac{\sin x}{1+x^2}\mathrm{d}x$ 绝对收敛. □

定理 9.7.13 (极限比较判别法(limit comparison test))　假设对于所有 $B>a$, 函数 f,g 在 $[a,B]$ 上可积, 且 $g\geqslant 0$. 假设

$$\lim_{x\to+\infty}\frac{|f(x)|}{g(x)}=l.$$

(1) 当 $0<l<+\infty$ 时,

$$\int_a^{+\infty}|f(x)|\,\mathrm{d}x\ \text{收敛}\iff\int_a^{+\infty} g(x)\,\mathrm{d}x\ \text{收敛}.$$

(2) 当 $l=0$ 时,

$$\int_a^{+\infty} g(x)\,\mathrm{d}x\ \text{收敛}\implies\int_a^{+\infty}|f(x)|\,\mathrm{d}x\ \text{收敛}.$$

(3) 当 $l=+\infty$ 时,

$$\int_a^{+\infty} g(x)\,\mathrm{d}x \text{ 发散} \Longrightarrow \int_a^{+\infty} |f(x)|\,\mathrm{d}x \text{ 发散}.$$

证明留作习题 (见习题 9.7 第 5 题). □

例 9.7.14 讨论

$$\int_0^{+\infty} \frac{\sin x}{x}\,\mathrm{d}x$$

的敛散性.

解 由于

$$\lim_{x\to 0^+} \frac{\sin x}{x} = 1,$$

若定义

$$f(x)=\begin{cases} \dfrac{\sin x}{x}, & x>0,\\ 1, & x=0,\end{cases}$$

则 f 在 $[0,+\infty)$ 连续, 而且

$$\int_0^{+\infty} \frac{\sin x}{x}\,\mathrm{d}x = \int_0^{+\infty} f(x)\,\mathrm{d}x.$$

由于 $\int_0^1 f(x)\,\mathrm{d}x$ 存在 (为什么?), 我们只需要考虑无穷积分 $\int_1^{+\infty} \frac{\sin x}{x}\,\mathrm{d}x$ 的敛散性. 计算

$$\begin{aligned}\int_1^A \frac{\sin x}{x}\,\mathrm{d}x &= -\frac{1}{x}\cos x\Big|_1^A - \int_1^A \frac{\cos x}{x^2}\,\mathrm{d}x\\ &= -\frac{\cos A}{A} + \cos 1 - \int_1^A \frac{\cos x}{x^2}\,\mathrm{d}x.\end{aligned}$$

易见,

$$\lim_{A\to+\infty} \frac{\cos A}{A} = 0.$$

另一方面,

$$\left|\frac{\cos x}{x^2}\right| \leqslant \frac{1}{x^2}.$$

因为 $\int_1^{+\infty} \frac{1}{x^2}\,\mathrm{d}x = 1$, 所以 $\int_1^{+\infty} \frac{\cos x}{x^2}\,\mathrm{d}x$ 收敛. 因此

$$\int_1^{+\infty} \frac{\sin x}{x}\,\mathrm{d}x = \lim_{A\to+\infty} \int_1^A \frac{\sin x}{x}\,\mathrm{d}x = \cos 1 - \int_1^{+\infty} \frac{\cos x}{x^2}\,\mathrm{d}x$$

收敛. □

注意 $\int_0^{+\infty} \frac{\sin x}{x}\,\mathrm{d}x$ 并不是绝对收敛的. (见习题 9.7 第 6 题.)

习题 9.7

1. 找出下列函数在指定区间的奇点.

(1) $\ln x$ 在 $[0,+\infty)$;

(2) $\sin x$ 在 $(-\infty,\infty)$;

(3) $\frac{1}{\cos x}$ 在 $[0,+\infty)$;

(4) $\frac{x}{x^2+4x+4}$ 在 $(-\infty,+\infty)$;

(5) $\frac{1-x^4}{x\sin x\cos x}$ 在 $(-\infty,+\infty)$;

(6) $\frac{1}{x}\arctan\frac{1}{x}$ 在 $[0,+\infty)$.

2. 判断下列无穷积分的敛散性:

(1) $\int_0^{+\infty} \frac{\mathrm{d}x}{\sqrt[3]{x^4+4}}$;

(2) $\int_0^{+\infty} \frac{x\arctan x}{8+x^3}\,\mathrm{d}x$;

(3) $\int_2^{+\infty} \sin\frac{1}{x^2}\,\mathrm{d}x$;

(4) $\int_0^{+\infty} \frac{\mathrm{d}x}{7+x|\sin x|}$;

(5) $\int_1^{+\infty} \frac{x^2\,\mathrm{d}x}{x^4+x^2+4}$;

(6) $\int_0^{+\infty} \mathrm{e}^{-4x^3}\,\mathrm{d}x$;

(7) $\int_1^{+\infty} \frac{\cos x}{x\sqrt{x+1}}\,\mathrm{d}x$;

(8) $\int_{\frac{\pi}{2}}^{+\infty} \frac{\cos ax}{x^2}\,\mathrm{d}x$;

(9) $\int_0^{+\infty} \frac{x\,\mathrm{d}x}{1+x^2\sin^2 x}$;

(10) $\int_2^{+\infty} \frac{\mathrm{d}x}{\ln x}$;

(11) $\int_3^{+\infty} \frac{\mathrm{d}x}{x\ln x}$;

(12) $\int_3^{+\infty} \frac{\mathrm{d}x}{x^2\ln x}$.

3. 计算下列广义积分的值:

(1) $\int_2^{+\infty} \frac{\mathrm{d}x}{x^2-1}$;

(2) $\int_0^{+\infty} \frac{\mathrm{d}x}{(x^2+p)(x^2+q)}$, $p,q>0$ 皆为常数;

(3) $\int_0^{+\infty} \mathrm{e}^{-ax^2}x\,\mathrm{d}x(a>0)$;

(4) $\int_0^{+\infty} \frac{\mathrm{d}x}{(x+2)(x+3)}$;

(5) $\int_1^{+\infty} \frac{\ln x}{x^2}\,\mathrm{d}x$;

(6) $\int_0^{+\infty} \mathrm{e}^{-x}x^n\,\mathrm{d}x$;

(7) $\int_0^1 \frac{\mathrm{d}x}{\sqrt{1-x^2}}$.

4. 证明定理 9.7.11.

5. 证明定理 9.7.13.

6. 证明例 9.7.14 中的瑕积分

$$\int_0^{+\infty}\frac{\sin x}{x}\,\mathrm{d}x$$

不是绝对收敛.

提示: $|\sin x|$ 在很多地方都大于 $1/2$.

$$\int_0^{+\infty}\left|\frac{\sin x}{x}\right|\mathrm{d}x\geqslant\int_{\{x\geqslant 0:|\sin x|\geqslant\frac{1}{2}\}}\frac{1}{x}\,\mathrm{d}x=+\infty.$$

7. 证明:

(1) $\displaystyle\int_0^{+\infty}\frac{\sin^2 x}{x}\,\mathrm{d}x$ 发散; (2) $\displaystyle\int_1^{+\infty}\frac{\cos x}{x}\,\mathrm{d}x$ 收敛.

8. 判断下列瑕积分的敛散性:

(1) $\displaystyle\int_0^{2}\frac{\mathrm{d}x}{(x-1)^2}$; (2) $\displaystyle\int_0^{1}\frac{\mathrm{d}x}{\sqrt{(1-x^2)(1-kx^2)}}$;

(3) $\displaystyle\int_0^{1}\frac{\sqrt{x}}{\sqrt{1-x^4}}\mathrm{d}x$; (4) $\displaystyle\int_0^{1}\frac{\mathrm{d}x}{\sqrt[4]{x^3(1-x)^2}}$;

(5) $\displaystyle\int_0^{1}\frac{\arctan x}{1-x^3}\,\mathrm{d}x$; (6) $\displaystyle\int_0^{1}\frac{\sin x}{\sqrt{x^3}}\,\mathrm{d}x$;

(7) $\displaystyle\int_0^{\frac{\pi}{2}}\frac{\cos 2x}{\sin x\cdot\cos x}\,\mathrm{d}x$; (8) $\displaystyle\int_0^{\frac{\pi}{2}}\frac{1-\cos x}{\sqrt{x^5}}\mathrm{d}x$;

(9) $\displaystyle\int_0^{\frac{\pi}{2}}\frac{\mathrm{d}x}{\sqrt{1-\sin x}}$; (10) $\displaystyle\int_0^{1}\frac{\mathrm{d}x}{\sqrt[3]{x(\mathrm{e}^x-\mathrm{e}^{-x})}}$;

(11) $\displaystyle\int_1^{2}\frac{\mathrm{d}x}{x\ln x}$; (12) $\displaystyle\int_{-1}^{1}\frac{\mathrm{d}x}{\sqrt[3]{x}}$.

9. 讨论下列广义积分的敛散性:

(1) $\displaystyle\int_0^{\frac{\pi}{2}}\frac{1-\cos x}{x^n}\,\mathrm{d}x$; (2) $\displaystyle\int_a^{b}\frac{\mathrm{d}x}{(x-a)^p(b-x)^q}(p>0,\,q>0)$;

(3) $\displaystyle\int_0^{\frac{\pi}{2}}\frac{\mathrm{d}x}{\sin^p x\cdot\cos^q x}(p>0,q>0)$; (4) $\displaystyle\int_0^{1}x^{a-1}(1-x)^{b-1}\,\mathrm{d}x$.

10. 下列积分是否收敛? 是否绝对收敛?

(1) $\displaystyle\int_0^{+\infty}\frac{\sqrt{x}\cos x}{x+100}\,\mathrm{d}x$; (2) $\displaystyle\int_0^{1}\frac{1}{x}\cos\frac{1}{x}\,\mathrm{d}x$;

(3) $\displaystyle\int_a^{+\infty}\frac{P_m(x)}{Q_n(x)}\sin x\,\mathrm{d}x$, 其中 $P_m(x)$, $Q_n(x)$ 各为 m, n 次多项式, 而且当 $x\geqslant a$ 时, $Q_n(x)\neq 0$;

(4) $\displaystyle\int_1^{+\infty}\frac{\cos x}{x^t}\,\mathrm{d}x$; (5) $\displaystyle\int_1^{+\infty}\frac{\sin x}{x^t}\,\mathrm{d}x$.

11. 讨论广义积分与柯西主值之间的关系:

(1) 证明: 若 $\int_{-\infty}^{+\infty} f(x)\,\mathrm{d}x$ 收敛, 且收敛值为 I, 则 P.V. $\int_{-\infty}^{+\infty} f(x)\,\mathrm{d}x$ 存在, 且等于 I.

(2) 举例说明 (1) 的逆命题不成立.

12. 计算下列广义积分的柯西主值:

(1) $\int_0^3 \frac{\mathrm{d}x}{1-x}$;　　(2) $\int_{-\infty}^{+\infty} \sin x\,\mathrm{d}x$.

上册部分习题解答

习题 1.3

1. 若 $\sqrt{3}$ 为有理数. 可不失一般性的假设 $\sqrt{3}=\dfrac{p}{q}$, 且 $(p,q)=1$. 则由 $3=\dfrac{p^2}{q^2}$ 得到 $3q^2=p^2$. 所以, $3|p$, 于是可以表示为 $p=3m$, 其中 m 为整数. 因此, $3q^2=(3m)^2$ 或 $q^2=3m^2$. 这又得到了 $3|q$, 于是 p,q 同时为 3 的倍数, 这与 p,q 互质的假设矛盾. 所以 $\sqrt{3}$ 为无理数.

3. 若 l 为 A 的一个下界, 即 $-\infty<l\leqslant A$. 令 $L=\{x\in\mathbb{R}:x\leqslant A\}$, 则 $l\in L$. 因为 A 和 L 皆为非空集合, 且 $L\leqslant A$, 由实数的完备性公理知, 存在 $\mathbb{R}$ 中的 l_0 使得 $L\leqslant l_0\leqslant A$. 因为 $l_0\leqslant A$, 得知 l_0 为 A 的一个下界, 又 $L\leqslant l_0$, 知 l_0 大于或等于 A 的每一个下界. 所以 l_0 是 A 的最大下界, 即 $l_0=\inf A$.

5. (1) 若 $(x+1)(x-5)>0$, 则

$$\begin{cases}x+1>0,\\ x-5>0\end{cases}\quad\text{或}\quad\begin{cases}x+1<0,\\ x-5<0,\end{cases}$$

因此

$$\begin{cases}x>-1,\\ x>5\end{cases}\quad\text{或}\quad\begin{cases}x<-1,\\ x<5.\end{cases}$$

所以, $x\in(-\infty,-1)\cup(5,\infty)$.

(3) 由 $\dfrac{1}{x-1}-\dfrac{1}{x}=\dfrac{1}{x(x-1)}$, 若 $\dfrac{1}{x(x-1)}<0$, 则

$$\begin{cases}x>0,\\ x-1<0\end{cases}\quad\text{或}\quad\begin{cases}x<0,\\ x-1>0,\end{cases}$$

因此

$$\begin{cases}x>0,\\ x<1\end{cases}\quad\text{或}\quad\begin{cases}x<0,\\ x>1.\end{cases}$$

所以, $x\in(0,1)$.

7. (1) 若 $x\leqslant y$, 即 $\min\{x,y\}=x$, $\max\{x,y\}=y$, 则

$$\frac{x+y+|x-y|}{2}=\frac{x+y-(x-y)}{2}=\frac{x+y-x+y}{2}=y$$

且

$$\frac{x+y-|x-y|}{2}=\frac{x+y+x-y}{2}=x.$$

所以 $\min\{x,y\}=\dfrac{x+y-|x-y|}{2}$, $\max\{x,y\}=\dfrac{x+y+|x-y|}{2}$.

9. 由 $\sup B$ 的定义可以知道 $B\leqslant\sup B$, 即 $b\leqslant\sup B,\forall b\in B$. 由 $A\subseteq B$, 得 $a\leqslant\sup B,\forall a\in A\subseteq B$, 换句话说, $\sup B$ 为 A 的一个上界, 所以 $\sup A\leqslant\sup B$. 同理, 由 $\inf B$ 的定义可以知道 $\inf B\leqslant B$, 即 $\inf B\leqslant b,\forall b\in B$. 由 $A\subseteq B$, 得 $\inf B\leqslant a,\forall a\in A\subseteq B$, 换句话说, $\inf B$ 为 A 的一个下界, 所以 $\inf B\leqslant\inf A$.

11. 由 $A=\{x\in\mathbb{R}:x^2+2x\leqslant 3\}=\{x\in\mathbb{R}:x^2+2x-3\leqslant 0\}$, 则 $A=[-3,1]$. 所以 $\max A=\sup A=1$, $\min A=\inf A=-3$. 同理, 由 $B=\{x\in\mathbb{R}:x^3<4\}=\{x\in\mathbb{R}:x^3-4<0\}$, 则 $B=(-\infty,\sqrt[3]{4})$. 所以 $\sup B=\sqrt[3]{4}$, 而 $\max B,\min B,\inf B$ 都不存在.

13. (1) 由 $0\leqslant A\leqslant 2$, 可得 A 为一个有界集. 且 $\forall\varepsilon>0$, $2-\varepsilon<2$ 和 $0+\varepsilon>0$, 再因为 $2=1+\dfrac{1}{1}$ 跟 $0=1-\dfrac{1}{1}$, 所以 $\max A=\sup A=2$, $\min A=\inf A=0$.

(3) 由 $\sin x+\cos x=\sqrt{2}\left(\dfrac{\sqrt{2}}{2}\sin x+\dfrac{\sqrt{2}}{2}\cos x\right)=\sqrt{2}\sin\left(x+\dfrac{\pi}{4}\right)$, 而且对所有 x 属于实数 $\mathbb{R}$, $-1\leqslant\sin x\leqslant 1$, 所以 $-\sqrt{2}\leqslant A\leqslant\sqrt{2}$. 又 $\sin\dfrac{\pi}{4}+\cos\dfrac{\pi}{4}=\sqrt{2}$ 跟 $\sin\dfrac{5\pi}{4}+\cos\dfrac{5\pi}{4}=-\sqrt{2}$, 因此 $\max A=\sup A=\sqrt{2}$, $\min A=\inf A=-\sqrt{2}$.

习题 2.1

1. (1) $f(f(x))=\dfrac{1}{f(x)+1}=\dfrac{1}{\dfrac{1}{x+1}+1}=\dfrac{x+1}{x+2}$.

(3) $f(cx)=\dfrac{1}{cx+1}$.

(5) 由 $cf(x)=f(cx)$, 得 $\dfrac{c}{x+1}=\dfrac{1}{cx+1}$, 即 $x+1=c^2x+c$. 若 $c\neq 1$, 则 $x=\dfrac{-1}{c+1}$. 因此, 若 $c=1$, 则对所有 x 属于实数 $\mathbb{R}$, $cf(x)=f(cx)$. 若 $c\neq\pm 1$, 则 $x=\dfrac{-1}{c+1}$ 满足 $cf(x)=f(cx)$.

3. (1) $\mathrm{Dom}(f)=\mathbb{R}$, $\mathrm{Ran}(f)=\mathbb{R}$.

(3) $\mathrm{Dom}(f)=\mathbb{R}$, $\mathrm{Ran}(f)=\mathbb{Z}$.

(5) $\mathrm{Dom}(f)=\mathbb{R}\setminus\{0\}$, $\mathrm{Ran}(f)=(-\infty,+\infty)$.

(7) $\mathrm{Dom}(f)=[0,1]$, $\mathrm{Ran}(f)=\{0,1,1/2,1/3,\cdots\}$.

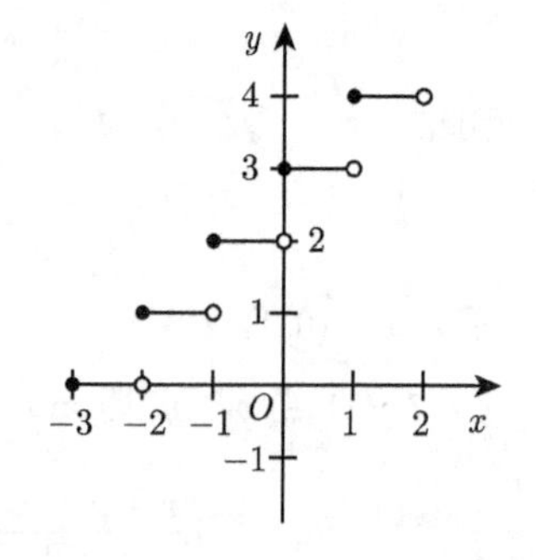

习题 2.2

1. (1) 由于 $\mathrm{Dom}(f)=\mathbb{R}\setminus\{0\}$, $\mathrm{Dom}(g)=\mathbb{R}$, 所以 $f\neq g$.

(3) 由于 $\mathrm{Dom}(f)=\mathbb{R}$, $\mathrm{Dom}(g)=\mathbb{R}\setminus\left\{\frac{\pi}{2}+k\pi:k\in\mathbb{N}\right\}$, 所以 $f\neq g$.

(5) 由于 $\mathrm{Dom}(f)=\{x\in\mathbb{R}:x\geqslant 1\}$, $\mathrm{Dom}(g)=\{x\in\mathbb{R}:x\leqslant -1\}\cup\{x\in\mathbb{R}:x\geqslant 1\}$, 所以 $f\neq g$.

3. (1) 若 $f(x)=0$, 则 $|x|+x=0$ 或 $1-x=0$, 因此 $x\in\{x\in\mathbb{R}:x\leqslant 0\ \text{或}\ x=1\}$.

(2) 由 $|x|+x\geqslant 0$, 若 $f(x)<0$, 则 $1-x<0$, 所以 $x\in\{x\in\mathbb{R}:x>1\}$.

5. (1) 若 $x_1\leqslant x_2$, 则 $x_2-x_1\geqslant 0$, 因此 $f(x_2)-f(x_1)=x_2^2-x_1^2=(x_2-x_1)(x_2+x_1)\geqslant 0$. 所以 $y=x^2$ 在 $0\leqslant x<+\infty$ 上是单调增加函数.

7. (1) 由 $f(x)=\dfrac{1+x}{1+x^3}=\dfrac{1+x}{(1+x)(x^2-x+1)}$, 且 $x^2-x+1=\left(x-\dfrac{1}{2}\right)^2+\dfrac{3}{4}>0$, 得 $\inf(f)=0$ 和 $\max(f)=\dfrac{4}{3}$.

(3) 由于 $-1\leqslant\sin x\leqslant 1$, 所以 $\min(f)=f\left(\dfrac{3\pi}{2}\right)=\dfrac{-2}{3\pi}$, 且 $\lim\limits_{x\to 0}\dfrac{\sin x}{x}=1$, 所以 $\sup(f)=1$.

习题 2.3

1. (1) $(f\circ g)(y)=(2^y)^3=2^{3y}$, $\mathrm{Dom}(f\circ g)=\mathbb{R}$, $\mathrm{Ran}(f\circ g)=\{x\in\mathbb{R}:x>0\}$.

(3) $(f\circ g\circ h)(t)=2^{3\cos t}$, $\mathrm{Dom}(f\circ g\circ h)=\mathbb{R}$, $\mathrm{Ran}(f\circ g\circ h)=\left[\dfrac{1}{8},8\right]$.

3. (1) $\sup(f)=1$, $\inf(f)=-2$.

(3) $\sup(f)=\sqrt{2}$, $\inf(f)=-\sqrt{2}$.

5. (1) 若 $f(x)=x^2$, $g(x)=3-x$ 和 $h(x)=x$, 则 $f\circ(g+h)(x)=9$, 但 $(f\circ g+f\circ h)(x)=2x^2-6x+9\neq 9$.

7. 若 $f(f(x))=x$, 则

$$\frac{a\left(\dfrac{ax+b}{cx+d}\right)+b}{c\left(\dfrac{ax+b}{cx+d}\right)+d}=x,$$

即 $a^2x+ab+bcx+bd=acx^2+bcx+cdx^2+d^2x$, 整理过后可以得到方程 $(a+d)[cx^2+(d-a)x-b]=0$. 当 $a+d=0$ 时, 对所有 x 都满足此方程, 所以取 $d=-a$.

9. (1) $f^{-1}(x)=-\sqrt{x}$, $\mathrm{Dom}(f^{-1})=\{x\in\mathbb{R}:x\geqslant 0\}$.

(2) $f^{-1}(x)=-\sqrt[4]{1-x^2}$, $\mathrm{Dom}(f^{-1})=[0,1]$.

(3) $f^{-1}(x)=\arccos x$, $\mathrm{Dom}(f^{-1})=(-1,1]$.

习题 2.4

1. (1) 若 f,g 都是偶函数, 则 $(f+g)(-x)=f(-x)+g(-x)=f(x)+g(x)=(f+g)(x)$, 所以 $f+g$ 是偶函数. 同理, 若 f,g 都是奇函数, 则 $(f+g)(-x)=f(-x)+g(-x)=-f(x)-g(x)=-(f+g)(x)$, 所以 $f+g$ 是奇函数. 而 f,g 为一奇函数一偶函数时, 则 $f+g$ 不是奇函数也不是偶函数.

(3) 若 g 为偶函数, 则 $f\circ g$ 为偶函数. 若 f 为偶函数, g 为奇函数, 则 $f\circ g(-x)=f(-g(x))=f(g(x)), f\circ g(x)$ 是偶函数. 而若 f,g 都是奇函数, 则 $f\circ g(-x)=f(-g(x))=-f\circ g(x)$. 所以只有 f,g 都是奇函数时, $f\circ g$ 为奇函数.

3. (1) $f(x)=\cos^2 x$ 为周期函数, 其最小周期为 π.

(3) $f(x)=\cos x+\dfrac{1}{2}\cos 2x$ 为周期函数, 其最小周期为 2π.

(5) $f(x)=|\sin 2x|+|\cos 2x|$ 为周期函数, 其最小周期为 $\dfrac{\pi}{4}$.

(7) $f(x)=\cos n\pi x$ 为周期函数, 其最小周期为 $\dfrac{2}{n}$.

5. (1) $y=\operatorname{sgn}\sin x$.

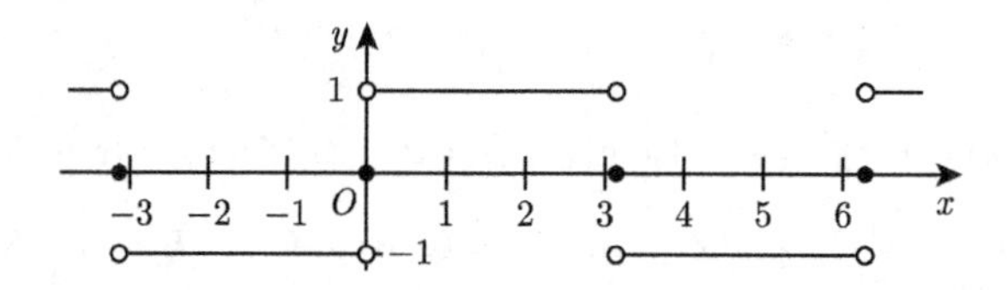

(3) $y=|\sin x+\cos x|, x\in[0,2\pi]$.

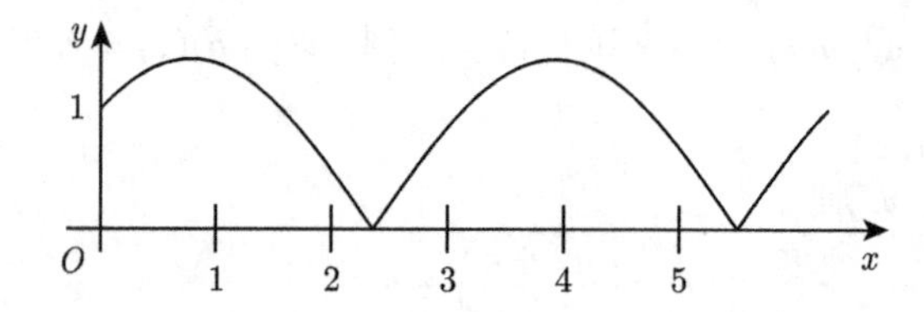

7. (1) $\mathrm{Dom}(f)=\{x\in\mathbb{R}:x>0\}$, $\mathrm{Dom}(g)=\mathbb{R}\backslash\{0\}$. $f\neq g$.

习题 3.2

1. (1) $x_1=\dfrac{\sin 1}{2}$, $x_2=\dfrac{\sin 4}{4}$, $x_3=\dfrac{\sin 9}{6}$, $x_4=\dfrac{\sin 16}{8}$, $x_5=\dfrac{\sin 25}{10}$, $x_6=\dfrac{\sin 36}{12}$.

(3) $x_1=1$, $x_2=1+\dfrac{1}{2}$, $x_3=1+\dfrac{1}{2}+\dfrac{1}{3}$, $x_4=1+\dfrac{1}{2}+\dfrac{1}{3}+\dfrac{1}{4}$, $x_5=1+\dfrac{1}{2}+\dfrac{1}{3}+\dfrac{1}{4}+\dfrac{1}{5}$,

$x_6=1+\frac{1}{2}+\frac{1}{3}+\frac{1}{4}+\frac{1}{5}+\frac{1}{6}$.

3. (1) 对所有 $\varepsilon>0$, 存在自然数 N 且 $N>\left[\frac{1}{\varepsilon}\right]+5$, 使得对所有 $n>N$, 则 $\left|\frac{2n^2+n}{3n^2-5}-\frac{2}{3}\right|=\left|\frac{n+\frac{10}{3}}{3n^2-5}\right|<\left|\frac{n+4}{n^2-16}\right|=\left|\frac{1}{n-4}\right|<\varepsilon$.

(3) 对所有 $\varepsilon>0$, 存在自然数 N 且 $N>\left[\sqrt{\frac{1}{\varepsilon}}\right]+1$, 使得对所有 $n>N$, 则 $\left|\frac{n}{\sqrt{n^2+1}}-1\right|=\left|\frac{n-\sqrt{n^2+1}}{\sqrt{n^2+1}}\right|=\left|\frac{1}{\sqrt{n^2+1}(n+\sqrt{n^2+1})}\right|=\left|\frac{1}{n\sqrt{n^2+1}+n^2+1}\right|<\frac{1}{n^2}<\frac{1}{N^2}<\varepsilon$.

(5) 对所有 $\varepsilon>0$, 存在自然数 N 且 $N>\left[\frac{1}{\varepsilon}\right]+1$, 使得对所有 $n>N$, 则 $\left|\frac{(-1)^n}{n}-0\right|=\left|\frac{(-1)^n}{n}\right|=\frac{1}{n}<\frac{1}{N}<\varepsilon$.

5. 当 $n\geqslant a$ 时, 则对所有 $\varepsilon>0$, 存在自然数 N 且 $N>\left[\frac{1}{\varepsilon^2}+a\right]+1$, 使得对所有 $n>N$, 则 $\left|\frac{1}{\sqrt{n-a}}-0\right|=\frac{1}{\sqrt{n-a}}<\frac{1}{\sqrt{N-a}}<\varepsilon$. 所以 $\lim\limits_{n\to\infty}\frac{1}{\sqrt{n-a}}=0$.

习题 3.3

1. (1) 由于 $0\leqslant(|xy|-|x||y|)^2=|xy|^2-2|xy||x||y|+(|x||y|)^2=x^2y^2-2x^2y^2+x^2y^2=0$, 所以 $|xy|=|x||y|$.

(3) 由于 $0\leqslant\left(\left|\frac{x}{y}\right|-\frac{|x|}{|y|}\right)^2=\left|\frac{x}{y}\right|^2-2\left|\frac{x}{y}\right|\frac{|x|}{|y|}+\left(\frac{|x|}{|y|}\right)^2=\frac{x^2}{y^2}-\frac{2x^2}{y^2}+\frac{x^2}{y^2}=0$, 所以 $\left|\frac{x}{y}\right|=\frac{|x|}{|y|}$.

(5) 因为 $(|x+y|)^2=x^2+2xy+y^2$, $(|x|+|y|)^2=x^2+2|xy|+y^2$, $(|x-y|)^2=(x-y)^2=x^2-2xy+y^2$, 且 $xy\leqslant|xy|$, $-xy\leqslant|xy|$, 所以 $|x+y|\leqslant|x|+|y|$, $|x-y|\leqslant|x|+|y|$.

3. 对所有 $0<\varepsilon<1$, 由 $\lim\limits_{n\to\infty}a_n^2=0$, 存在自然数 N, 使得对所有 $n>N$, $|a_n^2-0|<\varepsilon^2$, 即对所有 $n>N$, $-\varepsilon<a_n<\varepsilon$, 所以 $\lim\limits_{n\to\infty}a_n=0$.

5. 因为 $a^n\leqslant a^n+b^n\leqslant a^n+a^n$, 所以 $a\leqslant x_n\leqslant a\sqrt[n]{2}$, 因此 $\lim\limits_{n\to\infty}x_n=a$.

7. (1) 因为 $0\leqslant\frac{n^2-n+6}{n^3+2}<\frac{n^2-n+6}{n^3}<\frac{n^2+6}{n^3}=\frac{1}{n}+\frac{6}{n^3}$, 且 $\lim\limits_{n\to\infty}\frac{1}{n}+\lim\limits_{n\to\infty}\frac{6}{n^3}=0$, 所以 $\lim\limits_{n\to\infty}x_n=0$.

(3) 由于 $\lim\limits_{n\to\infty}\frac{1}{n}=0$, 所以 $\lim\limits_{n\to\infty}\sqrt{1+\frac{1}{n}}=\sqrt{1+\lim\limits_{n\to\infty}\frac{1}{n}}=1$.

(5) 因为 $0\leqslant\frac{n}{2^n}\leqslant\left(\frac{1.5}{2}\right)^n=(0.75)^n$, 且 $\lim\limits_{n\to\infty}(0.75)^n=0$. 所以 $\lim\limits_{n\to\infty}x_n=0$.

习题 3.4

1. (1) 对所有自然数 n, $x_{n+1}-x_n=\dfrac{1}{(n+1)^2}>0$, 且 $x_n=1+\dfrac{1}{2^2}+\dfrac{1}{3^2}+\cdots+\dfrac{1}{n^2}<1+\dfrac{1}{2}+\dfrac{1}{3\times 2}+\cdots+\dfrac{1}{n(n-1)}=1+\left(1-\dfrac{1}{2}\right)+\left(\dfrac{1}{2}-\dfrac{1}{3}\right)+\cdots+\left(\dfrac{1}{n-1}-\dfrac{1}{n}\right)=2-\dfrac{1}{n}<2.$ 所以 $\{x_n\}$ 为一单调上升有界数列.

(3) 对所有自然数 n, $x_n>0$. 当 $n>k$ 时, $\left(1+\dfrac{1}{n}\right)^k<\left(1+\dfrac{1}{k}\right)^k\leqslant \mathrm{e}<5$, $(1+n)^k<5n^k$, $5n^k-(1+n)^k>0$, $\dfrac{n^k}{5^n}-\dfrac{(1+n)^k}{5^{n+1}}>0$. 即 $x_n-x_{n+1}>0$, 所以 $\{x_n\}$ 为一单调下降有界数列.

3. 由于 $\{x_n\}_{n\geqslant 1}$ 为单调递减数列, 所以 $x_{n+1}-x_n<0$. 若 x_n 有下界, 即 $\inf\{x_n\}=M$ 存在, 则对所有 $\varepsilon>0$, 存在自然数 N 使得 $M+\varepsilon>x_N$. 因此对所有自然数 k, $M+\varepsilon>x_N>x_{N+1}>x_{N+k}>M=\inf\{x_n\}>M-\varepsilon$, 也就是说所有自然数 $n>N$ 都有 $|x_n-M|<\varepsilon$. 所以 $\lim\limits_{n\to\infty}x_n=\inf\{x_n\}=M$. 若 x_n 无下界, 即对所有 $A>0$, 存在自然数 N_A 使得 $x_{N_A}<-A$. 由于 $\{x_n\}_{n\geqslant 1}$ 为单调递减数列, 所以对所有自然数 k, $-M>x_{N_A}>x_{N_A+1}\geqslant x_{N_A+k}$, 因此 $\lim\limits_{n\to\infty}x_n=-\infty$.

5. (1) $x_{n+m}-x_n=\dfrac{1}{(n+1)!}+\dfrac{1}{(n+2)!}+\cdots+\dfrac{1}{(n+m)!}=\dfrac{1}{(n+1)!}\left[1+\dfrac{1}{n+2}+\dfrac{1}{(n+2)(n+3)}+\cdots+\dfrac{1}{(n+2)(n+3)\cdots(n+m)}\right]<\dfrac{1}{(n+1)!}\left[1+\dfrac{1}{n+2}+\dfrac{1}{(n+2)^2}+\cdots+\dfrac{1}{(n+2)^{m-1}}\right]=\dfrac{1}{(n+1)!}\dfrac{1-\left(\dfrac{1}{n+2}\right)^m}{1-\dfrac{1}{n+2}}=\dfrac{1}{(n+1)!}\dfrac{n+2}{n+1}\left[1-\left(\dfrac{1}{n+2}\right)^m\right]<\dfrac{1}{(n+1)!}\dfrac{n+2}{n+1}.$

(3) $1+1+\dfrac{1}{2!}+\cdots+\dfrac{1}{n!}+\dfrac{\theta_n}{n!n}=x_n+\dfrac{n!n(\mathrm{e}-x_n)}{n!n}=\mathrm{e}.$

习题 3.5

1. 假设 $a<b$, 令 $a_k=x_{2k}$, $b_k=x_{2k+1}$, $k=0,1,2,\cdots$. 由数学归纳法, $b_0-a_0=x_1-x_0=b-a>0$, 若 $b_k-a_k=x_{2k+1}-x_{2k}>0$, 则 $b_{k+1}-a_{k+1}=x_{2k+3}-x_{2k+2}=\dfrac{x_{2k+2}-x_{2k}}{2}=\dfrac{x_{2k+1}-x_{2k}}{4}>0$, 所以对所有 k 都有 $b_k-a_k>0$. 而且 $a_k-a_{k-1}=x_{2k}-x_{2k-2}=\dfrac{x_{2k-1}-x_{2k-2}}{2}=\dfrac{b_{k-1}-a_{k-1}}{2}>0$, $b_{k-1}-b_k=x_{2k-1}-x_{2k+1}=\dfrac{x_{2k-1}-x_{2k}}{2}=\dfrac{x_{2k-1}-x_{2k-2}}{4}=\dfrac{b_{k-1}-a_{k-1}}{4}>0$, 所以 $\{a_k\}$ 单调上升, $\{b_k\}$ 单调下降. 那么就有 $[a_0,b_0]\supset[a_1,b_1]\supset[a_2,b_2]\supset\cdots$, $\lim\limits_{k\to\infty}(b_k-a_k)=0$, 由闭区间套定理, 存在 $\{c\}=\bigcap_{k=0}^{\infty}[a_k,b_k]$, 且 $\lim\limits_{k\to\infty}a_k=\lim\limits_{k\to\infty}b_k=c$, 所以 $\lim\limits_{k\to\infty}x_k=c$.

3. 因为 $\lim\limits_{k\to\infty}x_{2k}=a$ 和 $\lim\limits_{k\to\infty}x_{2k+1}=a$. 对所有 $\varepsilon>0$, 存在自然数 N 和 M, 对所有

$k>N$ 或 $k>M$, 分别有 $|x_{2k}-a|<\varepsilon$ 或 $|x_{2k+1}-a|<\varepsilon$. 令 $N_0=\max\{2N,2M+1\}$, 则对所有 $n>N_0$, 会有 $|x_n-a|<\varepsilon$, 因此 $\lim\limits_{n\to\infty} x_n=a$.

5. 由数学归纳法, 因为 $g(1)\in\mathbb{N}$, 所以 $g(1)\geqslant 1$, 若 $g(n)\geqslant n$, 则 $g(n+1)>g(n)\geqslant n$, 即 $g(n+1)\geqslant n+1$. 因此对所有自然数 k 皆有 $g(k)\geqslant k$.

7. 若 $\mathbb{R}\subseteq\bigcup_{i\in I}(\alpha_i,\beta_i)$. 由 $\mathbb{R}=\bigcup_{n=1}^{\infty}[-n,n]$, 则对所有 n 皆有 $[-n,n]\subseteq\bigcup_{i\in I}(\alpha_i,\beta_i)$. 由博雷尔覆盖定理, 对所有 n 皆有 $[-n,n]\subseteq\bigcup_{i=1}^{k_n}(\alpha_i,\beta_i)$, 因此 $\mathbb{R}=\bigcup_{n=1}^{\infty}[-n,n]\subseteq\bigcup_{n=1}^{\infty}\bigcup_{i=1}^{k_n}(\alpha_i,\beta_i)$, 所以 $\mathbb{R}$ 具有一个可数的子覆盖.

习题 3.6

1. (1) 对所有 $\varepsilon>0$, 存在自然数 N 使得 $\dfrac{1}{2^N}<\varepsilon$, 则对所有自然数 $n,m>N$ 且 $n<m$ 都有 $|x_n-x_m|=\left|\dfrac{1}{(n+1)!}+\dfrac{1}{(n+2)!}+\cdots+\dfrac{1}{m!}\right|\leqslant\left|\dfrac{1}{2^n}+\dfrac{1}{2^{n+1}}+\cdots+\dfrac{1}{2^{m-1}}\right|=\left|\dfrac{\dfrac{1}{2^n}\left(1-\left(\dfrac{1}{2}\right)^{m-n}\right)}{1-\dfrac{1}{2}}\right|=\left|\dfrac{1}{2^{n-1}}\left(1-\left(\dfrac{1}{2}\right)^{m-n}\right)\right|\leqslant\dfrac{1}{2^{n-1}}<\dfrac{1}{2^{N-1}}<\varepsilon$. 所以 $\{x_n\}$ 为柯西数列.

(3) 对所有 $\varepsilon>0$, 存在自然数 N 使得 $\dfrac{1}{2^N}<\varepsilon$, 则对所有自然数 $n,m>N$ 且 $n<m$ 都有 $|z_n-z_m|=\left|\sum\limits_{k=n+1}^{m}\dfrac{\sin k}{2^k}\right|\leqslant\left|\sum\limits_{k=n+1}^{m}\dfrac{1}{2^k}\right|\leqslant\dfrac{1}{2^n}<\dfrac{1}{2^N}<\varepsilon$. 所以 $\{z_n\}$ 为柯西数列.

(5) 对所有 $\varepsilon>0$, 存在自然数 N 使得 $\dfrac{q^{N+1}}{1-q}<\varepsilon$, 则对所有自然数 $n,m>N$ 且 $n<m$ 都有 $|a_n-a_m|=\left|\sum\limits_{k=n+1}^{m}q^k\right|=\dfrac{q^{n+1}(1-q^{m-n})}{1-q}<\dfrac{q^{n+1}}{1-q}<\dfrac{q^{N+1}}{1-q}<\varepsilon$. 所以 $\{a_n\}$ 为柯西数列.

习题 4.1

1. (1) 对所有 $\varepsilon>0$, 存在自然数 N 使得, 如果 $x<-N$, 则 $|f(x)-0|<\varepsilon$.

(3) 对所有 $A>0$, 存在自然数 N 使得, 如果 $|x|>N$, 则 $f(x)<-A$.

3. (1) 对所有 $\varepsilon>0$, 存在自然数 $N=\left[\dfrac{1}{\varepsilon}\right]+1$ 使得, 如果 $x>N$, 则 $|f(x)-0|=\dfrac{1}{x}<\dfrac{1}{N}<\varepsilon$.

(3) 对所有 $\varepsilon>0$, 存在 $\delta=\varepsilon>0$ 使得, 如果 $0<|x-1|<\delta$, 则 $\left|\dfrac{x^2-1}{x+1}-0\right|=|x-1|<\delta=\varepsilon$.

(5) 对所有 $\varepsilon>0$, 存在自然数 $N=\left[\dfrac{1}{4\varepsilon}\right]+1$ 使得, 如果 $x>N$, 则 $\left|\dfrac{3x+1}{2x+1}-\dfrac{3}{2}\right|=$

$\left|\dfrac{1}{4x+2}\right| < \dfrac{1}{4x} < \dfrac{1}{4N} < \varepsilon.$

5. 令 $f(x) = \sqrt{x}$, $x \in [0,1]$. 选取 $\varepsilon = \delta = 1$, 那么如果 $0 < |x-0| < 1$, 则 $|\sqrt{x} - 0| < 1$. 但 $0 < \left|\dfrac{1}{2.1} - 0\right| < \dfrac{1}{2}$, $\left|\sqrt{\dfrac{1}{2.1}} - 0\right| = 0.69 > \dfrac{1}{2}$.

7. (1) 如果 $\lim\limits_{x\to 0} f(x) = A$, 即对所有 $\varepsilon > 0$, 存在 $\delta > 0$ 使得, 如果 $0 < |x-0| < \delta$, 则 $|f(x) - A| < \varepsilon$. 由 $\delta > 0$, 存在自然数 N, 使得 $0 < \dfrac{1}{N} < \delta$. 若 $|x| > N$, 则 $\dfrac{1}{|x|} < \dfrac{1}{N} < \delta$, 因此 $\left|f\left(\dfrac{1}{x}\right) - A\right| < \varepsilon$. 所以 $\lim\limits_{x\to\infty} f\left(\dfrac{1}{x}\right) = A$.

习题 4.2

1. (1) 若 $x > -1$, 即 $x+1 > 0$, 则 $\lim\limits_{x\to -1^+} f(x) = 0$. 若 $x < -1$, 即 $x+1 < 0$, 则 $\sqrt{x+1}$ 没有定义, 所以 $\lim\limits_{x\to -1^-} f(x)$ 不存在. 因此 $\lim\limits_{x\to -1} f(x)$ 不存在.

(3) 由于 $\lim\limits_{x\to 0^+} f(x) = 0$, 且 $\lim\limits_{x\to 0^-} f(x) = 0$, 因此 $\lim\limits_{x\to 0} f(x) = 0$.

(5) 因为 $\lim\limits_{x\to \frac{\sqrt{2}}{2}^+} f(x)$ 和 $\lim\limits_{x\to \frac{\sqrt{2}}{2}^-} f(x)$ 都不存在, 因此 $\lim\limits_{x\to \frac{\sqrt{2}}{2}} f(x)$ 不存在.

3. 如果 $\lim\limits_{x\to x_0} f(x) = a$, 即对所有 $\varepsilon > 0$, 存在 $\delta > 0$ 使得, 如果 $0 < |x - x_0| < \delta$, 则 $|f(x) - a| < \varepsilon$. 若 $x > x_0$, 且 $x - x_0 < \delta$, 则 $|f(x) - a| < \varepsilon$. 若 $x < x_0$, 且 $0 < x_0 - x = -(x - x_0) = |x - x_0| < \delta$, 则 $|f(x) - a| < \varepsilon$. 所以 $\lim\limits_{x\to x_0^+} f(x) = \lim\limits_{x\to x_0^-} f(x) = a$.

5. (1)($\Longrightarrow$) 如果 $\lim\limits_{x\to +\infty} f(x) = A$, 即对所有 $\varepsilon > 0$, 存在自然数 N 使得, 如果 $x > N$, 则 $|f(x) - A| < \varepsilon$. 由 $\lim\limits_{n\to\infty} x_n = +\infty$, 存在自然数 M 使得, 如果 $n > M$, 则 $x_n > N$, 因此 $|f(x_n) - A| < \varepsilon$. 所以 $\lim\limits_{n\to\infty} f(x_n) = A$.

($\Longleftarrow$) 由题意, 此方向是明显的.

(3)($\Longrightarrow$) 如果 $\lim\limits_{x\to x_0} f(x) = +\infty$, 即对所有 $A > 0$, 存在 $\delta > 0$ 使得, 如果 $0 < |x - x_0| < \delta$, 则 $f(x) > A$. 由 $\lim\limits_{n\to\infty} x_n = x_0$, 存在自然数 M 使得, 如果 $n > M$, 则 $|x_n - x_0| < \delta$, 因此 $f(x_n) > A$. 所以 $\lim\limits_{n\to\infty} f(x_n) = +\infty$.

($\Longleftarrow$) 由题意, 此方向是明显的.

7. (1) 令 $a_n = 2n\pi$, $b_n = (2n+1)\pi$, 则 $\lim\limits_{n\to\infty} a_n = +\infty$, $\lim\limits_{n\to\infty} b_n = +\infty$. 但 $\lim\limits_{n\to\infty} a_n \cos a_n = +\infty$, $\lim\limits_{n\to\infty} b_n \cos b_n = -\infty$. 所以 $\lim\limits_{x\to\infty} x\cos x$ 不存在.

(3) 令 $a_n = n\pi$, $b_n = \dfrac{\pi}{4} + 2n\pi$, 则 $\lim\limits_{n\to\infty} a_n = +\infty$, $\lim\limits_{n\to\infty} b_n = +\infty$. 但 $\lim\limits_{n\to\infty} a_n \tan a_n = 0$, $\lim\limits_{n\to\infty} b_n \tan b_n = +\infty$. 所以 $\lim\limits_{x\to\infty} x\tan x$ 不存在.

习题 4.3

1. 令 $f(x)=x^2$, $g(x)=x^3$. 则存在 $0<\delta<1$, 对所有 $0<|x-0|<\delta$, 会有 $f(x)=x^2>x^3=g(x)$. 但是 $\lim\limits_{x\to 0}f(x)=\lim\limits_{x\to 0}g(x)=0$.

3. 因为 $\lim\limits_{x\to x_0}f(x)=-\infty$, 所以对所有自然数 N, 存在 $\delta_N>0$, 对所有 $0<|x-x_0|<\delta_N$, 则有 $f(x)<-N$. 从 f 的定义域中选取一数列 $\{x_n\}$, 使得 $x_n\neq x_0$, $|f(x_n)|>n$, 而且 $\lim\limits_{n\to\infty}x_n=x_0$. 于是对 x_0 之任意的 δ-邻域 $U_{x_0,\delta}\setminus\{x_0\}$, 存在自然数 M, 对所有 $n>M$, 会有 $|x_n-x_0|<\delta$. 因此存在 $x_n\in U_{x_0,\delta}\setminus\{x_0\}$, 使得若 $n>M$, 则有 $|f(x_n)|>n$. 所以 f 在 $U_{x_0,\delta}\setminus\{x_0\}$ 上无界.

5. 由题意, 存在 $\delta_1>0$ 及自然数 N 使得, 如果 $0<|x-x_0|<\delta_1$, 则有 $|g(x)|<N$. 因为 $\lim\limits_{x\to x_0}f(x)=0$, 所以存在 $\delta_2>0$ 使得, 如果 $0<|x-x_0|<\delta_2$, 则有 $|f(x)|<\dfrac{\varepsilon}{N}$. 令 $\delta=\min\{\delta_1,\delta_2\}$, 若 $0<|x-x_0|<\delta$, 则 $0\leqslant|f(x)g(x)|\leqslant|f(x)|\cdot|g(x)|<N\cdot\dfrac{\varepsilon}{N}=\varepsilon$. 所以 $\lim\limits_{x\to x_0}f(x)g(x)=0$.

7. (1) $\lim\limits_{x\to 5}(x^2-6x+4)=4+\lim\limits_{x\to 5}x^2-6\lim\limits_{x\to 5}x=-1$.

(3) 由 $\dfrac{(x+4)(4x-3)}{x^2+4x-5}=\dfrac{(x+4)(4x-3)}{(x+5)(x-1)}$, 得 $\lim\limits_{x\to 1^+}\dfrac{(x+4)(4x-3)}{(x+5)(x-1)}=+\infty$, $\lim\limits_{x\to 1^-}\dfrac{(x+4)(4x-3)}{(x+5)(x-1)}=-\infty$. 所以 $\lim\limits_{x\to 1}\dfrac{(x+4)(4x-3)}{x^2+4x-5}$ 不存在.

(5) 由于 $\lim\limits_{h\to 0^+}\dfrac{\sqrt{100+h}-9}{h}=+\infty$, $\lim\limits_{h\to 0^-}\dfrac{\sqrt{100+h}-9}{h}=-\infty$, 所以 $\lim\limits_{h\to 0}\dfrac{\sqrt{100+h}-9}{h}$ 不存在.

(7) $\lim\limits_{x\to a}\dfrac{x^n-a^n}{x-a}=\lim\limits_{x\to a}(x^{n-1}+ax^{n-2}+a^2x^{n-3}+\cdots+a^{n-2}x+a^{n-1})=na^{n-1}$.

(9) $\lim\limits_{x\to 0}\dfrac{x}{1+\sin^2 x}=\dfrac{\lim\limits_{x\to 0}x}{1+\lim\limits_{x\to 0}\sin^2 x}=0$.

(11) 由于 $\lim\limits_{x\to 2^+}\dfrac{\sqrt{x}-1}{2-x}=-\infty$, $\lim\limits_{x\to 2^-}\dfrac{\sqrt{x}-1}{2-x}=+\infty$, 所以 $\lim\limits_{x\to 2}\dfrac{\sqrt{x}-1}{2-x}$ 不存在.

(13) $\lim\limits_{x\to\infty}\dfrac{(2x-1)(4x+3)(6x-5)}{(5x+6)(3x-4)(x+2)}=\lim\limits_{x\to\infty}\dfrac{\left(2-\dfrac{1}{x}\right)\left(4+\dfrac{3}{x}\right)\left(6-\dfrac{5}{x}\right)}{\left(5+\dfrac{6}{x}\right)\left(3-\dfrac{4}{x}\right)\left(1+\dfrac{2}{x}\right)}=\dfrac{16}{5}$.

(15) 由于 $\lim\limits_{x\to 2^+}(x-[x])=0$, $\lim\limits_{x\to 2^-}(x-[x])=1$, 所以 $\lim\limits_{x\to 2}(x-[x])$ 不存在.

(17) 由于 $\lim\limits_{x\to 2^+}100^{-1/(x-2)^3}=0$, $\lim\limits_{x\to 2^-}100^{-1/(x-2)^3}=+\infty$, 所以 $\lim\limits_{x\to 2}100^{-1/(x-2)^3}$ 不存在.

9. (1) $\lim\limits_{x\to 0^+}g(x)=\lim\limits_{x\to 0^+}\dfrac{10+\dfrac{1}{100^{1/x}}}{20-\dfrac{1}{100^{1/x}}}=\dfrac{1}{2}$, $\lim\limits_{x\to 0^-}g(x)=\lim\limits_{x\to 0^+}\dfrac{10+100^{1/x}}{20-100^{1/x}}=$

$$\lim_{x\to 0^+}\frac{1+\dfrac{10}{100^{1/x}}}{-1+\dfrac{20}{100^{1/x}}}=-1,\ \lim_{x\to 0}f(x)\text{ 不存在}.$$

习题 4.4

1. (1) $\lim\limits_{x\to 0}\dfrac{\sin 3x}{x}=3\lim\limits_{x\to 0}\dfrac{\sin 3x}{3x}=3.$

(3) $\lim\limits_{x\to 0}\dfrac{1-\cos x}{x^2}=\lim\limits_{x\to 0}\dfrac{2\sin^2\dfrac{x}{2}}{x^2}=\dfrac{1}{2}\lim\limits_{x\to 0}\left(\dfrac{\sin\dfrac{x}{2}}{\dfrac{x}{2}}\right)^2=\dfrac{1}{2}.$

(5) $\lim\limits_{x\to 0}\dfrac{\cos ax-\cos bx}{x^2}=\lim\limits_{x\to 0}\dfrac{-(1-\cos ax)+(1-\cos bx)}{x^2}$

$=\lim\limits_{x\to 0}\dfrac{-a^2(1-\cos ax)}{(ax)^2}+\dfrac{b^2(1-\cos bx)}{(bx)^2}=\dfrac{b^2-a^2}{2}.$

(7) $\lim\limits_{x\to 0}\dfrac{1-2\cos x+\cos 2x}{x^2}=\lim\limits_{x\to 0}\left(\dfrac{1-\cos x}{x^2}+\dfrac{-\cos x+\cos 2x}{x^2}\right)$

$=\lim\limits_{x\to 0}\left(\dfrac{1-\cos x}{x^2}+\dfrac{-2\sin\dfrac{3x}{2}\cdot\sin\dfrac{x}{2}}{x^2}\right)=\lim\limits_{x\to 0}\dfrac{1-\cos x}{x^2}-\dfrac{3}{2}\lim\limits_{x\to 0}\left(\dfrac{\sin\dfrac{3x}{2}}{\dfrac{3x}{2}}\cdot\dfrac{\sin\dfrac{x}{2}}{\dfrac{x}{2}}\right)$

$=-1.$

3. (1) $\lim\limits_{x\to 0}(\sin mx-\sin nx)=\lim\limits_{x\to 0}\left(\dfrac{mx\sin mx}{mx}-\dfrac{nx\sin nx}{nx}\right)=0-0=0.$

(3) $\lim\limits_{h\to 0}\dfrac{\cos(x+h)-\cos x}{h}=\lim\limits_{h\to 0}\dfrac{\cos x\cos h-\sin x\sin h-\cos x}{h}$

$=\lim\limits_{h\to 0}\left(\cos x\dfrac{\cos h-1}{h}-\sin x\dfrac{\sin h}{h}\right)=-\sin x.$

(5) $\lim\limits_{x\to 0}\dfrac{\tan x}{x}=\lim\limits_{x\to 0}\left(\dfrac{1}{\cos x}\dfrac{\sin x}{x}\right)=1.$

(7) $\lim\limits_{x\to 0}\dfrac{\sin 5x-\sin 3x}{\sin 2x}=\lim\limits_{x\to 0}\left(\dfrac{\sin 5x}{\sin 2x}-\dfrac{\sin 3x}{\sin 2x}\right)=\lim\limits_{x\to 0}\left(\dfrac{5}{2}\dfrac{\sin 5x}{5x}\dfrac{2x}{\sin 2x}-\dfrac{3}{2}\dfrac{\sin 3x}{3x}\dfrac{2x}{\sin 2x}\right)$

$=\dfrac{5}{2}-\dfrac{3}{2}=1.$

(9) $\lim\limits_{x\to a}\dfrac{\sin x-\sin a}{x-a}=\lim\limits_{x\to a}\dfrac{2\cos\dfrac{x+a}{2}\sin\dfrac{x-a}{2}}{x-a}=\lim\limits_{x\to a}\cos\left(\dfrac{x+a}{2}\cdot\dfrac{\sin\dfrac{x-a}{2}}{\dfrac{x-a}{2}}\right)=\cos a.$

(11) $\lim\limits_{x\to 0}\dfrac{1-\cos x}{\sqrt{1-\cos x^2}}=\lim\limits_{x\to 0}\dfrac{2\sin^2\dfrac{x}{2}}{\sqrt{2\sin^2\dfrac{x^2}{2}}}=\sqrt{2}\lim\limits_{x\to 0}\dfrac{\dfrac{\sin^2\dfrac{x}{2}}{\left(\dfrac{x}{2}\right)^2}\left(\dfrac{x}{2}\right)^2}{\dfrac{\sin\dfrac{x^2}{2}}{\dfrac{x^2}{2}}\dfrac{x^2}{2}}=\dfrac{\sqrt{2}}{2}.$

(13) $\lim\limits_{x\to a}\left(\dfrac{\sin x}{\sin a}\right)^{\dfrac{1}{x-a}}=\lim\limits_{y\to 0}\left(\dfrac{\sin(y+a)}{\sin a}\right)^{\frac{1}{y}}=\lim\limits_{y\to 0}\left(\dfrac{\sin y\cos a+\cos y\sin a}{\sin a}\right)^{\frac{1}{y}}$

$$=\lim_{y\to 0}(\sin y\cot a+\cos y)^{\frac{1}{y}}$$
$$=\lim_{y\to 0}[1+(\sin y\cot a+\cos y-1)]^{\frac{1}{\sin y\cot a+\cos y-1}\cdot\left(\frac{\sin y}{y}\cdot\cot a+\frac{\cos y-1}{y}\right)}=\mathrm{e}^{\cot a}.$$

习题 5.1

1. (1) 对所有 $\varepsilon>0$, 存在 $\delta=\varepsilon>0$ 使得, 如果 $|x-0|<\delta$, 则有 $|f(x)-0|=|x|<\delta=\varepsilon$.

(3) 对所有 $\varepsilon>0$, 存在 $\delta=\varepsilon>0$ 使得, 如果 $|x-0|<\delta$, 则有 $|f(x)-0|=|x|<\delta=\varepsilon$.

3. (1) 因为 $x,\dfrac{1}{x},\sin x$ 在 $\mathbb{R}\backslash\{0\}$ 皆连续, 所以 $x\sin\dfrac{1}{x}$ 在 $\mathbb{R}\backslash\{0\}$ 连续. 由 $-x\leqslant x\sin\dfrac{1}{x}\leqslant x$, 且 $\lim\limits_{x\to 0}(-x)=\lim\limits_{x\to 0}x=0$, 则 $\lim\limits_{x\to 0}x\sin\dfrac{1}{x}=0\neq 1$. 所以 $f(x)$ 在 0 点不连续.

(3) 因为 $\lim\limits_{x\to 0+}\dfrac{x-|x|}{x}=0$, $\lim\limits_{x\to 0-}\dfrac{x-|x|}{x}=2$, 所以 g 在 $\mathbb{R}\setminus\{0\}$ 连续.

(5) 因为 $\lim\limits_{x\to -20^+}\dfrac{1}{\sqrt[3]{20+x}}=+\infty$, $\lim\limits_{x\to -20^-}\dfrac{1}{\sqrt[3]{20+x}}=-\infty$, 所以 h 在 $\mathbb{R}\setminus\{-20\}$ 连续.

(7) 因为 $\lim\limits_{x\to 5+}10^{\frac{-1}{x-5}}=0$, $\lim\limits_{x\to 5^-}10^{\frac{-1}{x-5}}=+\infty$, 所以 I 在 $\mathbb{R}\setminus\{5\}$ 连续.

(9) 因为 $[x]$ 在 $\mathbb{N}$ 不连续, 所以 $J(x)=x-[x]$ 在 $\mathbb{R}\setminus\mathbb{N}$ 连续.

(11) 由 $(x-2)(x-4)\neq 0$, 得 $x\neq 2$, $x\neq 4$, 所以 $K(x)=\dfrac{x}{(x-2)(x-4)}$ 在 $\mathbb{R}\setminus\{2,4\}$ 连续.

(13) 由 $\lim\limits_{x\to 0}L(x)=L(0)=0$, 所以 $L(x)=x^2\sin\dfrac{1}{x}$ 在 $\mathbb{R}$ 连续.

习题 5.2

1. (1) $\{0\}$, 间断不连续点. (3) $\{0\}$, 可移不连续点. (5) 无不连续点. (7) $\{-\sqrt{3},\sqrt{3}\}$, 本质不连续点. (9) $\mathbb{N}$, 间断不连续点. (11) 无不连续点.

3. (1) 若 $x_0\in D$, 则对所有足够小的 $\varepsilon>0$, 都有 $x_0^-<x_0<x_0^+$, 所以 $f(x_0^-)<f(x_0)<f(x_0^+)$. 于是, 非空数集 $\{f(x_0^-):0<x_0-a\}$ 有上界 $f(x_0)$, 因此, 上确界 $\lim\limits_{x\to x_0^-}f(x)$ 存在. 类似地, 非空数集 $\{f(x_0^+):0<b-x_0\}$ 有下界 $f(x_0)$, 因此, 下确界 $\lim\limits_{x\to x_0^+}f(x)$ 存在. 而且 $\lim\limits_{x\to x_0^-}f(x)\leqslant f(x_0)\leqslant\lim\limits_{x\to x_0^+}f(x)$, 但不完全相等. 故 x_0 为间断不连续点.

(3) 对所有 $0<\varepsilon<\dfrac{x_2-x_1}{2}$, 都有 $x_1+\varepsilon<x_2-\varepsilon$, 因此 $f(x_1+\varepsilon)<f(x_2-\varepsilon)$, 所以 $\lim\limits_{x\to x_1^+}f(x)<\lim\limits_{x\to x_2^-}f(x)$.

(5) 对所有 $x_0\in D$, 存在 $r_x\in\mathbb{Q}$. 由于 $\mathbb{Q}$ 为可数集, 且 $n(D)\leqslant n(\mathbb{Q})$, 所以 D 为可数集.

习题 5.3

1. (1) 对所有 $\varepsilon>0$, 存在 $\delta=\varepsilon>0$ 使得, 如果 $|x-y|<\delta$, 则有 $|f(x)-f(y)|=|x-y|<\delta=\varepsilon$. 所以 $f(x)=x$ 在 $\mathbb{R}$ 上一致连续.

(3) 对所有 $\varepsilon>0$, 存在 $\delta=2\varepsilon$ 使得, 如果 $|x-y|<\delta$ 且 $x,y\in[1,\infty)$, 则有 $|k(x)-k(y)|=|\sqrt{x}-\sqrt{y}|=\left|\dfrac{x-y}{\sqrt{x}+\sqrt{y}}\right|\leqslant\dfrac{|x-y|}{2}<\dfrac{\delta}{2}=\varepsilon$. 又因为 $k(x)$ 在 $[0,+\infty)$ 连续, 所以 $k(x)$ 在 $[0,1]$ 一致连续. 所以 $k(x)$ 在 $[0,+\infty)$ 一致连续.

(5) 对所有 $\varepsilon>0$, 存在 $\delta=\varepsilon>0$ 使得, 如果 $|x-y|<\delta$, 则有 $|I(x)-I(y)|=|\sin x-\sin y|=\left|2\cos\dfrac{x+y}{2}\sin\dfrac{x-y}{2}\right|\leqslant 2\left|\sin\dfrac{x-y}{2}\right|\leqslant|x-y|<\delta=\varepsilon$. 所以 $I(x)=\sin x$ 在 $\mathbb{R}$ 上一致连续.

3. 假设 $f(x)=x^2$ 在 $\mathbb{R}$ 上一致连续. 选取 $\varepsilon=1$, 则存在 $\delta>0$ 使得, 如果 $|x-y|<\delta$, 则有 $|x^2-y^2|<1$. 取 n 为一个自然数且 $n\delta>1$, 令 $x=n$, $y=n+\dfrac{\delta}{2}$, 则 $|x-y|<\delta$, 但是 $1>|x^2-y^2|=n\delta+\dfrac{\delta^2}{4}>n\delta>1$. 所以 $f(x)=x^2$ 在 $\mathbb{R}$ 上不是一致连续. 对所有 $\varepsilon>0$, 存在 $\delta=\dfrac{\varepsilon}{2}$ 使得, 如果 $|x-y|<\delta$ 且 $x,y\in[0,1]$, 则有 $|x^2-y^2|=|(x-y)(x+y)|\leqslant 2|(x-y)|<2\delta=\varepsilon$. 所以 $f(x)=x^2$ 在 $[0,1]$ 一致连续.

5. 对所有 $\varepsilon>0$. 因为 $\lim\limits_{x\to\infty}f(x)=M$ 存在, 所以存在自然数 N 使得, 如果 $x>N$, 则有 $|f(x)-M|<\dfrac{\varepsilon}{2}$. 因此对所有 $x,y>N$, 都有 $|f(x)-f(y)|\leqslant|f(x)-M|+|f(y)-M|=\varepsilon$, 即 f 在 (N,∞) 一致连续. 因为 f 在 $[a,\infty)$ 连续, 所以 f 在 $[a,N]$ 一致连续. 因此 f 在 $[a,\infty)$ 一致连续.

7. 若 $f(c)\neq0$, 则可不失一般性的假设 $f(c)>0$. 由 f 在 $[a,b]$ 连续, 则存在 $\delta>0$, 使得对所有 $x\in(c-\delta,c+\delta)$ 都有 $f(x)>0$. 因为 $\lim\limits_{n\to\infty}a_n=\lim\limits_{n\to\infty}b_n=c$, 所以存在自然数 N 使得, 如果 $n>N$, 则有 $c-a_n<\delta$, $b_n-c<\delta$, 那么 $0>f(a_n)f(b_n)>0$, 矛盾. 因此 $f(c)=0$.

9. 若 f 在 $[a,b]$ 连续, 则 f 在 $[a,b]$ 一致连续, 所以 $\min f$ 和 $\max f$ 都存在. 且对所有 $\min f\leqslant A\leqslant\max f$, 由中间值定理, 存在 $c\in[a,b]$, 使得 $f(c)=A$. 因此 $f([a,b])=[\min f,\max f]$ 为一个区间.

11. 令 $f(x)=\sin x-x^2\cos x$, 则 $f(\pi)=\pi^2>0$, $f\left(\dfrac{3\pi}{2}\right)=-1<0$. 由中间值定理, 存在 $c\in\left(\pi,\dfrac{3\pi}{2}\right)$, 使得 $f(c)=0$. 所以 c 为 f 的一实根.

13. 对所有 $\varepsilon>0$, 存在 $\delta_1>0$ 使得, 如果 $|x-y|<\delta_1$ 且 $x,y\in[a,c]$, 则有 $|f(x)-f(y)|<\dfrac{\varepsilon}{2}$. 同理, 存在 $\delta_2>0$ 使得, 如果 $|x-y|<\delta_2$ 且 $x,y\in[c,b]$, 则有 $|f(x)-f(y)|<\dfrac{\varepsilon}{2}$. 令 $\delta=\min\{\delta_1,\delta_2\}$, 如果 $x<c<y$ 且 $|x-y|<\delta$, 则 $|x-c|<\delta_1$, $|c-y|<\delta_2$, 因此 $|f(x)-f(y)|\leqslant|f(x)-f(c)|+|f(c)-f(y)|<\varepsilon$. 所以 f 在 $[a,b]$ 上一致连续.

习题 5.4

1. (3) (i) $f(x)=x^2$ 在 $\mathbb{R}$ 连续.

$f^{-1}:[0,\infty)\to[0,\infty)$, $f^{-1}(x)=\sqrt{x}$ 且 f^{-1} 在 $[0,\infty)$ 连续.

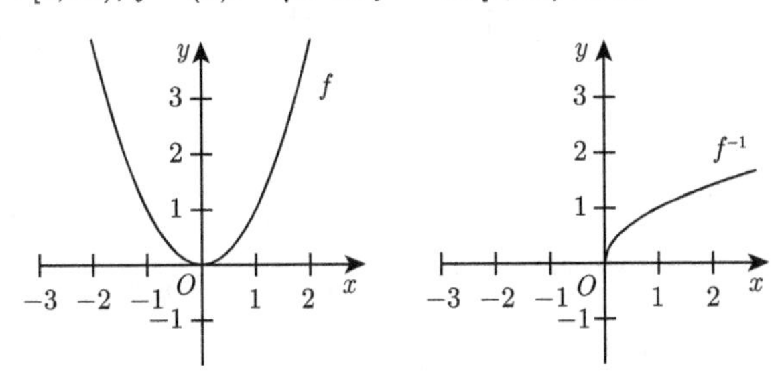

(iii) $g(x)=\cos^2 x$ 在 $\mathbb{R}$ 连续.

$g^{-1}:[0,1]\to\left[0,\dfrac{\pi}{2}\right]$, $g^{-1}(x)=\arccos\sqrt{x}$ 且 g^{-1} 在 $[0,1]$ 连续.

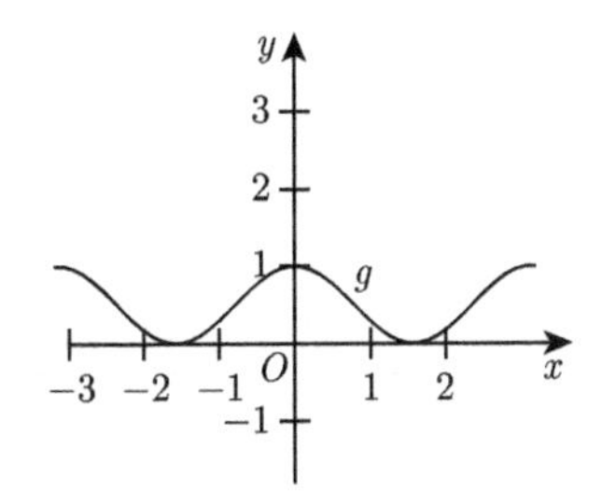

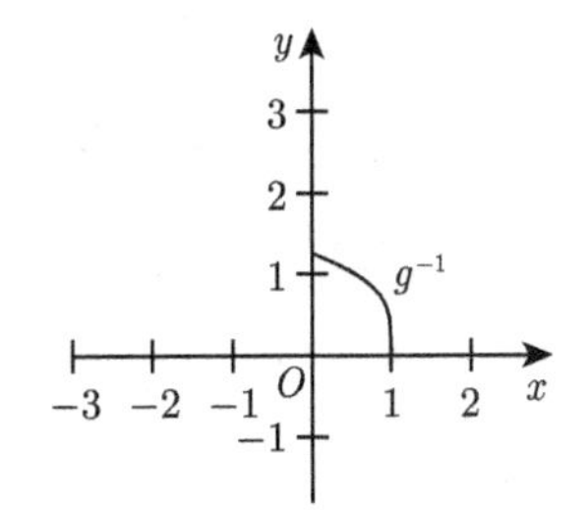

(v) $h(x)=\mathrm{e}^{-x}$ 在 $\mathbb{R}$ 连续.

$h^{-1}:(0,\infty)\to\mathbb{R}$, $h^{-1}(x)=-\ln x$ 且 h^{-1} 在 $(0,\infty)$ 连续.

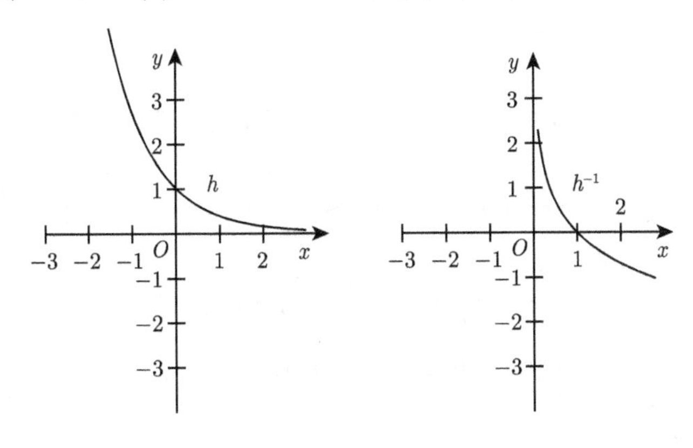

习题 6.1

1. (1) $f'(0)=\lim\limits_{h\to 0}\dfrac{f(0+h)-f(0)}{h}=\lim\limits_{h\to 0}\dfrac{c-c}{h}=\lim\limits_{h\to 0}\dfrac{0}{h}=0.$

(3) $\lim\limits_{h\to 0+}\dfrac{f(0+h)-f(0)}{h}=\lim\limits_{h\to 0+}\dfrac{1}{h}=+\infty,\ \lim\limits_{h\to 0^-}\dfrac{f(0+h)-f(0)}{h}=\lim\limits_{h\to 0^-}\dfrac{-1}{h}=+\infty,$ 所以 $f'(0)$ 不存在.

习题 6.2

1. 若 $f'(x_0)=\lim\limits_{x\to x_0}\dfrac{f(x)-f(x_0)}{x-x_0}$ 存在, 则 $\lim\limits_{x\to x_0}f(x)-f(x_0)=\lim\limits_{x\to x_0}\left[\dfrac{f(x)-f(x_0)}{x-x_0}\cdot (x-x_0)\right]=\lim\limits_{x\to x_0}\dfrac{f(x)-f(x_0)}{x-x_0}\cdot\lim\limits_{x\to x_0}(x-x_0)=f'(x_0)\cdot\lim\limits_{x\to x_0}(x-x_0)=0$, 所以 f 在 x_0 连续.

3. (1) $(\lambda f)'(x)=\lim\limits_{h\to 0}\dfrac{\lambda f(x+h)-\lambda f(x)}{h}=\lambda\lim\limits_{h\to 0}\dfrac{f(x+h)-f(x)}{h}=\lambda f'(x).$

(3)
$$
\begin{aligned}
(fg)'(x)&=\lim_{h\to 0}\frac{(fg)(x+h)-(fg)(x)}{h}\\
&=\lim_{h\to 0}\left[\frac{f(x+h)g(x+h)-f(x+h)g(x)}{h}+\frac{f(x+h)g(x)-f(x)g(x)}{h}\right]\\
&=f'(x)g(x)+f(x)g'(x).
\end{aligned}
$$

5. $\lim\limits_{h\to 0}\dfrac{g_1(x_0+h)-g_2(x_0+h)}{h}=\lim\limits_{h\to 0}\left[\dfrac{f(x_0+h)-g_2(x_0+h)}{h}-\dfrac{f(x_0+h)-g_1(x_0+h)}{h}\right]$
$=\lim\limits_{h\to 0}\dfrac{f(x_0+h)-g_2(x_0+h)}{h}-\lim\limits_{h\to 0}\dfrac{f(x_0+h)-g_1(x_0+h)}{h}=0.$

习题 6.3

1. (1) $\dfrac{\mathrm{d}x}{\mathrm{d}x}=\lim\limits_{h\to 0}\dfrac{x+h-x}{h}=\lim\limits_{h\to 0}\dfrac{h}{h}=1.$

3. (1) $\dfrac{\mathrm{d}}{\mathrm{d}x}\operatorname{arccot}x=\dfrac{1}{\cot'(\operatorname{arccot}x)}=\dfrac{1}{-\csc^2(\operatorname{arccot}x)}=\dfrac{-1}{x^2+1}.$

(3) $\dfrac{\mathrm{d}}{\mathrm{d}x}\operatorname{arccsc}x=\dfrac{1}{\csc'(\operatorname{arccsc}x)}=\dfrac{-1}{\csc(\operatorname{arccsc}x)\cot(\operatorname{arccsc}x)}=\dfrac{-1}{|x|\sqrt{x^2-1}}.$

5. 由于 $\lim\limits_{x\to 0}\dfrac{\dfrac{1-\cos x}{x}-0}{x}=\lim\limits_{x\to 0}\dfrac{1-\cos x}{x^2}=\dfrac{1}{2}$, 所以 $f'(0)=\dfrac{1}{2}$.

7. (1) $\lim\limits_{x\to 2^+}f(x)=\lim\limits_{x\to 2^+}(2x-2)=2,\ \lim\limits_{x\to 2^-}f(x)=\lim\limits_{x\to 2^-}x=2.$

(3) f 的图形:

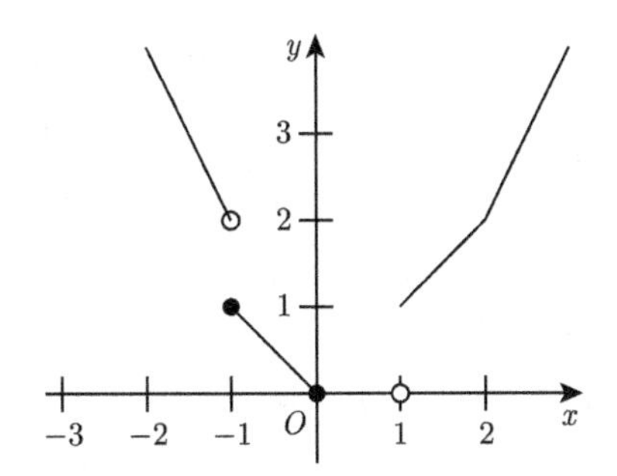

9. $\lim\limits_{h\to 0}\dfrac{f(x+h)-f(x-h)}{2h}=\lim\limits_{h\to 0}\dfrac{f(x+h)-f(x)+f(x)-f(x-h)}{2h}$
$=\dfrac{1}{2}\lim\limits_{h\to 0}\dfrac{f(x+h)-f(x)}{h}+\dfrac{f(x-h)-f(x)}{-h}=\dfrac{1}{2}\cdot 2f'(x)=f'(x)$.

11. (1) $y'=\cos 3x-3x\sin 3x$, 所以 $y'|_{x=\pi}=-1$.

(3) $y'=3x^2\cos(1+x^3)$, 所以 $y'|_{x=-3}=27\cos 26$.

习题 6.4

1. (i) 由 $f'(x)=3x^2-2x-8$ 可得导数在 $x=2$ 和 $x=\dfrac{-4}{3}$ 为 0, 且 $f(-2)=3$, $f\left(\dfrac{-4}{3}\right)=\dfrac{149}{27}$, $f(2)=-13$. 所以最大值为 $\dfrac{147}{27}$, 最小值为 -13.

(iii) 由 $h'(x)=\dfrac{-2x-1}{(x^2+x+1)^2}$ 可得 h 在 $[-1,1]$ 上的最大值为 $h(-1/2)=4/3$, 最小值为 $h(1)=1/3$.

3. (1) 局部最大点为 $f(3)=5$, $f(7)=10$, $f(9)=20$. 局部最小点为 $f(5)=-7$.

(3) 所有正无理数为局部极小点, 所有负无理数为局部极大点.

5. 令 $f(x)=\sqrt{x^2-2x+1+b^2}+\sqrt{x^2+a^2}$, 所以 $f'(x)=\dfrac{1}{2}(x^2-2x+1+b^2)^{\frac{-1}{2}}(2x-2)+x(x^2+a^2)^{\frac{-1}{2}}$. 得导数在 $x=\dfrac{a}{a+b}$ 为 0, 因此 $\tan\alpha=\dfrac{a}{\dfrac{a}{a+b}}=a+b$, $\tan\beta=\dfrac{b}{1-\dfrac{a}{a+b}}=a+b$. 故 $\alpha=\beta$.

7. (1) 由中值定理, 存在 $c\in[a,b]$ 使得 $\dfrac{f(b)-f(a)}{b-a}=f'(c)\geqslant m$, 所以 $f(b)-f(a)\geqslant m(b-a)$, 即 $f(b)\geqslant f(a)+m(b-a)$.

(3) 由中值定理, 存在 $c\in[a,b]$ 使得 $\dfrac{f(b)-f(a)}{b-a}=f'(c)$, 则 $\left|\dfrac{f(b)-f(a)}{b-a}\right|\leqslant K$, 即 $-K\leqslant\dfrac{f(b)-f(a)}{b-a}\leqslant K$, 所以 $f(a)-K(b-a)\leqslant f(b)\leqslant f(a)+K(b-a)$.

9. 因为 $\lim\limits_{x\to 1}(3x^2+1)=4$, $\lim\limits_{x\to 1}(2x-3)=-1$, 所以 $\lim\limits_{x\to 1}\dfrac{3x^2+1}{2x-3}\neq\lim\limits_{x\to 1}\dfrac{6x}{2}$, 因此 $\lim\limits_{x\to 1}\dfrac{x^3+x-2}{x^2-3x+2}=-4$.

11. 令 $f_2,g_2:[a,a+\delta]\to\mathbb{R}$, 若 $a<x\leqslant a+\delta$, $f_2(x)=f(x)$, $g_2(x)=g(x)$, 且 $f_2(a)=\lim\limits_{x\to a^+}f(x)=0$, $g_2(a)=\lim\limits_{x\to a^+}g(x)=0$. 于是 f_2,g_2 在 $[a,a+\delta]$ 连续, 在 $(a,a+\delta)$

可微, 由柯西中值定理, 存在 $a < c < x < a+\delta$ 使得 $\dfrac{f_2(x)}{g_2(x)} = \dfrac{f_2(x)-f_2(a)}{g_2(x)-g_2(a)} = \dfrac{f_2'(c)}{g_2'(c)}$, 由 $x \to a^+$ 可得 $c \to a^+$, 以及 $\lim\limits_{x\to a^+}\dfrac{f(x)}{g(x)} = \lim\limits_{x\to a^+}\dfrac{f(c)}{g(c)} = \lim\limits_{c\to a^+}\dfrac{f'(c)}{g'(c)} = \lim\limits_{x\to a^+}\dfrac{f'(x)}{g'(x)}$.

15. (1) 令 $f(x)=\sin x$, 则 $f'(x)=\cos x$. 由中值定理, 存在 $z\in(x,y)$ 使得 $\left|\dfrac{\sin x-\sin y}{x-y}\right| = |\cos z|$, 所以 $|\sin x-\sin y| = |\cos z||x-y| \leqslant |x-y|$.

(3) 令 $f(x)=\ln x$, 则 $f'(x)=\dfrac{1}{x}$. 由中值定理, 存在 $z\in(x,1+x)$ 使得 $\dfrac{\ln(1+x)-\ln x}{(1+x)-x} = \dfrac{1}{z}$, 且 $\dfrac{1}{1+x} < \dfrac{1}{z} < \dfrac{1}{x}$, 所以 $\dfrac{1}{1+x} < \ln(1+x)-\ln x < \dfrac{1}{x}$.

(5) 令 $f(x)=\ln x$, 则 $f'(x)=\dfrac{1}{x}$. 由中值定理, 存在 $z\in(x,y)$ 使得 $\dfrac{\ln y-\ln x}{y-x} = \dfrac{1}{z}$, 且 $\dfrac{1}{y} < \dfrac{1}{z} < \dfrac{1}{x}$, 所以 $\dfrac{1}{y} < \dfrac{\ln y-\ln x}{y-x} < \dfrac{1}{x}$, 即 $1-\dfrac{x}{y} < \ln\dfrac{y}{x} < \dfrac{y}{x}-1$.

习题 6.5

1. 因为 $f^{(k)}(x) = \sum\limits_{i=1}^{2k} c_i x^{2n-i}$, c_i 为和 $\sin\dfrac{1}{x}$ 或 $\cos\dfrac{1}{x}$ 有关的系数. 所以当 $k\leqslant n-1$ 时 $f^{(k)}(x)$ 是无常数项的多项, 则 $f^{(k)}(0)=0$. 若 $k=n$, 则 $f^{(k)}(x)$ 有常数项, 且 $x=0$, 此常数项发散, 所以 $f^{(n)}(0)$ 不存在. 因为对所有 $k\leqslant n-1$, $f^{(k)}(0)=0$, 所以 f 的 $n-1$ 阶逼近无用.

3. (1)
$$\begin{aligned}\cos^2 x &= \frac{1}{2}+\frac{1}{2}\cos 2x\\ &= \frac{1}{2}+\frac{1}{2}\left(1-\frac{2^2}{2!}x^2+\frac{2^4}{4!}x^4-\frac{2^6}{6!}x^6+\frac{2^8}{8!}x^8+\cdots+\frac{2^{2n}}{(2n)!}x^{2n}+\frac{f^{(2n+2)}(\xi)}{(2n+2)!}x^{2n+2}\right)\\ &= 1-\frac{2}{2!}x^2+\frac{2^3}{4!}x^4-\frac{2^5}{6!}x^6+\frac{2^7}{8!}x^8+\cdots+\frac{2^{2n-1}}{(2n)!}x^{2n}+\frac{f^{(2n+2)}(\xi)}{2(2n+2)!}x^{2n+2}.\end{aligned}$$

(3)
$$\begin{aligned}\frac{1}{\sqrt{1-x^2}} &= 1+\frac{1}{2}x^2+\frac{3}{8}x^4+\frac{5}{16}x^6+\frac{35}{128}x^8+\cdots\\ &\quad+\frac{[1\cdot 3\cdot 5\cdot\cdots\cdot(2n-1)]}{2^n n!}x^{2n}+\frac{f^{(2n+2)}(\xi)}{(2n+2)!}x^{2n+2}.\end{aligned}$$

(5) $\arctan x = x-\dfrac{1}{3}x^3+\dfrac{1}{5}x^5-\dfrac{1}{7}x^7+\cdots+\dfrac{(-1)^n}{2n+1}x^{2n+1}+\dfrac{f^{(2n+3)}(\xi)}{2n+3}x^{2n+3}$.

(7) $\log\cos x = -\dfrac{1}{2}x^2-\dfrac{1}{12}x^4-\dfrac{2}{90}x^6-\dfrac{17}{2520}x^8-\dfrac{31}{14175}x^{10}-\cdots$.

习题 7.1

1. (1) 由于 $y'=3x^2-3=3(x-1)(x+1)$, 所以当 $x=\pm1$ 时, $y'=0$. 因此 f 在 $(-\infty,-1)$ 和 $(1,+\infty)$ 递增, 在 $(-1,1)$ 递减.

(3) 由于 $y'=\dfrac{1-\ln x}{x^2}$, 所以当 $x=\mathrm{e}$ 时, $y'=0$ 或不可导. 因此 f 在 $(0,\mathrm{e})$ 递增, 在 $(\mathrm{e},+\infty)$ 递减.

(5) 由于 $y'=\dfrac{x(x-2)}{2(x-1)^2}$, 所以当 $x=0,2$ 时, $y'=0$ 或不可导. 因此 f 在 $(-\infty,0)$ 和

$(2,+\infty)$ 递增, 在 $(0,1)$ 和 $(1,2)$ 递减.

3. (1) f 在 $[0,+\infty)$ 有局部反函数 $g(x)=\sqrt{x+1}$, 在 $(-\infty,0]$ 有局部反函数 $g(x)=-\sqrt{x+1}$.

(3) f 在 $[0,+\infty)$ 有局部反函数 $g(x)=\sqrt{x^2-1}$, 在 $(-\infty,0]$ 有局部反函数 $g(x)=-\sqrt{x^2-1}$.

5. 若 f 的值域不是开区间, 则不失一般性地假设 f 单调递增且 $\max_{(a,b)} f$ 存在, 即存在 $c\in(a,b)$ 使得 $f(c)=\max_{(a,b)} f$. 因为 $b-c>0$, 所以 $c<c+\dfrac{b-c}{2}=\dfrac{b+c}{2}<b$, 则 $\max_{(a,b)} f=f(c)<f\left(c+\dfrac{b-c}{2}\right)$, 矛盾. 所以 f 的值域必为开区间.

7. 令 $f(x)=x-[x]$, 则 f 每一点都有局部反函数, 但 f 的反函数不存在.

习题 7.2

1. (1) 由 $y'=\dfrac{-8(x-2)}{(1+(x-2)^2)^2}$, $y''=\dfrac{8(3(x-2)^2-1)}{(1+(x-2)^2)^3}$, 得 $f'(2)=0$, $f''(2)<0$. 所以, $f(2)=4$ 为极大值. 因为, 当 $|x-2|<\dfrac{1}{\sqrt{3}}$ 时, $f''(x)<0$, 所以, 在此区域, f 为严格凹. 另外, 当 $|x-2|>\dfrac{1}{\sqrt{3}}$ 时, $f''(x)>0$, 所以, 在此区域, f 为严格凸. 最后, 当 $x=2\pm\dfrac{1}{\sqrt{3}}$ 时, $(x,f(x))$ 为拐点.

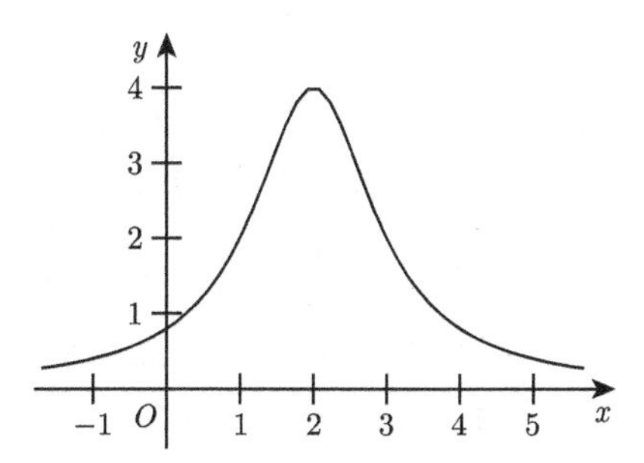

(3) 由 $y'=\sqrt[3]{x^2}+\dfrac{2(x+3)}{3\sqrt[3]{x}}$, $y''=\dfrac{4}{3\sqrt[3]{x}}-\dfrac{2(x+3)}{9\sqrt[3]{x^4}}$, 得 $f\left(\dfrac{-6}{5}\right)=\dfrac{9}{5}\sqrt[3]{\dfrac{36}{25}}$ 为极大值, $f(0)=0$ 为极小值, 当 $x=\dfrac{3}{5}$ 时, $(x,f(x))$ 为拐点, f 在 $(-\infty,0)$ 和 $\left(0,\dfrac{3}{5}\right)$ 为凹函数, 在 $\left(\dfrac{3}{5},\infty\right)$ 为凸函数.

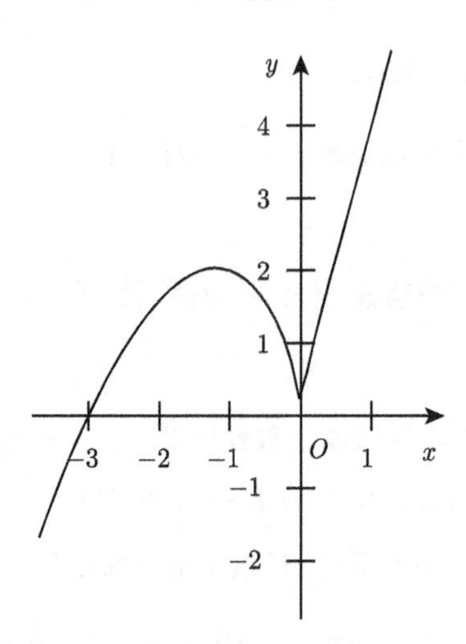

3. 因为 f 和 g 为凹函数, 所以对所有 $\lambda \in (0,1)$, $x, y \in (a,b)$, 有 $\lambda f(x)+(1-\lambda)f(y) < f(\lambda x+(1-\lambda)y)$ 和 $\lambda g(x)+(1-\lambda)g(y) < g(\lambda x+(1-\lambda)y)$. 如果 $h(x)=f(x), h(y)=f(y)$ 或是 $h(x)=g(x), h(y)=g(y)$, 则结论为真. 若 $h(x)=f(x), h(y)=g(y)$, 则 $\lambda h(x)+(1-\lambda)h(y) = \lambda f(x)+(1-\lambda)g(y) < f(\lambda x+(1-\lambda)y)+(1-\lambda)[g(y)-f(y)] < f(\lambda x+(1-\lambda)y)$, 且 $\lambda h(x)+(1-\lambda)h(y) = \lambda f(x)+(1-\lambda)g(y) < g(\lambda x+(1-\lambda)y)+\lambda[f(x)-g(x)] < g(\lambda x+(1-\lambda)y)$, 所以 $\lambda h(x)+(1-\lambda)h(y) < h(\lambda x+(1-\lambda)y)$. 同理, 若 $h(x)=g(x), h(y)=f(y)$, 则 $\lambda h(x)+(1-\lambda)h(y) < h(\lambda x+(1-\lambda)y)$. 因此 h 为凹函数.

5. 由 $F(x)=\mathrm{e}^{-f(x)}$, 则 $F'(x)=-f'(x)\mathrm{e}^{-f(x)}$, $F''(x)=-f''(x)\mathrm{e}^{-f(x)}+(f'(x))^2\mathrm{e}^{-f(x)}$. 因为 $f''<0$, 所以 $F''(x)>0$, 即 F 为凸函数.

7. 设 $a<x_0<x_1<b$, $0<t<1$, 令 $x_t=(1-t)x_0+tx_1$. 由于 f 是凸函数, $f(x_t)\leqslant(1-t)f(x_0)+tf(x_1)$. 从而易得, $\dfrac{f(x_t)-f(x_0)}{x_t-x_0}\leqslant\dfrac{f(x_1)-f(x_0)}{x_1-x_0}\leqslant\dfrac{f(x_t)-f(x_1)}{x_t-x_1}$. 对任意的 $x_0\in(a,b)$, 令 $F(h)=\dfrac{f(x_0+h)-f(x_0)}{h}, h>0$. 则 $F(h)$ 在 $h\to0^+$ 时为单调递减有下界的函数, 因此 $\lim\limits_{h\to0^+}F(h)$ 存在, 即 $f'_+(x_0)$ 存在, 进而 f 在 x_0 点右连续. 同理可证 f 在 x_0 点左连续. 所以 f 在 x_0 点连续.

9. 令 $f(x)=|x|$, 则 f 为凸函数, 但 f 在 0 不可微.

11. 对 n 作归纳法. 当 $n=2$ 时, 由 f 的凸性, 不等式成立. 假设当 $n=k$ 时, 命题成立. 现在考虑 $n=k+1$ 的情形. 令 $\alpha=\lambda_1+\cdots+\lambda_k\in[0,1]$ 及 $y=\dfrac{\lambda_1x_1+\lambda_2x_2+\cdots+\lambda_nx_k}{\alpha}\in[a,b]$. 因为 $\alpha+\lambda_{k+1}=1$, 由归纳法假设, 我们有 $f(\lambda_1x_1+\lambda_2x_2+\cdots+\lambda_nx_k+\lambda_{k+1}x_{k+1})$
$=f(\alpha y+\lambda_{k+1}x_{k+1})\leqslant\alpha f(y)+\lambda_{k+1}f(x_{k+1})\leqslant\alpha\left(\dfrac{\lambda_1}{\alpha}f(x_1)+\cdots+\dfrac{\lambda_k}{\alpha}f(x_k)\right)+\lambda_{k+1}f(x_{k+1})$
$=\lambda_1f(x_1)+\lambda_2f(x_2)+\cdots+\lambda_kf(x_k)+\lambda_{k+1}f(x_{k+1})$.

习题 7.3

1. (1) $x=0$ 为垂直渐近线, $y=x$ 为斜渐近线.

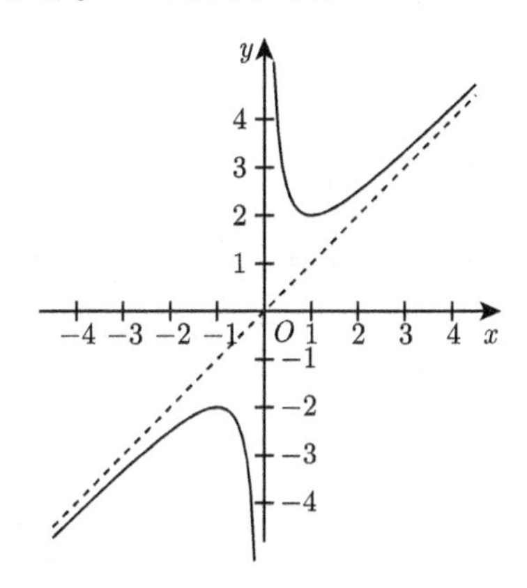

(3) 由 $f(x)=\dfrac{1}{2}x-\dfrac{5}{2}+\dfrac{9}{2(x+1)}$, 得 $x=-1$ 为垂直渐近线, $y=\dfrac{1}{2}x-\dfrac{5}{2}$ 为斜渐近线.

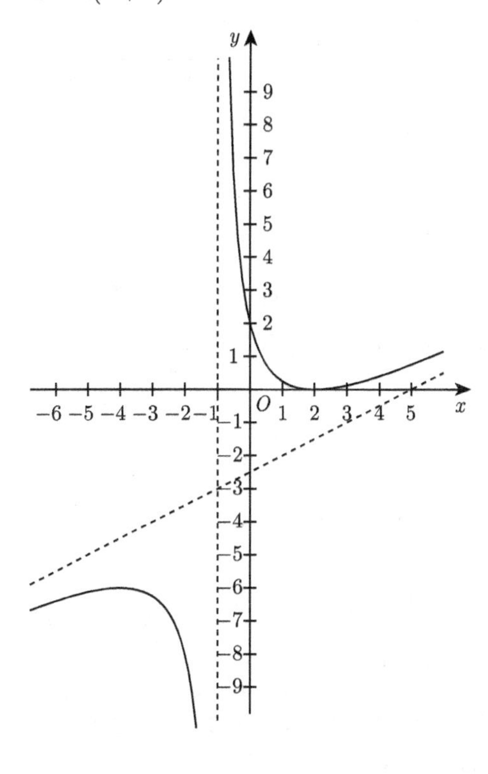

3. (1) 由 $f'(x)=\dfrac{4+\ln x^2}{2\sqrt{x}}$, $f''(x)=\dfrac{-\ln x^2}{4\sqrt{x^3}}$, 得 $f(\mathrm{e}^{-2})=\dfrac{-4}{\mathrm{e}}$ 为极小值.

(3) 由 $f'(x) = 3\sin^2 x\cos x - 3\sin x\cos^2 x$, 得 $f\left(\frac{\pi}{4}+2k\pi\right) = \frac{\sqrt{2}}{2}$ 和 $f(\pi+2k\pi) = f\left(\frac{3\pi}{2}+2k\pi\right) = -1$ 为极小值, $f\left(\frac{5\pi}{4}+2k\pi\right) = -\frac{\sqrt{2}}{2}$ 和 $f(2k\pi) = f\left(\frac{\pi}{2}+2k\pi\right) = 1$ 为极大值, 其中 k 为整数.

(5) 由 $f'(x) = \dfrac{-2x^3 - x}{x\sqrt{x^2+1}(1+x\sqrt{x^2+1})^2}$, 得 $f(0) = 1$ 为极大值.

(7) 由 $f'(x) = 2\mathrm{e}^{|x+3|}\dfrac{|x+3|}{x+3}$, 得 $f(-3) = 2$ 为极小值.

5. 由三角不等式可得三角形的三边长都小于 $\frac{l}{2}$, 由算术不等式, $\frac{l}{6} = \frac{1}{3}\left[\left(\frac{l}{2}-x\right)+\left(\frac{l}{2}-y\right)+\left(\frac{l}{2}-z\right)\right] \geqslant \sqrt[3]{\left(\frac{l}{2}-x\right)\left(\frac{l}{2}-y\right)\left(\frac{l}{2}-z\right)}$, 其中 x, y, z 分别为三角形的三边长. 则 $\sqrt{\frac{l}{2}\left(\frac{l}{2}-x\right)\left(\frac{l}{2}-y\right)\left(\frac{l}{2}-z\right)} \leqslant \sqrt{\frac{l}{2}\left(\frac{l}{6}\right)^3} = \frac{l^2}{12\sqrt{3}}$, 所以三角形的最大面积为 $\frac{l^2}{12\sqrt{3}}$.

7. 假设单位圆上的一点为 P, 直径的两端点为 A, B. 由三角不等式, $\overline{PA}+\overline{PB} \geqslant 2r = 2$, 所以距离的最小值为 2. 可不失一般性地令 $A(1,0), B(-1,0)$ 和 $P(x,y)$, 其中 $y = \sqrt{1-x^2}$. 则 $\overline{PA}+\overline{PB} = f(x) = \sqrt{(x-1)^2+(1-x^2)^2}+\sqrt{(x+1)^2+(1-x^2)^2}$, $f'(x) = \frac{-1}{\sqrt{2-2x}}+\frac{1}{\sqrt{2+2x}}$. 因此当 $x = 0$ 时, $\overline{PA}+\overline{PB}$ 有最大值 $2\sqrt{2}$.

9. $\lim\limits_{x\to\infty}\frac{f(x)}{x} = \lim\limits_{x\to\infty}\left(\frac{f(x)-(ax+b)}{x}+a+\frac{b}{x}\right) = a$, $\lim\limits_{x\to\infty}(f(x)-ax) = \lim\limits_{x\to\infty}(f(x)-(ax+b)+b) = b$.

11. (1) 由 $f_m'(x) = 3x^2-1$, 得 $f_m'\left(\pm\frac{1}{\sqrt{3}}\right) = 0$. 因为最小值 $f_m\left(\frac{1}{\sqrt{3}}\right) = \frac{-2\sqrt{3}}{9}+m \geqslant \frac{-2\sqrt{3}}{9}+1 = \frac{9-2\sqrt{3}}{9} > 0$, 所以 f_m 在 $[0,1]$ 中无实根.

习题 7.4

1. (1) 令 $f(x) = t^2\mathrm{e}^{-t+\frac{1}{t}}$, 则 $f(1) = 1$ 且 $f'(t) = 2t\mathrm{e}^{-t+\frac{1}{t}}+t^2\left(-1-\frac{1}{t^2}\right)\mathrm{e}^{-t+\frac{1}{t}} = -(1-t)^2\mathrm{e}^{-t+\frac{1}{t}}$. 如果 $0<t<1$ 会有 $f'(t)<0$. 则 $f(t)>f(1)=1$, 所以 $t^2\mathrm{e}^{-t+\frac{1}{t}}>1$, 即 $t\mathrm{e}^{-t}>\frac{1}{t}\mathrm{e}^{-\frac{1}{t}}$.

(3) 令 $f(x) = \mathrm{e}^{-2x}+\dfrac{x-1}{1+x}$, 则 $f'(x) = -2\mathrm{e}^{-2x}+\dfrac{2}{(1+x)^2}$. 若 $0 \leqslant x \leqslant 1$, 则 $f'(x)>0$, 因此 $\mathrm{e}^{-2x}+\dfrac{x-1}{1+x} \geqslant f(0) = 0$, 则 $\mathrm{e}^{-2x} \geqslant \dfrac{1-x}{1+x}$.

(5) 令 $f(x) = 2^x-1+x^2$, 则 $f'(x) = 2^x\ln 2+2x$. 若 $0 \leqslant x \leqslant 1$, 则 $f'(x)>0$, 因此 $2^x-1+x^2 \geqslant f(0) = 0$, 则 $2^x \geqslant 1-x^2$.

(7) 令 $f(x) = \arctan x$, 则 $f'(x) = \dfrac{1}{1+x^2}$, $f''(x) = \dfrac{-2x}{(1+x^2)^2}$. 若 $x>0$, 则 $f''(x)<0$,

因此 f 为凹函数. 所以 $\arctan\frac{b-a}{2}\geqslant\frac{\arctan b-\arctan a}{2}$, 即 $2\arctan\frac{b-a}{2}\geqslant\arctan b-\arctan a$.

3. (1) 令 $g(x)=\sin x$, 则 $(f-g)'(x)=0$. 所以 $f-g$ 为常数函数, 因此 $f(x)=\sin x+C$.

5. (1) 令 $f(x)=x\sin\frac{1}{x}$, 则 $\lim\limits_{x\to\infty}f(x)=1$. 但 $f'(x)=\sin\frac{1}{x}-\frac{\cos\frac{1}{x}}{x}$, 则 $\lim\limits_{x\to\infty}f'(x)$ 不存在.

(2) 由于 $\lim\limits_{x\to+\infty}g(x)$ 存在, $\lim\limits_{n\to+\infty}g(n)=\lim\limits_{n\to+\infty}g(n+1)$. 由微分中值定理，存在 $\xi_n\in(n,\ n+1)$ 使得 $g'(\xi_n)=g(n+1)-g(n)$, 所以 $\lim\limits_{n\to+\infty}g'(\xi_n)=0$. 由于 $\lim\limits_{x\to+\infty}g'(x)$ 存在，可知 $\lim\limits_{x\to+\infty}g'(x)=0$.

(3) 由于 $\lim\limits_{x\to+\infty}h''(x)$ 存在, 存在 $N>0$, 使得当 $x>N$ 时, $h''(x)$ 有定义, 于是 $h'(x)$ 有定义. 另一方面, 由二阶泰勒公式, $f(x+1)=f(x)+f'(x)+\frac{1}{2}f''(\xi_x)$, 其中 $x<\xi_x<x+1$. 因为 $\lim\limits_{x\to+\infty}f(x)=\lim\limits_{x\to+\infty}f(x+1)$ 和 $\lim\limits_{x\to+\infty}f''(\xi_x)$ 皆存在, $\lim\limits_{x\to+\infty}f'(x)$ 也存在. 由 (2), $\lim\limits_{x\to+\infty}f'(x)=\lim\limits_{x\to+\infty}f''(x)=0$.

7. 由中值定理, 存在 $c\in(0,1)$ 使得 $f'(c)=\frac{f(1)-f(0)}{1-0}=1$. 若 $\frac{1}{2}\leqslant c<1$, 由中值定理, 存在 $z\in(c,1)$ 使得 $f''(z)=\frac{f'(1)-f'(c)}{1-c}=\frac{-1}{1-c}\geqslant-2$. 若 $0<c\leqslant\frac{1}{2}$, 由中值定理, 存在 $z\in(0,c)$ 使得 $f''(z)=\frac{f'(c)-f'(0)}{c}=\frac{1}{c}\geqslant2$. 所以存在 $z\in(0,1)$ 使得, $|f''(z)|\geqslant2$.

9. 由球的表面积和体积公式得知 $A=4\pi r^2$ 和 $V=\frac{4}{3}\pi r^3$, 所以 $\mathrm{d}A=\frac{\mathrm{d}A}{\mathrm{d}r}\cdot\Delta r=8\pi r\cdot\Delta r$, $\mathrm{d}V=\frac{\mathrm{d}V}{\mathrm{d}r}\cdot\Delta r=4\pi r^2\cdot\Delta r$. 因此当 $r=10$, $\Delta r=\pm0.01$ 时 $\mathrm{d}A=\pm0.8\pi$, $\mathrm{d}V=\pm4\pi$, 即表面积和体积的误差分别为 $\pm0.8\pi$ 和 $\pm4\pi$. 相对误差则分别约为 $\frac{\mathrm{d}A}{A}=\pm5\%$ 和 $\frac{\mathrm{d}V}{V}=\pm0.3\%$.

11. $\mathrm{d}(ku)=\frac{\mathrm{d}(ku)}{\mathrm{d}x}\cdot\Delta x=\frac{k\mathrm{d}u}{\mathrm{d}x}\cdot\Delta x=k\mathrm{d}u$, $\mathrm{d}(u\pm v)=\frac{\mathrm{d}(u\pm v)}{\mathrm{d}x}\cdot\Delta x=\frac{\mathrm{d}u}{\mathrm{d}x}\cdot\Delta x\pm\frac{\mathrm{d}v}{\mathrm{d}x}\cdot\Delta x=\mathrm{d}u\pm\mathrm{d}v$, $\mathrm{d}\left(\frac{u}{v}\right)=\frac{\mathrm{d}\left(\frac{u}{v}\right)}{\mathrm{d}x}\cdot\Delta x=\frac{\frac{v\mathrm{d}u-u\mathrm{d}v}{v^2}}{\mathrm{d}x}\cdot\Delta x=\frac{v\mathrm{d}u-u\mathrm{d}v}{v^2}$.

习题 8.1

1. 令 $\int f\,\mathrm{d}x=F+C$, 则 $\frac{\mathrm{d}F}{\mathrm{d}x}=f$. 那么 $kf=\frac{k\mathrm{d}F}{\mathrm{d}x}=\frac{\mathrm{d}kF}{\mathrm{d}x}$, 即 $\int kf\,\mathrm{d}x=kF+C=k\int f\,\mathrm{d}x$.

3. (1) 由中值定理, 存在 $c\in(0,1)$, 使得 $f''(c)=\frac{f'(1)-f'(0)}{1}=-4<0$, 矛盾. 所以 f 不存在.

(3) 令 $f(x)=x\arctan x-\frac{1}{2}\ln(1+x^2)+4x$，则 $f'(x)=\arctan x+4<100, f''(x)=\frac{1}{1+x^2}>0$.

习题 8.2

1. (1) $\int\left(\frac{1}{3}x^3+\frac{1}{2}x^2+x+1-\frac{1}{x}-\frac{2}{x^2}-\frac{3}{x^3}\right)\mathrm{d}x=\frac{1}{12}x^4+\frac{1}{6}x^3+\frac{1}{2}x^2+x-\ln x+\frac{2}{x}+\frac{3}{2x^2}+C.$

(3) $\int\left(\mathrm{e}^x-x^{\mathrm{e}}+x^4-4^x\right)\mathrm{d}x=\mathrm{e}^x-\frac{1}{\mathrm{e}+1}x^{\mathrm{e}+1}+\frac{1}{5}x^5-\frac{4^x}{\ln 4}+C.$

(5) $\int\frac{(\sqrt{x}+x)(\sqrt{x}-x)}{\sqrt[3]{x^2}}\mathrm{d}x=\int\frac{x-x^2}{x^{\frac{2}{3}}}\mathrm{d}x=\int(x^{\frac{1}{3}}-x^{\frac{4}{3}})\,\mathrm{d}x=\frac{3}{4}x^{\frac{4}{3}}-\frac{3}{7}x^{\frac{7}{3}}+C=\frac{3}{4}\sqrt[3]{x^4}-\frac{3}{7}\sqrt[3]{x^7}+C.$

(7) $\int\frac{1}{\cos^2 x\sin^2 x}\mathrm{d}x=\int\frac{4}{1-\cos^2 2x}\mathrm{d}x=\int\frac{4}{\sin^2 2x}\mathrm{d}x=4\int\csc^2 2x\mathrm{d}x=-2\cot 2x+C.$

(9) $\int\cot^2 x\,\mathrm{d}x=\int(\csc^2 x-1)\,\mathrm{d}x=-\cot x-x+C.$

(11)
$$\int\frac{\cos 2x}{\cos x-\sin x}\mathrm{d}x=\int\frac{\cos 2x(\cos x+\sin x)}{\cos^2 x-\sin^2 x}\mathrm{d}x=\int(\cos x+\sin x)\,\mathrm{d}x=\sin x-\cos x+C.$$

(13)
$$\int\frac{1+\cos^2 x}{1+\cos 2x}\mathrm{d}x=\int\frac{1+\cos^2 x}{1+\cos^2 x-\sin^2 x}\mathrm{d}x=\int\frac{1+\cos^2 x}{2\cos^2 x}\mathrm{d}x=\int\left(\frac{1}{2}+\frac{1}{2}\sec^2 x\right)\mathrm{d}x=\frac{1}{2}x+\frac{1}{2}\tan x+C.$$

(15) $\int\frac{x^2}{1+x^2}\mathrm{d}x=\int\frac{x^2+1-1}{1+x^2}\mathrm{d}x=\int\left(1-\frac{1}{1+x^2}\right)\mathrm{d}x=x-\arctan x+C.$

(17) $\int\frac{x^4}{1+x^2}\mathrm{d}x=\int\left[(x^2-1)+\frac{1}{1+x^2}\right]\mathrm{d}x=\frac{1}{3}x^3-x+\arctan x+C.$

3. (1) 由 $f'(x)=m(x)=\frac{1}{3}x$, 则 $f(x)=\frac{1}{6}x^2+C=y$.

(3) 若 $f(0)=0=C$, 则 $f(x)=\frac{1}{6}x^2$.

习题 8.3

1. (1) 令 $u=2x+1$, 则 $\mathrm{d}u=2\mathrm{d}x$, 因此 $\int\sqrt{2x+1}\,\mathrm{d}x=\frac{1}{2}\int\sqrt{u}\,\mathrm{d}u=\frac{1}{3}\sqrt{u^3}+C=\frac{1}{3}\sqrt{(2x+1)^3}+C.$

(3) 令 $u=x+1$, 则 $x^2=u^2-2u+1$ 且 $\mathrm{d}u=\mathrm{d}x$, 因此 $\int x^2\sqrt{x+1}\,\mathrm{d}x=\int(u^2-2u+1)\sqrt{u}\,\mathrm{d}u=\int(\sqrt{u^5}-2\sqrt{u^3}+\sqrt{u})\,\mathrm{d}u=\frac{2}{7}\sqrt{u^7}-\frac{4}{5}\sqrt{u^5}+\frac{2}{3}\sqrt{u^3}+C=\frac{2}{7}\sqrt{(x+1)^7}-\frac{4}{5}\sqrt{(x+1)^5}+\frac{2}{3}\sqrt{(x+1)^3}+C.$

(5) 令 $x+1=\tan u$, 则 $\mathrm{d}x=\sec^2 u\mathrm{d}u$, 因此 $\int\frac{x+1}{x^2+2x+2}\mathrm{d}x=\int\frac{\tan u}{\tan^2 u+1}\sec^2 u\,\mathrm{d}u=\int\tan u\,\mathrm{d}u=-\ln|\cos u|+C=-\ln\frac{1}{\sqrt{x^2+2x+2}}+C.$

(7) 令 $u=x-1$, 则 $x=u+1$ 且 $\mathrm{d}u=\mathrm{d}x$, 因此 $\int x(x-1)^{\frac{1}{3}}\,\mathrm{d}x=\int(u+1)u^{\frac{1}{3}}\,\mathrm{d}x=$

$\int (u^{\frac{4}{3}} + u^{\frac{1}{3}})\,\mathrm{d}x = \frac{3}{7}u^{\frac{7}{3}} + \frac{3}{4}u^{\frac{4}{3}} + C = \frac{3}{7}\sqrt[3]{(x-1)^7} + \frac{3}{4}\sqrt[3]{(x-1)^4} + C.$

(9) 令 $u = 4 - \sin 2x$, 则 $\mathrm{d}u = -2\cos 2x\mathrm{d}x$, 因此 $\int \cos 2x\sqrt{4-\sin 2x}\,\mathrm{d}x = \frac{-1}{2}\int \sqrt{u}\,\mathrm{d}u = \frac{-1}{3}\sqrt{u^3} + C = \frac{-1}{3}\sqrt{(4-\sin 2x)^3} + C.$

(11) 令 $u = \sqrt{x+1}$, 则 $\mathrm{d}u = \frac{1}{2\sqrt{x+1}}\mathrm{d}x$, 因此 $\int \frac{\sin\sqrt{x+1}}{\sqrt{x+1}}\,\mathrm{d}x = 2\int \sin u\,\mathrm{d}u = -2\cos u + C = -2\cos\sqrt{x+1} + C.$

(13) 令 $u = 1 - x^4$, 则 $\mathrm{d}u = -4x^3\mathrm{d}x$, 因此 $\int \frac{x^3}{\sqrt{1-x^4}}\,\mathrm{d}x = \frac{-1}{4}\int \frac{1}{\sqrt{u}}\,\mathrm{d}u = \frac{-1}{2}\sqrt{u} + C = \frac{-1}{2}\sqrt{1-x^4} + C.$

(15) 令 $u = 27x^3 + 8$, 则 $\mathrm{d}u = 81x^2\mathrm{d}x$, 因此 $\int x^2(27x^3+8)^{\frac{2}{3}}\,\mathrm{d}x = \frac{1}{81}\int u^{\frac{2}{3}}\,\mathrm{d}u = \frac{1}{135}u^{\frac{5}{3}} + C = \frac{1}{135}(27x^3+8)^{\frac{5}{3}} + C.$

(17) 令 $u=y^2+1$, 则 $\mathrm{d}u=2y\mathrm{d}y$, 因此 $\int \frac{y}{\sqrt{1+y^2+\sqrt{(1+y^2)^3}}}\,\mathrm{d}y = \frac{1}{2}\int \frac{1}{\sqrt{u+u^{\frac{3}{2}}}}\,\mathrm{d}u = \int \frac{1}{2\sqrt{u}\sqrt{1+\sqrt{u}}}\,\mathrm{d}u$. 再令 $1+\sqrt{u} = v$, 则 $\mathrm{d}v = \frac{1}{2\sqrt{u}}\mathrm{d}u$, 因此 $\int \frac{1}{2\sqrt{u}\sqrt{1+\sqrt{u}}}\,\mathrm{d}u = \int v^{\frac{-1}{2}}\,\mathrm{d}v = 2\sqrt{v} + C = 2\sqrt{1+\sqrt{u}} + C = 2\sqrt{1+\sqrt{y^2+1}} + C.$

(19) 令 $u = 5x - 9$, 则 $\mathrm{d}u = 5\mathrm{d}x$, 因此 $\int \frac{1}{5x-9}\,\mathrm{d}x = \frac{1}{5}\int \frac{1}{u}\,\mathrm{d}u = \frac{1}{5}\ln|u| + C = \frac{1}{5}\ln|5x-9| + C.$

(21) 令 $u = \frac{x}{3} - 2$, 则 $\mathrm{d}u = \frac{1}{3}\mathrm{d}x$, 因此 $\int \frac{1}{\sqrt{1-\left(\frac{x}{3}-2\right)^2}}\,\mathrm{d}x = 3\int \frac{1}{\sqrt{1-u^2}}\,\mathrm{d}u = 3\arcsin u + C = 3\arcsin\left(\frac{x}{3}-2\right) + C.$

(23) $\int \tan^{10}x\sec^2 x\,\mathrm{d}x = \int \tan^{10}x\,\mathrm{d}\tan x = \frac{1}{11}\tan^{11}x + C.$

3. (1) $\int x\cos x\,\mathrm{d}x = \int x\,\mathrm{d}\sin x = x\sin x - \int \sin x\,\mathrm{d}x = x\sin x + \cos x + C.$

(3) $\int x^3\sin x\,\mathrm{d}x = -\int x^3\,\mathrm{d}\cos x = -x^3\cos x + 3\int x^2\cos x\,\mathrm{d}x = -x^3\cos x + 3x^2\sin x + 6x\cos x - 6\sin x + C.$

(5) $\int \sin x\cos x\,\mathrm{d}x = \int \sin x\,\mathrm{d}\sin x = \sin^2 x - \int \sin x\cos x\,\mathrm{d}x$, 所以, $\int \sin x\cos x\,\mathrm{d}x = \frac{1}{2}\sin^2 x + C.$

(7) $\int \sin^2 x\,\mathrm{d}x = -\int \sin x\,\mathrm{d}\cos x = -\sin x\cos x + \int \cos^2 x\,\mathrm{d}x = -\sin x\cos x + \int (1-\sin^2 x)\,\mathrm{d}x = -\sin x\cos x + x - \int \sin^2 x\,\mathrm{d}x$, 所以 $\int \sin^2 x\,\mathrm{d}x = \frac{1}{2}x - \frac{1}{2}\sin x\cos x + C = \frac{1}{2}x - \frac{1}{4}\sin 2x + C.$

(9) $\int \sqrt{1-x^2}\,\mathrm{d}x = x\sqrt{1-x^2} + \int \frac{x^2}{\sqrt{1-x^2}}\,\mathrm{d}x = x\sqrt{1-x^2} + \int \frac{x^2-1+1}{\sqrt{1-x^2}}\,\mathrm{d}x = x\sqrt{1-x^2} + \int \frac{1}{\sqrt{1-x^2}}\,\mathrm{d}x - \int \frac{1-x^2}{\sqrt{1-x^2}}\,\mathrm{d}x$, 故 $\int \sqrt{1-x^2}\,\mathrm{d}x = \frac{1}{2}x\sqrt{1-x^2} + \frac{1}{2}\int \frac{1}{\sqrt{1-x^2}}\,\mathrm{d}x$.

(11) $\int \frac{\arcsin x}{\sqrt{1-x}}\,\mathrm{d}x = -2\sqrt{1-x}\arcsin x + 2\int \sqrt{1-x}\,\mathrm{d}(\arcsin x) = -2\sqrt{1-x}\arcsin x + 2\int \frac{1}{\sqrt{1+x}}\,\mathrm{d}x = -2\sqrt{1-x}\arcsin x + 4\sqrt{1+x} + C$.

(13) $\int \cos(\ln x)\,\mathrm{d}x = x\cos(\ln x) - \int x\,\mathrm{d}\cos(\ln x) = x\cos(\ln x) + \int \sin(\ln x)\,\mathrm{d}x = x\cos(\ln x) + x\sin(\ln x) - \int x\,\mathrm{d}\sin(\ln x) = x\cos(\ln x) + x\sin(\ln x) - \int \cos(\ln x)\,\mathrm{d}x$, 所以, $\int \cos(\ln x)\,\mathrm{d}x = \frac{1}{2}x\cos(\ln x) + \frac{1}{2}x\sin(\ln x) + C$.

(15) $\int x\ln(x-1)\,\mathrm{d}x = \frac{1}{2}x^2\ln(x-1) - \frac{1}{2}\int \frac{x^2}{x-1}\,\mathrm{d}x = \frac{1}{2}x^2\ln(x-1) - \frac{1}{2}\int \left(x+1+\frac{1}{x-1}\right)\mathrm{d}x = \frac{1}{2}x^2\ln(x-1) - \frac{1}{4}x^2 - \frac{1}{2}x - \frac{1}{2}\ln(x-1) + C$.

(17) 由 $\int \mathrm{e}^x\sin 2x\,\mathrm{d}x = \mathrm{e}^x\sin 2x - 2\int \mathrm{e}^x\cos 2x\,\mathrm{d}x = \mathrm{e}^x\sin 2x - 2\mathrm{e}^x\cos 2x - 4\int \mathrm{e}^x\sin 2x\,\mathrm{d}x$, 得 $\int \mathrm{e}^x\sin 2x\,\mathrm{d}x = \frac{1}{5}\mathrm{e}^x\sin 2x - \frac{2}{5}\mathrm{e}^x\cos 2x + C$. 故, $\int \mathrm{e}^x\cos^2 x\,\mathrm{d}x = \mathrm{e}^x\cos^2 x + 2\int \mathrm{e}^x\sin x\cos x\,\mathrm{d}x = \mathrm{e}^x\cos^2 x + \int \mathrm{e}^x\sin 2x\,\mathrm{d}x = \mathrm{e}^x\cos^2 x + \frac{1}{5}\mathrm{e}^x\sin 2x - \frac{2}{5}\mathrm{e}^x\cos 2x + C$.

(19) 令 $u = \arcsin x$, 则 $x = \sin u$ 且 $\mathrm{d}u = \frac{1}{\cos u}\mathrm{d}x$. 因此 $\int (\arcsin x)^2\,\mathrm{d}x = \int u^2\cos u\,\mathrm{d}u = u^2\sin u - 2\int u\sin u\,\mathrm{d}u = u^2\sin u + 2u\cos u - 2\int \cos u\,\mathrm{d}u = u^2\sin u + 2u\cos u - 2\sin u + C = x(\arcsin x)^2 + 2\sqrt{1-x^2}\arcsin x - 2x + C$.

(21) $\int (a^2-x^2)^n\,\mathrm{d}x = x(a^2-x^2)^n + 2n\int x^2(a^2-x^2)^{n-1}\,\mathrm{d}x = x(a^2-x^2)^n - 2n\int (a^2-x^2-a^2)(a^2-x^2)^{n-1}\,\mathrm{d}x = x(a^2-x^2)^n - 2n\int (a^2-x^2)^n\,\mathrm{d}x + 2a^2n\int (a^2-x^2)^{n-1}\,\mathrm{d}x$, 所以 $\int (a^2-x^2)^n\,\mathrm{d}x = \frac{x(a^2-x^2)^n}{2n+1} + \frac{2a^2n}{2n+1}\int (a^2-x^2)^{n-1}\,\mathrm{d}x + C$.

5. (1) $\int (2+3x)\sin 5x\,\mathrm{d}x = 2\int \sin 5x\,\mathrm{d}x + 3\int x\sin 5x\,\mathrm{d}x = \frac{-2}{5}\cos 5x - \frac{3}{5}x\cos 5x + \frac{3}{5}\int \cos 5x\,\mathrm{d}x = \frac{-2}{5}\cos 5x - \frac{3}{5}x\cos 5x + \frac{3}{25}\sin 5x + C$.

(3) 令 $x = \tan y$, 则 $\mathrm{d}x = \sec^2 y\mathrm{d}y$, 因此 $\int x\sqrt{1+x^2}\,\mathrm{d}x = \int \tan y\sec^3 y\,\mathrm{d}y = \frac{1}{3}\sec^3 y + C = \frac{1}{3}\left(\frac{\sqrt{1+x^2}}{x}\right)^3 + C$.

(5) $\int x(x^2-1)^4\,\mathrm{d}x = \frac{1}{2}\int (x^2-1)^4\,\mathrm{d}(x^2-1) = \frac{1}{10}(x^2-1)^5 + C$.

(7) $\int \frac{x+3}{6x+1}\,\mathrm{d}x = \frac{1}{6}\int \left(1+\frac{17}{6x+1}\right)\mathrm{d}x = \frac{1}{6}x + \frac{17}{36}\ln|6x+1| + C$.

(9) $\int x^4(1+x^5)^5\,\mathrm{d}x = \frac{1}{5}\int (1+x^5)^5\,\mathrm{d}(1+x^5) = \frac{1}{30}(1+x^5)^6 + C.$

(11) 令 $x = \sqrt{\frac{2}{3}}\sin u$, 则 $\mathrm{d}x = \sqrt{\frac{2}{3}}\cos u\mathrm{d}u$. $\int \frac{1}{2-3x^2}\,\mathrm{d}x = \frac{1}{2}\int \frac{1}{1-\sin^2 u}\sqrt{\frac{2}{3}}\cos u\,\mathrm{d}u$ $= \frac{1}{2}\sqrt{\frac{2}{3}}\int \frac{1}{\cos u}\,\mathrm{d}u = \frac{1}{2}\sqrt{\frac{2}{3}}\ln|\sec u + \tan u| + C = \frac{1}{2}\sqrt{\frac{2}{3}}\ln\left|\frac{\sqrt{3}+\sqrt{2}x}{\sqrt{3-2x^2}}\right| + C.$

(13) $\int \frac{1}{\cos^2 7x}\,\mathrm{d}x = \int \sec^2 7x\,\mathrm{d}x = \frac{1}{7}\tan 7x + C.$

(15) 令 $\sin\phi = \frac{b}{\sqrt{a^2+b^2}}$, $\cos\phi = \frac{a}{\sqrt{a^2+b^2}}$, $x+\phi = u$, 则 $\mathrm{d}x = \mathrm{d}u$.

$$\begin{aligned}
\int \frac{\sin x}{a\sin x + b\cos x}\,\mathrm{d}x &= \sqrt{a^2+b^2}\int \frac{\sin x}{\cos\phi\sin x + \sin\phi\cos x}\,\mathrm{d}x \\
&= \sqrt{a^2+b^2}\int \frac{\sin x}{\sin(x+\phi)}\,\mathrm{d}x \\
&= \sqrt{a^2+b^2}\int \frac{\sin(u-\phi)}{\sin u}\,\mathrm{d}u \\
&= \sqrt{a^2+b^2}\int \frac{\cos\phi\sin u - \sin\phi\cos u}{\sin u}\,\mathrm{d}u \\
&= \sqrt{a^2+b^2}\int \cos\phi - \sin\phi\cot u\,\mathrm{d}u \\
&= \sqrt{a^2+b^2}u\cos\phi - \sqrt{a^2+b^2}\sin\phi\ln|\sin u| + C \\
&= a(x+\phi) - b\ln|\sin(x+\phi)| + C \\
&= ax + a\arcsin\frac{b}{\sqrt{a^2+b^2}} - b\ln\left|\frac{a}{\sqrt{a^2+b^2}}\sin x + \frac{b}{\sqrt{a^2+b^2}}\cos x\right| + C.
\end{aligned}$$

(17) $\int \sin\frac{x}{4}\cos\frac{3x}{4}\,\mathrm{d}x = \frac{1}{2}\int\left(\sin x - \sin\frac{x}{2}\right)\,\mathrm{d}x = \frac{-1}{2}\cos x + \cos\frac{x}{2} + C.$

(19) 令 $\tan x = 2t$, 则 $\frac{1}{2}\mathrm{d}x = \frac{1}{1+4t^2}\mathrm{d}t$. $\int \frac{1}{4+\tan^2 x}\,\mathrm{d}x = \frac{1}{2}\int\left(\frac{1}{1+t^2}\frac{1}{1+4t^2}\right)\,\mathrm{d}t =$ $\frac{1}{3}\int \frac{1}{1+4t^2}\,\mathrm{d}t - \frac{1}{6}\int \frac{1}{1+t^2}\,\mathrm{d}t = \frac{1}{6}\arctan 2t - \frac{1}{6}\arctan t + C = \frac{1}{6}x - \frac{1}{6}\arctan\left(\frac{\tan x}{2}\right) + C.$

(21) 由 $\int \frac{\mathrm{e}^x\sin x}{(1+\cos x)^2}\,\mathrm{d}x = \frac{-\mathrm{e}^x}{1+\cos x} + \int \frac{\mathrm{e}^x}{1+\cos x}\,\mathrm{d}x$, 所以 $\int \frac{1+\sin x}{1+\cos x}\mathrm{e}^x\,\mathrm{d}x =$ $\frac{1+\sin x}{1+\cos x}\mathrm{e}^x - \int \frac{1+\sin x+\cos x}{(1+\cos x)^2}\mathrm{e}^x\,\mathrm{d}x = \frac{1+\sin x}{1+\cos x}\mathrm{e}^x - \int \frac{\mathrm{e}^x}{1+\cos x}\mathrm{e}^x\,\mathrm{d}x - \int \frac{\mathrm{e}^x\sin x}{(1+\cos x)^2}\,\mathrm{d}x =$ $\frac{1+\sin x}{1+\cos x}\mathrm{e}^x - \int \frac{\mathrm{e}^x}{1+\cos x}\mathrm{e}^x\,\mathrm{d}x - \frac{\mathrm{e}^x}{1+\cos x} + \int \frac{\mathrm{e}^x}{1+\cos x}\,\mathrm{d}x = \frac{\mathrm{e}^x\sin x}{1+\cos x} + C.$

习题 9.1

1. (1) $\lim_{n\to\infty}\frac{1}{n}\sum_{k=1}^{n} f\left(\frac{k}{n}\right) = \int_0^1 f(x)\,\mathrm{d}x.$

(3) $\lim_{n\to\infty}\frac{1^2+2^2+\cdots+n^2}{n^3} = \lim_{n\to\infty}\frac{1}{n}\left[\left(\frac{1}{n}\right)^2 + \left(\frac{2}{n}\right)^2 + \cdots + 1^2\right] = \int_0^1 x^2\,\mathrm{d}x.$

(5) $\lim_{n\to\infty}\sum_{i=1}^{n}\frac{1}{n}\frac{i}{n}\sqrt{1-\left(\frac{i}{n}\right)^2} = \int_0^1 x\sqrt{1-x^2}\,\mathrm{d}x.$

(7) $\lim_{n\to\infty}\sum_{i=1}^{n}\frac{1}{n}\sqrt{1+\xi_i} = \int_0^1 \sqrt{1+x}\,\mathrm{d}x.$

3. (1) 令 $P: 0=\frac{0}{n}\leqslant\frac{a}{n}\leqslant\frac{2a}{n}\leqslant\cdots\leqslant\frac{na}{n}=a$. 则 $S(f,P)=\sum\limits_{i=1}^{n}\frac{a}{n}f\left(\frac{ia}{n}\right)=\sum\limits_{i=1}^{n}\frac{a}{n}\left(\frac{ia}{n}\right)^3$, $s(f,P)=\sum\limits_{i=1}^{n}\frac{a}{n}f\left(\frac{(i-1)a}{n}\right)=\sum\limits_{i=1}^{n}\frac{a}{n}\left(\frac{(i-1)a}{n}\right)^3$, 且 $S(f,P)-s(f,P)=\sum\limits_{i=1}^{n}\frac{a}{n}\left[\left(\frac{ia}{n}\right)^3-\left(\frac{(i-1)a}{n}\right)^3\right]=\sum\limits_{i=1}^{n}\frac{a^4}{n^4}[i^3-(i-1)^3]=\sum\limits_{i=1}^{n}\frac{a^4}{n^4}(3i^2-3i+1)=\frac{a^4}{n^4}\cdot\frac{3n(n+1)(2n+1)}{6}-\frac{a^4}{n^4}\cdot\frac{n(n+1)}{2}+\frac{a^4}{n^3}=\frac{a^4}{n}$. 因此 $\lim\limits_{n\to\infty}S(f,P)-s(f,P)=\lim\limits_{n\to\infty}\frac{a^4}{n}=0$, 即 $f(x)=x^3$ 在 $[0,a]$ 可积, 且 $\int_0^a x^3\,\mathrm{d}x=\frac{a^4}{4}$.

(3) 令 $P: 0=\frac{0}{2n}\leqslant\frac{1}{2n}\leqslant\frac{2}{2n}\leqslant\cdots\leqslant\frac{4n}{2n}=2$. 则 $S(h,P)=\sum\limits_{i=1}^{2n}\frac{1}{2n}h\left(\frac{i}{2n}\right)=\sum\limits_{i=1}^{n}\frac{1}{n}\left(\frac{2i}{n}-2\right)$, $s(h,P)=\sum\limits_{i=1}^{2n}\frac{1}{2n}h\left(\frac{i-1}{2n}\right)=\sum\limits_{i=1}^{n}\frac{1}{n}\left(\frac{2(i-1)}{n}-2\right)$, 且 $S(h,P)-s(h,P)=\sum\limits_{i=1}^{n}\frac{1}{n}\left[\left(\frac{2i}{n}-2\right)-\left(\frac{2(i-1)}{n}-2\right)\right]=\sum\limits_{i=1}^{n}\frac{2}{n^2}=\frac{2}{n}$. 故 $\lim\limits_{n\to\infty}S(h,P)-s(h,P)=\lim\limits_{n\to\infty}\frac{2}{n}=0$, 即 h 在 $[0,2]$ 可积, 且 $\int_0^2 h(x)\,\mathrm{d}x=0$.

(5) 令 $P: 0=\frac{0}{2n}\leqslant\frac{1}{2n}\leqslant\frac{2}{2n}\leqslant\cdots\leqslant\frac{4n}{2n}=2$. 则 $S(l,P)=\sum\limits_{i=1}^{2n}\frac{1}{2n}l\left(\frac{i}{2n}\right)=\sum\limits_{i=1}^{n}\frac{1}{n}\left(\frac{2i}{n}+1\right)$, $s(l,P)=\sum\limits_{i=1}^{2n}\frac{1}{2n}l\left(\frac{i-1}{2n}\right)=\sum\limits_{i=1}^{n}\frac{1}{n}\left(\frac{2(i-1)}{n}+1\right)$, 且 $S(l,P)-s(l,P)=\sum\limits_{i=1}^{n}\frac{1}{n}\left[\left(\frac{2i}{n}+1\right)-\left(\frac{2(i-1)}{n}+1\right)\right]=\sum\limits_{i=1}^{n}\frac{2}{n^2}=\frac{2}{n}$. 故 $\lim\limits_{n\to\infty}S(l,P)-s(l,P)=\lim\limits_{n\to\infty}\frac{2}{n}=0$, 即 l 在 $[0,2]$ 可积, 且 $\int_0^2 l(x)\,\mathrm{d}x=3$.

(7) 令 $P: 0=\frac{0}{n}\leqslant\frac{1}{n}\leqslant\frac{2}{n}\leqslant\cdots\leqslant\frac{n}{n}=1$. 则 $S(k,P)=\sum\limits_{i=1}^{n}\frac{1}{n}=1$, $s(k,P)=\sum\limits_{i=1}^{n}\frac{-1}{n}=-1$, 且 $S(k,P)-s(k,P)=2$. 因此 $\lim\limits_{n\to\infty}S(k,P)-s(k,P)=\lim\limits_{n\to\infty}2=2\neq 0$, 所以 k 在 $[0,1]$ 不可积.

5. (1) 因为对所有分割 P, $S(f,P)-s(f,P)=0$, 所以 f 在 $[a,b]$ 可积. 若 $f(x)=C$ 为常数函数, 则 $S(f,P)=s(f,P)=C(b-a)$, 且 f 在 $[a,b]$ 可积.

(3) 因为 f 为连续函数, 所以 f 必可积. 若 $f(x)=C$ 为常数函数, 则 f 的所有下和都相等, 且 f 在 $[a,b]$ 可积.

7. 令 $P: a+c=x_0\leqslant x_1\leqslant x_2\leqslant\cdots\leqslant x_n=b+c$, 则 $P-c: a=x_0-c\leqslant x_1-c\leqslant x_2-c\leqslant\cdots\leqslant x_n-c=b$. 那么 $S(f(x-c),P)-s(f(x-c),P)=\sum\limits_{i=1}^{n}(M_i-m_i)(x_i-x_{i-1})=\sum\limits_{i=1}^{n}(M_i-m_i)[(x_i-c)-(x_{i-1}-c)]=S(f(x),P-c)-s(f(x),P-c)$, 其中 $M_i=\sup\{f(x):x_{i-1}-c\leqslant x\leqslant x_i-c\}$, $m_i=\inf\{f(x):x_{i-1}-c\leqslant x\leqslant x_i-c\}$. 由 $f(x)$ 在 $[a,b]$ 可积, 得 $\lim\limits_{n\to\infty}S(f(x-c),P)-s(f(x-c),P)=\lim\limits_{n\to\infty}S(f(x),P-c)-s(f(x),P-c)=0$, 所以 $f(x-c)$ 在 $[a+c,b+c]$ 可积, 且 $\int_a^b f(x)\,\mathrm{d}x=\lim\limits_{n\to\infty}M_i[(x_i-c)-(x_{i-1}-c)]=$

$\lim\limits_{n\to\infty} M_i(x_i - x_{i-1}) = \int_{a+c}^{b+c} f(x-c)\,\mathrm{d}x.$

习题 9.2

1. 令 $P: a = x_0 \leqslant x_1 \leqslant x_2 \leqslant \cdots \leqslant x_n = b$, 则 $\lim\limits_{n\to\infty} S(|f|, P) - s(|f|, P) = \lim\limits_{n\to\infty}\sum\limits_{i=1}^{n}(|M_i| - |m_i|)(x_i - x_{i-1}) \leqslant \lim\limits_{n\to\infty}\sum\limits_{i=1}^{n}(|M_i - m_i|)(x_i - x_{i-1}) = \lim\limits_{n\to\infty}\sum\limits_{i=1}^{n}(M_i - m_i)(x_i - x_{i-1}) = 0$, 其中 $M_i = \sup\left\{f(x) : \dfrac{(b-a)i}{n} \leqslant x \leqslant \dfrac{(b-a)(i-1)}{n}\right\}$, $m_i = \inf\left\{f(x) : \dfrac{(b-a)i}{n} \leqslant x \leqslant \dfrac{(b-a)(i-1)}{n}\right\}$. 所以 $|f|$ 在 $[a,b]$ 可积.

3. 由 f 在 $[a,b]$ 可积, 且 $-|f(x)| \leqslant f(x) \leqslant |f(x)|$. 所以 $-\int_a^b |f(x)|\,\mathrm{d}x = \int_a^b -|f(x)|\,\mathrm{d}x \leqslant \int_a^b f(x)\,\mathrm{d}x \leqslant \int_a^b |f(x)|\,\mathrm{d}x$, 即 $\left|\int_a^b f(x)\,\mathrm{d}x\right| \leqslant \int_a^b |f(x)|\,\mathrm{d}x$.

5. (1) 由 $S\left(\dfrac{1}{f}, P\right) - s\left(\dfrac{1}{f}, P\right) = \sum\limits_{i=1}^{n}\dfrac{b-a}{n}\cdot\left(\dfrac{1}{m_i} - \dfrac{1}{M_i}\right) = \sum\limits_{i=1}^{n}\dfrac{b-a}{n}\cdot\dfrac{M_i - m_i}{m_i M_i} \leqslant \dfrac{1}{k^2}\sum\limits_{i=1}^{n}\dfrac{b-a}{n}\cdot(M_i - m_i) = \dfrac{1}{k^2}(S(f,P) - s(f,P))$, 其中 $M_i = \sup\left\{f(x) : \dfrac{(b-a)i}{n} \leqslant x \leqslant \dfrac{(b-a)(i-1)}{n}\right\}$, $m_i = \inf\left\{f(x) : \dfrac{(b-a)i}{n} \leqslant x \leqslant \dfrac{(b-a)(i-1)}{n}\right\}$. 所以 $\lim\limits_{n\to\infty} S\left(\dfrac{1}{f}, P\right) - s\left(\dfrac{1}{f}, P\right) = \dfrac{1}{k^2}\lim\limits_{n\to\infty} S(f,P) - s(f,P) = 0$, 则 $\dfrac{1}{f}$ 在 $[a,b]$ 可积.

7. (1) 因为 e^x 为凸函数, 由詹森不等式, $\mathrm{e}^{\int_0^1 f(x)\,\mathrm{d}x} \leqslant \int_0^1 \mathrm{e}^{f(x)}\,\mathrm{d}x$. 又 $\mathrm{e}^x > x$, 则 $\int_0^1 f(x)\,\mathrm{d}x < \mathrm{e}^{\int_0^1 f(x)\,\mathrm{d}x} \leqslant \int_0^1 \mathrm{e}^{f(x)}\,\mathrm{d}x$.

(3) 对所有 $\dfrac{i}{n} \leqslant x \leqslant \dfrac{i-1}{n}$, $i = 1, 2, \cdots, n$, 令 $f(x) = x_i$, 则 $\dfrac{x_1 + x_2 + \cdots + x_n}{n} = \int_0^1 f(x)\,\mathrm{d}x$, 由上题, $\log\left(\dfrac{x_1 + x_2 + \cdots + x_n}{n}\right) = \log\left(\int_0^1 f(x)\,\mathrm{d}x\right) \geqslant \int_0^1 \log(f(x))\,\mathrm{d}x = \dfrac{\log x_1 + \log x_2 + \cdots + \log x_n}{n} = \log\sqrt[n]{x_1\cdots x_n}$. 又 $\log x$ 为一对一单调上升函数, 则 $\dfrac{x_1 + x_2 + \cdots + x_n}{n} \geqslant \sqrt[n]{x_1\cdots x_n}$.

9. 令 $f(x) = x$, 则 f 在 $[-1,1]$ 可积. 若 $d \in (-1, 0]$, 则 $\int_{-1}^{d} f(x)\,\mathrm{d}x < 0$, $\int_d^1 f(x)\,\mathrm{d}x > 0$. 若 $d \in [0,1)$, 同理 $\int_{-1}^{d} f(x)\,\mathrm{d}x < 0$, $\int_d^1 f(x)\,\mathrm{d}x > 0$. 即不存在 $d \in (-1,1)$, 使得 $\int_{-1}^{d} f(x)\,\mathrm{d}x = \int_d^1 f(x)\,\mathrm{d}x$.

11. (1) 若 $0 < a < b \leqslant 1$, 则 $x \geqslant x^2$, 因此 $\int_a^b x\,\mathrm{d}x \geqslant \int_a^b x^2\,\mathrm{d}x$. 若 $1 \leqslant a < b$, 则 $x \leqslant x^2$, 因此 $\int_a^b x\,\mathrm{d}x \leqslant \int_a^b x^2\,\mathrm{d}x$.

(3) 因为 $\int_{-2}^{-1}\left(\dfrac{1}{3}\right)^x \mathrm{d}x = \int_{-2}^{-1} 3^{-x}\,\mathrm{d}x = \int_1^2 3^x\,\mathrm{d}x$, 又 3^x 为单调递增函数, 所以

$\int_0^1 3^x \, dx \leqslant \int_{-2}^{-1} \left(\frac{1}{3}\right)^x dx.$

13. (1) 因为 $\frac{1}{1+x+x^2}$ 在 $[0,1]$ 上连续，$x^{\frac{n}{2}}$ 在 $[0,1]$ 上可积且 $x^{\frac{n}{2}} \geqslant 0$. 根据积分中值定理，存在 $\xi_n \in [0,1]$ 使得

$$\int_0^1 \frac{x^{n/2}}{1+x+x^2} dx = \frac{1}{1+\xi_n+\xi_n^2} \int_0^1 x^{n/2} dx \leqslant \int_0^1 x^{n/2} dx = \frac{2}{n+2} \to 0.$$

于是，$\lim_{n\to\infty} \int_0^1 \frac{x^{n/2}}{1+x+x^2} dx = 0.$

习题 9.3

1. (1) $\int_a^b x \, dx = \lim_{n\to\infty} \sum_{i=1}^n \frac{b-a}{n} \cdot \left(\frac{(b-a)i}{n} + a\right) = (b-a) \lim_{n\to\infty} \sum_{i=1}^n \left(\frac{(b-a)i}{n^2} + \frac{a}{n}\right) = (b-a) \lim_{n\to\infty} \left[a + \frac{(b-a)}{n^2} \cdot \frac{n^2+n}{2}\right] = (b-a) \cdot \frac{b+a}{2} = \frac{b^2}{2} - \frac{a^2}{2}.$

3. 由定义，

$$(f_c - f)(x) = \begin{cases} 0, & a \leqslant x \leqslant b\text{且}x \neq c, \\ k - f(x), & x = c. \end{cases}$$

故 $\int_a^b (f_c - f)(x) \, dx = \lim_{n\to\infty} \frac{2}{n}[k - f(c)] = 0$. 所以 $\int_a^b f_c(x) \, dx = \int_a^b f(x) \, dx.$

5. (1) $F'(x) = \frac{d}{dx} \int_0^{x^2} \sin^2 t \, dt = \frac{dx^2}{dx} \cdot \frac{d}{dx^2} \int_0^{x^2} \sin^2 t \, dt = 2x \sin^2 x^2.$

(3) $F'(x) = \frac{d}{dx} \int_{y=18}^{y=x} \int_{t=14}^{t=y} \frac{1}{1+t+\sin t} \, dt \, dy = \int_{14}^{x} \frac{1}{1+t+\sin t} \, dt.$

(5) $F'(x) = \frac{d}{dx} \int_1^y \frac{x^2}{1+t^2} \, dt = \frac{dx^2}{dx} \int_1^y \frac{1}{1+t^2} \, dt = \int_1^y \frac{2x}{1+t^2} \, dt.$

7. $F'(x) = \frac{d}{dx} \int_0^x x f(t) \, dt = \frac{d}{dx} \left(x \int_0^x f(t) \, dt\right) = \frac{dx}{dx} \cdot \int_0^x f(t) \, dt + x \cdot \frac{d}{dx} \int_0^x f(t) \, dt = \int_0^x f(t) \, dt + x f(x).$

9. $F(x) = \int_{f(x)}^{g(x)} h(t) \, dt = \int_0^{g(x)} h(t) \, dt - \int_0^{f(x)} h(t) \, dt$, 所以 $F'(x) = \frac{d}{dx} \int_0^{g(x)} h(t) \, dt - \frac{d}{dx} \int_0^{f(x)} h(t) \, dt = g'(x) \cdot h(g(x)) - f'(x) \cdot h(f(x)).$

习题 9.4

1. (1) $\int_1^2 \frac{(x-1)(x^2+3)}{3x^2} \, dx = \frac{1}{3} \int_1^2 \left(x - 1 + \frac{3}{x} - \frac{3}{x^2}\right) dx = \frac{1}{3} \left(\frac{1}{2}x^2 - x + 3\ln x + \frac{3}{x}\right)\Big|_1^2 = -\frac{1}{3} + \ln 2.$

(3) 令 $u = x + 1$, 则 $\int_0^1 \left(\frac{x-1}{x+1}\right)^2 dx = \int_1^2 \frac{u^2 - 4u + 4}{u^2} \, du = \int_1^2 \left(1 - \frac{4}{u} + \frac{4}{u^2}\right) du = \left(u - 4\ln u - \frac{4}{u}\right)\Big|_1^2 = 3 - 4\ln 2.$

(5) 令 $u=1-5x^2$, 则 $\int_0^{\frac{1}{\sqrt{5}}} x^3(1-5x^2)^{10}\,\mathrm{d}x=\frac{-1}{10}\int_1^0\frac{u-1}{-5}\cdot u^{10}\,\mathrm{d}u=\frac{1}{50}\int_1^0(u^{11}-u^{10})\,\mathrm{d}u=\frac{1}{50}\left(\frac{1}{12}u^{12}-\frac{1}{11}u^{11}\right)\Big|_1^0=\frac{1}{6600}$.

(7) 令 $u=2-5x$, 则 $\int_{-\frac{1}{5}}^{\frac{1}{5}} x\sqrt{2-5x}\,\mathrm{d}x=\frac{-1}{5}\int_3^1\frac{u-2}{-5}\cdot u^{\frac{1}{2}}\,\mathrm{d}u=\frac{1}{25}\int_3^1(u^{\frac{3}{2}}-2u^{\frac{1}{2}})\,\mathrm{d}u=\frac{1}{25}\left(\frac{2}{5}u^{\frac{5}{2}}-\frac{4}{3}u^{\frac{3}{2}}\right)\Big|_3^1=\frac{-14}{375}+\frac{2\sqrt{3}}{125}$.

(9) $\int_{-\frac{1}{2}}^{\frac{1}{2}}\frac{8x-4}{\sqrt{4x^2+4x+5}}\,\mathrm{d}x=\int_{-\frac{1}{2}}^{\frac{1}{2}}\frac{8x+4}{\sqrt{4x^2+4x+5}}\,\mathrm{d}x-4\int_{-\frac{1}{2}}^{\frac{1}{2}}\frac{1}{\sqrt{\left(x+\frac{1}{2}\right)^2+1}}\,\mathrm{d}x=$

$$\left(2\sqrt{4x^2+4x+5}-4\ln\left|\left(x+\frac{1}{2}\right)+\frac{1}{\sqrt{\left(x+\frac{1}{2}\right)^2+1}}\right|\right)\Bigg|_{-\frac{1}{2}}^{\frac{1}{2}}=4\sqrt{2}-4-4\ln\frac{2+\sqrt{2}}{2}.$$

(11) $\int_0^1 x\arctan x\,\mathrm{d}x=\frac{1}{2}x^2\arctan x\Big|_0^1-\frac{1}{2}\int_0^1\frac{x^2}{x^2+1}\,\mathrm{d}x=\frac{1}{2}x^2\arctan x\Big|_0^1-\frac{1}{2}\int_0^1\left(1-\frac{1}{x^2+1}\right)\mathrm{d}x=\left(\frac{1}{2}x^2\arctan x-\frac{1}{2}x-\frac{1}{2}\arctan x\right)\Big|_0^1=\frac{-1}{2}$.

(13) $\int_0^1\frac{x^2}{(x^2+1)^2}\,\mathrm{d}x=\int_0^1\left[\frac{1}{x^2+1}-\frac{1}{(x^2+1)^2}\right]\mathrm{d}x=\left(\arctan x-\frac{x}{2(x^2+1)}\right)\Big|_0^1=\frac{\pi-1}{4}$.

(15) $\int_0^{\frac{\pi}{2}}\mathrm{e}^{2x}\sin^2 x\,\mathrm{d}x=\frac{1}{2}\int_0^{\frac{\pi}{2}}(\mathrm{e}^{2x}-\mathrm{e}^{2x}\cos 2x)\,\mathrm{d}x=\left(\frac{1}{4}\mathrm{e}^{2x}-\frac{1}{8}\mathrm{e}^{2x}\sin 2x-\frac{1}{8}\mathrm{e}^{2x}\cos 2x\right)\Big|_0^{\frac{\pi}{2}}=\frac{3\mathrm{e}^{\pi}-1}{8}$.

(17) $\int_0^1\frac{1}{(1+\mathrm{e}^x)^2}\,\mathrm{d}x=\int_0^1\left[\frac{1}{1+\mathrm{e}^x}-\frac{\mathrm{e}^x}{(1+\mathrm{e}^x)^2}\right]\mathrm{d}x=\left(x-\ln(1+\mathrm{e}^x)+\frac{1}{1+\mathrm{e}^x}\right)\Big|_0^1=\frac{1}{2}+\frac{1}{1+\mathrm{e}}+\ln\frac{2}{1+\mathrm{e}}$.

3. $\int_0^{\frac{\pi}{2}}\frac{\sin x}{\sin x+\cos x}\,\mathrm{d}x=\int_0^{\frac{\pi}{2}}\left(1+\frac{-\cos x}{\sin x+\cos x}\right)\mathrm{d}x=\frac{\pi}{2}-\int_0^{\frac{\pi}{2}}\frac{\cos x}{\sin x+\cos x}\,\mathrm{d}x=\frac{\pi}{2}+\int_{\frac{\pi}{2}}^0\frac{\cos\left(\frac{\pi}{2}-x\right)}{\sin\left(\frac{\pi}{2}-x\right)+\cos\left(\frac{\pi}{2}-x\right)}\,\mathrm{d}x=\frac{\pi}{2}-\int_0^{\frac{\pi}{2}}\frac{\sin x}{\sin x+\cos x}\,\mathrm{d}x$, 所以 $\int_0^{\frac{\pi}{2}}\frac{\sin x}{\sin x+\cos x}\,\mathrm{d}x=\frac{\pi}{4}$.

5. $f(x)=-\ln|\cos x|$ 不是周期函数, 但 $f'(x)=\tan x$ 是周期函数.

7. $\int_0^y\left(\int_0^x f(y)\,\mathrm{d}y\right)\mathrm{d}x=\left(x\int_0^x f(y)\,\mathrm{d}y\right)\Big|_0^y-\int_0^y x\,\mathrm{d}\left(\int_0^x f(y)\,\mathrm{d}y\right)=y\int_0^y f(x)\,\mathrm{d}x-\int_0^y xf(x)\,\mathrm{d}x=\int_0^y f(x)(y-x)\,\mathrm{d}x$.

9. 因为曲线 $y=4x^2-1$ 和直线 $y=x+1$ 相交于 $x=\dfrac{1\pm\sqrt{33}}{8}$, 所以曲线 $y=4x^2-1$ 和直线 $y=x+1$ 所围成的区域面积为 $\int_{\frac{1-\sqrt{33}}{8}}^{\frac{1+\sqrt{33}}{8}}[(x+1)-(4x^2-1)]\,\mathrm{d}x=\int_{\frac{1-\sqrt{33}}{8}}^{1+\sqrt{33}8}(-4x^2+x+2)\,\mathrm{d}x=$ $\left(\dfrac{-4}{3}x^3+\dfrac{1}{2}x^2+2x\right)\Bigg|_{\frac{1-\sqrt{33}}{8}}^{\frac{1+\sqrt{33}}{8}}=\left(\dfrac{11}{8}x+\dfrac{1}{12}\right)\Bigg|_{\frac{1-\sqrt{33}}{8}}^{\frac{1+\sqrt{33}}{8}}=\dfrac{11\sqrt{33}}{32}$.

习题 9.5

1. (1) $\lim\limits_{n\to\infty}\left(\dfrac{1}{n^2}+\dfrac{2}{n^2}+\cdots+\dfrac{n-1}{n^2}\right)=\lim\limits_{n\to\infty}\dfrac{1}{n}\left(\dfrac{1}{n}+\dfrac{2}{n}+\cdots+\dfrac{n-1}{n}\right)=\int_0^1 x\,\mathrm{d}x=$ $\dfrac{1}{2}x^2\Big|_0^1=\dfrac{1}{2}$.

3. (1) $A=\int_0^2(\sqrt{2x}+\sqrt{2x})\,\mathrm{d}x+\int_2^8[\sqrt{2x}-(x-4)]\,\mathrm{d}x=\dfrac{2}{3}\sqrt{(2x)^3}\Big|_0^2+\left[\dfrac{1}{3}\sqrt{(2x)^3}-\dfrac{1}{2}x^2+4x\right]\Bigg|_2^8=18$.

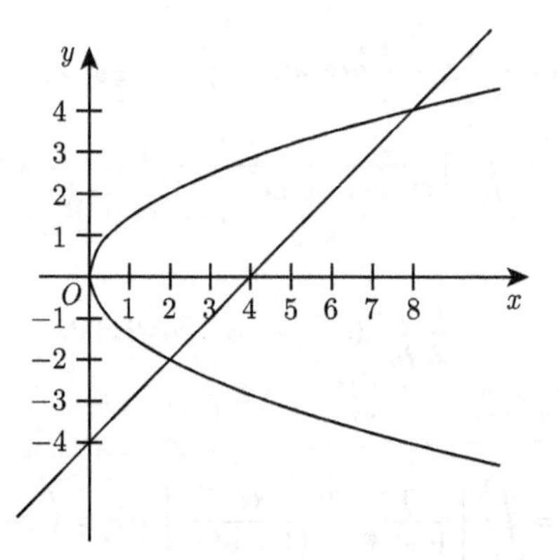

(3) $A=\int_0^{\frac{\pi}{2}}\sin x\,\mathrm{d}x=-\cos x|_0^{\frac{\pi}{2}}=1$.

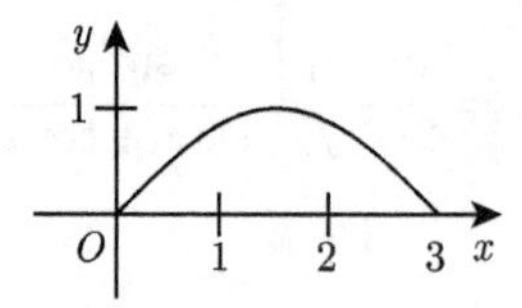

(5) $A=2\int_0^1(2x-x)\,\mathrm{d}x+2\int_1^{\sqrt{2}}(2x-x^3)\,\mathrm{d}x=x^2\Big|_0^1+\left(2x^2-\dfrac{1}{2}x^4\right)\Bigg|_1^{\sqrt{2}}=\dfrac{3}{2}$.

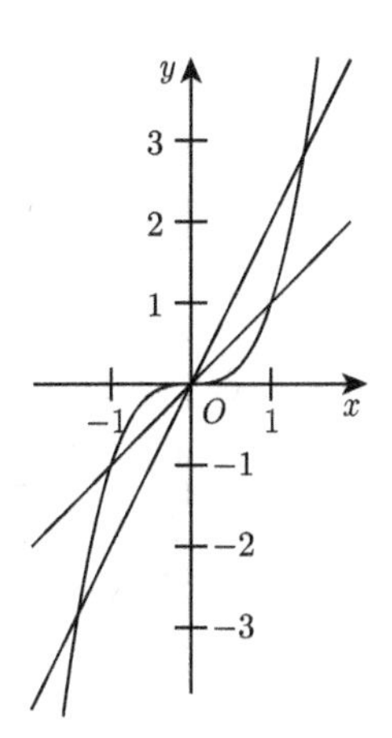

(7) $A=\int_0^{\frac{\pi}{3}}(1+\cos\theta)^2\,\mathrm{d}\theta+\int_{\frac{\pi}{3}}^{\frac{\pi}{2}}(3\cos\theta)^2\,\mathrm{d}\theta=\frac{5\pi}{4}$.

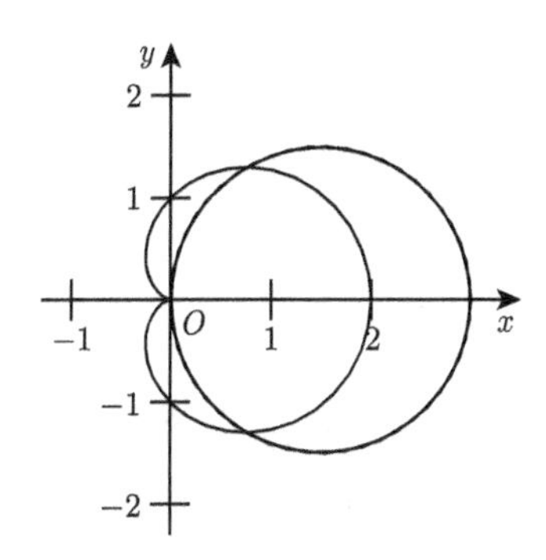

5. (1) 由胡克定律, $F=Kx$, 所以 $K=0.5(\mathrm{kgw/cm})$. 因此 $W=\lim\limits_{n\to\infty}\sum\limits_{i=1}^{n}0.5\cdot\frac{5i}{n}\cdot\frac{5}{n}=\lim\limits_{n\to\infty}\frac{25}{2n^2}\cdot\frac{n(n+1)}{2}=6.25(\mathrm{kgw})$.

(3) $P=\lim\limits_{n\to\infty}\sum\limits_{i=1}^{n}20\cdot\frac{16i}{n}\cdot\frac{16}{n}=\lim\limits_{n\to\infty}\frac{5120}{n^2}\frac{n(n+1)}{2}=2560$.

(5) $M=\lim\limits_{n\to\infty}\sum\limits_{i=1}^{n}\left(6+0.3\cdot\frac{10i}{n}\right)\cdot\frac{10}{n}=\lim\limits_{n\to\infty}60+\frac{15(n+1)}{n}=75(\mathrm{kg})$.

习题 9.6

1. 用梯形公式计算得到, $\int_0^{2\pi}x\sin x\,\mathrm{d}x\approx\frac{\pi}{12}\left[0+2\cdot\frac{\pi}{6}\sin\frac{\pi}{6}+2\cdot\frac{2\pi}{6}\sin\frac{2\pi}{6}+2\cdot\frac{3\pi}{6}\sin\frac{3\pi}{6}+2\cdot\frac{4\pi}{6}\sin\frac{4\pi}{6}+2\cdot\frac{5\pi}{6}\sin\frac{5\pi}{6}+2\cdot\frac{6\pi}{6}\sin\frac{6\pi}{6}+2\cdot\frac{7\pi}{6}\sin\frac{7\pi}{6}+2\cdot\frac{8\pi}{6}\sin\frac{8\pi}{6}+2\cdot\frac{9\pi}{6}\sin\frac{9\pi}{6}+2\cdot\frac{10\pi}{6}\sin\frac{10\pi}{6}+2\cdot\frac{11\pi}{6}\sin\frac{11\pi}{6}+2\pi\sin 2\pi\right]=\frac{-\pi^2}{6}(2+\sqrt{3})$. 直接计算积分

则得到, $\int_0^{2\pi} x\sin x\,\mathrm{d}x = -2\pi$, 误差为 0.14420.

3. (1) $\int_0^1 \sqrt{x}\,\mathrm{d}x \approx \frac{1}{24}\left[0+4\sqrt{\frac{1}{8}}+2\sqrt{\frac{2}{8}}+4\sqrt{\frac{3}{8}}+2\sqrt{\frac{4}{8}}+4\sqrt{\frac{5}{8}}+2\sqrt{\frac{6}{8}}+4\sqrt{\frac{7}{8}}+1\right]=$ 0.6631.

(3) $$\int_0^1 \frac{x}{\ln(x+1)}\,\mathrm{d}x \approx \frac{1}{36}\left[1+\frac{4\cdot\frac{1}{12}}{\ln\left(\frac{1}{12}+1\right)}+\frac{2\cdot\frac{2}{12}}{\ln\left(\frac{2}{12}+1\right)}+\frac{4\cdot\frac{3}{12}}{\ln\left(\frac{3}{12}+1\right)}+\frac{2\cdot\frac{4}{12}}{\ln\left(\frac{4}{12}+1\right)}\right.$$
$$+\frac{4\cdot\frac{5}{12}}{\ln\left(\frac{5}{12}+1\right)}+\frac{2\cdot\frac{6}{12}}{\ln\left(\frac{6}{12}+1\right)}+\frac{4\cdot\frac{7}{12}}{\ln\left(\frac{7}{12}+1\right)}+\frac{2\cdot\frac{8}{12}}{\ln\left(\frac{8}{12}+1\right)}+\frac{4\cdot\frac{9}{12}}{\ln\left(\frac{9}{12}+1\right)}+$$
$$\left.\frac{2\cdot\frac{10}{12}}{\ln\left(\frac{10}{12}+1\right)}+\frac{4\cdot\frac{11}{12}}{\ln\left(\frac{11}{12}+1\right)}+\frac{1}{\ln(1+1)}\right]=1.2293.$$

习题 9.7

1. (1) $\ln x$ 具有奇点 $x=0$.

(3) $\frac{1}{\cos x}$ 具有奇点 $x=\frac{\pi}{2}+n\pi,\ n\in\mathbb{N}$.

(5) $\frac{1-x^4}{x\sin x\cos x}$ 具有奇点 $x=\frac{n\pi}{2},\ n\in\mathbb{Z}$.

3. (1) 令 $x=\sec y$, 则 $\int\frac{1}{x^2-1}\,\mathrm{d}x=\int\frac{\sec y}{\tan y}\,\mathrm{d}y=\int\csc y\,\mathrm{d}y=\ln|\csc y-\cot y|+C=$ $\ln\left|\frac{x-1}{\sqrt{x^2-1}}\right|+C$, 所以 $\int_2^{\infty}\frac{1}{x^2-1}\,\mathrm{d}x=\lim\limits_{a\to\infty}\int_2^a\frac{1}{x^2-1}\,\mathrm{d}x=\lim\limits_{a\to\infty}\left(\ln\frac{x-1}{\sqrt{x^2-1}}\right)\Big|_2^a=\frac{\ln 3}{2}$.

(3) $\int_0^{\infty}x\mathrm{e}^{-ax^2}\,\mathrm{d}x=\lim\limits_{a\to\infty}\int_0^b x\mathrm{e}^{-ax^2}\,\mathrm{d}x=\lim\limits_{a\to\infty}\frac{-1}{2a}\int_0^b\mathrm{e}^{-ax^2}\,\mathrm{d}(-ax^2)=\lim\limits_{b\to\infty}\left(\frac{-\mathrm{e}^{-ax^2}}{2a}\right)\Big|_0^b$ $=\frac{1}{2a}$.

(5) $\int_1^{\infty}\frac{\ln x}{x^2}\,\mathrm{d}x=\lim\limits_{a\to\infty}\int_1^a\frac{\ln x}{x^2}\,\mathrm{d}x=\lim\limits_{a\to\infty}\left(\frac{-\ln x}{x}\right)\Big|_1^a+\int_1^a\frac{1}{x^2}\,\mathrm{d}x=\lim\limits_{a\to\infty}\left(\frac{-1-\ln x}{x}\right)\Big|_1^a$ $=1$.

(7) $\int_0^1\frac{1}{\sqrt{1-x^2}}\,\mathrm{d}x=\lim\limits_{a\to1}\int_0^a\frac{1}{\sqrt{1-x^2}}\,\mathrm{d}x=\lim\limits_{a\to1}(\arcsin x|_0^a)=\frac{\pi}{2}$.

5. (1) 若 $0<l<+\infty$, 则对所有 $0<\varepsilon<l$ 存在自然数 N, 使得对所有 $x>N$ 会有 $\left|\frac{|f(x)|}{g(x)}-l\right|<\varepsilon$, 即 $0<(l-\varepsilon)g(x)<|f(x)|<(l+\varepsilon)g(x)$. 由比较判断法, $\int_0^{\infty}|f(x)|\,\mathrm{d}x$ 和 $\int_0^{\infty}g(x)\,\mathrm{d}x$ 的敛散性会一致.

(2) 若 $l=0$, 则存在自然数 N, 使得对所有 $x>N$ 会有 $|f(x)|\ll g(x)$. 由比较判断法, 若是 $\int_0^{\infty}g(x)\,\mathrm{d}x$ 收敛, 则 $\int_0^{\infty}|f(x)|\,\mathrm{d}x$ 收敛.

(3) 若 $l=+\infty$, 则存在自然数 N, 使得对所有 $x>N$ 会有 $0<g(x)\ll|f(x)|$. 由比较判断法, 若是 $\int_0^{\infty}g(x)\,\mathrm{d}x$ 发散, 则 $\int_0^{\infty}|f(x)|\,\mathrm{d}x$ 发散. 所以 $\int_0^{\infty}f(x)\,\mathrm{d}x$ 发散.

7. (1) 因为 $\lim\limits_{x\to0}\dfrac{\sin^2 x}{x}=0$, 所以 $x=0$ 不是积分函数的奇点. 考虑 $\dfrac{\sin^2 x}{x}=\dfrac{1}{2}\left(\dfrac{1}{x}-\dfrac{\cos 2x}{x}\right)$, 其中 $\int_1^{+\infty}\dfrac{1}{x}\,\mathrm{d}x$ 发散. 对所有 $a>1$, 有 $\int_1^a\dfrac{\cos 2x}{x}\,\mathrm{d}x=\dfrac{1}{2}\int_1^a\dfrac{\mathrm{d}\sin 2x}{x}=\dfrac{1}{2}\dfrac{\sin 2x}{x}\Big|_1^a+\dfrac{1}{2}\int_1^a\dfrac{\sin 2x}{x^2}\,\mathrm{d}x$. 观察: $\lim\limits_{a\to+\infty}\dfrac{\sin 2a}{a}=0$. 另一方面, 由于 $\left|\dfrac{\sin 2x}{x^2}\right|\leqslant\dfrac{1}{x^2}$, 且 $\int_1^{+\infty}\dfrac{1}{x^2}\mathrm{d}x<+\infty$, 所以 $\int_1^{\infty}\dfrac{\cos 2x}{x}\,\mathrm{d}x$ 收敛. 因此 $\int_0^{\infty}\dfrac{\cos 2x}{x}\,\mathrm{d}x$ 发散. 于是 $\int_1^{\infty}\dfrac{\sin^2 x}{x}\,\mathrm{d}x$ 发散.

9. (1) 由泰勒级数, $\cos x=1-\dfrac{x^2}{2!}+\dfrac{x^4}{4!}-\dfrac{x^6}{6!}+\dfrac{x^8}{8!}-\cdots$, 则 $\dfrac{1-\cos x}{x^n}=\dfrac{x^{2-n}}{2!}-\dfrac{x^{4-n}}{4!}+\dfrac{x^{6-n}}{6!}-\dfrac{x^{8-n}}{8!}+\cdots$. 当 $n\geqslant3$ 时, $\int_0^{\frac{\pi}{2}}\dfrac{1-\cos x}{x^n}\,\mathrm{d}x$ 中出现 $\dfrac{1}{x^{n-2}}$ 的积分, 且 $\int_0^{\frac{\pi}{2}}\dfrac{1}{x^{n-2}}\,\mathrm{d}x$ 发散, 所以当 $n\geqslant3$ 时, $\int_0^{\frac{\pi}{2}}\dfrac{1-\cos x}{x^n}\,\mathrm{d}x$ 发散.

(3) $\int_0^{\frac{\pi}{2}}\dfrac{1}{\sin^p x\cdot\cos^q x}\,\mathrm{d}x=\int_0^{\frac{\pi}{4}}\dfrac{1}{\sin^p x\cos^q x}\,\mathrm{d}x+\int_{\frac{\pi}{4}}^{\frac{\pi}{2}}\dfrac{1}{\sin^p x\cos^q x}\,\mathrm{d}x$. 由于 $\lim\limits_{x\to0^+}\dfrac{x^p}{\sin^p x\cos^q x}=1$, q 为任意数, 且 $\int_0^{\frac{\pi}{4}}\dfrac{1}{x^p}\,\mathrm{d}x$, 当 $p<1$ 时收敛, 所以 $\int_0^{\frac{\pi}{4}}\dfrac{1}{\sin^p x\cos^q x}\,\mathrm{d}x$, 当 $p<1$ 时收敛. 另外, 因为 $\lim\limits_{x\to\frac{\pi}{2}^-}\dfrac{\left(\frac{\pi}{2}-x\right)^q}{\sin^p x\cos^q x}=\lim\limits_{x\to\frac{\pi}{2}^-}\left(\dfrac{\frac{\pi}{2}-x}{\cos x}\right)^q\left(\dfrac{1}{\sin^p x}\right)=1$, 且 $\int_{\frac{\pi}{4}}^{\frac{\pi}{2}}\dfrac{1}{\left(\frac{\pi}{2}-x\right)^q}\,\mathrm{d}x$, 当 $q<1$ 时收敛, 所以 $\int_{\frac{\pi}{4}}^{\frac{\pi}{2}}\dfrac{1}{\sin^p x\cos^q x}\,\mathrm{d}x$, 当 $q<1$ 时收敛. 故当 $p,q<1$ 时, $\int_0^{\frac{\pi}{2}}\dfrac{1}{\sin^p x\cos^q x}\,\mathrm{d}x$ 收敛.

11. (1) 若 $\int_{-\infty}^{\infty}f(x)\,\mathrm{d}x=I<+\infty$, 则 $\int_{-\infty}^{a}f(x)\,\mathrm{d}x+\int_a^{\infty}f(x)\,\mathrm{d}x=I$, 其中 a 不是 f 的奇点. 由于 P.V. $\int_{-\infty}^{\infty}f(x)\,\mathrm{d}x=\lim\limits_{A\to\infty}\int_{-A}^{A}f(x)\,\mathrm{d}x=\lim\limits_{A\to\infty}\int_{-A}^{a}f(x)\,\mathrm{d}x+\lim\limits_{A\to\infty}\int_a^{A}f(x)\,\mathrm{d}x=\int_{-\infty}^{a}f(x)\,\mathrm{d}x+\int_a^{\infty}f(x)\,\mathrm{d}x=I<+\infty$, 所以 P.V. $\int_{-\infty}^{\infty}f(x)\,\mathrm{d}x$ 存在, 且 P.V. $\int_{-\infty}^{\infty}f(x)\,\mathrm{d}x=\int_{-\infty}^{\infty}f(x)\,\mathrm{d}x$.